北京理工大学"双一流"建设精品出版工程

Human Factors Engineering and Its Applications

人因工程学及其应用

杨晓楠　薛　庆　牛红伟　刘敏霞　蒋晓蓓 ◎ 编著

北京理工大学出版社
BEIJING INSTITUTE OF TECHNOLOGY PRESS

内容简介

人因工程学是一门新兴的正在迅速发展的交叉学科,涉及多种学科,如生理学、心理学、解剖学、管理学、工程学、系统科学、劳动科学、安全科学、环境科学等,是一门与应用结合非常紧密的学科。强调在工程技术设计和作业管理中考虑人的因素是本学科的特点,突出人的因素在工程及相关领域上的应用。本书清晰界定了人因工程学的研究对象、核心问题与独特价值。区别于其他工程学科或相关学科,人因工程学始终围绕人在特定工作或任务环境中的状态展开研究。本教材在梳理人因工程的发展历程和主要研究方法的基础上,将人因工程学的主要研究内容划分为认知人因、行为人因、组织环境因素三个部分,并在每个部分通过两个理论章节与一个应用案例章节,深入阐述人因工程的相关理论在实际应用中的情况,以便读者系统地理解人因工程的核心思想与方法。

版权专有　侵权必究

图书在版编目(CIP)数据

人因工程学及其应用 / 杨晓楠等编著. -- 北京：
北京理工大学出版社,2025.4.
ISBN 978-7-5763-5313-6

Ⅰ. TB18

中国国家版本馆 CIP 数据核字第 2025RC3712 号

责任编辑：王晓莉　　**文案编辑**：王晓莉
责任校对：周瑞红　　**责任印制**：李志强

出版发行 /	北京理工大学出版社有限责任公司
社　　址 /	北京市丰台区四合庄路 6 号
邮　　编 /	100070
电　　话 /	(010) 68944439(学术售后服务热线)
网　　址 /	http://www.bitpress.com.cn
版 印 次 /	2025 年 4 月第 1 版第 1 次印刷
印　　刷 /	廊坊市印艺阁数字科技有限公司
开　　本 /	787 mm×1092 mm　1/16
印　　张 /	22.75
字　　数 /	534 千字
定　　价 /	88.00 元

图书出现印装质量问题,请拨打售后服务热线,负责调换

前言

基本内容

欢迎各位阅读这本《人因工程学及其应用》教材——这是一本专注于人因工程学领域，且理论方法与应用实践相结合的教材。党的二十大报告指出，坚持人民至上是推进党的理论创新的鲜明立场，强调发展要"不断实现人民对美好生活的向往"。人因工程学作为典型的极交叉学科，其核心特点在于建立了以人为中心的问题求解范式，融合了自然科学、工程技术、社会科学及人文艺术的多维知识体系。本教材在陈述人因工程的发展史和研究方法的基础上，将人因工程的研究划分为认知人因、行为人因、组织环境因素三个部分，并在每个部分通过两个理论章节与一个应用案例章节，深入阐述了人因工程的基础理论及其在实际应用中的相关性。未来，随着中国式现代化的深入推进，人因工程的研究将进一步融合国家战略与民生需求，在以人为本全面高质量发展的进程中，成为彰显我国制度优势的"软实力"纽带。

编著意图

本教材的编著意图为建立人因工程全面、结构化的知识体系，帮助读者构建完整的人因工程学知识框架。主要分为三个主要部分：第一部分关注认知因素，基于人的信息处理系统深入探讨显控设计时如何考虑人的感知、记忆、学习等基础特性等方面，并通过创新设计思维和驾驶人因的实际案例说明如何开展认知人因相关研究；第二部分聚焦行为因素，涵盖人体测量学及应用、人的基础动作行为、工作中的生物力学与生理学等方面，并通过和增强现实技术的融合进行汽车产线的变更与可制造性验证，阐述了基于先进技术的行为人因在实际制造业的具体应用；第三部分探讨组织和环境因素，涵盖了组织行为学的基础理论与典型环境等外界因素对人的影响。每一部分均通过案例说明和科学研究示例，以及研究趋势和难点梳理，层层展示了理论与实际运用的结合，以便读者更好地理解和掌握人因工程学的核心研究方法与理论知识。自然科学致力于揭示自然规律，社会科学则注重人类社会发展。极综合交叉的科学研究，不仅是推动基础科学研究和解决复杂技术问题的关键途径，也是促进经济社会发展的动力引擎。很显然，人因工程作为典型极综合交叉学科，促进了自然科学与社会科学的"跨界"融合。极综合交叉将为提升我国科技与文化创新能力、促进人类文明的可持续与健康发展贡献中国智慧与中国力量。

本书特色

本教材的编写目的在于为高校学生和相关领域的从业者提供全面而系统的人因工程学知识，使他们能够深入理解和应用这一领域的基础理论与相关研究方法。尤其是结合人因工程多学科交叉的特点，我们的目标是培养学生在解决复杂问题时考虑以人为本的分析思维、解决问题的能力，使他们能够在设计和评估人机系统时充分考虑人的特征和需求，提高系统的效率、可用性和用户满意度。

本教材适用于各个相关专业的高校本科生和研究生，尤其是工业工程、心理学、人机交互、设计学等专业的学生。此外，对于从事人机界面设计、工业设计、交通运输、医疗卫生等领域的从业者，以及对人因工程感兴趣的广大读者，也具有一定的参考价值。在使用本教材时，我们建议读者注重理论与实践的结合，积极参与课堂讨论和案例分析。教材中穿插了丰富的例证和实际案例，帮助读者将理论知识应用到实际问题中。此外，在使用本教材时可以结合研究型课程的思路，为参与学生划分小组研究选题，分别结合实际案例的引导开展人因实验设计、优化设计或相应算法实现，以促进学生对所学内容的深入理解。我们相信，通过认真阅读和实践，读者将能够全面了解人因工程学的理论框架，能够应用这些知识解决实际问题，并理解科学技术研究的终极目标——在提升系统整体性能（效率、可靠性、质量）的基础上，确保人的安全、健康、舒适和福祉。人因工程是追求系统效能与人文关怀并重的交叉学科。

希望本教材能够成为读者学习人因工程学的有力工具，为学术和职业发展提供有益的支持。祝愿每一位读者在学习中获得启发和成长，为创造更人性化、高效的人机系统与社会生态做出贡献。

编写人员组成

杨晓楠主要负责第七章、第八章、第九章、第十章及第十一章的内容撰写；薛庆主要负责全书整体撰写思路的规划与第一章的内容撰写；牛红伟主要负责第二章和第五章的内容撰写，以及全书整体校核；刘敏霞主要负责第三章、第四章及第六章的内容撰写；蒋晓蓓负责第五章中驾驶人因的应用案例部分的撰写。

致谢

在编写本教材的过程中得到了许多人的支持和鼓励，我们要向所有在这个过程中给予帮助的学生表示衷心的感谢，其中房浩楠博士在本书的成稿过程中整理了大量的相关资料，王帅、吴尚思、赵琰、万宣竹、雷晨扬、孙德雨、王超然等同学分别在相关研究的推进上为本书提供了丰富案例。再次感谢各位同学在人因工程领域的实践与研究贡献。

目 录
CONTENTS

第 1 章　人因工程学发展史 …… 001

1.1 人因工程学的产生与发展 …… 001
1.1.1 人因工程学的命名与定义 …… 001
1.1.2 人因工程学的起源与发展 …… 002

1.2 人因工程学的知识体系及应用领域 …… 006
1.2.1 人因工程学的知识体系 …… 006
1.2.2 人因工程学的研究内容 …… 007
1.2.3 典型应用领域 …… 008

1.3 人因工程学多学科交叉特性 …… 015

1.4 从人—机—环境系统理解人因工程学 …… 016
1.4.1 人—机—环境系统的定义和研究内容 …… 016
1.4.2 人—机—环境系统的主要研究对象 …… 017
1.4.3 人—机—环境系统的相关学科与研究原则 …… 019

第 2 章　人因工程学的研究方法 …… 022

2.1 人因工程学的研究方法概述 …… 022
2.1.1 基础研究与应用研究 …… 022
2.1.2 研究方法分类 …… 023

2.2 人因工程学主要研究方法 …… 023
2.2.1 调查法 …… 023
2.2.2 观测法 …… 024
2.2.3 实验法 …… 025
2.2.4 模拟和模型试验法 …… 029

2.2.5　计算机辅助仿真法 ………………………………………………… 030
　　2.2.6　系统分析法 ………………………………………………………… 030
　　2.2.7　以人为中心的系统工程研究方法 ………………………………… 031
2.3　人因工程研究过程与工具 ……………………………………………………… 033
　　2.3.1　文献研究和分析 …………………………………………………… 033
　　2.3.2　研究的具体实施过程 ……………………………………………… 034
　　2.3.3　研究工具 …………………………………………………………… 034
2.4　实验伦理 ………………………………………………………………………… 038
　　2.4.1　实验伦理原则 ……………………………………………………… 039
　　2.4.2　伦理审查委员会 …………………………………………………… 039

第 3 章　人的信息处理系统 ………………………………………………………… 041

3.1　感觉与知觉 ……………………………………………………………………… 041
　　3.1.1　感觉的定义与特征 ………………………………………………… 041
　　3.1.2　知觉的定义与特征 ………………………………………………… 044
3.2　信息理论与人的信息处理模型 ………………………………………………… 044
　　3.2.1　信息理论 …………………………………………………………… 044
　　3.2.2　人的信息处理模型 ………………………………………………… 046
3.3　记忆与注意 ……………………………………………………………………… 047
　　3.3.1　记忆 ………………………………………………………………… 047
　　3.3.2　注意 ………………………………………………………………… 048
3.4　推理与决策 ……………………………………………………………………… 049
　　3.4.1　推理 ………………………………………………………………… 049
　　3.4.2　决策 ………………………………………………………………… 052
3.5　反应执行与负荷 ………………………………………………………………… 055
　　3.5.1　反应执行 …………………………………………………………… 055
　　3.5.2　负荷 ………………………………………………………………… 058
3.6　研究难点及未来发展趋势 ……………………………………………………… 069
　　3.6.1　人脑信息处理机制及人类智能形成机制研究 …………………… 069
　　3.6.2　类脑智能研究 ……………………………………………………… 069
　　3.6.3　人机团队协作中人的信息处理研究 ……………………………… 070

第 4 章　人机环系统显控设计 ……………………………………………………… 071

4.1　显示器的设计原则 ……………………………………………………………… 071
4.2　视觉显示器及听觉显示器 ……………………………………………………… 072
　　4.2.1　视觉显示器设计 …………………………………………………… 073

4.2.2　听觉显示器设计 ⋯⋯⋯⋯⋯⋯⋯⋯⋯⋯⋯⋯⋯⋯⋯⋯⋯⋯⋯⋯⋯⋯⋯⋯⋯⋯⋯⋯⋯⋯ 080
4.3　控制器的设计原则 ⋯⋯⋯⋯⋯⋯⋯⋯⋯⋯⋯⋯⋯⋯⋯⋯⋯⋯⋯⋯⋯⋯⋯⋯⋯⋯⋯⋯⋯⋯⋯⋯ 082
　　4.3.1　控制器的选择、设计和配置 ⋯⋯⋯⋯⋯⋯⋯⋯⋯⋯⋯⋯⋯⋯⋯⋯⋯⋯⋯⋯⋯⋯⋯⋯ 082
　　4.3.2　控制器人因工程设计要求 ⋯⋯⋯⋯⋯⋯⋯⋯⋯⋯⋯⋯⋯⋯⋯⋯⋯⋯⋯⋯⋯⋯⋯⋯⋯ 082
　　4.3.3　控制器的一般配置要求 ⋯⋯⋯⋯⋯⋯⋯⋯⋯⋯⋯⋯⋯⋯⋯⋯⋯⋯⋯⋯⋯⋯⋯⋯⋯⋯ 083
　　4.3.4　单手操作的控制器人因工程设计要求 ⋯⋯⋯⋯⋯⋯⋯⋯⋯⋯⋯⋯⋯⋯⋯⋯⋯⋯⋯ 084
　　4.3.5　脚控控制器的一般人因工程设计要求 ⋯⋯⋯⋯⋯⋯⋯⋯⋯⋯⋯⋯⋯⋯⋯⋯⋯⋯⋯ 084
　　4.3.6　控制器的操纵依托支点要求 ⋯⋯⋯⋯⋯⋯⋯⋯⋯⋯⋯⋯⋯⋯⋯⋯⋯⋯⋯⋯⋯⋯⋯⋯ 084
4.4　人机环系统中显控组合设计与评价 ⋯⋯⋯⋯⋯⋯⋯⋯⋯⋯⋯⋯⋯⋯⋯⋯⋯⋯⋯⋯⋯⋯⋯⋯ 084
　　4.4.1　空间位置上的相合性 ⋯⋯⋯⋯⋯⋯⋯⋯⋯⋯⋯⋯⋯⋯⋯⋯⋯⋯⋯⋯⋯⋯⋯⋯⋯⋯⋯ 085
　　4.4.2　运动方向上的相合性 ⋯⋯⋯⋯⋯⋯⋯⋯⋯⋯⋯⋯⋯⋯⋯⋯⋯⋯⋯⋯⋯⋯⋯⋯⋯⋯⋯ 085
　　4.4.3　操纵—显示比 ⋯⋯⋯⋯⋯⋯⋯⋯⋯⋯⋯⋯⋯⋯⋯⋯⋯⋯⋯⋯⋯⋯⋯⋯⋯⋯⋯⋯⋯⋯⋯ 086
　　4.4.4　操纵—显示相合性的应用 ⋯⋯⋯⋯⋯⋯⋯⋯⋯⋯⋯⋯⋯⋯⋯⋯⋯⋯⋯⋯⋯⋯⋯⋯⋯ 087
4.5　研究重点和趋势 ⋯⋯⋯⋯⋯⋯⋯⋯⋯⋯⋯⋯⋯⋯⋯⋯⋯⋯⋯⋯⋯⋯⋯⋯⋯⋯⋯⋯⋯⋯⋯⋯⋯ 087

第5章　创新设计与驾驶人因 ⋯⋯⋯⋯⋯⋯⋯⋯⋯⋯⋯⋯⋯⋯⋯⋯⋯⋯⋯⋯⋯⋯⋯⋯⋯⋯⋯⋯⋯ 089

5.1　人因工程与设计思维 ⋯⋯⋯⋯⋯⋯⋯⋯⋯⋯⋯⋯⋯⋯⋯⋯⋯⋯⋯⋯⋯⋯⋯⋯⋯⋯⋯⋯⋯⋯⋯ 089
　　5.1.1　创新设计思维 ⋯⋯⋯⋯⋯⋯⋯⋯⋯⋯⋯⋯⋯⋯⋯⋯⋯⋯⋯⋯⋯⋯⋯⋯⋯⋯⋯⋯⋯⋯⋯ 089
　　5.1.2　设计思维的研究方法 ⋯⋯⋯⋯⋯⋯⋯⋯⋯⋯⋯⋯⋯⋯⋯⋯⋯⋯⋯⋯⋯⋯⋯⋯⋯⋯⋯ 090
　　5.1.3　外部知识对设计思维的影响规律 ⋯⋯⋯⋯⋯⋯⋯⋯⋯⋯⋯⋯⋯⋯⋯⋯⋯⋯⋯⋯⋯⋯ 092
　　5.1.4　创新设计研究难点和趋势 ⋯⋯⋯⋯⋯⋯⋯⋯⋯⋯⋯⋯⋯⋯⋯⋯⋯⋯⋯⋯⋯⋯⋯⋯⋯ 100
5.2　驾驶人因应用案例 ⋯⋯⋯⋯⋯⋯⋯⋯⋯⋯⋯⋯⋯⋯⋯⋯⋯⋯⋯⋯⋯⋯⋯⋯⋯⋯⋯⋯⋯⋯⋯⋯ 107
　　5.2.1　驾驶人因 ⋯⋯⋯⋯⋯⋯⋯⋯⋯⋯⋯⋯⋯⋯⋯⋯⋯⋯⋯⋯⋯⋯⋯⋯⋯⋯⋯⋯⋯⋯⋯⋯⋯ 107
　　5.2.2　基于纳米摩擦发电机传感器的驾驶行为辨识 ⋯⋯⋯⋯⋯⋯⋯⋯⋯⋯⋯⋯⋯⋯⋯⋯ 109
5.3　研究难点和趋势 ⋯⋯⋯⋯⋯⋯⋯⋯⋯⋯⋯⋯⋯⋯⋯⋯⋯⋯⋯⋯⋯⋯⋯⋯⋯⋯⋯⋯⋯⋯⋯⋯⋯ 125

第6章　人体测量学及应用 ⋯⋯⋯⋯⋯⋯⋯⋯⋯⋯⋯⋯⋯⋯⋯⋯⋯⋯⋯⋯⋯⋯⋯⋯⋯⋯⋯⋯⋯⋯⋯ 127

6.1　人体测量学数据 ⋯⋯⋯⋯⋯⋯⋯⋯⋯⋯⋯⋯⋯⋯⋯⋯⋯⋯⋯⋯⋯⋯⋯⋯⋯⋯⋯⋯⋯⋯⋯⋯⋯ 127
　　6.1.1　人体测量概述 ⋯⋯⋯⋯⋯⋯⋯⋯⋯⋯⋯⋯⋯⋯⋯⋯⋯⋯⋯⋯⋯⋯⋯⋯⋯⋯⋯⋯⋯⋯⋯ 127
　　6.1.2　常用人体测量学数据 ⋯⋯⋯⋯⋯⋯⋯⋯⋯⋯⋯⋯⋯⋯⋯⋯⋯⋯⋯⋯⋯⋯⋯⋯⋯⋯⋯ 138
　　6.1.3　人体测量学数据的应用 ⋯⋯⋯⋯⋯⋯⋯⋯⋯⋯⋯⋯⋯⋯⋯⋯⋯⋯⋯⋯⋯⋯⋯⋯⋯⋯ 142
6.2　人体模板 ⋯⋯⋯⋯⋯⋯⋯⋯⋯⋯⋯⋯⋯⋯⋯⋯⋯⋯⋯⋯⋯⋯⋯⋯⋯⋯⋯⋯⋯⋯⋯⋯⋯⋯⋯⋯ 149
　　6.2.1　二维人体模板 ⋯⋯⋯⋯⋯⋯⋯⋯⋯⋯⋯⋯⋯⋯⋯⋯⋯⋯⋯⋯⋯⋯⋯⋯⋯⋯⋯⋯⋯⋯⋯ 149
　　6.2.2　人体模板的应用 ⋯⋯⋯⋯⋯⋯⋯⋯⋯⋯⋯⋯⋯⋯⋯⋯⋯⋯⋯⋯⋯⋯⋯⋯⋯⋯⋯⋯⋯⋯ 150
　　6.2.3　人体模板百分位数的选择 ⋯⋯⋯⋯⋯⋯⋯⋯⋯⋯⋯⋯⋯⋯⋯⋯⋯⋯⋯⋯⋯⋯⋯⋯⋯ 151
6.3　作业空间设计 ⋯⋯⋯⋯⋯⋯⋯⋯⋯⋯⋯⋯⋯⋯⋯⋯⋯⋯⋯⋯⋯⋯⋯⋯⋯⋯⋯⋯⋯⋯⋯⋯⋯⋯ 151

6.3.1　作业空间设计概述 …………………………………………………… 151
　　6.3.2　作业空间设计影响因素 ……………………………………………… 152
　　6.3.3　作业空间设计一般要求 ……………………………………………… 171
　　6.3.4　作业空间设计一般步骤 ……………………………………………… 173
　6.4　具体应用与挑战 …………………………………………………………… 174
　　6.4.1　在服装行业中的应用 ………………………………………………… 174
　　6.4.2　在体育及其设施设计中的应用 ……………………………………… 176
　　6.4.3　在航空航天中的应用 ………………………………………………… 185

第7章　工作中的生物力学与生理学　193

　7.1　肌肉骨骼系统 ……………………………………………………………… 193
　　7.1.1　肌肉系统 ……………………………………………………………… 193
　　7.1.2　骨杠杆系统 …………………………………………………………… 194
　7.2　生物力学模型 ……………………………………………………………… 195
　　7.2.1　人体生物力学建模原理 ……………………………………………… 195
　　7.2.2　前臂和手的生物力学模型 …………………………………………… 196
　　7.2.3　举物时腰部生物力学模型 …………………………………………… 197
　7.3　肌肉特性和能量消耗 ……………………………………………………… 198
　　7.3.1　肌肉收缩 ……………………………………………………………… 198
　　7.3.2　肌肉施力 ……………………………………………………………… 201
　　7.3.3　能量消耗 ……………………………………………………………… 207
　7.4　作业能力和作业疲劳 ……………………………………………………… 213
　　7.4.1　体力劳动强度分级 …………………………………………………… 213
　　7.4.2　作业时人体的耗氧动态 ……………………………………………… 216
　　7.4.3　作业能力的动态分析 ………………………………………………… 217
　　7.4.4　作业疲劳 ……………………………………………………………… 219
　　7.4.5　提高作业能力与降低疲劳的措施 …………………………………… 229
　7.5　研究难点 …………………………………………………………………… 235

第8章　虚实融合产线的人因验证　237

　8.1　虚实融合产线人因验证必要性及意义 …………………………………… 237
　　8.1.1　白车身产线与人因验证必要性及意义 ……………………………… 237
　　8.1.2　引入"人—机—环"理念与虚实融合技术必要性及意义 ………… 238
　8.2　白车身产线与人因验证的研究对象和常见问题 ………………………… 239
　　8.2.1　人的问题 ……………………………………………………………… 239
　　8.2.2　人—机问题 …………………………………………………………… 239

8.2.3 人—机—环问题 239
8.3 虚实融合产线的人因验证实例 240
  8.3.1 白车身适配性验证 240
  8.3.2 机器人路径规划验证 243
  8.3.3 手工装配可达性验证 246
  8.3.4 手工作业人机工效分析 250
8.4 虚实融合研究难点与趋势总结 253
  8.4.1 研究难点 253
  8.4.2 研究趋势 254

第9章 组织人因工程 255

9.1 组织人因与组织行为学 255
  9.1.1 组织行为 255
  9.1.2 组织行为学 264
  9.1.3 组织人因 266
9.2 激励理论与应用 270
  9.2.1 激励的概述 270
  9.2.2 激励的理论 272
9.3 宏观工效学 279
  9.3.1 组织设计 279
  9.3.2 组织文化 282
  9.3.3 组织变革 285
9.4 研究难点与研究趋势 289
  9.4.1 研究难点 289
  9.4.2 研究趋势 290

第10章 环境因素与人因工程 291

10.1 照明 291
  10.1.1 光的物理性质 291
  10.1.2 光的度量 291
  10.1.3 视觉特性 293
  10.1.4 照明对作业的影响 296
  10.1.5 工作场所照明 300
  10.1.6 照明标准 304
  10.1.7 照明环境的设计、改善和评价 311
10.2 噪声 315

  10.2.1 噪声的概念与度量 ……………………………………………………… 315
  10.2.2 噪声分类 …………………………………………………………………… 317
  10.2.3 噪声的危害 ………………………………………………………………… 318
  10.2.4 噪声的评级与控制 ………………………………………………………… 319
 10.3 微气候及特殊环境 …………………………………………………………… 321
  10.3.1 微气候概念 ………………………………………………………………… 321
  10.3.2 微气候因素对作业的影响 ………………………………………………… 321
  10.3.3 微气候环境的评价 ………………………………………………………… 322
  10.3.4 特殊环境 …………………………………………………………………… 325

第 11 章 组织环境应用案例 …………………………………………………… 330

 11.1 组织人因工程应用案例 ……………………………………………………… 330
  11.1.1 突发事件下群体事件建模与应用研究 …………………………………… 330
  11.1.2 面向群体性事件的人群行为建模与控制方法研究 ……………………… 331
 11.2 环境因素与人因工程应用案例 ……………………………………………… 333
  11.2.1 高校人因工程照明改造方案 ……………………………………………… 333
  11.2.2 车间噪声评测与改善方法 ………………………………………………… 335
  11.2.3 富士康集团车间微气候改造方案 ………………………………………… 336
  11.2.4 颠簸晃动环境下眼控交互定位与选择任务优化 ………………………… 338

参考文献 ………………………………………………………………………………… 345

第 1 章
人因工程学发展史

> **引 例**
> 　　早期人类社会，由于自身生存需求与自然环境息息相关，例如在捕猎过程中投掷石块、树枝，虽然会对猎物产生一定的杀伤力，但不可避免地会对自己的手造成一定损伤。因此，随着捕猎经验的积累，人们试着将手握树枝的部位打磨光滑，或是将石头打磨成符合抓握需求的石斧、石镞，使之成为顺手的工具。先秦道家学派代表人物庄子创作了寓言故事《庖丁解牛》，其以浓重的笔墨，文采斐然地表现出庖丁解牛时神情之悠闲、动作之和谐，手、肩、足、膝并用，触、倚、踩、抵相互配合，"砉然响然，奏刀騞然"，声形逼真地体现了整个过程中工具与人的有机融合。无论是在新石器时代还是在我国传统文化寓言故事中都蕴含了人因工程学的核心理念：以人为本。

1.1 人因工程学的产生与发展

　　人因工程学，即人类因素工程学（Human Factors Engineering），是近年来随着科技进步与工业化水平提升而迅猛发展的一门综合性交叉学科。它综合运用生理学、心理学、人体测量学、生物力学、计算机科学、系统科学等多学科的研究方法和手段，致力于研究人、机器及其工作环境之间的相互关系和影响，最终实现提高系统性能且确保人的安全、健康和舒适的目标，具有典型的应用导向特征。

　　自 20 世纪初期诞生以来，人因工程一直受到发达国家的高度重视，它倡导"以人为中心"的设计理念，在航空航天、国防装备、交通运输、医疗卫生、建筑设计、日常生活等领域发挥了重要作用。人因工程学在自身的发展过程中逐步打破各学科之间的界限，有机整合了相关学科的理论，不断完善基本概念、理论体系、研究方法、技术标准和规范，具有典型的交叉学科特点。近年来，随着我国科技水平的提高以及重大科技工程的牵引，人因工程学科受到高度关注，得到长足发展。超过 20 余所国内高校纷纷设立人因工程相关学科，从事人因工程的科研专家学者队伍逐渐壮大。国家自然科学基金委员会于 2020 年成立了第九大学部"交叉科学部"，人因工程作为一门新兴交叉学科，得到高度关注。

1.1.1 人因工程学的命名与定义

　　由于人因工程学的多学科交叉特点，所涉及的理论知识与研究方法的范围极其广泛，相关领域的专家学者都试图从自身的角度来给学科命名和定义，目前世界各国对该学科的命名尚未统一。除人因工程学这一名称外，其还被称为人类工程学、人机工程学、人体工程学、人类工效学等，也有一些心理学家用工程心理学来描述。国际上对该学科的主要命名方式有以下几种：

工效学（Ergonomics），它是由希腊词根"ergon"（即工作、劳动）和"nomos"（即规律、规则）复合而成的，其本义为人的劳动规律，意为"工作法则"。这个名称在国际上用得最多，世界各国把它翻译或音译为本国文字，目前我国国家一级学会的正式名称也是"中国人类工效学学会"，相应出版的学术刊物命名为"人类工效学"。

人因工程学（Human Factors Engineering）或人的因素学（Human Factors），在美国等西方国家用得最多，常在核电工业、一般生活领域或生活用品设计中使用，我国用这个名称的也比较多。

人机工程学（Man-Machine Engineering）或人机学。这是我国对Ergonomics的最早翻译名称，更注重体现产品的设计如何服务于人，至今工程技术与工业设计方面大多数人偏好使用这个名称。

人—机器—环境系统工程学（Man-Machine-Environment Systems Engineering）。我国航空航天领域在钱学森先生的指导下首先采用人—机器—环境系统工程学这个名称，它涵盖的学科内容更为广泛，更侧重于考虑环境因素的影响。

其他类似名称，如"工程心理学"是心理学领域学者对本学科的早期名称，也包含本学科的基础知识；"人素工程学"在我国一些军标中使用，是Human Factors Engineering的另一种译名；"人机工程设计""人因工程设计""宜人性设计"，在我国工程设计人员中也较为常用。本书旨在强调重视人类因素的研究与作用，故使用人因工程学这一名称。

从上述对该学科的命名和定义来看，尽管学科名称多样、定义不同，但是在研究对象、研究方法、理论体系等方面并不存在根本的区别。国际人类工效学学会（International Ergonomics Association，IEA）于2000年将其定义为研究人在特定工作环境中的解剖学、生理学和心理学等方面的各种因素；研究人和机器及环境的相互作用；研究在工作、生活和休息中怎样统一考虑工作效率、人的健康、安全和舒适等问题的学科。我国朱祖祥教授主编的《人类工效学》一书中对其所下的定义是："它是一门以心理学、生理学、解剖学、人体测量学等学科为基础，研究如何使人—机—环境系统的设计符合人的身体结构和生理心理特点，以实现人、机、环境之间的最佳匹配，使处于不同条件下的人能有效地、安全地、健康和舒适地进行工作与生活的科学。因此，人类工效学主要研究人的工作优化问题。"

不论如何命名和定义，笔者认为，这门学科是以人为核心因素，运用心理学、生理学、解剖学、人体测量学等人体科学知识与工程技术设计和作业管理，特别是安全设计和安全管理，以人为本，着眼于提高人的工作绩效（Human Performance），防止人的失误（Human Error），在尽可能使系统中人员安全、舒适的条件下，统一考虑人—机器—环境系统总体性能的优化。

1.1.2 人因工程学的起源与发展

人因工程最初起源于20世纪初的英国，但奠基性工作实际上是在美国完成的。所以说人因工程起源于欧洲，形成于美国。目前欧美各国的人因工程在工业界或军事上的应用已相当普遍。各类大型企业如电话公司、计算机公司、汽车公司等均设置人因工程部门。欧美各国早在20世纪50年代，就先后成立人因工程学会，推动人因工程学的研究与应用。

人因学思想在中国萌芽较早，最早开展相关研究的是心理学家。20世纪30年代，清华大学率先在国内开设了工程心理学课程，以 1935 年陈立先生出版的《工业心理学概观》一书以及所开展的工作选择和工作环境工效等研究为主要起源标志。20 世纪 70 年代后期，一些研究单位和大学心理学研究机构，逐步开设工效学课程。20 世纪 80 年代末，随着我国工业的不断发展，许多大学在应用型学科和专业下开设了人因工程学相关课程。学会组织方面，于 1980 年 5 月成立中国人类工效学标准化技术委员会，1989 年 6 月在上海同济大学召开了全国性学科成立大学，定名为中国人类工效学学会。纵观国内外人因工程的发展历程，结合工业革命的发展历程（见图 1.1），其可以分为以下几个阶段：

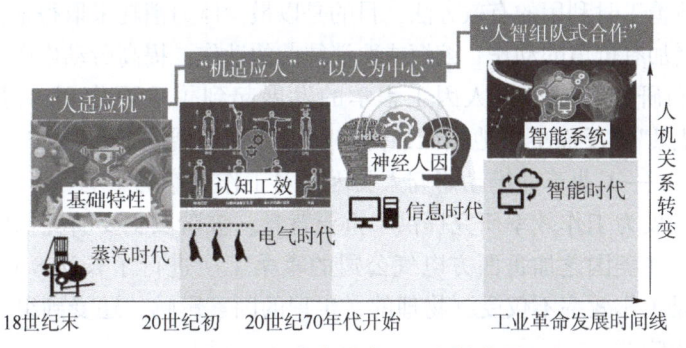

图 1.1　结合工业革命看人因工程的发展历程

1）萌芽时期——以提高生产效率为重点（20 世纪初），人适应机器

工业革命以后，随着工业技术的进步，速度更快、力量更强大的机器被人类制造出来，但并未充分意识到机器与人之间相互协调的重要性，很容易对操作人员的身心健康造成巨大损伤。《摩登时代》剧照如图 1.2 所示。

图 1.2　《摩登时代》剧照

机器与人的不协调不仅损害工人身心健康，也不利于生产效率、工作效率的提高。20 世纪初，美国古典管理学家，被后世称为"科学管理之父"的弗雷德里克·温斯洛·泰勒（Frederick Winslow Taylor，1856—1915 年）提出了"科学管理"理论，它是建立在三大实验基础上的，其中之一就是著名的铁铲实验。为研究每一锹最合理的铲取量，泰勒进行了著名的铲生铁和时间研究实验，用不同大小的铁铲做实验，每次都使用秒表记录时间。他发现：每铲取 21 lb[①]（约 10 kg）时，一天的材料搬运量为最大。他由此确定每个工人的平均负荷是 21 lb。

---

① 1 lb = 0.454 kg。

据此，他专门建立了一间大库房，里面存放了各种工具，每个负重都是 21 lb，也准备了多种铲子，每种只适合铲特定的物料，工人从此不必自带工具。他对工人的操作进行了长时间研究，改进操作方法，制定标准时间，在不增加劳动强度的条件下提高了工作效率。

动作研究的主要发明者、美国工程师 F. B. 吉尔布雷斯（Frank Bunker Gnlbreth）和 L. H. 吉尔布雷斯夫妇则完成了著名的"砌砖研究"。吉尔布雷斯发现不同的施工者在不同的场合下动作各不相同，他认为其中一定存在一种最合理的施工方法，能使效率最高，施工人员的疲劳度也最低。在该研究中，他通过对砌砖动作进行分析和改进，制定正确合理的动作，节约工时，提高工效，改善工时利用的有效方法，目的是以最少体力消耗来取得最大成果，也就是在实际工作中尽量增加有价值的动作，缩短或取消徒劳的动作，提高劳动生产率。

他们的理论和研究都对后来人因工程学的发展起到了重要作用，但并没有明确提出"机器适应人的思想"，反而更多地强调如何"使人适应机器或工作"。

2) 兴起时期——工业革命推动研究人类因素对工作效率的影响

工业革命的发展为工作效率研究提供了重要背景。该阶段主要研究如何减轻疲劳及人对机器的适应问题。在美国芝加哥西方电气公司的霍桑工厂进行了长达 8 年的"霍桑实验"，实验得到的结论是工作效率不仅受到物理的、生理的因素影响，还受到组织因素、工作气氛和人际关系等的影响。

3) 成长时期——"人适机"转向"机宜人"

"二战"期间，由于战争的需要，很多战斗机设计复杂，难以操控。传统手段是训练飞行员的能力，但随着战斗机功能越来越多，控制器和仪表已经复杂到即使是最优秀的飞行员也会因飞行失误而导致事故。因此，在军事领域开始考虑设置相关学科的综合研究，由"人适应机器"转到"机器适应人"的新阶段。随着相关研究的不断深入，研究人员逐步意识到，人的因素在设计过程中是一个不可忽视的重要条件。同时，复杂装备的设计，不仅需要考虑工程技术知识，还需要考虑生理学、心理学、人体测量学等学科知识。

战争结束后，相关研究理念与方法逐渐从军事领域向非军事领域转移，如飞机、汽车、机械设备、建筑设施以及生活用品。在这个时期，亨利·德雷夫斯（Henry Dreyfess）围绕建立舒适的、以人机学计算为基础的驾驶工作条件这一中心，为约翰·迪尔公司开发了一系列农用机械。这些机械外形简洁，其中与人相关的部件设计合乎人体舒适的基本要求，这是机器适应人的一个非常重要的进步与发展。德雷夫斯的设计信念是：设计必须符合人体的基本要求，他认为适应于人的机器才是最有效率的机器。经过多年的研究，德雷夫斯总结出有关人体的数据以及人体的比例及功能，1955 年出版了专著《为人的设计》，该书收集了大量的人体工程学资料；1961 年他又出版了著作《人体度量》（the Measure of Man），进一步推动了"人适机"向"机宜人"理念的发展。因此，德雷夫斯也成为最早把人因工程系统运用在设计过程中的设计专家。

4) 发展时期——新型技术与多学科交叉

"二战"的军事装备改进需求是人因工程学科的催生剂，但其发展壮大与工业革命紧密相连。随着工业革命 1.0 机械化时代，发展到 2.0 电气化时代，再到 3.0 信息化时代和未来智能化时代，人因研究从早期关注劳动效率和职业病，到深入解决复杂的人与智能系统安全高效交互的问题，人的能力提升也经历了从体力解放、效率提升到智能增强的发展历程。工业革命为人因工程发展提供了难得的舞台；同时，人因工程也推动了工业革命的进步，特别是提升了工业产品和系统的适人性水平。

20世纪70年代后，人因工程学进入了一个新的发展时期。这个时期人因工程学的发展有四个基本趋势：一是研究领域不断扩大。从传统人机关系研究扩大到人与工程设施、生产制造、技术工艺、方法标准、生活服务、组织管理等要素的相互协调适应上。二是应用范围越来越广泛。人因工程学的应用从航空航天、复杂工业系统扩展到各行各业，以及人类生活的各个领域，如衣、食、住、行、学习及工作等各种设施用具的科学化、宜人化。在新兴的信息与互联网技术和产品中，人机界面与人机交互设计对产品的用户体验尤为关键。人—技共生、人—环交互、道德和隐私安全、幸福和健康、普适可达性、学习和创造力、社会组织和民主等被列为现代人机交互七大挑战。三是与认知科学结合越来越紧密。人因工程研究的核心是人，而认知科学对人的意识与思维的认识为人因工程的发展提供了重要的理论基础。近年兴起的神经人因学得到了广泛关注和发展。四是新技术涌现带来新的人因挑战和方向。大规模数字化、云计算、物联网、无人驾驶、虚拟现实、先进机器人技术、人工智能等领域兴起，导致了人机关系的变化，也带来了新的人因方向。如美国国防高级研究计划局（DARPA）和美国国防研究所（NDRI）等研究机构在部署未来颠覆性技术研究计划中，高度关注了人员效能增强、先进人机交互技术、人—智能机器人协作等新方向。

借助新生技术，人因科学的研究范式取向不断拓展。这种拓展提升了人因科学研究的方法论，扩展了学科研究的范围和解决问题的深度，进而推动了人因科学的不断发展。智能技术的新特征、人因科学研究理论和对象（人机关系）的跨时代演变带来了对人因科学研究范式取向的新思考。人因学者们针对智能时代的人因科学研究范式取向开展了新探索，提出了人智协同认知系统（Human-AI Joint Cognitive System）、人智协同生态系统（Human-AI Joint Ecosystem）和人智共生社会系统（Human-AI Symbiotic Social System）新学科概念模型和框架，体现了人因科学研究范式从"点"（单一人机系统）到"面"（跨人机系统）再到社会技术系统（Sociotechnical Systems，STS）宏观环境的不断拓展。

人智协同认知系统强调人—智能系统之间存在的合作关系，将一个智能人机系统表征为两个认知体协同合作的一个协同认知系统，智能系统便成为与人类用户自主合作交互的团队队友，通过自然有效的交互方式（如语音、手势、表情等）与人类用户进行双向主动式交互和协同合作。人智协同生态系统则是突破面向单一人智系统的研究范式取向，从生态系统化的研究范式取向，整体考虑多智能体系统间的相互作用和协同合作，这不仅是面向一个产品或系统，而是面向一个包括技术变革、系统演变、运行方式创新和组织适应等特征的跨智能体（产品）的生态体系。人智共生社会系统探讨了如何在复杂的社会技术系统中有效地研发和使用智能系统，在这个过程中就更需要考虑系统组成、认知代理、人机关系、用户需求、系统决策和控制权、系统学习能力、系统设计范围、组织目标和需求、系统复杂性和开放性等智能时代STS新特征。人因工程学科概念模型和框架如图1.3所示。这些概念模型的提出反映了人因工程学在智能时代面临的新挑战和新机遇，拓展了智能时代人因科学研究的角度、方法和范围。为了更好地应对复杂多变的环境，人因工程学需要融合多学科的理论和方法，采用系统工程的思维，注重人与智能系统之间的协同和共生，确保技术发展符合人类的需求和价值观，推动社会的可持续发展。

总体来看，人因工程学科发展势头良好，但也存在一些问题有待解决完善：一是群众（特别是管理层、工程师、用户）普遍对人因工程的潜在价值还缺乏足够认识。二是现有人因工程技术和方法难以支撑实际应用需求,如市场上缺少工效学设计与验证的工具软件和产品,评价标准缺乏且不统一。三是与工程学、心理学等经典学科相比,人因工程还较羸弱,仍在发展中,特别需要形成自身的理论基础。四是由于其多学科背景,研究方向及应用范围过于宽泛,在学界交流时有时难以厘清。

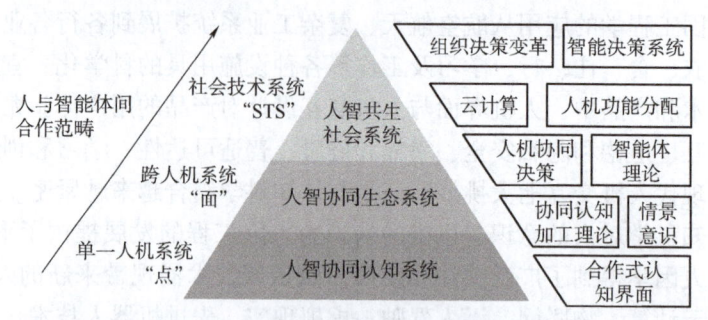

图 1.3　人因工程学科概念模型和框架

1.2　人因工程学的知识体系及应用领域

1.2.1　人因工程学的知识体系

人因工程的知识体系虽然涵盖多个学科的交叉与互补,但人始终作为人因工程学的研究主体。传统的人因工程研究基本内容主要包括人的工作环境、人的工作效能、人体测量与作业空间设计、人机系统与人机界面设计、劳动安全事故五大块。以人因工程学主题矩阵对相应的研究范围进行划分,面对不同的产品或对象,研究人的不同因素特点,如图 1.4 所示。总体来说,人因工程学有三个专业研究领域:认知人因学、生理人因学和组织人因学。本章的设置也同样按照这个逻辑逐一展开。

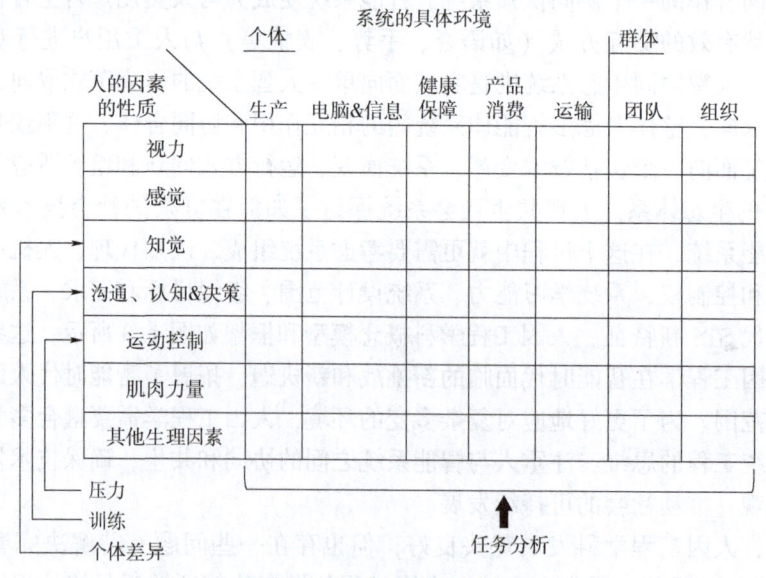

图 1.4　人因工程学主题矩阵

1）认知人因学

可以理解为"脖子以上的"人的因素，主要侧重于认知过程，如感知、记忆、推理和响应等过程。大脑对信息的处理直接影响着人与系统其他元素的交互。相关研究课题包括脑力负荷、决策过程、熟练操作、人机交互、人的可靠性、工作压力和训练等。

2）生理人因学

作为典型的"脖子以下的"人的因素，生理人因学主要关注人在进行不同活动时的基础行为与生理特征变化，如利用人体测量学、生物力学等研究方法探究工人在典型作业中的操作风险及在不同环境下的生理极限，关注人在进行不同活动时人体解剖学、人体测量学、生理学和生物力学特征。我们常听到的符合"人体工学"的座椅设计就属于典型的生理人因学范畴。

3）组织人因学

"组织"在这里指的就是人组成的集合，认知和生理人因学侧重于个体的研究。组织人因学关注社会技术系统的优化，包括组织的结构、政策和过程对整体社会或群体行为的影响。例如紧急逃生标志的设计、疏散通道的位置对群体逃生行为的影响，具有典型的情景和跨文化特点。组织人因学是运用系统分析的方法，研究各类组织中人的心理和行为的规律，有助于提高管理人员预测、引导和控制人的行为的能力，以实现组织目标。

1.2.2 人因工程学的研究内容

人因工程学的研究包括理论研究和应用研究两个方面，但学科研究的总趋势还是具有极强的应用导向型。其主要研究内容可以概括为以下几个方面。

1）研究人的生理与心理特性

人因工程学从学科的研究对象和目标出发，系统地研究人体特性，如人的感知特性、信息加工能力、传递放映特性，人的工作负荷与效能、疲劳，人体尺寸，人体力量，人体活动范围，人的决策过程、影响效率和人为失误的因素等。在人机系统中，人员的作业能力直接决定了系统的效能水平，这就需要探究人的作业能力特征、变化规律及其对系统效能的作用机制。具体研究内容包括系统中个体和团队的作业能力的定义、测量和评价，人的感知、认知和决策能力对作业绩效的影响机理，不同环境、机器及任务条件下人的作业能力的变化，人的作业能力的塑造目标及方法等。

2）研究人机系统总体设计

人机系统的效能取决于它的总体设计。系统设计的基本问题是人与机器之间的分工以及人与机器之间如何有效地进行信息交流等问题。总体可以理解为以人为中心的系统工程研究，重点利用系统工程的研究方法与思路，将人机系统看作一个复杂对象，并在考虑系统总体设计时将人的工作状态和需求放在核心位置。

3）研究人机界面设计

在人机系统中，人与机器相互作用的过程，就是利用人机界面上的显示器与控制器，实现人与机器的信息交换的过程。研究人机界面的组成并使其优化匹配，产品就会在功能、质量、可靠性、造型以及外观等方面得到改进和提高，也会增加产品的技术含量和附加值。机械化时代的人机界面是各种操作机器，信息化时代更多是软硬件系统，智能化时代则是各种智能组合形式的系统。近年来，新技术所导致的人机关系的变化引起了人们的关注。在自动化与智能化的背景下，人机关系的研究从人机匹配扩大到人机协同、人机互知、人机互信、人机融合等。

人机关系的变化带来了自适应界面设计、生态界面设计等新的研究命题，同时推动相关学者提出了更多需要研究的特殊问题，其中人机信任、伦理导向的人工智能设计等问题尤其突出。新型人机交互技术，除了解决手势、眼动、脑机等多模态交互理论与感知机制外，还需要考虑未来人机交互界面将从实体交互到虚拟交互的发展。未来新技术的发展，还将持续带来新的人因研究课题，包括人与这些新技术交互的特点、产生的新问题以及解决这些问题的新理论和设计方法。

4）研究工作场所设计和改善

工作场所设计的合理性，对人的工作效率有直接影响。工作场所设计包括工作场所总体布置、工作台或操纵台与座椅设计、工作条件设计等。

5）研究工作环境及其改善

作业环境包括一般工作环境，如照明、颜色、噪声、震动、温度、湿度、空气粉尘、有害气体等，也包括高空、深水、地下、加速、减速、高温、低温、辐射等特殊工作环境。人因工程学主要研究在各种环境下人的生理、心理反应，对工作和生活的影响；研究以人为中心的环境质量评价准则；研究控制、改善和预防不良环境的措施，使之适应人的要求。

6）研究作业方法及其改善措施

在作业方法及其改善措施方面，人因工程学主要研究：人在从事体力作业、技能作业和脑力作业时的生理与心理反应、工作能力及信息处理特点；作业时合理的负荷及能量的消耗、工作与休息制度、作业条件、作业程序和方法；适宜作业的人机界面等。

7）研究系统的安全性和可靠性

人因工程要研究人因失误的特征和规律，人的可靠性和安全性，找出导致人为失误的各种因素，以改进人—机—环境系统，通过主观和客观因素的相互补充和协调，克服不安全因素，搞好系统安全管理工作。相关的科学问题包括：不安全行为与人误的表现特征及规律，人机交互及任务环境因素对人误的作用途径及机理，人误与人因可靠性建模、分析与评估的理论与方法，人误预防、检测、预警与干预的一体化系统安全保障理论等。

8）研究组织与管理的效率

人因工程学要研究人的决策行为模式；研究如何改进生产或服务流程；研究组织形式与组织界面，便于员工参与管理和决策，使员工行为与组织目标相适应等。

1.2.3 典型应用领域

随着人们对人因工程学研究的不断深入，其知识体系得到不断完善，相关应用已经深入与人有关的各个领域，如表 1.1 所示，从人们的衣、食、住、行，到科学技术的高速发展，都与人因工程学有着密不可分的关系。例如面向产品设计与改造，在汽车驾驶中，驾驶员生理、心理特征与驾驶行为关系密切，通过技术融合并创建评价方法，开发出能更好地适应人驾驶需求的人机交互界面，提升道路交通安全性和驾驶体验。基于人因研究，华为手机鸿蒙系统和交互系统实现了界面设计优化、交互体验升级和功能创新，达到个性化的视觉效果和更加自然、流畅的操作。同时，人因工程考虑到特殊人群的需求，设计各类设施和服务、工作环境、消费品等，以确保所有人都能拥有安全舒适的工作和生活条件，不因年龄、体形和能力等受到限制。为满足不同群体对豪华邮轮高舒适性、高体验性的需求，美学设计贯穿邮轮建造的全过程，助力邮轮在适人性方面更充分地发挥应用价值。结合人的情感感知体验分析，设计师使用人因分析进行精准决策，依据社区外环境空间要素，对一些具有代表性的工业建筑进行保护，同时对这些建筑的空间布局和结构进行科学合理的调整，既保证它们的功能能够持续有效地发挥与利用，同时也保留其独特的历史文化与人文精神。此外，人因工程也致力于改善城市环境、美化城市风貌，凭借以人为本的设计理念为城市创建更舒适、更宜人的环境。

表 1.1　人机工程学的主要应和领域

主要领域	类别	具体例子
产品设计与改进	机电设备 交通工具 建筑设备 宇航系统	数控机床 飞机、汽车 工业与民用建筑 宇宙飞船
作业设计与改进	作业姿势 作业量 工具选用和配置	工厂生产作业 车辆驾驶作业 货物搬运作业
作业环境设计与改进	声、光、热、振动、气味等	车间 控制中心 计算机机房
作业流程设计与改进	人与组织 人与设备 信息、技术模式	经营流程 生产与服务过程优化 管理运作模式 管理信息系统 计算机集成制造系统 决策行为模式 人员选拔与培训

1）工业领域

制造是人运用工具将原材料转化为能够满足人们生产生活需要的产品和服务的过程。跟随工业革命1.0机械化时代的脚步，早期人因工程的研究主要围绕工人的劳动效率和职业病，到2.0电气化时代与3.0信息化时代，人因工程的发展壮大与工业革命紧密相连。面对未来智能化时代的脚步，人因工程始终以提高生产效率为目标，深入解决人与复杂系统的安全高效交互的问题。随着制造业的进步与发展，人因工程的关注焦点也从传统的降低疲劳、体力解放、效率提升，转变为人的智能增强。工业革命的发展为人因工程发展带来了巨大的发展动力。与此同时，人因工程的研究进展也推动了制造业的进步，特别是提升了工业信息交互系统的适人性水平。

"十四五"规划纲要提出要深入实施制造强国战略，推动智能制造发展，促进制造业智能化升级，实现"中国智造"转变。在汽车行业，由于车型的频繁变更需求，企业制造系统需要具备更加柔性化的部署能力，以满足未来制造小批量、多品种的生产需求。在3C行业，电子产品的更新换代周期通常在1~2年，导致生产线经常需要改造，部署调整成本较高。因此无论是考虑生产周期还是实施成本，单纯依靠传统工业机器人很难满足这些行业的生产需求。面对生产车间柔性化、用户个性化定制等复杂作业需求，过分追求信息化、数字化的生产模式亟须发生改变。因此，工业5.0的概念逐渐引起人们的关注，作为工业4.0的延续和补充，除了注重产业结构优化和自动化水平提升等，工业5.0重新将人类置于制造业中心，让技术主动服务和适应人类，同时更注重人的价值和感受等因素。图1.5展示了智能制造新一代人（H）、物理系统（P）、信息系统（C）的关系。

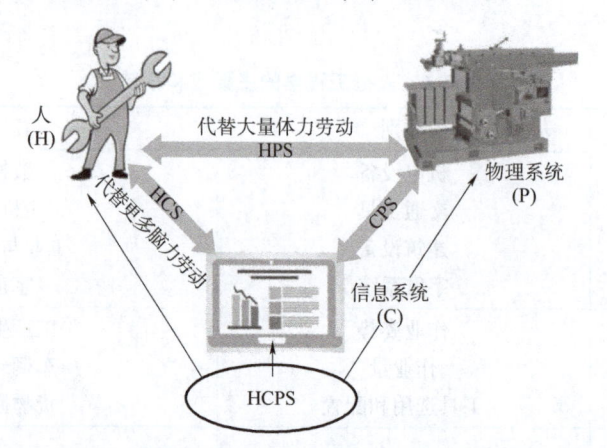

图1.5　智能制造新一代人—信息系统—物理系统的原理简图

在未来智能制造的蓝图中，人机协同成为主流生产和服务方式。由于人与机的深度协作，人在智能制造系统中的作业任务和要求都发生了巨大的变化。尽管人不再以承担重复性工作的形式存在，在决策回路系统中人仍然是中心环节，始终处于核心主导地位。人机协同的深层内涵是"人机智能融合"，它代表"人"与"机"需要共同完成指定任务，尤其在完成动态作业任务的过程中，制造系统需要与工作人员保持步调一致。

随着新一代智能制造相关研究的进展，大数据智能、群体智能、跨媒体智能、混合增强智能以及自主无人系统在极大程度上改变了人在系统中的作用。由于信息系统开始具备深度学习和自主认知与决策的相关能力，人类可以将更多的重复性工作或简单脑力劳动，甚至知识型工作交给信息系统完成。这使人类可以将更多的精力放在思考和从事需要更多想象力和创造力的工作上，这一变化将贯穿整个智能制造系统的设计、生产、物流、销售、服务等环节。在此类系统中，人主要作为系统的设计者存在，虽然直接参与系统的实时运行与控制性工作减少，但仍然需要参与系统的运维、创新和优化等环节。因此，人因工程的研究已从传统的优化工人动作、降低疲劳，转变为覆盖智能制造设计、生产、物流、销售、服务等全生命周期的多维度人的因素的研究。智能制造系统中人的因素如图1.6所示。

2）交通工具

交通，是人类衣食住行等活动的重要组成部分，交通随着社会经济水平的提高而迅速发展。当前我国交通形成了高铁、飞机、汽车、火车等多种方式相结合的强大网络。交通运输不仅具有满足客观要求的物理结构和功能，还具有美化人类生活的审美意义。该趋势是社会经济发展的必然结果，也是人们对精神需求日益增加的体现，因此将人因工程与交通运输相结合是一条新的研究路径。

以人为本的交通美学强调研究在特定交通工具中以人为中心的人性化交通美学设计，即

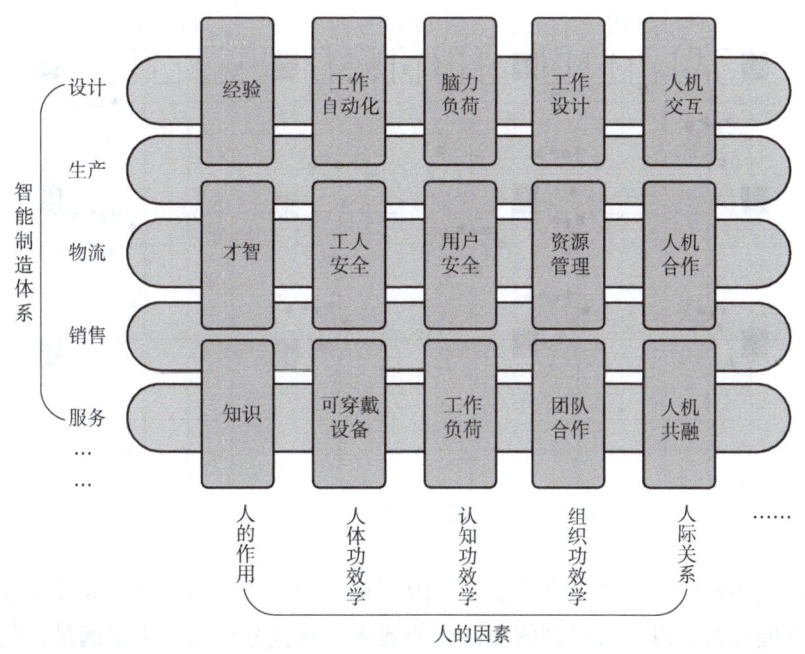

图 1.6　智能制造系统中人的因素

在道路设计、汽车设计、交通控制设计的过程中融入人因工程学思想，把人作为交通工具服务的核心，最终实现不同人员（驾驶员、乘员等）交通需求与心理需求的目标，为出行者提供人性化、快速便捷且舒适优美的交通空间。高铁座位和驾驶舱的设计如图 1.7 所示。以人为本的交通美学设计不仅停留在空间形态、体量色彩等形式层面，更需要了解人的行为特点与交通需求，以满足基本功能为首要目标，最大限度满足人类生活需求，创造从物质到心理的交通环境，这些方面均体现了人因工程学的相关应用。

图 1.7　高铁座位和驾驶舱的设计

3）建筑设施及艺术设计

在公共建筑设施的设计中，斯梯里思观察了伦敦地铁各个车站候车以及剧场门厅的人们（见图 1.8），发现人们总愿意站在柱子附近并远离人们行走路线的地方。同样，在日本，卡米诺在铁路车站进行了类似的研究。从这些研究中可以看出：人们总是设法站在视野开阔而本身又不引人注意的地方，并且不会受到他人干扰的地方。因此，公共建筑设施在设计时需要考虑人的因素及群体行为的变化。

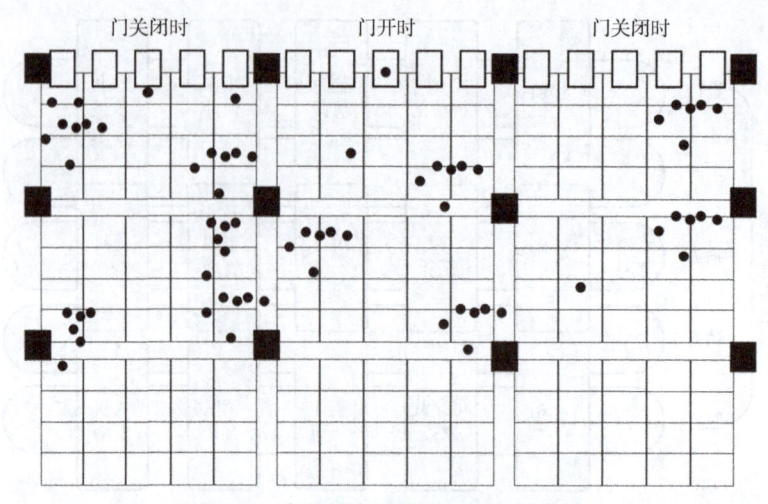

图 1.8　车站候车以及剧场门厅的人们

从建筑设施和室内设计的角度来看，人因工程学的主要功用是研究人体活动与空间条件之间的正确合理关系，以获得最高的生活机能效率。现代室内设计需要满足人们的生理、心理等要求，需要综合处理人与环境、人际交往等多项关系，需要在为人服务的前提下，综合解决使用功能、经济效益、舒适美感。根据人的生理结构、心理特点和活动需要等综合因素，运用科学的方法，一方面通过合理的空间机会和活动设备来取得充分的活动效率，另一方面通过合理的通风、采光、调温和隔音设施来获取充分的生活要素。因此，现代室内设计特别重视人体工程学、环境心理学、审美心理学等方面的研究，也需要了解行为学、社会学方面的相关知识，以科学、深入地了解人们在生理、心理和视觉感受等方面对室内环境的设计要求。

针对不同的使用对象，相应地应该考虑满足不同的要求，例如，幼儿园室内的窗台，考虑到适应幼儿的尺度，窗台高度常由通常的 900~1 000 cm 降至 450~550 cm，楼梯踏步的高度也在 12 cm 左右，并设置适应儿童和成人高度的两档扶手。一些公共建筑顾及残疾人的通行和活动，在室内外高差、垂直交通、厕所盥洗等许多方面应做无障碍设计。近年来，地下空间的疏散设计，如上海的地铁车站，考虑到老年人和活动反应较迟缓的人们的安全疏散，在紧急疏散时间的计算公式中，引入了为这些人安全疏散多留 1 min 的疏散时间余地。上面的三个例子，着重从儿童、老年人、残疾人等的行为生理特点来考虑。

在室内空间的组织、色彩和照明的选用方面，以及对相应使用性质室内环境氛围的烘托等方面，更需要研究人们的行为心理、视觉感受方面的要求。例如，教堂高耸的室内空间具有神秘感，会议厅规整的室内空间具有庄严感，而娱乐场所绚丽的色彩和缤纷闪烁的照明给人以兴奋、愉悦的心理感受。我们应该充分运用现实可行的物质技术手段和相应的经济条件，创造出满足人和人际活动需要的室内人工环境。

4）宇航及核电系统

载人航天任务，由于其系统的复杂性和任务的多样性，对航天员的安全和操作的可靠性要求非常高。由于系统的复杂性和航天任务的相对不确定性，历史上载人航天任务事故多次发生，我国载人航天任务当中也出现过返回舱着陆未及时切伞，出舱、舱门开启不畅等一些险情。追根溯源，对人的因素考虑不足往往是引发事故的重要成因。航天任务和航天员生理心理安全的实际应用需求使航天人因工程得到重视和发展。

当前航天人因工程研究的基础和核心是航天员的作业能力与绩效，以深入了解人在太空中的能力和局限性为目的，着力探讨人体参数及生物力学特性、舱外作业能力、感觉知觉能力以及心理和行为健康等方面。其他的研究热点集中在航天器人机界面与人机交互、航天人误与人因可靠性、人—系统整合设计与评估三个方面。人机界面与人机交互研究为航天器人机交互效能的提升提供了重要的理论和技术支撑。航天人误与人因可靠性，通过对航天人误事件的分析研究识别人误的影响因素，认识和掌握人误的普遍特征与规律，深入研究其内在的机制与机理。人—系统整合设计与评估主要面向航天系统/项目系统开发过程，遵循评价标准及规范，解决人与智能机器人、智能交互系统等团队协同中的人因问题。近10年来，我国航天人因工程的研究成果丰硕，成功助力我国载人航天与空间站建设事业的开展。

在核电领域，人因工程将人作为一个重要因素引入核工程的设计之中，充分研究人机交互作用，以期获得安全和高效的工艺设备与稳定可靠的系统。当前世界上已经投入运营的核电站大部分是第二代核电，但早期第一代、第二代核电站在设计建设的过程中并没有充分考虑人与机器、环境的相互作用。对人的因素考虑的缺失，使核电站在运营发展过程中产生了很大的安全隐患，也引发了严重事故。核事故后，人因工程开始进入核电安全研究者的视野。20世纪90年代，为了解决二代核电站的安全隐患，各国核工业界开始将人因工程引入核电的实际应用之中，集中力量对严重事故的预防和缓解进行了攻关，在此基础上提出了第三代核电的标准，并在其中明确了提高安全可靠性和改善人因工程等方面的要求。现在各国在建的核电机组基本采用了第三代核电技术。

我国核电人因工程经历了从无到有、初步应用及2009年以后系统应用的发展历程，人因工程在秦山一期、恰希玛一期项目中初步应用，2005年以后开始在恰希玛二期项目中系统应用。人因工程的使用，大幅提高了我国核电的安全性及效率。当前我国秉持"安全第一"的方针发展核电，解决人的问题是核电安全非常重要的问题，人因工程对当前阶段我国核电的积极发展起到了极其重要的保障作用。中国核电人因工程技术研究中心统筹整个核工业全寿期、全链条的人因工程技术研究与应用，具体包括人因失误、人因可靠性、人机界面信息显示设计等方面。核电控制室设计如图1.9所示。同时人因工程对我国先进核电技术的"引进吸收"再到"走出去"也起到了重要的推动作用，当前我国第三代自主核电技术华龙一号出口到英国，经历了非常严格的人因测评，该系统采用先进的人因工程理念来优化系统设计，提升了人机交互效能，这也成为我国核电走出去的重要保证。

图 1.9 核电控制室设计

5)服装及智能产品

从产品设计的角度出发,我们日常生活中离不开的服装,以及现代社会高度依赖的智能手机、电脑等产品的设计中到处都体现着人因工程学的应用。

在服装设计领域,形成了服装工效学这一门边缘学科,其研究的对象主要是人、服装和环境及其相互关系,力求使服装满足人在特殊条件下的生理和心理需求。研究人的因素主要包括人的形体特征、心理和生理特征;服装的研究主要是在人的研究的基础上设计服装的结构、款式、色彩搭配及材料选择等;环境的研究主要包括外部的物理环境(气候条件)和社会环境(团体、人与人之间的关系、工作类型等)。随着人们对服装舒适性要求的提高,服装工效学的研究逐步受到重视,并从经验逐渐转向科学性和合理性。服装工效学研究的主要内容包括以下几个方面:

①人体形态、运动机能与服装运动舒适性研究。
②人体热湿生理机能与服装热湿舒适性研究。
③人体神经生理机能与服装感觉舒适性研究。
④人体形体数据的测量及其数据的应用研究。
⑤功能服装(智能服装)及其材料的研究。

智能产品的应用体现在界面设计、交互体验和功能实现上,打造符合用户行为习惯的个性化设计。当iPhone6进入大屏幕时代,出现了一个小的变化,那就是开机键从顶部移到了侧面,这就是基于人手大小和操作习惯的设计,也是人因工程学在产品设计方面的典型应用。iPhone16带来了一个新的按键——相机压感按钮,也就是传闻已久的快门键,支持轻按手势的高精度压力传感器代替机械按键,无论是竖持还是横持使用,内嵌设计的相机控制按键几乎无感,这在一定程度降低了误触的风险,而一旦遇到需要使用相机的场景,这个按键的功能就会被快速激活。又或者,华为鸿蒙系统 HarmonyOS 的三个设计理念 "One Harmonious Universe" 中 "One" 就是指 "万物归一,一切设计回归人的原点",所有的视、听、触感受都是基于人因研究,力求为用户在数字世界中还原真实感受,动效的设计是从宇宙星体的运动形态中抽象形成的,交互时的力量节奏感和震动触感给用户带来了前所未有的灵动体验,这也从科技方面解答了人、设备、环境三者的关系。

6)医疗与健康领域

医学是救死扶伤的科学,对人的关注度非常高。由于临床医学的行业特殊性,人们对医生和医疗器械等各方面的要求都比普通行业高,从人因工程的角度考虑医疗"人—机—环境"系统的协同与优化,能确保医疗设备和环境符合医疗人员和患者的需求,从而提升医疗安全性、效率和患者满意度。

在医疗方面进行人因工程的探究,越来越得到人们的重视,也取得了迅速的发展。当前针对医疗与健康领域的人因研究主要集中于医疗器械的可用性测试和评估,主要围绕在制造医疗器械时,需要根据中国人来进行可用性测试,而不能生搬硬套国外的没有根据中国人的人体尺寸和特性进行人因测试的设备。这样可以保证产品的人因特性,让产品更实用,在保证治疗效果的同时,还可以提高病人的舒适度,消除其心理恐惧。同时也能解决医生在使用上的困难,减少长时间使用的生理不适。例如,腹腔镜手术器械多为进口产品,根据中国医生手部尺寸等特性进行人因设计和可用性测试,这对提升医生使用器械的舒适性和改善手部不适性是很有必要的。同时在医疗环境的宜人性优化、导诊及计算机工具的设计过程中,也考虑了人的行为习惯,此外对医疗设备的维修、医疗作业空间的设计和改进等方面都有人因工程学的应用。

1.3 人因工程学多学科交叉特性

人因工程学是由许多不同学科、不同专业工作者共同研究而发展起来的。因此，它具有多学科性、交叉性和边缘性的特点。人因工程学的主要相关学科如图 1.10 所示，学科之间的关系如图 1.11 所示。人因工程学的形成吸取了众多学科的研究成果、思想、原理、准则、数据和方法，依据认知人因、生理人因和组织人因的分类，可以将多学科进行归纳。

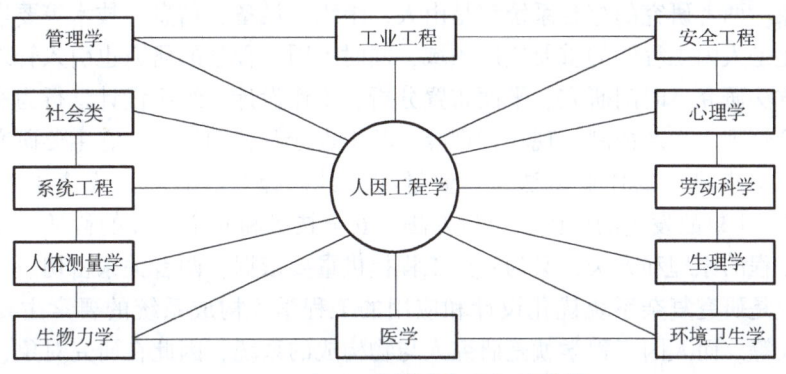

图 1.10 人因工程学的主要相关学科

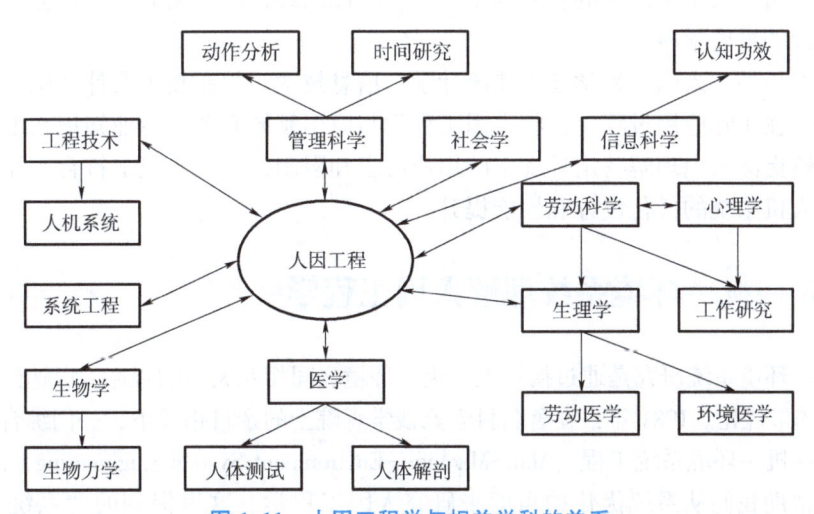

图 1.11 人因工程学与相关学科的关系

认知人因学的部分涉及一个核心基础学科——心理学，人的任何工作和行为都离不开心理活动。人的信息接受、加工与反应动作，人的行为与工作效率，学习过程与技能形成等都是设计和改进人—机—环境系统的重要依据。心理学包括实验心理学、应用心理学和工业心理学。工业心理学中的重要分支——工程心理学的研究对象也是人—机—环境关系，它的侧重点是人的工作效能与行为特征，它与人因工程学有更密切的关系。

生理人因学建立在生理学、卫生学和医学基础之上。研究人因工程学问题的原理和机制，常常需要从人体生理过程、引起职业病的原因和人体解剖原理进行分析。如研究人的工作负荷、作业方法和姿势，就需要基础代谢、能量消耗、肌肉疲劳、机体结构方面的知识；研究环境影响和职业危害就需要环境卫生和病理学等方面的知识。人体测量学主要研究人体静态和动态的测量数据。这些数据是机具优化、作业空间规划和人机界面设计的重要依据。人体测量数据要反映不同国家、民族、地区及群体的特点与差别，这些数据对设计优化具有重要意义。生物力学主要研究人体运动及受力情况，人与机器、工具间受力关系，包括力学特性、运动特点、不同体位与姿势下的力学问题以及致疾致伤原因等。人体测量数据是优化机器、工具设计、改进作业方法、制定相关标准的重要依据。

从组织人因学的角度来看，管理学与工业工程都把管理与生产（或服务）系统的优化作为研究对象。两者研究的综合系统都是由人、组织、设备、信息、技术等要素构成的。管理与生产优化是人因工程学的重要应用领域，同时人因工程学的研究也引入管理学科的知识和方法，如方法研究、时间研究、平面布置分析、工作设计、组织设计、行为科学、人力资源管理、决策管理、生产控制、现场管理等。其中也涉及劳动科学，它主要研究适宜的劳动环境和条件，追求最佳的作业方法、作业量和工具选择及布置等。安全工程是研究生产（或服务）过程中事故发生的原因、分析方法、安全技术和安全管理的科学。人因工程学既要应用安全工程的原理和方法，又为安全工程提供重要依据，两者关系密切。

系统工程是研究复杂系统优化设计和应用的工程学，构成系统的要素主要有机械、设备、信息和人等。而人因工程学就是研究人与物构成的系统，因此在研究对象、方法与解决实际问题方面这两个学科有密切关系。现在人—机—环境系统工程已成为系统工程学科的一个重要分支。由于人是系统中的重要因素之一，因此围绕人的要素研究的社会学和管理学均属于系统工程的重要学科。

除上述学科外，人因工程学还需要统计学、信息技术、控制技术及计算机等相关学科的理论与方法。在实际应用过程中，将人因工程学与应用领域有关的专业知识和工程技术相结合，我们能够更深入地理解特定环境下的用户需求和限制，开发出更加符合实际应用的解决方案，实现人机系统的优化设计和性能提升。

1.4 从人—机—环境系统理解人因工程学

人—机—环境系统研究是通过揭示人、机、环境之间相互关系的规律，以达到人—机—环境系统总体的最优化。1981年，在著名科学家钱学森院士的亲自指导下，一门综合性边缘技术科学——人—机—环境系统工程（Man-Machine-Environment System Engineering，MMESE）在中国诞生，帮助我们从系统优化的角度来研究人因工程学。这里提到的"系统"，是由人、机器和其他一些相互作用的因素共同组成的。

1.4.1 人—机—环境系统的定义和研究内容

人—机—环境系统工程是运用系统科学理论和系统工程方法，正确处理人、机、环境三大要素的关系，深入研究人—机—环境系统最优组合的一门科学，其研究对象为人—机—环境系统。系统中的"人"是指作为工作主体的人（如操作人员或决策人员）；"机"是指人所控制的一切对象（如工具、机器、计算机、系统和技术）的总称；"环境"是指人、机共处的特定工作条件，包括生产环境、生活环境、室内室外环境、自然环境等。系统最优组合的基本目标是"安全、高效、经济"。所谓"安全",是指不出现人体的生理危害或伤害,并避免各种事故的发生;所谓"高效",是指全系统具有最好的工作性能或最高的工作效率;所谓"经济",就是在满足系统技术要求的前提下,系统的建立要降低成本。人—机—环境系统工程的研究如图 1.12 所示,侧重于人—机关系、人—环关系、机—环关系和三者的系统性研究。人—机—环境系统工程的研究内容主要包括以下七个方面。

1) 人的特性的研究

在人—机—环境系统中,人是最基础的因素,人的生理、心理特性和能力特征是对整个系统进行优化的基础。人具有自然和社会两种属性,对自然人的研究主要包括:人体形态特征参数、人的感知特性以及人在工作和生活中的心理特性等,人的基本素质的测试与评价;人的体力负荷、脑力负荷和心理负荷研究;人的可靠性研究;人的数学模型(控制模型和决策模型)研究;人体测量技术研究;人员的选拔和训练研究等。对社会人的研究包括:人在生活中的社会行为、价值观念、人文环境等。

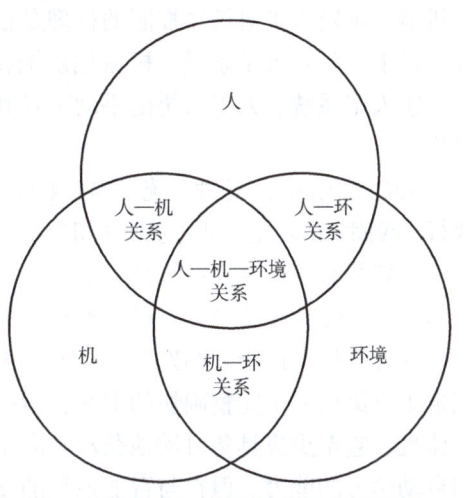

图 1.12　人—机—环境系统工程的研究

2) 机的特性的研究

包括被控对象动力学的建模技术研究、机的可操作性研究、机的可维护性研究、机的本质安全性(防错设计)研究等。

3) 环境特性的研究

主要包括对环境检测技术的研究、环境控制技术的研究和环境建模技术的研究等。

4) 人—机关系的研究

包括:静态人—机关系研究(作业域的布局与设计);动态人—机关系研究(人—机界面研究、显示和控制技术研究、人—机界面设计及评价技术研究;人—机功能分配研究、人—机功能比较研究、人—机功能分配方法研究、人工智能研究);多媒体技术在人—机关系研究中的应用;数字人体在人—机关系研究中的应用等。

5) 人—环关系的研究

包括环境对人影响的研究、人对环境影响的研究、个体防护措施的研究等。

6) 机—环关系的研究

包括环境对机器性能影响的研究、机器对环境影响的研究等。

7) 人—机—环境系统总体性能的研究

包括人—机—环境系统总体数学模型的研究;人—机—环境系统模拟(数学模拟、半物理模拟和全物理模拟)技术的研究;人—机—环境系统总体性能(安全、高效、经济)的分析和评价研究。

1.4.2　人—机—环境系统的主要研究对象

1) 人机系统

人机系统是指一个或多个人员、设备所构成,向系统输入给定的数据,就会产生期望的输出的系统。这里，机器可以是某种物体、设备、事物等任何被人们用来完成目的的东西。人机系统可以简单到只是人和一把锤子的系统，也可以是一个智能座舱和驾驶员、家用电器和操作者，复杂的系统有飞行器、核电控制器等，生活中的复杂服务系统，如医院、游乐园、高速公路、机场等。人机系统存在的目的是一起完成任务，典型的例子是人操作仪器。机器的显示器对操作者产生相应的刺激，操作者对接收到的信息进行加工，然后做出反应控制机器。确定人工对机器控制的机理是描述人机系统的方法。根据人在其中的角色不同可以分为以下三类：人工系统、机械化系统和智能系统。

①人工系统。人工系统由手动工具和其他辅助工具组成，依靠操作者自身的力量去完成操作。

②机械化系统。这种系统又称为半自动化系统，由各种不同类型的机器组成。这些机器通常执行比较固定的功能。动力主要由机器提供，操作者通常使用控制装置完成基本的控制功能。

③智能系统。这种系统是指能产生人类智能行为的计算机系统。智能系统不仅可自组织性与自适应性地在传统计算机上运行，而且可以自组织性与自适应性地在新一代的冯诺依曼结构的计算机上运行。"智能"的含义很广，其本质有待进一步探索，因而，对"智能"一词也难以给出一个完整确切的定义，但一般可作这样的表述：智能是人类大脑的较高级活动的体现，它至少应具备自动地获取和应用知识的能力、思维与推理的能力、问题求解的能力和自动学习的能力。但在与智能系统的交互过程中，需要人来决策、思考，如何让人准确感知、理解智能系统状态，需要在设计初期考虑。

2）人—机—环境的相互作用

人—机—环境系统工程强调环境因素不再作为一种被动的干扰因素排斥在系统之外，而是作为一种积极的主动因素纳入系统之中，并成为系统的一个重要环节。很显然，环境既影响人的生存和工作能力，又影响机的性能和可靠运转。反之，人和机也影响环境的状态。所以，环境与人、环境与机、环境与系统之间，既存在信息流通、信息加工问题，也存在信息控制问题，这就更加突出了环境在系统中的重要作用。人和环境的相互关系如图1.13所示。

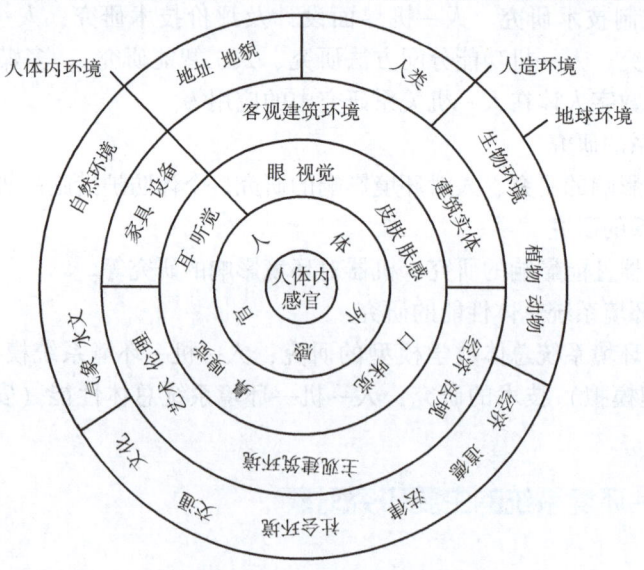

图1.13 人和环境的相互关系

人和环境的交互作用，表现为刺激与反应。在我们的各种生活环境中，除了人的形态与空间有关，人的知觉与感觉也是非常重要的因素。知觉和感觉是指人对外界环境的刺激信息的接收和反应能力。它是人的生理活动的一个重要方面。了解知觉和感觉，不但有助于了解人类心理，而且为人的知觉和感觉器官的适应能力的确定提供科学依据。总体来说，影响人类的环境因素可分为以下四种：

①物理环境：声、光、热的因素；物理环境与环境设计的关系最密切。知觉与环境是相互对应的，视觉对应光照环境、听觉对应声学环境、触觉对应温度和湿度环境。研究内容也包括微气候要素：空气气温、空气湿度（70%以上高气湿、30%以下低气湿）、气流速度、热辐射条件等。

②化学环境：各种化学物质对人的影响。

③生物环境：各种动植物及微生物对人的影响。

④其他环境。

现代人机系统中，作业人员在特定环境中操作和管理复杂系统和各种数字化设备，当人在这种环境中工作时，既要靠眼睛来观察环境，又要靠细致的注视来完成精确的控制动作，通过人机工程技术分析，就可知道人在操作时如何分配注意力、体力，同时了解仪表、屏幕以及外视景如何设计和合理分配才能获得最好的人机交互效果，既减轻操作人员的工作负荷又避免出错，切实提高人机工效。这对于计算机系统、自动化控制、交通运输、工业设计、军事领域以及社会系统中重大事变（战争、自然灾害、金融危机等）的应急指挥和组织系统、复杂工业系统中的故障快速处理、系统重构与修复、复杂环境中机器人的设计与制造等问题的解决都有着重要的参考价值。因此，本书在依据认知人因学、生理人因学、组织人因学的撰写逻辑基础上，将环境因素作为重要的一章内容并提供了相关领域的应用案例。

1.4.3 人—机—环境系统的相关学科与研究原则

1）人—机—环境系统相关学科

从人—机—环境系统的角度来看，人因工程学是"人体科学"与"工程技术"相结合的产物，是由人体科学、环境科学不断向工程科学渗透和交叉而形成的。它以人体科学中的人类学、生物学、心理学、卫生学、解剖学、人体力学、人体测量学等作为人的研究方面，以环境科学中的环境保护学、环境医学、环境卫生学、环境心理学、环境监测学等学科作为研究的外部环境，以管理工程中的技术科学工业设计、工业工程、安全工程、系统工程、机械工程等学科为主要应用领域，如图 1.14 所示。

人—机—环境系统的概念在我国最早的应用领域是航空航天，面对载人航天特殊的空间环境、复杂繁重的任务、长周期规模庞大的系统研发，人因工程的首要目标是确保安全，而且这里提到的"安全"区别于一般意义上的系统安全，是特别强调因为人的因素考虑不足导致的如人员伤亡、系统失效等安全隐患，在此基础上要让系统的设计充分考虑空间环境下航天员的生理心理要求，使人—机关系协同、系统操控灵便可靠，从而大大提升系统工作效率。

从国际国内航天实践来看，航天人因工程研究与应用包括："环境改变人"，认识人在太空中的能力变化，航天员也是人，其对环境、任务等挑战的风险承受能力也是有限的，未来的航天任务飞行时间更长、任务更复杂、风险更高，必须充分考虑空间环境对航天员能力特性的影响，因此，航天环境物理量参数模拟、物理效应模拟、舱内大气等环境模拟是航天领域人—机—环境系统工程的一大重点。另外，为了使航天员获得在太空中进行舱外作业的方法和技巧，需要在失重环境下对他们进行充分的训练，这种训练需要较大的空间和持续较长的时间。但是，在地球表面由于重力的存在，无法在大的空间中获得真实的持续长时间的失重环境，因此只能采用以主观感觉等效为目标的模拟方法，即中性浮力模拟方法。训练时，受训者完全浸入水中，用质量配平的方法使在水中所受的向上的浮力和向下的重力相互抵消，从而呈现随遇平衡的中性浮力状态，获得一种类似在太空失重状态下的漂浮感，在这种感觉状态下进行舱外作业方法训练。

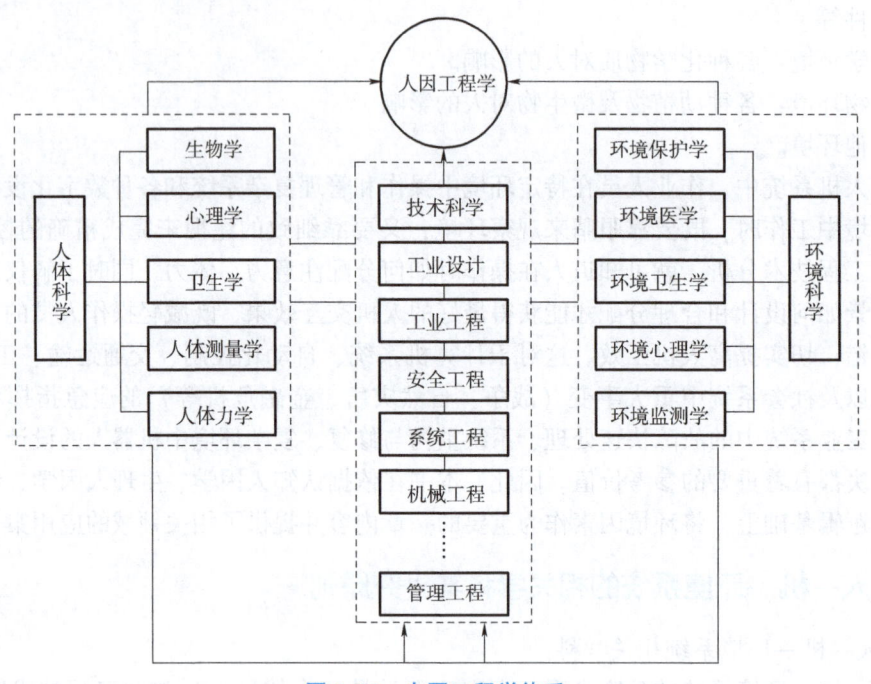

图 1.14 人因工程学体系

2) 人—机—环境系统研究原则

除了对环境的模拟和对航天员生理效应与主观感知的实验，设计一艘好飞船，需要从系统研究的角度出发，建立有工程针对性和适用性强的航天器系统人机界面约束的工效学要求，以此作为保证航天器实现良好人—机—环境系统整合的依据和标准。那么，什么是从系统研究角度出发的方法呢？简要地说，系统方法就是按照系统思维方式（程序），根据不同对象，综合运用各种现代科学技术方法（如数学方法、工程方法、管理方法、决策方法等），去解决不同的问题。其基本原则和方法是模型化、定量化、最优化。这三点既是原则，又是方法，原则通过方法体现出来。下面对这三点加以简单说明。

(1) 模型化

用系统方法研究的对象，例如人—机—环境系统，一般都是复杂系统，在实验研究的基础上，提炼出共性模型，借助模型对实验结论进行推广。模型与原型客体之间必须有相似关系、有代表性（在研究过程中能代表客体）、有外推性（对模型的研究，能得到关于原型的信息），这三条是模型的必要和充分条件。模型的种类很多，常见的有图式模型、数学模型、物理模型、几何模型等。

模型化的任务就是把研究对象看作一个系统和有机整体，从整体出发，研究系统组成要素，各元素之间是什么关系，它们以什么形式相互联结，系统与周围环境是什么关系。在此基础上加以抽象、概括，建立与原型客体相似的模型。这个模型要能准确反映原型各元素之间的结构关系以及系统与环境的关系，能够对客体做出明确的科学描述。建模的关键是对原型客体进行科学的抽象，即把复杂的客观事物合理地加以简化，找出各元素之间以及元素与整体之间的内在联系，并用一定的方式描述出来，如果是数学模型，就是把整体与各元素之间的函数关系用方程式或方程组描述出来。模型的形式往往不限于单一形式，如图式模型与数学模型可以相互结合。

模型化的思维和分析过程，基本上是从系统的角度综合分析的过程，在这个过程中形成系统总体结构，这个总体结构就是系统模型。

（2）定量化

模型的建立，使我们对人—机—环境系统的整体有了初步的、基本的认识，但这种认识还很不够。定性认识的成分比较多，认识了各元素之间的关联方式，而对元素之间的定量认识尚不深刻。但分析方法如果只有定性分析就缺少了科学理论的支撑和迁移推广的能力。同时，初步建立的模型有些是通用性的，适用于许多单位。当研究一个具体对象时，就必须对它的各个部分进行深入分析，研究各部分之间以及系统与环境之间具体的数量关系。如果是数学模型，需要找出模型中各个参量的效值。定量分析中也常常有定性分析，特别是在人的决策、组织行为管理活动中有些内容很难量化，这就要在定性分析的基础上，借助模糊数学加以量化。从上述可以看出，定量化的过程，就是人—机—环境系统思维方式的第二个关键。但这种分析，不是孤立地分析人—机—环境的单方面，而是使元素处在系统整体的联系之中，从相互联系中分析元素的性质、功能以及相互之间的数量关系。通过这样的分析，不仅对元素的认识深化了，而且更进一步明确了对整体的认识。

（3）最优化

最优化是指人—机—环境系统整体的最优化，这是系统工程研究方法的根本目的。以上所提到的模型化、定量化都是实现系统最优化的手段和必要途径。建立人—机—环境系统的意义就是寻找整体的最优解，离开了整体优化，人—机—环境系统的研究就失去了意义。最优化的办法，就是把对各个元素定量分析的初步结果（如动素）放在已建立的模型里（人的行为模型或认知模型），进行模拟试验或电子计算机仿真，试验在特定环境下人机系统的整体表现，并且进行反复修改和试验，合理调整元素之间、元素与系统整体之间以及系统与环境之间的结构、数量关系，以实现人—机—环境系统整体的优化。最优化的过程，实际上是就是模型化、定量化过程的延续，是以整体最优化为目标，探究各元素变量与模型各部分之间关系的过程。

第 2 章
人因工程学的研究方法

> **引 例**
>
> 当前随着智能驾驶的不断发展，车载设备的娱乐化功能进一步被释放。一位司机在使用触控大屏播放歌曲时，因为没有注意到信号灯而将一位行人撞伤。由于这次事故是由操作触控屏而引起的，有专家提出应该在开车时禁止操作触控屏的建议，但受到其他专家的质疑。这种个案的经验是不是能成为禁止所有司机在开车时操作触控屏幕的依据呢？因为一个人的经验不一定代表全体，甚至不能代表多数。我们又该如何确定怎样的触控交互在驾驶中是被允许的？为了解决这项争议，人因测评团队开展了智能驾驶车辆交互性安全评价研究，提出开车时完成触控交互操作是否危及驾驶安全的证据。

2.1 人因工程学的研究方法概述

正如第 1 章所述，人因工程学的研究涉及多个学科，其跨度可以从理解人类大脑的信息处理与加工，到理解人体物理和生理的限度。同时，人因工程的研究者还需要了解人的大脑和身体如何与机器或系统发生交互。而人因工程学在研究目标上，追求提高工作效率和质量，满足人们的价值需要；在研究内容上，着重于研究人类以及在工作和日常生活中所用到的产品、设备、设施、程序与环境之间的相互关系；在研究方法上，对人的能力、行为、限制和特点等相关信息进行系统研究，并将之用于产品、操作程序及使用环境的设计和制造中。下面针对人因工程学的科学研究方法进行详细解释。

2.1.1 基础研究与应用研究

由于人因工程学具备多学科交叉的特点，首先，可以明确的一点是，与人因工程学相关的科学研究涵盖从基础研究到应用研究的各个方面。

基础研究，是指为了获得关于现象和可观察事实的基本原理的新知识（揭示客观事物的本质、运动规律，获得新发现、新学说）而进行的实验性或理论性研究，它不以任何专门或特定的应用或使用为目的。其成果以科学论文和科学著作为主要展现形式，用来反映知识的原始创新能力。基础研究以认识现象、发现和开拓新的知识领域为目的，即通过实验分析或理论性研究对事物的物性、结构和各种关系进行分析，加深对客观事物的认识，解释现象的本质，揭示物质运动的规律，或者提出和验证各种设想、理论或定律。

应用研究，是指那些方向已经比较明确、利用其成果可在较短期间内取得工业技术突破的基础性研究，应用研究中的理论性研究工作也称为"应用基础研究"。它往往具有特定的实际目的或应用目标，具体表现为：为了确定基础研究成果可能的用途，或是为了达到预定的目标探索应采取的新方法（原理性）或新途径。应用研究虽然也是为了获得科学技术知识，但是，这种新知识是在开辟新的应用途径的基础上获得的，是对现有知识的扩展，为解决实际问题提供科学依据，对应用具有直接影响。基础研究获取的知识必须经过应用研究才能发展为实际运用的形式。

2.1.2 研究方法分类

从不同的研究手段来看，研究方法可以分为实验性和非实验性两大类，即实验法与非实验法。实验法是基于人为控制某些因素，通过实验测试特定因素的影响；非实验法则是通过调查法、观测法（行为观测）、测试法（心理测试、感觉评判法；身体测量、生理指征测量）等方法来开展研究的。

从研究结果来看，研究方法可以分为描述性研究、试验性研究、评价研究。

1）描述性研究

用于描绘人的某些特性。如人体尺寸的测量、不同年龄人的听力损失、能够抬多重的箱子等。描述性研究的被测变量可以分为两个基本类别：标准变量、分类变量。标准变量描述研究中的重要特征和行为。根据所收集数据的不同，这些变量可分为：实体特征，如手臂的活动空间、体重；行为表现方面的数据，如反应时间、视觉的敏锐性和记忆的范围等；主观数据，如偏好、观点和等级观念等；生理数据，如心跳速率、体温等。分类变量指的是在一些描述性研究中，常选择有分类的样本研究。这些样本都是基于年龄、性别、教育程度等特征进行划分以后，对典型研究对象有代表性的一些人。

2）试验性研究

用于检测一些变量对人的行为的影响。通常根据实际问题、预测理论来决定需要调查的变量和检测的行为。通常，试验性研究更关心变量是否对行为有影响以及将如何影响的问题。描述性研究则更关心所描述对象的统计结果，如平均值、标准偏差和百分比等。后面会对试验性研究展开详细的介绍。

3）评价研究

类似于试验性研究，但它多是为了评价一个系统或产品，并希望事先了解人们在使用系统或产品时的行为表现。

2.2 人因工程学主要研究方法

人因工程在很大程度上是一门实验科学，其主要任务是把与人的能力和行为有关的信息及研究结果应用于产品、设施、程序和周围环境的设计中。这些知识主要来源于实验和观察。下面针对不同的研究方法进行详细论述。

2.2.1 调查法

调查法是获取有关研究对象材料的一种基本方法，包括访谈法、考察法和问卷法。

1）访谈法

访谈法是研究者通过询问交谈来搜集有关资料的方法。访谈可以是有严密计划的，也可以是随意的。无论采取哪种方式，都要求做到与被调查者进行良好的沟通和配合，引导谈话围绕主题展开，并尽量客观真实。

2）考察法

考察法是研究实际问题时常用的方法。通过实地考察，发现现实的人—机—环境系统中存在的问题，为进一步开展分析、实验和模拟提供背景资料。实地考察还能客观地反映研究成果的质量及实际应用价值。为了做好实地考察，要求研究者熟悉实际情况，并有实际经验，善于在人、机、环境各因素的复杂关系中发现问题和解决问题。

3）问卷法

考察法是研究者根据研究目的编制一系列问题和项目，以问卷或量表的形式收集被调查者的答案并进行分析的一种方法。例如，通过问卷调查一种职业的工作疲劳特点和程度，让作业者根据自己的主观感受填写问卷调查表，研究者经过对问卷回答结果的整理分析，可以在一定程度上了解这种职业的工作疲劳主要表征和疲劳程度等。调查问卷是指围绕某一主题设计的相关问题的集合，只以调查研究的内容为依据，主要是关于行为或事实的一些问题，可以调查职业、年龄、性别、性格的自我评价等，不一定具有特定的理论依据。很多情况下，调查问卷是为了获得一些影响因素，而不是结果。例如，我们经常要自行设计研究对象的一般资料问卷，只是为了收集基本信息。而量表的编制需要以一定的理论和概念为基础，所有的问题都是为了集中获得对某一事物的评价，量表的内容通常都是相关的。

问卷法有效应用的关键在于问卷或量表的设计是否能满足信度、效度的要求。所谓信度，即准确性，或多次测得结果的一致性；效度，即有效性，确保测得的结果符合研究需要。问卷提问用语要通俗易懂，回答标准应力求简洁明了，被调查者容易掌握。

2.2.2 观测法

在很多情况下，人因工程学的研究通过记录不同场合下完成任务的行为来进行。比如，典型的动作姿态分析，以及当前常见的驾驶行为分析，可以通过在车中装一台摄像机（需经被试同意），来记录驾驶员每天开车过程中使用手机的情况。

在计划使用观测研究时，研究者需要确定要测量的变量、观测和记录每一个变量的方法、在何种情况下进行观测、观测的时间框架等。例如调查驾驶员在开车过程中的手机使用情况，需要限定驾驶状态（包括驻车、转弯、城市或高速道路行驶等），以及在每种状态下手机的使用情况。因为观测法的一个重要特点就是记录真实情况，而在实际生活中人的行为变化是非常多样的。通过不同场景限定的分类，形成一套典型场景下的状态分类清单。如果没有这种分类，记录下大量的信息可能就无法说明任何意义。通常，最好通过预试来确定状态清单。通过这种方法，研究者可以使用一个对照单来记录和分类每一个新的信息并对其进行整理。

在可以获得大量数据的情况下，可以限定数据采集范围，仅采集与研究问题相关的行为，避免后期进行数据分析时的困难。

2.2.3 实验法

实验就是寻找自变量和因变量之间的关系，后者通常用作业水平、工作负荷、喜好程度或者其他主观评价指标来度量。实验的目的是考察在没有其他变量影响的前提下，自变量的变化对因变量实质性的影响。当我们开始实验时，要遵循以下原则。

1）规范的实验步骤

（1）提出要研究的问题和理论假设

在统计学中学过，统计检验的前提是有实验假设，研究者首先要假设一些变量之间的关系，然后提出一个实验设计以证明这一假设的因果关系是否确定存在。假设是变量间关系的一种预期，假设是对理论概念的陈述，接着是要对概念下操作定义和测量。比如，我们可以假设如果频繁更改倒班的时间（与固定班组相比）会使工人产生更多的作业错误。一旦自变量和因变量以某种抽象的形式（如疲劳、注意等）确定了，理论假设也提出了，研究者就必须提出详细的研究方案。

（2）明确实验计划

明确实验计划包括要做的实验的所有细节。选择合适的自变量和因变量。我们必须明确何为因变量，作业究竟指什么，让参加实验的被试完成什么任务，对完成任务的哪个方面进行测量等。比如，我们可以记录被试进行数据录入中发生的击键错误次数作为对作业绩效的测量。我们还必须确定每一个自变量，以及如何对其进行调控。

（3）实验操作

确定被试和实验设备，准备实验。如果研究者觉得还有什么事不太有把握，在做正式实验前，可以先做一个小规模的预备实验，等所有的问题都通过预备实验弄清楚以后，就可以开始正式实验并采集数据了。

（4）分析数据

在实验中，对因变量进行测量并与每一个被试对应（有时，可能会有不止一个因变量）。以上面的例子来说，你会获得一组白班工作的被试的击键错误数，一组夜班工作的被试的击键错误数和一组来回倒班的被试的击键错误数。然后用描述性统计方法和推测性统计方法分析这些数据，看三组之间有没有显著的差异。

（5）推导结论

研究者根据统计分析的结果，推导出实验中有关变量之间的因果关系的结论。首先要看最初的理论假设是否得到实验结果的支持。在应用研究中，结果常常超过人们当初的估计。比如，在上面的例子中，可能发现来回倒班对年纪大的工人有影响，而对年轻的工人没有影响，或者可能发现倒班对某些操作有影响，而对另一些却没有影响。显然，我们所获得的结论在很大程度上取决于实验的设计。另一件重要的事情是，研究者不能仅仅停留在"发现了什么"，还要回到"为什么会这样"的问题上，尝试解释现象背后的理论支撑。比如，如果年纪大的工人受到倒班的影响比较大，是不是年纪大的工人需要更多的睡眠，或者是他们的昼夜节律更固定？只有发现具体的原因，不管是心理的原因还是生理的原因，我们才能提出有用的和具有普遍意义的原理和指导性原则。

2) 实验设计

实验是科学研究的基石，是指在定性研究的基础上，创设一定的情境，对研究的某些变量进行操纵或控制，以考察心理现象的原因、机制和发展规律的方法。其基本目的是解释变量间的因果关系。对变量的操纵和对因果关系的解释是实验的本质和精髓。一个真正的实验，自变量必须在研究者的严格控制之下。

实验设计分广义与狭义两种，广义上是指科学研究的一般程序的知识，它包括从问题的提出、假说的形成、变量的选择一直到结果的分析、论文的写作等一系列内容；狭义上是指实施实验处理的一个计划方案以及与此有关的统计分析。实验设计与统计知识研究的质量主要取决于研究者的实验设计与统计学知识，它保证研究结果的可靠性、结论的合理性。在开展实验设计之前，必须明确这个实验的目的，也就是明确要解决一个什么问题。根据这个问题就可以确定这个实验中的各种变量。

(1) 自变量与因变量

自变量，又叫刺激变量，它是由实验者在实验中按照研究问题的需要进行选择、控制或有意加以改变的因素，决定着行为或心理的变化。因变量，又叫反应变量，它应随自变量的改变而变化，是自变量造成的结果，是主试观察或测量的行为变量，并且要用数量来表示，具有可操作性。控制变量是指在心理实验中，除自变量以外，对所有能够影响因变量的因素都要进行控制，使其他实验条件保持恒定。额外变量就是实验中应该保持恒定的变量。

一个实验者不只是在实验设计时要明确实验中的各种变量，在整个实验进行的过程中，也要处处考虑到它们。例如在写实验报告时，首先在提出的问题中就要明确自变量和因变量的关系；在方法中要说明对额外变量是如何进行控制的；在结果中列表画图要让读者容易看出自变量和因变量的关系；结论也要围绕自变量如何引起因变量的变化来回答实验前提出的问题。因此，正确理解和处理实验中的各种变量是人因实验研究的必要条件。

(2) 被试的选择

实验中被试的选择影响着两个问题，一是样本的代表性，这关系到研究的外部效度问题；二是被试分配的合理性，影响内部效度；三是样本量大小，影响统计检验力的问题。因此，被试的选择及分配在研究设计中非常重要。研究者要思考如何选择被试使其具有代表性，能够有效地代表研究总体。同时，还要考虑被试应该具有什么样的机体特征。这主要包含确定研究对象的总体，确定数量和取样方法，根据总体设计，将被试分组。

(3) 组内、组间或混合设计

组内设计又称作"被试内设计"（Within-Subjects Design），其实验进行的方式是：每个被试接受两个或者是两个以上的实验处理，而且每个被试接受的实验处理是完全一致的。

组间设计又被称作"被试间设计"（Between-Subjects Design），其实验进行的方式是：将被试进行分组，每组被试只接受一种实验处理。也就是说，每组被试所接受的实验处理是不同的。

混合设计是多因素实验设计时经常采用的一种设计方法，其中一个或多个因素采用组内设计，其余一个或多个因素采用组间设计。在应用统计学中，针对混合设计方面经常会考计算题，如求一共需要多少个被试。

另外一个名词是"随机区组设计"。"随机"是一个平衡个体间差异的办法；对单因素实验设计而言，区组设计是一种组间设计（上面的例子就是随机区组设计），而对于多因素而言，则有必要考察其他因素的设计方式，因此可能是混合设计。详细的解释和对不同研究课题的应用，可以在统计学相关书籍中得到更深刻的解释。

3）数据分析与结论推断

当实验数据已经成功按照实验设计采集完毕，研究者必须确定因变量的变化是否是因为实验条件所引起的。比如，在开车时使用手机，驾驶的绩效真的变糟了吗？为了评价研究的问题和提出的假设，研究者通常要进行两类统计：描述性统计和推断性统计。

描述性统计（Descriptive Statistics）是研究如何取得反映客观现象的数据，并通过图表形式对所搜集的数据进行加工处理和显示，进而通过综合概括与分析得出反映客观现象的规律性数量特征的一门学科。简单来说，描述性统计就是用图表或者关键的数据简化一堆烦琐的数据。这就像是使用卫星俯瞰地球，虽不能明察秋毫，却无可替代。

推断性统计（Inferential Statistic）是研究如何根据样本数据去推断总体数量特征的方法，它是在对样本数据进行描述的基础上，对统计总体的未知数量特征做出以概率形式表述的推断。简单来说，推理性统计能对手中的数据进行延伸推论，并进一步给出推理性结论。

（1）统计分析与意义

统计学是数据分析的基石。学了统计学，你会发现很多时候分析结果并不可靠。比如很多人喜欢用平均数去分析一个事物的结果，但这往往是粗糙的、不准确的。如果学了统计学，我们就能以更多更科学的角度看待数据。在典型的人因工程学研究或其他领域涉及数据方面的文献中，我们经常会见到一个 P 统计值作为研究结果的一部分。假设检验是推断统计中的一项重要内容，在假设检验中常见到 P 值，P 值是进行检验决策的一个重要依据。P 值即概率，是反映某一事件发生的可能性大小。在统计学中根据显著性检验得到的 P 值，专业的定义是：P 统计值是在零假设成立的情况下，检验统计量的取值等于或超过所观察到的值的概率，从而 P 统计值即为否定 H_0 的最低显著性水平。

在假设检验中，由于随机性我们可能在决策上犯两类错误，如表 2.1 所示，一类是假设正确，但我们拒绝了假设，这类错误是"弃真"错误，被称为第一类错误；一类是假设不正确，但我们没拒绝假设，这类错误是"取伪"错误，被称为第二类错误。一般来说，在样本确定的情况下，任何决策都无法同时避免两类错误的发生，即在避免第一类错误发生的同时，会增大第二类错误发生的概率；或者在避免第二类错误发生的同时，会增大第一类错误发生的概率。

表 2.1　假设检验中的两种错误

判别真或假	原假设是真的	原假设是假的
判别为真		第二类错误
判别为假	第一类错误	

人们往往根据需要选择对某一类错误进行控制，以减少发生这类错误的概率。大多数情况下，人们会控制第一类错误发生的概率。发生第一类错误的概率被称作显著性水平，一般

用 α 表示，在进行假设检验时，是通过事先给定显著性水平 α 的值而来控制第一类错误发生的概率。一般以 $P<0.05$ 为有统计学差异，$P<0.01$ 为有显著统计学差异，$P<0.001$ 为有极其显著统计学差异。其含义是样本间的差异由抽样误差所致的概率小于 0.05、0.01、0.001。计算出 P 值后，将给定的 α 与 P 值比较，就可得出检验的结论。

(2) 数据总结和推断

一旦与实验相关的信息都收集并进行了统计学分析，一定要将这些信息和得出的结论进行归档和组织。通常组织的形式有以下几种：

①列表、概要图和矩阵。

②层级和网络图。

③流程图、时间序列和地图。

这些形式往往是联合起来使用的。列表、概要图和矩阵，首先针对总体任务分解可以开始于一组任务列表，然后再把这些任务分解成子任务。然后再将所得数据与任务对应起来，进行归纳。表 2.2 中给出了一个例子。在完成层级性的概要后，分析者可以为每个任务或子任务制作表格或矩阵对相关信息进行描述，这些信息包括活动类型、操作持续时间等。

表 2.2 数字照相机使用过程的任务分析提纲

步骤 1：确定对某一感兴趣的物体的最佳拍摄视角
A. 选择需要拍摄的物体
B. 改变相机位置以防遮挡
C. 调整最佳的采光角度
步骤 2：相机准备
A. 移除镜头盖
B. 打开开关
C. 选择合适的拍摄模式
步骤 3：拍摄
A. 取景
ⅰ. 选择合适的模式（如广角、全景）
ⅱ. 调整相机的朝向
ⅲ. 缩放调整
B. 对焦
C. 按下快门

层级和网络图，如果任务的层次组织比较复杂，使用该套表格不方便表示，而采用图形进行描述比较合适，另外这可以通过层级图表或层级网络图实现。层级图表中常用的方法是层级任务分析法（Hierarchical Task Analysis，HTA），它把用来完成高级目标的一系列活动组织起来。可参考图 2.1。该图表示的是用 HTA 对某项事故进行调研。通过层级分析将任务不断拆解，逐级细化用户的任务，直至用户实际的具体操作。随着任务的细化，结合实验所采集的数据分析，对用户的理解会越来越清晰。然后再通过任务计划（Plan）将子任务进行重组，勾勒出用户实际的操作流程和行为表达。

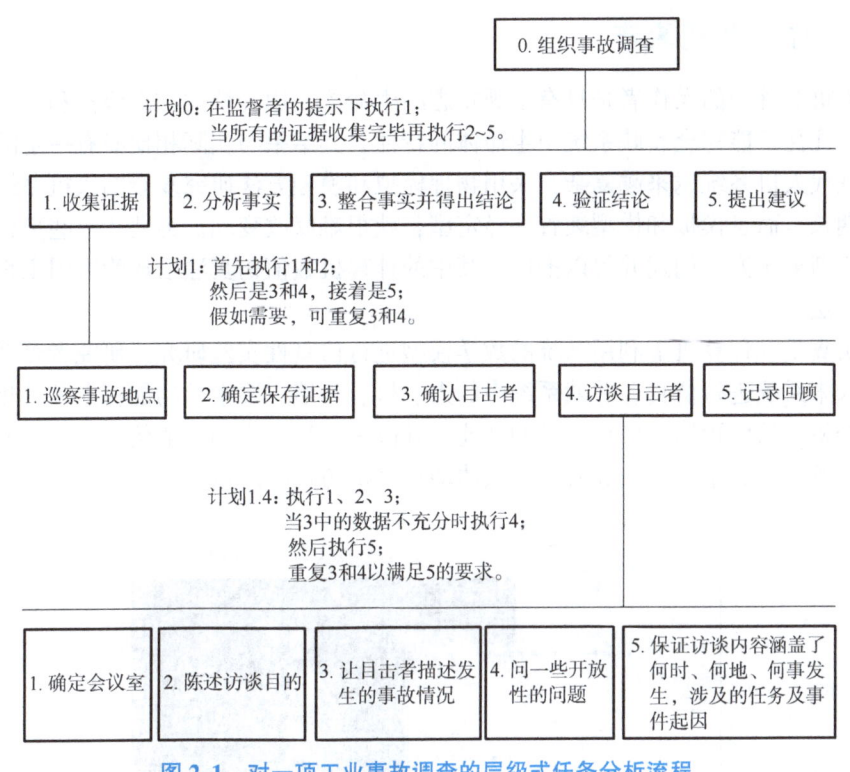

```
                    ┌─────────────────┐
                    │ 0.组织事故调查  │
                    └─────────────────┘
计划0：在监督者的提示下执行1；
      当所有的证据收集完毕再执行2~5。

┌────────┐ ┌────────┐ ┌──────────────────┐ ┌────────┐ ┌────────┐
│1.收集证据│ │2.分析事实│ │3.整合事实并得出结论│ │4.验证结论│ │5.提出建议│
└────────┘ └────────┘ └──────────────────┘ └────────┘ └────────┘

计划1：首先执行1和2；
      然后是3和4，接着是5；
      假如需要，可重复3和4。

┌──────────┐ ┌──────────┐ ┌──────────┐ ┌──────────┐ ┌──────────┐
│1.巡察事故地点│ │2.确定保存证据│ │3.确认目击者│ │4.访谈目击者│ │5.记录回顾│
└──────────┘ └──────────┘ └──────────┘ └──────────┘ └──────────┘

计划1.4：执行1、2、3；
        当3中的数据不充分时执行4；
        然后执行5；
        重复3和4以满足5的要求。
```

图 2.1　对一项工业事故调查的层级式任务分析流程

另外，具有代表性的层级图是GOMS，即目标（Goal）、操作者（Operator）、方法（Method）和选择规则（Selection Rule）的缩写，GOMS模型多用于软件界面的任务操作和用户建模。

2.2.4　模拟和模型试验法

由于机器系统一般比较复杂，因而在进行人机系统研究时常采用模拟的方法。模拟方法包括各种技术和装置的模拟，如操作训练模拟器、机械的模型及各种人体模型等，通过这类模拟方法可以对某些操作系统进行逼真的试验，也可以得到从实验室研究外推所需的更符合实际的数据。图2.2所示为应用模拟和模型试验法研究人机系统特性的典型实例。因为模拟器或模型的价格通常比它所模拟的真实系统要便宜得多，但又可以进行符合实际的研究，所以得到较多的应用。常见的有驾驶模拟器等。

图 2.2　应用模拟和模型试验法研究人机系统——模拟驾驶

2.2.5 计算机辅助仿真法

由于人机系统中的操作者是具有主观意志的生命体，用传统的物理模拟和模型方法研究人机系统，往往不能完全反映系统中生命体的特征，其结果与实际相比必有一定的误差。另外，随着现代人机系统越来越复杂，采用物理模拟和模型方法研究复杂的人机系统，不仅成本高、周期长，而且模拟和模型装置一经定型，就很难修改变动。为此，一些更为理想而有效的方法逐渐被研究、创建并得以推广，其中的计算机数值仿真法已成为人因工程学研究的一种现代方法。

数值仿真是在计算机上利用系统的数学模型进行仿真性实验研究。研究者可对尚处于设计阶段的未来系统进行仿真，并就系统中的人、机、环境三要素的功能特点及其相互间的协调性进行分析，从而预知所设计产品的性能，并改进设计。应用数值仿真研究，能大大缩短设计周期，并降低成本。图2.3所示为人体动作分析仿真图形输出。

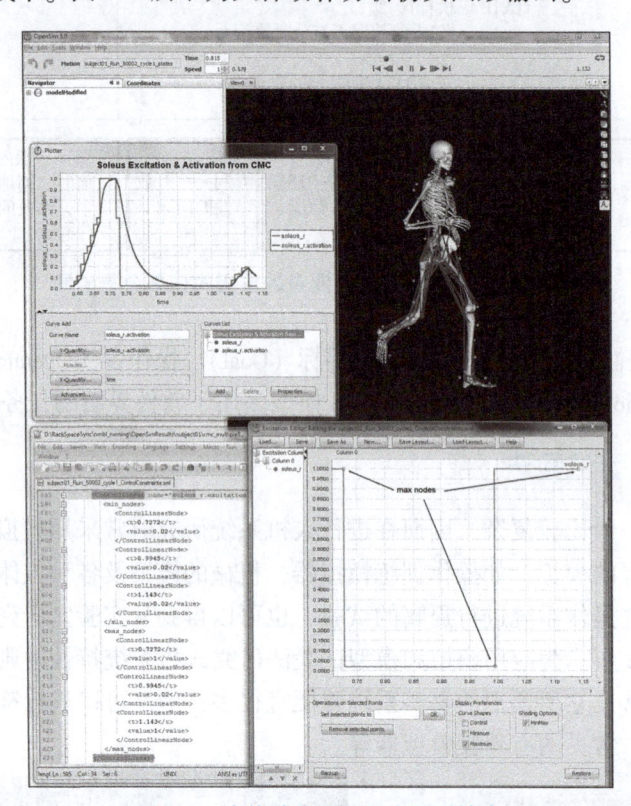

图2.3 人体动作分析仿真图形输出

2.2.6 系统分析法

系统分析方法是对人—机—环境系统已取得资料和数据进行系统分析的一种方法。美国人类工程专家亨利·威尔（Henry Well）对人—机—环境系统的分析和评价提出以下方法。

1）瞬间操作分析

产品的使用过程一般是连续的，因此人和产品之间的信息传递也是连续的，因而只能使用间歇性的分析测定法，即用统计方法中的随机取样法，对操作者与产品之间在每一间隔时刻的信息进行测定后，再用统计推理的方法加以整理，从而得到对改善人—机—环境系统有益的资料。

2) 知觉与运动信息分析

人经由感觉器官获得的外界信息，传到神经中枢，经大脑处理后，产生反应信号，再传递给反馈系统。知觉与运动信息分析用人的信息处理模型和信息理论去阐明信息传递的数量关系。

3) 动作负荷分析

这种方法是采用强制抽样电子计算机技术来分析操作者连续操作的情况。用这种方法一般要规定操作所必需的最小间隔时间，以推算操作者的工作负荷程度。另外，对操作者在单位时间内的工作负荷进行分析，也可获得用单位时间的作业符合率来表示操作者的全工作负荷。

4) 频率分析法

这种方法用来对人机系统中的装置、设备等机械系统使用的频率进行测定和分析，其结果可作为调整操作者负荷的参考依据。

5) 危象分析法

这种方法是对事故或近似事故的危象进行分析，特别有助于识别容易诱发错误的情况，同时，也能方便地查找出系统中存在的而又须用较复杂的研究方法才能发现的问题。

6) 相关分析法

在人因研究中，常常要研究两种变量，即自变量和因变量或者多种因素之间的关系，相关分析法能够确定两个以上的变量之间是否存在统计关系。利用变量之间的统计关系可以对变量进行描述和预测，或者从中找出合乎规律的事物。例如，对人的身高和体重进行相关分析，便可以用身高参数来描述人的体重。由于统计学的发展和计算机的应用，相关分析法成为人因工程学研究中的一种常用的方法。

2.2.7 以人为中心的系统工程研究方法

随着系统的复杂性不断增加，在人因工程学研究中，传统的工程方法已无法充分满足用户需求和操作环境的多样性。系统工程采用综合性方法，通过跨学科的协调与整合，实现对复杂系统的设计、实现与管理全过程的优化。因此，以人为中心的系统工程研究方法逐渐成为解决复杂系统设计中人因问题的重要手段。

在逻辑上，把运用系统工程解决问题的整个过程分成问题阐述、目标选择、系统综合、系统分析、最优化、决策和实施计划七个环环紧扣的步骤；在时间上，把系统工程的全部进程分为规划、设计、研制、生产、安装、运行和更新七个依次循进的阶段；在专业知识上，运用系统工程除需要某些共性知识外，还需要使用各科专业知识，如工程、医药、建筑、商业、法律、管理、社会科学和艺术等。与此同时，在系统工程发展中还确立了一系列系统技术方法，主要有模拟技术、最优化技术、评价技术和计算机技术。而以人为中心的系统工程的总思路是通过基于"以人为中心设计"理念的一系列人与系统交互的研究、建模、设计、评估等活动，开发出符合用户需求、有用的、自然的、有效的、安全的系统。

"以人为中心设计"是一种围绕交互系统研制的方法，其重点是通过确保系统与人的能力、需求和局限性相匹配，以达到系统可用的目的。国际标准化组织颁布的《交互系统的以人为中心设计过程》（ISO 13407）中提出了以人为中心的系统设计的原则，以确保在系统设计和开发过程的任何阶段都要对系统的潜在用户给予足够的重视。使用以人为中心的系统工程研究方法需要遵循以下四个基本原则。

1) 提高用户参与积极性原则

用户的积极参与能够提升系统对用户需求的理解程度，同时也能提升用户对产品或系统的使用反馈以及任务需求的理解程度。这种理解有利于在系统工程中纳入适当的任务和系统要求，并能够采纳改进的设计意见与建议。因此在以人为中心的设计过程中，需要想方设法提高用户参与的积极性，促进用户与系统之间的理解。

2) 人机功能合理分配原则

以人为中心设计的最重要原则之一是适当的功能分配，即关于哪些功能需要用户来实施、哪些功能需要系统来完成的规范。根据这些设计决策可确定对于给定的工作、任务、功能或职责人的参与度。在进行人机功能分配时，应当权衡人和系统之间的能力与局限性，基于可靠性、速度、精确性、强度、响应的灵活性、财务成本、用户健康等多方面因素来确定人机功能分配方案。

3) 持续优化与迭代原则

持续优化结合用户的积极参与，可以发现系统设计中不满足用户或特定任务的内容和要求的缺陷，并将不满足要求的风险降至最低。持续优化的关键信息主要来源于系统的建模、分析和测试结果以及用户反馈。迭代过程可以基于真实场景对系统的初步方案进行测试，测试结果可用于逐步完善解决方案。

4) 多学科设计原则

为了充分了解人的特性，以人为中心的设计涉及一系列专业领域技术与知识的应用，这往往意味着设计小组成员需要具有多元化的学科与知识背景，同时小组的组成应能反映负责技术开发的组织与用户之间的关系，一般需要包括以下几类角色：

①用户；

②系统分析员、系统工程师、程序员、科学家、主题专家（领域专家）；

③用户界面设计师，视觉设计师；

④人因和工效学专家，人机交互专家。

小组成员应覆盖不同的技术领域，团队应多样化，以确保决策能够涵盖且平衡多个方面的问题。并且人因工效学专家应该贯穿于系统设计的全生命周期中，并且在最后评估阶段出现。以人为中心的系统工程研究方法实施步骤如下。

（1）需求分析与用户画像

在项目初期，通过文献调研、用户访谈和数据分析，明确用户需求，创建用户画像，为后续设计提供参考。这一阶段不仅要关注用户的基本特征，还要深入了解其行为习惯、任务需求及操作环境。

（2）概念设计与原型开发

基于用户需求，进行概念设计。可以采用头脑风暴、故事板等方法生成多种设计方案，并制作原型，以便进行用户测试。原型的开发应注重可用性，便于用户在真实操作中反馈意见。

（3）用户测试与评估

用户测试是验证设计可行性的关键环节。可以采用情景模拟、任务分析等方法，观察用户在使用过程中的行为，通过收集定量和定性数据，评估设计的有效性和可用性，必要时进行调整。

(4) 系统实施与持续评估

在系统实施阶段，需建立监测机制，持续收集用户反馈和系统性能数据，通过数据分析，识别使用中的问题，及时进行调整与改进。这种持续评估有助于确保系统在长期使用中的有效性和稳定性。

对现代大规模复杂人机系统实施人因评估时，应当关注六个系统特征，包括系统焦点、系统边界、人机交互、整体主义、系统的变化性，以及在实践中开展人因分析。焦点特征表示在进行人因评估时需要识别特定的人机元素，因此系统被视为不同子系统的组合。系统的边界没有明确的规定，但一般需事先进行静态定义。相较于设备功能，系统更关注人机交互的过程，这也被认为是人因评估的主要内容。整体主义表明虽然评估的内容聚焦于子系统或子单元，但是这些组件之间的联系以及系统内外因素的驱动使人因评估必须同时关注系统的整体。系统的变化性表示随着系统生命周期的发展，须依靠输入或管理来维持人机系统的稳态。人因分析并不能独立于系统运作存在，因此其必须在实践中开展，这也是以人为中心设计的主旨之一。

2.3　人因工程研究过程与工具

围绕特定的研究问题，确定了具体的研究方法，人因工程的研究都基本遵循一个具体的决策过程：选择研究地点、选择变量、选择采样主体、收集数据、分析数据。下面我们从开展一个研究的具体步骤展开描述并了解相关研究工具。

2.3.1　文献研究和分析

文献是学术传承和学术伦理的载体。尊重文献就是尊重前人的研究，也能体现学术发展的脉络。在开展相应研究之前，首先要对文献开展研究和分析。

文献研究法，是指在搜集与整理研究领域相关文献的基础上，对文献进行研究之后形成新的认识的一种研究方法，要求研究者做到全面且客观。该研究方法的使用方式主要是在确定研究课题以后，搜索、整理文献并进行研究，最终完成文献综述来陈述个人观点，以便支撑后续的整体研究工作——它有助于研究者系统全面地了解研究有关领域的情况，从而解释研究内容，形成研究结果。文献研究的一般过程包括五个基本环节，分别是提出课题或假设、研究设计、搜集文献、整理文献和进行文献综述。文献法的提出课题或假设是指依据现有的理论、事实和需要，对有关文献进行分析整理或重新归类研究的构思。

文献分析法，是一种对于文献内容进行客观、系统和定量的描述的研究方法。其实质是对文献中内容所含信息量及其变化的分析，即由表征的有意义的词句推断出准确意义的过程。内容分析的过程是层层推理的过程。二者的区别是在分析的重点与分析的手段上有所不同。两种方法的主要差别是：文献分析法将非定量的文献材料转化为定量的数据，并依据这些数据对文献内容做出定量分析和做出关于事实的判断和推论。而且，它对组成文献的因素与结构的分析更为细致和程序化。

2.3.2　研究的具体实施过程

实验的实施阶段是操作性质的，这个阶段的主要任务是按照计划进行各项实验活动。实验指的是科学研究的基本方法之一。根据科学研究的目的，尽可能地排除外界的影响，突出主要因素并利用一些专门的仪器设备，人为地变革、控制或模拟研究对象，使某一些事物（或过程）发生或再现，从而去认识自然现象、自然性质、自然规律。

科学探究是探索生命的重要方法，科学探究的一般过程：提出问题、猜想与假设、制订计划与设计实验、进行实验与搜集数据、分析与论证、评估、交流与合作。科学探究的六个步骤如下：

①提出问题：问题的提出要有针对性，并具有研究的意义。
②做出假设：以现有的知识和资料为依据，对问题的可能答案进行解释。
③设计实验：开展实验的原理，应具有可行性、可操作性。
④实验预期：预期应符合一般的常识。
⑤实施实验：按步骤操作实验。
⑥结果分析：对实验现象进行解释说明，总结结论。

实验步骤的一般程式如下：

①准备实验，分组、取样等。
②不同的变量处理，实验的主要过程。
③观察、记录。

实验步骤中应遵循的原则如下：

①科学性原则：不能出现操作性错误或安排的条理错误等。
②编号原则：不同的处理要编号，否则会导致实验混乱。
③单一变量原则：试验中只能改变单一变量因子，即自变量单一化，不可受多种因素的影响。
④对照原则：空白对照、前后对照、相互对照等。
⑤均衡性原则：各种条件应该相同，如果是抽样试验应该随机抽样。

完成研究的设计，并确定一个被试的样本之后，研究者就可以做实验和采集数据了。根据研究的性质，研究者也可能会做一个预备实验。预备实验的目的是：检查调控的水平是否合适；确认被试没有经历未预见到的问题；看实验总体上是否顺利。一旦实验开始，我们要确保采集数据的方法保持一致。比如，研究者不可随着时间的推移表现出对被试更多的宽容，测量的设备必须维持校准的状态等。最后，对所有的被试必须注重伦理道德。这一点，在实验伦理一节会详细展开。

2.3.3　研究工具

人因工程实验研究的工具可以根据具体功能不同分为四大类：量表类、硬件类、软件类、综合类，如图 2.4 所示。在同一个实验中可以混合使用各类工具，优势互补，形成对相关实验数据的有效采集。

```
                          ┌─ 量表类      ┬─ 人因工程审计类量表
                          │  实验研究工具 ├─ 认知心理测量量表
                          │              └─ 职业健康与安全类量表
                          │
                          ├─ 硬件类      ┬─ 实验基础环境测控仪器
           人因工程        │  实验研究工具 ├─ 生理参数测量仪器
           实验研究工具 ───┤              └─ 心理参数测量仪器
                          │
                          ├─ 软件类      ┬─ 数字人体及人机交互软件
                          │  实验研究工具 ├─ 行为观测与认知心理分析软件
                          │              └─ 动作分析类软件
                          │
                          └─ 综合类      ┬─ 可用性测评系统
                             实验研究工具 └─ 虚拟现实/混合现实系统
```

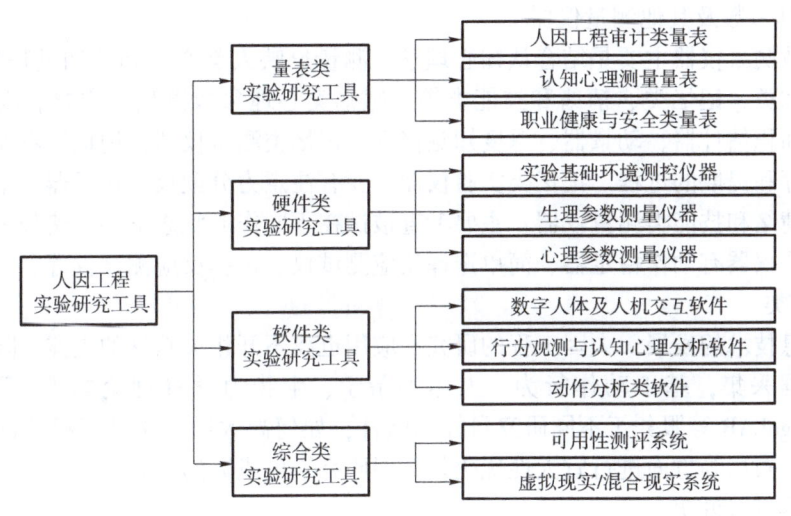

图 2.4　人因工程实验研究工具分类

1）量表类

（1）人因工程审计类量表

①IEA 核对表：一个综合考虑体力负荷、感知负荷、脑力负荷与工人、环境、工作方法/工具/机器相关联的逻辑框架。

②位置分析调查表（Position Analysis Questionnaire）：面向操作者的结构化的工作分析表，有 187 个问题，可用于操作者的行为特征分析。

③AET 核对表：主要用于作业人员的个体特征分析，包括作业人员之间的协作特征分析。AET 广泛应用于需求分析、工作设计、人员管理、职业咨询和研究等方面。

（2）认知心理测量量表

①态度量表：如瑟斯顿态度量表、波哥达斯社会距离量表。

②自陈量表：如明尼苏达多相人格量表、16 种人格因素量表、爱德华个性偏好量表。

③压力测试量表：如荷马压力量表、九十项症状自评量表。

（3）职业健康与安全类量表

①上肢核对表（Upper-Extremity Checklist）：主要用于引起人体局部（上肢）累积损伤的生物力学压力问题。

②博格量表：评估实验者明确地表达身体上的酸痛或不适，也可对实验的组合提出意见及评估，让主试可迅速且简单地得到这些信息。

③OWAS 姿势分析量表（Ovako Working Posture Analysis System）：主要功能在于可以界定出工作时的身体姿势，并按照其可能引发伤害的程度来区分等级。

2）硬件类

（1）实验基础环境测控仪器

实验基础环境测控主要是对实验环境参数进行测量与控制，内容包括温度、湿度、光照、噪声、辐射、空气等环境参数，测量仪器包括温度计、湿度计、照度计、噪声计等。

（2）生理参数测量仪器

生理参数测量仪器主要针对实验被试的基本生理参数进行测量，获取被试的基本生理特征，包括单维静态生理参数测量仪器、多维静态生理参数测量仪器、动态生理参数测试仪器。

(3) 心理参数及其他测量仪器

心理参数测量仪器主要是结合认知心理学，测量反映人类心理和认知过程的各种参数，主要分为感知类、记忆类、情绪和技能类等。感知类心理参数测量：主要有眼动仪、实体镜、长度和面积估计器、动景器、深度知觉仪等。记忆类测量仪器：记忆被看作对输入信息的编码、储存和提取的过程。记忆类实验仪器主要有注意力分配仪、速示器、记忆鼓、多重选择器等。情绪和技能类测量仪器：主要考查被试在不同作业状态下的情绪和表现出来的作业技能。主要仪器有动作稳定器、简单选择反应测试仪、选择反应测试仪等。

3) 软件类

随着信息技术的发展，人因工程的研究和应用也离不开相关软件的支撑。除了在实验研究阶段的数据采集，基于动作行为、人体测量学、生物力学等理论知识，形成了 Jack、OpenSim、ErgoLAB 等服务于不同研究目标的软件，如何高效地利用计算机辅助工具，对产品设计、空间布局等方面进行宜人性优化是开展研究不可或缺的重要手段。下面针对不同类型的软件工具进行说明。

(1) 数字人体及人机交互软件

这类软件通过在虚拟环境中较精确地定义不同尺寸的数字人体，建立人体数字模型，定义其完成指定的任务并分析相应的性能。代表性的软件有 Jack、RAMSIS、ManneQuinPRO 等。以 Jack 为例，传统的人因工效分析是通过观察真实的实验人员对现实的工作或者产品进行操作来分析。这种分析方法虽然真实可靠，但是需要消耗大量的资金和时间。自 20 世纪 80 年代计算机仿真运用于生产行业以来，虚拟仿真的思想逐渐深入各个专业领域，利用计算机仿真软件进行人因分析逐渐成为主流趋势，Jack 软件就是一款非常有代表性的人体仿真与工效分析软件，旨在帮助各行业的组织提高产品设计的工效学因素与改进车间的任务。Jack 最初是由宾夕法尼亚大学的人类模型与模拟中心（Center for Human Modeling and Simulation at the University of Pennsylvania）开发，目前是西门子 PLM 旗下的一员。使用 Jack 软件的具体步骤如下：

① 建立一个虚拟的环境；
② 创建一个虚拟人；
③ 定义人体大小与形状；
④ 把人放在环境中；
⑤ 给人指派任务；
⑥ 分析人体如何执行任务。

从 Jack 获得的信息可以帮助我们设计更安全、更符合人体工程学的产品、工作场所等。当前在工业领域，尤其是制造业的可达性验证上，利用人因仿真分析软件可以节约 50%以上产品分析的时间与成本。

(2) 行为观测与认知心理分析软件

这类软件记录被研究对象各种行为发生的时刻、持续时间和发生次数，然后进行统计处理。通过对操作者不同行为的统计结果分析人机交互过程中人的认知心理反应过程。代表性的软件有荷兰 Noldus 公司的行为观察分析系统等。国内也有 ErgoLAB 等同类型软件。

人因工程学当前的一大研究热点就是人的生理及行为信号，ErgoLAB 人机环境多模态数据同步技术，结合人因与工效学、生理学、心理学、认知神经科学等专业理论知识，实现在虚拟现实与仿真环境以及各种复杂的自然环境或真实条件下，实时同步记录操作者的心理、生理和行为等多模态数据变化，同步分析操作者的行为表现、认知负荷、疲劳、情绪唤醒等状态，分析所有内外变化之间的因果关系，完成在同一时间点或同一时间段内人—机—环境多模态数据的实时同步记录、处理与统计分析。

系统支持实时与事后两种同步方式，一是在线同步：ErgoLAB 时钟同步，自主研发专利技术以 ErgoLAB 同步平台为核心实时同步采集所有硬件数据，包括眼动、生理、脑电、动作捕捉、面部表情与行为等；二是离线同步：支持多种数据的事后同步，通过 Rest API、嵌入式 SDK、SyncBox TTL、外部数据导入/导出，与 ErgoLAB 系统多模态数据同步呈现、处理、分析。可同步的多模态数据如下：

①眼动追踪数据，包括屏幕式、遥测式、可穿戴式以及虚拟现实眼动追踪；

②生理与情绪测量数据，包括心电、皮电、脉搏、呼吸、眼电、血氧等测量；

③脑电测量数据，包括无线干电极脑电、无线水电极脑电、高精度湿电极脑电测量；

④动作捕捉数据，包括 ErgoLAB 惯性动作捕捉系统、API 动作捕捉系统；

⑤环境测量数据，包括温度、湿度、噪声、光照、大气压以及粉尘颗粒物等；

⑥行为视频数据，实现多路视频实时同步记录观察、事后外部视频导入；

⑦面部表情数据，表情状态识别、情绪效价计算、微表情计算、状态识别等；

⑧V-Hub 车辆数据，包括 GPS、OBD、IMU 等车辆信息数据；

⑨外部数据接口，包括 Rest API、嵌入式 SDK、SyncBox TTL 等，进行数据的输入输出与事件标记等设置。

(3) 动作分析类软件

这类软件是利用一种新颖的图形用户界面自动对作业过程中看到的行为进行时间、动作研究以及人因学分析的工具软件。代表性的软件有 Ariel Dnymics 公司开发的 Ariel Performance Analysis System（APAS）动作分析系统等。生物力学领域中常用软件 OpenSim 能做到对详细动作的肌肉骨骼系统进行分析。它是由斯坦福大学开发的用于开发、分析和可视化人体肌肉骨骼系统的免费开源软件，能应用于很多领域，如行走动力学分析、运动表现研究、手术过程仿真、医疗器械设计等。在 OpenSim 中，每个肌肉骨骼模型是由各个关节把多块骨骼连接起来，其中肌肉附着在骨骼上，通过肌肉产生的力来带动关节运动。目前 OpenSim 被用于全球上百个生物力学实验室的运动研究，并拥有活跃的开发者社区，以此来不断完善其功能。

OpenSim 是一个开源软件，允许用户开发、分析和可视化肌肉骨骼系统的模型，并生成运动的动态模拟。在 OpenSim 中，肌肉骨骼模型由通过关节连接（Joints）的刚体段（Rigid Body Segments）组成。肌肉跨越这些关节并产生力和运动。一旦创建了肌肉骨骼模型后，OpenSim 使用户能够创建自定义研究，包括研究肌肉骨骼几何（Musculoskeletal Geometry）、关节运动学（Joint Kinematics）和肌肉肌腱特性对肌肉产生的力和关节力矩的影响。OpenSim 为相关领域的研究者提供一个框架，使生物力学团体可以创建、共享和扩展可用于研究和量化人类和动物运动的模型及动态仿真工具库。

4）综合类

(1) 可用性测评系统

其主要用途是产品的可用性、用户需求分析及用户研究、计算机人机交互测评等实验研究。本实验系统主要由实验室和观察室组成，实验室和观察室之间有一面隔音、单向透光的镜子，同时配备了视频设备、监控设备、音频设备和图像合成设备等，如图 2.5 所示。

人因工程学及其应用

图 2.5　系统测评的实验室和观察室

（2）虚拟现实/混合现实系统

虚拟现实/混合现实系统是一门综合技术，它以计算机技术为主，综合利用计算机三维图形技术、模拟技术、传感技术、人机界面技术、显示技术、伺服技术等，来生成一个逼真的三维视觉、触觉以及嗅觉等感觉世界，让用户可以从自己的视点出发，利用自身的功能和一些设备，对所产生的虚拟世界这一客体进行浏览和交互式考察，如图 2.6 所示。系统可以进行头/手/身体跟踪，生物力学/人体工效分析，作业与物流系统的三维图形仿真、控制和操作。虚拟现实系统平台主要由以下几个部分构成：①可视化工作站系统：用于虚拟环境开发和立体显示主机；②虚拟现实显示和投影系统；③输入输出和控制系统：包括主动式立体眼镜、鸟群跟踪器、数据手套等；④音响系统；⑤虚拟现实仿真软件系统：如 VisfactoryCAD、vega、Catia、WTK 等。

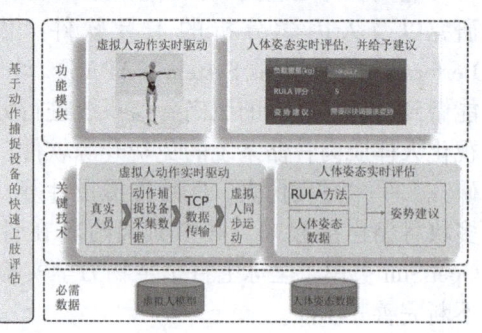

图 2.6　虚拟现实和混合现实场景

2.4　实验伦理

伦理（Ethics）通常和道德（Morality）相提并论，两者都涉及对与错的问题。究竟什么是对，什么是错？以什么标准来区分？这取决于社会舆论的宣传和每个人的价值观。《韦氏新世界辞典》将"伦理"定义为："与特定职业或群体相一致的行为标准。"这表明伦理是群体成员的共识，不同群体会有不同的判断标准。当然，进行研究也需要对普遍流行的伦理准则有所了解，达成共识。

人因工程的研究方法很大程度上依赖于对人进行实验研究，在进行实验研究前，每一个实验研究者都应该充分了解实验伦理。实验伦理是指实验人员与合作者、受试者和生态环境之间的伦理规范和行为准则。实验伦理关注实验人员的道德品质、道德修养，实验行为本身的动机、行为过程、后果,以及实验课题设计、申报中的问题,如弄虚作假、违反诚实、客观等原则,骗取实验资源,剽窃他人成果,篡改实验数据或杜撰,滥用科研经费,实验潜在的生态风险、人身伤害、有无研究价值等。根据实验类型可简单分为动物实验伦理、人体实验伦理、心理实验伦理。

2.4.1 实验伦理原则

涉及人的实验研究应当符合以下伦理原则:

1) 知情同意原则

尊重和保障受试者是否参加研究的自主决定权,严格履行知情同意程序,防止使用欺骗、利诱、胁迫等手段使受试者同意参加研究,允许受试者在任何阶段无条件退出研究。

2) 控制风险原则

首先将受试者人身安全、健康权益放在优先地位,其次才是科学和社会利益,研究风险与受益比例应当合理,力求使受试者尽可能避免伤害。

3) 免费和补偿原则

应当公平、合理地选择受试者,对受试者参加研究不得收取任何费用,对于受试者在受试过程中支出的合理费用还应当给予适当补偿。

4) 保护隐私原则

切实保护受试者的隐私,如实将受试者个人信息的储存、使用及保密措施情况告知受试者,未经授权不得将受试者个人信息向第三方透露。

5) 依法赔偿原则

受试者参加研究受到损害时,应当得到及时、免费治疗,并依据法律法规及双方约定得到赔偿。

6) 特殊保护原则

对儿童、孕妇、智力低下者、精神障碍患者等特殊受试者,应当予以特别保护。

2.4.2 伦理审查委员会

伦理审查委员会(Institutional Review Board,IRB),即伦理委员会。IRB 根据国家的相关法律、法规和有关政策,对项目进行伦理审查、评价、指导,并依据伦理原则审查和监督涉及人体的研究活动,以保护受试者的权益与安全。各项研究工作需在获得 IRB 批准后方可执行,项目执行期间接受 IRB 的持续监督,定期向 IRB 报告进展,研究方案修改后及时向 IRB 报批,严格保护研究对象的权益。IRB 应含有从事非医药相关专业的工作者、法律专家及来自其他单位的委员,至少由五人组成,并有不同性别的委员。IRB 的组成和工作应相对独立,不受任何参与试验者的干预和影响。IRB 在美国常见,在欧洲等其他国家,有的也将伦理委员会称为 Independent Ethics Committee(IEC)。

1) 伦理审查委员会的产生背景

人类进行科学研究的意义是为人类生存和发展谋福祉,现实却经常出现"背道而驰"的现象。"二战"时期,德国纳粹分子对犹太人进行了大量违反人道的试验。例如,为研究人体器官再生,在没有麻醉的状态下将人的骨骼、肌肉或神经移植;为研究治疗低温创伤,数百名实验者被迫整天穿着装满冰块的服装;为研究人对饮用海水的情况反应,实验者被剥夺了任何食物和水分,只提供海水;等等。自20世纪60年代以来,从事以人类为被试的研究数量不断增长，滥用人类被试造成不良后果，侵犯人类被试的隐私权，对被试身心造成伤害的现象时有发生。美国政府多次制定了保护研究对象的联邦条例和规章，以法规的形式约束研究中的道德行为。

1974 年，美国政府建立了保护人类受试者国家委员会，命令公共卫生服务部门出台保护人类受试者权利的法规。1975 年，医疗、教育和福利部（DHEW）出台系列法规，其中包括美国国立卫生研究院 1966 年人体受试者保护政策的建议。《美国联邦法规》第 45 条，又名"普通规则"（The Common Rule），要求在人体实验前应征得机构审查委员会的同意，学术伦理审查委员会（IRB）产生。

2）伦理审查委员会的职责与工作内容

美国 IRB 是由人类健康服务部门（Department of Health and Human Services，DHHS）所辖的食品与药品管理局（Food and Drug Administration，FDA）和人体研究保护办公室（Office of Human Research Protection，OHRP）负责监管。美国医学与研究公共责任组织（PRIM&R）、美国医学院协会、美国大学联合会、国际实验生物学协会、社会科学协会联盟等机构合力打造了伦理审查委员会认证体系，对推动 IRB 伦理审查起到了重要作用，节省了政府对 IRB 运作监管的成本。在美国，IRB 根据国家的相关法律、法规和有关政策，对项目进行伦理审查、评价、指导，并依据伦理原则进行审查。

研究人员工作之前，首先要参加由协同 IRB 培训机构（Collaborative Institutional Training Initiative，CITI）组织的网络培训，网络课程由 CITI 规划、设置与提供。研究人员培训合格之后再到所在学校或科研机构 IRB 申请授权。在高校里，IRB 一般由科研部门负责管理，成员因学校和学科而异，多数是内行人"兼职"，如院系领导、学科专业人员、法学人员等。研究者在基金申请阶段同时向具体学校、医院、研究院所递交 IRB 相关材料。每个月有两次审批，一般两周后就能收到结果。IRB 会给出批准、反驳或修改的提议。未经批准，研究就不能展开。

IRB 审核因项目不同内容也不一样，作为研究者和审核人员通常要面对如下问题：

①实验是否存在风险？风险是否被充分告知利益相关人（比如受试者）？

②是否已规避了所有不必要的风险，且不可避免风险是否被合理地降低到最低，以及相关科研团体是否采取了合理的保护措施（比如给受试者上保险）？

③权衡实验预期的价值，是否其社会意义利大于弊，对试验个人是否公正？

IRB 功能在于用来批准、监视和回顾与人类和动物有关的研究（人类学、社会学、心理学、临床试验、护理学等）伦理范畴。IRB 的目的在于保护科研参与者免于心理和生理上的伤害，尤其是易受伤害的人群（老人、妇女、儿童和残疾人）。具体来看，IRB 判断学术研究中某些访谈调查内容是否给予提供者必要的匿名保护；让被试充分了解科研的具体过程、任何潜在的风险、安全信息、人员如何招聘、研究人员背景资质、如有疑问该联系谁、报酬是多少、如何支付以及其他相关信息；保护被试的隐私不外泄，实验数据不会被滥用；确定报酬的数目和给予方式不能造成迫使受试者参与研究；确保被试可以随时退出研究，在任何时间退出不需要任何理由；确保科研过程有外界的监督。

第 3 章
人的信息处理系统

> **引 例**
>
> 　　驾驶具有典型的多任务处理特点，在驾驶过程中，需要从周围环境获取大量的信息并迅速做出反应，以保障驾驶安全。在北京晚高峰陌生的街道上，你开车赶赴目的地，驾驶过程完全依赖手机导航，导航提供了清晰的界面指示和语音提醒。一旦由于交通堵塞没有及时完成变道任务时，加上导航对新规划的路线切换不及时，在不知做出什么对策的犹豫中，后方车辆的鸣笛声和车载信息系统的不断提示会带来更大的紧张感和迷茫感，令你很受挫；此时，你会不断查看手机导航新路线规划，同时尝试用语音命令实现切换路线的规划等一系列操作。整个驾驶过程就是一个典型的信息处理系统工作过程。

3.1 感觉与知觉

　　现代医学、生理学的发展使人类对自身构造的认识有了前所未有的突破。现代工业和科技的发展，也让科学家有了更有利的工具来不断探索人类身体的组成，尝试利用机器替代繁重的手工作业。从某种程度上来说，人类本质上是一个信息处理器。如果把人的感觉、知觉和认知系统比作一台电脑，根据控制论中"人机同构"的观点，尽管机器是由人创造的，它与人在组成上存在天壤之别，但从人的行为过程和机器的控制动作来看，二者都包括以下基本组成元素：感受器（负责与外界接触，接收或收集与完成任务相关的信息）、中枢决策器官（从事选择、加工和储存信息的工作，将收到的信息和储存的内容进行比较，进而决定下一步动作）、效应器（根据中枢决策器官的指令执行相应的任务）。

　　具体而言，人的感知觉主要包括五大感官系统（视觉、听觉、味觉、触觉、嗅觉）、中枢神经系统（脑、脊髓）、反应器官（腺体、肌肉、五官、四肢）以及传入神经和传出神经。神经系统是机体的主导系统，全身各器官、系统均在神经系统的统一控制和调节下互相影响协调。例如，在本章开头提到的驾驶活动中，驾驶人员通过感官系统获取外界信息，通过中枢神经系统对信息进行处理，最终落实到具体的驾驶行为操作上。下面进一步阐述感知觉的定义与区别。

3.1.1 感觉的定义与特征

　　"感觉（Sensation）是客观刺激作用于感觉器官，经过脑的信息加工所产生的对客观事物基本属性的直接反映。"感觉是人的大脑对客观事物典型状况的直观反映，这是一种简单的心理过程,也是形成各种复杂心理和认知过程(如思维、情绪、推断、意志)的基础。例如,你看到一个红色的苹果,意识到这是红色、圆形。因此,感觉是人了解自身状态和认识客观世界的开端。

感觉主要分为外部感觉和内部感觉。外部感觉:接受外部世界的刺激,如视觉、听觉、嗅觉、味觉、皮肤感觉等。内部感觉:接受机体内部的刺激(机体自身的运动与状态),如运动觉、平衡觉、内脏感觉等。

1)适宜刺激

人体的各种感觉器官都有各自最敏感的刺激性,这种刺激形式称为相应感觉器官的适宜刺激。人体各主要感觉器官的适宜刺激及其识别特征如表 3.1 所示。

表 3.1　人体各主要感觉器官的适宜刺激及其识别特征

感觉类型	感觉器官	适宜刺激	刺激来源	识别外界的特征
视觉	眼	一定频率范围的电磁波	外部	形状、大小、位置、远近、色彩、明暗、运动方向等
听觉	耳	一定频率范围的声波	外部	声音的强弱和高低、声源的方向和远近等
嗅觉	鼻	挥发的和飞散的物质	外部	辣气、香气、臭气等
味觉	舌	被唾液溶解的物质	接触表面	甜、咸、酸、辣、苦等
皮肤感觉	皮肤及皮下组织	物理和化学物质对皮肤的作用	直接和间接接触	触觉、温度觉、痛觉等
深度感觉	肌体神经和关节	物质对肌体的作用	外部和内部	撞击、重力、姿势等
平衡觉	半规管	运动和位置变化	内部和外部	旋转运动、直线运动、摆动等

2)感觉阈限

刺激必须达到一定的强度才能对感觉器官产生作用。刚刚能引起感觉的最小刺激量,称为感觉阈下限;能产生正常感觉的最大刺激量,称为感觉阈上限。刺激强度不允许超过上限,否则不但无效,还会对人体造成损伤。能被感受器官所感受的刺激强度范围,称为绝对感觉阈值。

每个人的感觉阈上下限不同,在已有感觉的基础上,如果增加或减少刺激量,刺激量的变化只有在一定范围内才能被觉察。例如,在 100 g 的重量基础上再加上或减少 1 g,一般不易被觉察出来。只有增加或减少 2 g 及以上,人们才能觉察出前后两种重量上的差别。刺激的增量必须达到一定的数量范围,才能引起一个差别感觉。刚刚能觉察出两个刺激的最小差异量称为差别阈限或最小可觉差。

不同感觉器官的差别阈限不是一个绝对数值,而是随最初刺激强度变化而变化的。1834 年,德国生理学家韦伯(E. H. Weber,1795—1878)在研究感觉的差别阈限时发现,如果以 R 表示原初的刺激强度,以 ΔR 表示刚刚觉察出有差别感觉的刺激差异量,那么在一定范围内,ΔR 随原初刺激强度的变化而有所不同,但其相对值是一个相对的常数,用数学公式表示即为:$\Delta R/R = K$。这种定比关系即韦伯定律(Weber's Law),即当 R 的大小不同时,ΔR(最小可觉察的物理量)的大小也不同,但 $\Delta R/R$ 则是一个常数。这一常数称为韦伯常数(Weber's Constant)。例如,原初声音强度是 100 dB,其差别阈限是 10 dB,那么至少是 110 dB 的声音强度才会被我们觉察出比原先稍强一些;如果是 150 dB 的强度,那么至少是 165 dB 才会被我们觉察出比它稍强一些；如果是 200 dB，至少是 220 dB 才会被我们觉察出比它稍强一些。由此可知，差别阈限值是刺激强度的同一分数。这一韦伯分数表明，必须在初始声音强度的基础上再增加 10%，才能觉察出它比原初声音强度稍强一些。

3）感觉适应

感觉适应（Sensory Adaptation）是指刺激物对同一感受器持续作用，使感觉阈限发生变化，导致对后来刺激物的感受性提高或降低的现象。各种感觉都有适应现象，如视觉适应（分暗适应和明适应）、听觉适应（分选择性适应、寂静适应和声音适应）、皮肤感觉适应、嗅觉适应和味觉适应等，唯痛觉很难适应。

上述类型中除暗适应是感受性提高外，其余各种适应都表明感受性降低甚至消失。例如，"入芝兰之室久而不闻其香，入鲍鱼之肆久而不闻其臭"，说的就是刚走进花园，你会闻到一股花香味，但过了几分钟，就闻不到了。这就是嗅觉感受性发生变化的现象。此外，各种感觉适应的速度不同，如完全的暗适应需 45 min，明适应只需数分钟，听觉适应约需 15 min。

4）相互作用

感觉相互作用（Sensory Interaction），是指在一定条件下，各种不同的感觉都可能发生相互作用，从而使感受性发生变化的现象。感觉相互作用的一般规律是弱刺激能提高另一种感觉的感受性，强刺激则会使另一种感觉的感受性降低。一般表现为：对一个感受器的微弱刺激能提高其他感受器的感受性，对一个感受器的强烈刺激会降低其他感受器的感受性。由于人接受环境的信息常常是多通道同时进行，因此不同感觉的相互作用时常发生。例如，微弱的声音刺激可以提高视觉对颜色的感受性，强噪声会降低视觉的差别感受性。而联觉属于不同感觉相互作用的特殊表现。它是指一种感觉引起另一种感觉的现象。联觉的形式很多，其中以颜色感觉的联觉最为突出。色觉可以引起温度觉，如红、橙、黄等有温暖感（称暖色），而蓝、青、紫则会有寒冷感（称冷色）。色觉还可以引起轻重感，如室内家具如果使用浅色系的颜色就会给人轻巧的感觉。

5）对比现象

感觉的对比现象（Sensory Contrast）是指当同一感官受到不同刺激的作用时，其感觉会发生变化。感觉的对比可以分为同时对比现象和继时对比现象。例如，同样的白色在黑色背景上比在灰色背景上显得更白。吃过螃蟹再吃虾，就感觉不到虾的鲜味，吃过糖果再吃水果，就感觉水果特别酸，这是继时对比。

6）感觉后效

对感受器的刺激作用停止以后，感觉印象并不立即消失，仍能保留一段短暂的时间。这种在刺激作用停止后暂时保留的感觉现象称为感觉后效（Sensory Aftereffect）。感觉后效在视觉中表现尤其明显，称为后像。

视觉后像有两种：正后像和负后像。如果你先看一下强光刺激物一二分钟，然后把眼睛闭上，这时你会看见眼前有一个与强光刺激差不多亮的像。因为后像和强光刺激一样，都是亮的，即品质相同，所以叫正后像。正后像出现以后，如果此时把眼睛转向白色的墙壁，就会看到一个比墙壁还要暗的像，因为后像和强光刺激在品质上是相反的，所以叫负后像。彩色视觉也有后像，不过正后像很少，一般都是负后像。彩色的负后像在颜色上与原颜色互补，而在明度上则与原颜色相反。例如，注视一个红色菱形几分钟后，再看白色背景时，在白色背景上就会看到蓝绿色菱形，这就是颜色视觉的负后像。

3.1.2 知觉的定义与特征

知觉是直接作用于感觉器官的事物的整体在脑中的反映，是人对感觉信息的组织和解释的过程，它是在感觉的基础上产生的。生活中，我们会说"我的小腿没有知觉了"，实际上是错误的表达，这时的描述应该是感觉。

虽然感觉和知觉都是客观事物直接作用于感觉器官而在大脑中产生对所作用事物的反映，但它们反映的内容不同，感觉反映的是客观事物的某一属性，知觉反映的是客观事物的整体属性。还是上面提到的例子，有个事物，眼睛看到是红色的，鼻子闻到是香的，嘴巴尝起来是甜的，这些单个的反映都是感觉，而这些信息综合起来反映到大脑里，经过判断，得出是"苹果"的结论，这就是知觉。另外，知觉是一系列组织并解释外界客体和事件产生的感觉信息的加工过程，这一加工过程需要借助个人的知识经验。例如，吃了口苹果发现是酸的，得到苹果没熟的结论，"酸"是感觉，无论是婴儿还是成人都有这种感觉。"没熟"就是知觉，这需要借助个人的生活经验。因此，感觉不依赖于个人的知识和经验，知觉却受个人知识经验的影响。知觉也比感觉更复杂，同一物体，不同的人对它的感觉是相同的，但对它的知觉就会有差别，知识经验越丰富对物体的知觉就越全面完善。

感觉和知觉二者都是事物直接作用于感觉器官产生的。知觉是各种感觉的结合，它来自感觉。离开了事物对感官的直接作用，既没有感觉也没有知觉。二者具有密不可分的关系，因此常常统称为"感知觉"。

知觉的信息加工主要有两种：自下而上的加工和自上而下的加工。

①自下而上的信息加工。知觉的产生依赖于感觉器官提供的信息，即客观事物的特性，对这些特性的加工叫自下而上的加工，或叫数据驱动加工。例如，对颜色和明度的知觉依赖于光的波长和强度。

②自上而下的信息加工。知觉的产生还依赖于主体的知识经验和兴趣、爱好、心理准备状态，即还需要加工自己头脑中已经存储的信息，这种加工叫自上而下的加工，或叫概念驱动加工。例如，我们去火车站接一位不认识的客人，我们对来人的期待将影响我们对他的识别和确认。

在知觉外界物体时，非感觉信息越多，需要的感觉信息越少，自上而下的加工占优势；相反，非感觉信息越少，需要的感觉信息越多，自下而上的加工占优势。两种加工方式往往并不独立存在，自下而上的加工需要建立在感觉信息输入的基础之上。自上而下的加工需要已有经验的介入，才能更好地整合各种零散信息。二者相辅相成，交互作用。

3.2 信息理论与人的信息处理模型

日常生活工作中，刺激往往包含了各种各样的信息，在了解了人类感知世界的输入后，我们再来详细了解在接收到信息后，人是如何进行处理的。

3.2.1 信息理论

信息，从这个词的日常用法来说，是指已接受的关于特定事实的知识。从技术方面理解，信息可以减少相关事实的不确定性。人们对于信息的认识和利用可以追溯到古代的通信实践。中国古代的"烽燧相望"和古罗马地中海诸城市的"悬灯为号"可以说是传递信息的原始方式。随着社会生产的发展与科学技术的进步，人们对传递信息的要求急剧增加。到了 20 世纪 20 年代，如何提高传递信息的能力和可靠性已成为普遍重视的课题。苏联科学家 A.H.科尔莫戈罗夫、美国科学家 N.奈奎斯特、德国科学家 K.屈普夫米勒和英国科学家 R.A.赛希尔等人，从不同角度研究信息，为建立信息论做出了巨大贡献。1948 年，美国数学家 C.E.香农（被称为"信息论之父"）出版了《通信的数学理论》，1949 年发表了《噪声中的通信》，从而奠定了信息论的基础。20 世纪 70 年代后，随着计算机的广泛应用和社会信息化的迅速发展，信息论正逐渐突破香农狭义信息论的范围，发展成为一门既研究语法信息又研究语义信息和语用信息的科学。它的建立是人类认识的一个飞跃。

信息理论中的 bit（位，简称 b）是指在两种平等的、相似的可替代方法之间做出选择时需要的信息量。bit 来自词组"Binary Digit"的词首和词尾，这个词语被用在计算机和通信理论里表示芯片的开关状态或者是古老计算机内存中小片铁磁内核的极化位置的极化反转状态。数学上的表达式是：

$$H = \log_2 n \tag{3-1}$$

式中，H 为信息量；n 为平等相似的替代方法的数目。

当只有两种替代方法时，例如芯片的开关状态或者均质硬币的正反状态，只需 1 b 就可以表示该信息。当有 10 种平等相似的替代方法时，例如从 0~9 的数字就有 3.322 b 的信息（$\log_2 10 = 3.322$）。计算 $\log_2$ 的时候可以使用下述简化公式：

$$\log_2 n = 1.4427 \times \ln n \tag{3-2}$$

当各种替代方法不是平等相似时，传达的信息将由下述公式决定：

$$H = \sum_{i=1}^{n} P_i \times \log_2(1/P_i) \tag{3-3}$$

式中，P_i 为第 i 个事件的发生概率；下标 i 为从 1~n 的替代方法。

举例来说，一个非均质的硬币被抛掷之后正面出现的概率是 90%，背面出现的概率是 10%。则抛掷硬币所传达的信息量为：

$$H = 0.9 \times \log_2(1/0.9) + 0.1 \times \log_2(1/0.1)$$
$$= 0.9 \times 0.152 + 0.1 \times 3.32 = 0.469 \text{ b}$$

由此可知，非均质的硬币所传达的信息量（0.469 b）小于均质硬币所传达的信息量（1.0 b）。信息量的最大值通常是在概率相等时达到，因为替代方法之间变得越相似，信息量传达就越少（也就是发动汽车时发动机产生火花的情况），从而产生了冗余的概念。每一种编码都可以计算出它所包含的信息量，也可以计算出它与其他编码之间相同的信息量大小，即冗余。冗余量可以用下列公式表达：

$$\text{冗余百分比} = (1 - H/H_{\max}) \times 100\% \tag{3-4}$$

对于非均质硬币，冗余量为：

$$\text{冗余百分比} = (1 - 0.469/1) \times 100\% = 53.1\%$$

下面是一个和英语使用相关的有趣例子。

英语字母表里面有 26 个字母（从 A~Z），在其中随机抽取字母的理论信息容量是 4.7 b（$\log_2 26 = 4.7$）。显然，将字母组合成为单词包含了相当多的信息，也有很多冗余。冗余对于设计显示和给用户表示信息来说不一定是坏事。据估计，英语中的冗余量总计为 68%

(Sandersand McCormick, 1993)。例如,"It is a dog."这个句子一共只有四个单词,看到"dog"而不是"dogs"我们知道这里说的是一条狗,是单数。细心观察可能发现,其实从"it""is""a"这些单词中也可以得到同样的信息:"dog"是单数的狗。若生活中有一句话,你只听了上半句就能猜出下半句,或者听了前一个词就能猜出下一个词,则说明这句话的语言有冗余。冗余意味着要造出更多"没有必要"的词。比如中文没有冠词也可以很好地交流,因此,有人会觉得英语中的冠词是多余的,可以删除。但是,如果语言真的变成了毫无冗余、最精简的样子,那是非常可怕的。人的大脑并不擅长记忆这种完全没有冗余的东西,而是更擅长利用联想进行记忆,即在不同知识之间建立冗余。因此,信息冗余有助于更准确地传递信息。正是语言中这种冗余的特性,保证了人们日常交流中即使偶尔漏听错听也不会影响人们理解对方的意思。

另一个相关概念是带宽或信道容量,即给定带宽的最大信息处理速度。人类在言语交流时,运动神经处理的任务带宽可以低至 6~7 b/s,或者高达 50 b/s。对于耳朵,纯粹的感观存储(即信息没有达到决策阶段)带宽接近 10 000 b/s(Sanders and McCormick, 1993)。人们接触到的大部分信息在到达大脑之前都已经被过滤掉了。因此,感官存储信息值比大脑实时处理的实际信息值要高得多。

3.2.2 人的信息处理模型

模型是对一个系统或过程的抽象表达。人的认知过程一般用人的信息加工过程模型来表达。人对外界信息作用的反应通常包括感受、知觉、记忆、决策、反应选择和运动反应等阶段,上述阶段组成一个完整的信息加工系统。不同研究者提出了不同的模型来表达人的信息加工过程,大部分模型由代表不同处理阶段的黑盒组成。图 3.1 表示信息处理的通用模型,主要由四个阶段构成:刺激输入、感知、决策与选择、反应执行,其中,记忆及注意力资源分配在不同阶段中。决策和工作记忆及长时记忆结合起来形成了中心处理单元,短时感觉存储则是一个瞬时记忆器,位于信息处理模型的输入阶段。

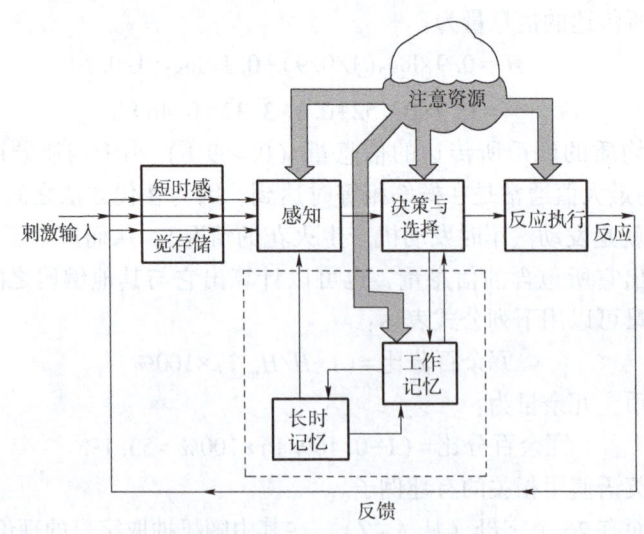

图 3.1 人类信息处理模型

(资料来源:Sanders and Mccormick, 1993, 经 MCGraw-Hill 出版公司授权使用)

在接收刺激后，短时感觉存储是信息加工的第一阶段。它储存输入感觉器官的刺激信息，保存时间很短，倘若不对输入感觉的信息做进一步处理，其将很快衰退至完全消失。感觉记忆的内容人是意识不到的，各种感觉系统都有对输入信息的短暂记忆，其中，视觉记忆保持的时间不足 1 s，听觉记忆约能保持 2 s。紧接着，通过感知来对输入的刺激信息和储存的知识进行比较，从而对信息进行分类。最基本的感知形式是简单检测，即确定刺激是不是实际发生了。当需要指出刺激类型或者刺激级别时，就需要用到先前的经验和学过的知识来辨认和识别，此时，情况就变得更加复杂，也会随之带来与长期记忆和知觉编码的连接。

3.3 记忆与注意

3.3.1 记忆

人的大脑能够将输入或经过加工的信息储存起来，在有需要时将这些储存的信息提取出来。人将信息进行储存并在需要时提取信息的这一过程叫作记忆。根据信息的输入、加工、储存和提取方式的不同以及信息储存时间长短的不同，人的记忆系统可以分为感觉记忆、短时记忆和长时记忆三个阶段。

1) 感觉记忆

感觉记忆是指外部刺激引起的感性形象在作用停止后的很短时间内仍保持不变的状态，由于保持时间很短（通常以 ms 为计量单位），感觉记忆又被称为瞬时记忆。感觉记忆是记忆的初始阶段，它是一定数量的信息以极短的时间一次呈现后迅速被登记并保持一瞬间的过程。人有两个最重要的瞬时记忆，一个是视觉信息存储，另一个是听觉信息存储。

2) 短时记忆

短时记忆也叫工作记忆，是感觉记忆和长时记忆的中间阶段。在短时记忆提出后有学者提出了工作记忆。与短时记忆相比，工作记忆强调短时记忆的内容应随着当前任务的要求而变化，并重视将信息从长时记忆中提取到短时记忆。

短时记忆的容量是非常有限的。1955 年，美国著名心理学家米勒（Miller）写了一篇著名的文章《神奇数字 7±2》，在文中他提出短时记忆容量为 7±2，该观点为大量实验验证并得到公认。同年，Miller 还提出了"组块"的概念。组块是将若干较小单位（如字母）联合成熟悉的较大单位（如字词）的信息加工。他认为短时记忆中的信息单位不是信息论中所说的比特，而是组块。例如，由几个字母组成的单词是一个组块。因此，短时信息的容量即为 7±2 组块。组块实际上是对信息的组织和重新编码，是人们利用已有的知识经验，即储存于长时记忆的知识对进入短时记忆的信息加以组织，使之成为人们所熟悉的较大的有意义的单位。组块的作用是增加了每一单位所包含的信息，即在短时记忆容量的范围内增加信息，帮助人们完成当前工作。

关于短时记忆的容量，Baddeley 等认为，短时记忆痕迹的衰减极为迅速，痕迹一般只能维持 2 s。如在此期间不对信息进行再现或复述，则将消退，即短时记忆反映着人在 2 s 内能够加以复述项目的数量。因此，短时记忆的容量取决于一个项目复述所需时间的长短，复述时间越多的项目，容量越小，复述时间越少的项目，容量越大。此时可将短时记忆看作一个加工器，它有一个复述回路专司复述。Klatzky 的观点是将短时记忆看作一个空间，若储存的项目越多，占的空间就越多，可供操作的空间就越小，即储存的项目与加工之间存在着此消彼长的关系。

日常生活中有大量的关于短时记忆方面的经验。总结起来，短时记忆具有如下特点：

①信息保持时间很短。保持时间为 5~20 s，最长不超过 1 min。

②记忆容量小。信息一次呈现后立即正确记忆的最大量一般为 7±2 个互不关联的项目。

③对中断的高度敏感。短时记忆极易受到干扰，受干扰的程度取决于短时记忆中存储信息的多少。当存储很少量的信息时，需要有较多的干扰才能中断记忆；反之，很少的干扰即可中断记忆。

④短时记忆中的信息可被意识。通常人们意识不到储存在瞬时记忆和长时记忆的信息，但是完全可以意识到短时记忆中信息的存在，即只有短时记忆中的信息才能保持在人们当前的意识之中。储存于长时记忆中的信息也只有在需要时先提取回溯到短时记忆系统进行意识的加工，并与当前的刺激相结合才能付诸应用。

了解人的感觉记忆和短时记忆的局限，便可以在系统设计中尽量避免局限。改善感觉记忆和短时记忆的措施主要有以下几种：

①最小化工作记忆的负荷；

②提供视觉反馈；

③利用组块；

④在指示语中考虑工作记忆的限制。

3) 长时记忆

长时记忆是保持 1 min 以上到几年甚至更长时间的记忆。人的知识经验就是保持在长时记忆中的信息。长时记忆中的内容是以往信息加工的结果，比较稳定，具有备用的作用，对人的活动不会增加过多的负担。短时记忆的信息通过复述或精细复述而进入长时记忆。人的长时记忆的容量很大，几乎是无限的。凡保持几分钟以上的每件事情显然必然存在于长时记忆之中。一切后天获得的经验，包括语言规则在内，都必然是长时记忆的组成部分。

3.3.2 注意

注意是依附和伴随人的认识、情感、意识等心理过程而存在的一种心理现象。注意也被认为是人信息处理的一个"瓶颈"。注意主要从三个方面对信息处理产生影响，即选择性、持续性和分配性。

1) 注意的选择性

注意的选择性是指个体在同时呈现的两种或以上的刺激中选择其中一种进行注意，而忽略另外的刺激。在任何时候都会有各种信息源同时对人发生作用，但人不可能对这些信息源传播的信息同时进行加工，在一定的时间内，人们只能从众多信息源中选择所需要的信息源进行信息加工。既然有选择，就会有漏失，重要的是要选择恰当，使取样的信息正好是所需要的。例如，在复杂人机系统中，控制台上往往有成千上万的信息显示器，人的能力资源有限，要时刻不停地注视每个信息显示器的变化是不可能的。操作者要及时获取有用的信息，就要从多种信息源中最有效地选择所需要的信息。要做到这一点，操作者不仅要了解这些信息的重要性，还必须了解在什么时候这些信息对操作是有用的，注意或忽略这些信息可得到多大的利益，要付出怎样的代价。

由于人的能力资源是有限的,人在观察某一信息源时能够了解这个信息源的最新动向,这是他的所得,但也有忽略其他信息源的代价,这称为机会成本。人注意的选择就是从这两方面入手找出最优。

在现实生产中,注意取样往往会受多种主客观因素的影响。那些位于视野中央的、明亮的、响亮的、动态的或具有其他突出特点的刺激,一般容易引人注意,容易成为注意选择的对象。在人机系统设计中,视觉警告信号一般安排在中央视野范围内,采用比其他视觉显示刺激高得多的亮度,或者采用特殊的声音作为警告信号,这些都是利用它们容易引人注意的特点。

与视觉相比,听觉与触觉由于外周感受器没有排除刺激进入感觉通道的自然方法,它们对人具有较大的强制接受的作用。因此,一般认为用听觉刺激或触觉刺激做报警信号更佳。

2)注意的持续性

注意的持续性是指注意在一定时间内保持在某个认识的客体或活动上,也叫注意的稳定性。例如,雷达观察站的观测员长时间地注视雷达荧光屏上可能出现的光信号。注意的持续性是衡量注意品质的一个重要指标。工人必须具有稳定的注意,才能正确地进行生产操作,才能正确排除障碍和各种意外的事故,并按质保量地完成生产任务。可以说,没有持续的注意,人们很难完成任何实践任务。

3)注意的分配性

注意的分配性是指个体在同一时间对两种或以上的刺激进行注意,或将注意分配到不同活动中。许多工作都需要分配注意能力,例如,在开车时,驾驶人员需要一边驾驶车辆一边观察交通信号和路况;在记录会议时,要一边听一边打字记录。注意分配是注意集中的对立面,一般来说,不利于注意集中的因素都有利于注意分配。刺激的空间位置、相似程度、强度、语义内容等,既是影响注意集中的因素,又是影响注意分配的因素。例如,假如有两个信息源都处于邻近的空间范围内,当只需要集中注意于其一时,另一个信息源将会妨碍注意集中。此时,操作者要做出更大的努力才能保持相同的工作效率;反之,假如操作者的任务是需要同时对这两种信息源进行信息加工,由于两者处于邻近空间,有利于注意分配,无疑能够提高工作效率。再如,用双耳分别听取双语时,若语义内容兼容,要想只集中注意于一种语言是很困难的;但若工作上要求同时对这两种语言进行监听,则用双耳监听无疑能取得更好的效果。

注意范围有中心与边缘的区别。同时发生作用的信息源,处在注意中心与处于注意边缘也会使信息处理的程度不同。在注意中心的信息源能够感觉得更清楚,信息处理的效率相对较高;处于注意边缘的信息源会感觉得模糊,信息处理的效率相对较低。

此外,对注意对象的熟悉程度、学习、训练等都会影响人的注意分配能力。

3.4 推理与决策

3.4.1 推理

推理是指从已知的或者假设的事实中引出结论。它可以作为一个相对独立的思维活动出现，也经常参与许多其他的认知活动，推理需要提取长时记忆中的知识，并且和当前的一些信息在工作记忆中进行综合。推理的种类有很多，从具体事物归纳出一般规律的活动称为归纳推理，它的关键特征是归纳而来的结论，不一定正确；根据一般原理推出新结论的思维活动称为演绎推理，我们能够确信其假设和结论的真实性。

1）归纳推理

下面用两个例子来解释归纳推理：在一个苹果园门外发现果农卖的都是红色的苹果，于是推断果园里中的苹果都是红色的；在平面内，锐角三角形、钝角三角形、直角三角形的内角和都是180°，于是推断所有三角形内角和都是180°。这样的推理过程就叫归纳推理，但是我们发现，归纳推理的结论不一定百分百正确。

归纳推理有很多形式，类比推理是主要的一种，是指个体通过使用过去相似问题的解决办法来解决当前的问题，是问题解决过程中的常用手段之一。类比推理的实验可用吉克和霍利约克（Gick & Holyoak, 1980）的实验来说明，在他们的研究中使用的问题为辐射问题，具体内容为：面对一个不能开刀切除恶性肿瘤的胃癌患者，医生考虑采用一种辐射来摧毁肿瘤。若辐射足够强，可立刻摧毁肿瘤，但其他健康组织也会被摧毁；若辐射强度较低，射线对健康肌体无害，但同样也会对肿瘤不起作用。在这样的情况下，应用什么样的方法去摧毁肿瘤，同时又避免伤害健康组织呢？对此最具创造性和有效性的解决办法是从不同方向分别向肿瘤射几束弱射线，并使它们汇聚在一起。由于每束射线本身强度较弱，因此通过肌体时不会产生伤害，但是所有这些射线的强度聚集在一起则足够摧毁肿瘤。东克尔在对这一问题的最早研究中发现，45个被试中只有2个（4%）给出了这个解决办法。

吉克和霍利约克在研究中设计了一些类比故事，这些类比故事中均蕴含高效解决辐射问题的基本原则。例如，在"指挥官"的故事中，一支坦克部队的指挥官要向敌军司令部发起攻击。如果使用很多坦克，赢的机会就很大，但他的部队必须经过一个又窄又不牢固且仅能通过少数坦克的桥；而如果使用少量的坦克发起袭击，则易被敌方击退。为了取得胜利，指挥官制订了一个让坦克分别通过每座小桥，进而包围敌军司令部的计划，这样，所有坦克都能同时过桥，攻击并占领敌军司令部。很明显，坦克袭击问题与辐射问题之间具有很高的相似性。吉克和霍利约克研究了两种情况下被试对辐射问题的解决：一种是被试在解决辐射问题之前阅读过类似于"指挥官"的包含类比推理的故事（实验条件），另一种是没读过任何其他的故事（控制条件）。结果表明，控制条件下仅有10%的被试使用了最有效的方法来解决问题，而实验条件下有75%的被试在时间限度内使用"汇聚解决法"（从不同方向发射射线）解决了辐射问题，这说明人们能从类比中受益，此举有助于问题的解决。

2）演绎推理

传统的逻辑系统中演绎推理包括条件推理和三段论推理，接下来介绍两种推理方式。

（1）条件推理

条件推理是指利用前提条件推理得到结论的过程，即在"如果……那么……"命题基础上推导出结论，一般包括四种类型。

①肯定前提，继而得到结论。简单理解为如果A，那么B；A，所以B。

以"如果你是一名司机，那么你要会开车"为例。

肯定前提：你是一名司机。

结论：所以你会开车。

推理有效。

②否定前提，继而否定推论，得到结论。简单理解为如果 A，那么 B；不是 A，所以不是 B。

否定前提：你不是一名司机。

结论：所以你不会开车。

推理无效，不一定只有司机会开车。

③肯定推论，继而得出结论。简单理解为如果 A，那么 B；B，所以 A。

肯定推论：你会开车。

结论：所以你是一名司机。

推理无效，学习过开车的几乎都会开车。

④否定推论，继而否定前提，得到结论。简单理解为如果 A，那么 B；不是 B，所以不是 A。

否定推论：你不会开车。

结论：所以你不是一名司机。

推理有效。

通过上述的例子可以看出，在条件推理中我们需要明确地区分证实和证伪。证实是指寻找证据证明假设真实，证伪是指通过实验检测出假设并无依据。已有实验证明人们更倾向于证实而非证伪。

(2) 三段论推理

三段论由两个前提和一个结论组成，可以简单理解为"所有 A 都是 B，所有 B 都是 C"，所以"所有 A 都是 C"。这个三段论推理包括 A、B、C 三个部分，而 B 同时出现在两个前提中。如前提为"所有青少年都是叛逆的，所有的中学生都是青少年"，结论为"所有的中学生都是叛逆的"。进行三段论推理时，判断结论是否是根据逻辑从前提推倒的即可，与现实世界的真实情况无关。人们在进行三段论推理时容易犯错，一部分原因是存在偏差。例如，人们更相信那些看起来可信但不符合三段式推理的无效结论，而不相信那些看起来不可信但是根据三段式推理严谨推理出的有效结论，这叫作信念偏差效应。

3) 启发式策略

启发式策略是指人们在推理任务中往往采用一些推理规则，这些规则不一定遵循标准逻辑规范，但在生活情景中也能帮助人们做出快速有效的推断。卡内曼和特弗斯基总结了三种重要的启发式策略：代表性启发法（Representativeness Heuristics）、可得性启发法（Availability Heuristics）和调整性启发法（Adjustment Heuristics）。

代表性启发法是指人们倾向于根据样本是否代表总体来判断其出现的概率，越有代表性的，越常被判断为出现。在卡内曼和特弗斯基的一项实验中，他们给被试简要介绍某个人的特征并说明这人是从 100 人中随机抽取出来的，告诉第一组被试这 100 人中有 70 人是工程师，30 人是律师，而告诉第二组被试这 100 人中有 70 人是律师，30 人是工程师，要求被试判定所介绍的那个人是工程师（或律师）的概率有多大。其中一例介绍为"杰克是 45 岁的男性，已婚并有 4 个孩子；他一般显得保守、谨慎、有事业心，对政治和社会问题不感兴趣，绝大部分业余时间都花在做木工、驾驶帆船和玩数学游戏上"，这一介绍极像工程师，与律师的形象相去甚远。结果发现，两组被试判定该人为工程师的概率都约为 0.90，显然，被试只是依据介绍人物特征的代表性来进行判断的，而没有考虑事件的基准率信息，即工程师在两组中所占的不同比例。

可得性启发法是指人们倾向于根据一个客体或事件在知觉或记忆中的可得性程度来评估其相对频率，容易知觉到的或回想起的常被判定为更可能出现。例如，字母 K 在英文单词里是常出现在第一个字母位置还是第三个字母位置？绝大多数人认为字母 K 常出现于英文单词的开头，但是实际上，在英文中，第三个字母是 K 的单词数量是以 K 字母开头的单词数量的 3 倍。人们之所以认为字母 K 常出现于英文的开头，显然是由于人们容易回忆出以 K 字母开头的单词而不容易回忆出 K 出现在第三个字母的单词。

调整性启发法是指人们以最初的信息为参照来调整对事件的估计。在判断过程中，人们最初得到的信息会产生错定效应（Anchoring Effect），制约对事件的估计。例如，被试要回答下列两个问题中的一个：

问题 1：$8\times7\times6\times5\times4\times3\times2\times1=?$

问题 2：$1\times2\times3\times4\times5\times6\times7\times8=?$

被试要在 5 s 内估计出其乘积。在如此短暂的时间内，被试基本不可能得出真正的答案。结果发现，被试对第一道题的乘积估计的中数为 2 250，对第二道题的乘积估计的中数是 512。两者的差别很大，并都远远小于正确的答案，即 40 320。可以设想，被试在对问题进行了最初的几步运算以后，最初几步运算的结果产生了错定效应，被试仅以获得的初步结果为参照来调节对整个乘积的估计。由于两道题的乘数数字排列不同，第一道题的最初几步的运算结果大于第二道题，因而其整个乘积估计也较大。

有关启发式策略的研究揭示了人们在处理实际问题时所遵循的并非一定是逻辑推理规则。

3.4.2 决策

决策是人确定行动目标选择行动方案并将方案付诸实际的过程。人在决策过程中需要根据已有的知识经验和客观条件对解决面临问题的可能性和可行性进行分析，做出决断。决策是复杂的思维过程，人的行动是决策的执行，因此决策的优劣直接关系到行动的成败。决策是人的信息处理过程中最复杂最富有创造力的工作，也是人信息处理系统的瓶颈，它极大地限制了人的信息处理能力。

1）决策的特点

（1）不确定性

结果的不确定性是决策的一个重要特点。如果决策依据的信息是确定的，那决策的结果大多是确定的；如果决策依据的信息是不确定的，那决策的结果大多是不确定的；如果一些可能的但是不确定的结果是令人不愉快或付出代价的，那通常将这种不确定决策视为有风险的。

（2）熟悉与专业知识

在非常熟悉的情况下或对非常熟悉的选项做决策时，人的决策时间往往是非常短的，期间无法深思熟虑。例如，具有专业知识的专家在做决策时总是比刚刚开始学习专业知识的新手快且不费力。但是，研究事实表明，专家所做的决策并不总是比新手更准确。

（3）时间

时间与决策过程密切相关。首先，不同类型的决策所需的时间是不同的，例如，有目的性地购买商品时所需的时间较短，而求解难度高的数学题时所需的时间较长。

其次，时间压力对决策过程有重要的影响。在时间紧迫的情况下，决策者会采用更简单或更迅速的决策策略，甚至会改善绩效。但也会因为时间紧迫使决策者倾向于减少所要处理线索（信息）的数量，当决策任务包含较少的相关线索（信息）时，所采用的策略不适合作业任务而导致作业绩效下降。此外，对较少的相关线索（信息）进行加工，直至进行决策所产生的影响取决于那些被滤掉的线索（信息）的重要性和突出性。在时间压力下，重要性和突出性都是过滤线索（信息）的依据。

2) 决策行为理论

(1) 传统的决策理论

这是一种基于"完美理论"的决策理论。完美理论是传统研究者所持的观点，即认为决策者可以基于掌握的信息全面权衡而做出最优选择。传统决策理论往往采用数学模型模拟人的决策过程，最具代表性的便是冯·诺依曼和莫根施特恩提出的期望效用理论。期望效用理论认为，决策者一般会选择期望效用值最大的方案，接下来介绍期望效用值的计算。

一定条件下，采用决策方案 A_i 产生的可能结果为 S_i，每个结果的效用值为 $U(S_i)$，概率为 P_i，那决策的期望效用值为 $E(A_i)=P_i \times U(S_i)$。例如，两个公司 A 和 B 提供两个工作，初始工资相同，但 A 第一年增长 15% 工资的概率为 60%，而 B 第一年增长 10% 工资的概率为 80%，根据计算方法，$E(A)=P_A \times U(S_A)=60\% \times 15\%=9\%$，$E(B)=P_B \times U(S_B)=80\% \times 10\%=8\%$，那么决策者将选择去 A 公司。但部分研究者认为，人们在决策时并不一定严格按照期望效用值选择，可能受人主观因素影响，比如总会有人想"赌票大的"。

(2) 前景理论

前景理论是"有限理论"的代表性理论，但有限理论和前景理论不同，认为人不可能全面考虑问题并做出最合理的决策，往往是依靠过往的经验。卡内曼和特弗斯基经过实验发现人的实际决策行为和期望效用理论预期有所偏差，而这些偏离是系统的、有规律的，因此提出前景理论对偏差进行解释。

前景理论最基本的观点是损失厌恶，即等量的损失效用和收益效用，人们更偏向于回避损失而不是获得收益。卡内曼和特弗斯基通过实验绘制了损失—收益曲线，如图 3.2 所示，当收益增加时，价值增长幅度小，而损失增加时，价值降低幅度大。值得注意的是，价值的定义依赖于参考点，根据参考点价值被划分为收益和损失，进而影响人们后续的决策，最终导致个体在收益情境下保守，在损失情境下冒险的行为倾向。

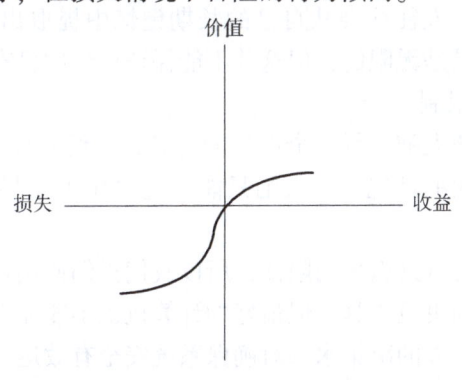

图 3.2 损失—收益函数曲线

(3) 风险偏好理论

贝尔努利认为，由于没有考虑到小概率和低回报的风险，货币收益预期值的最大化并不是一个完全理性的描述。例如，对于抛掷硬币的游戏，规定"头像面"为正面，首次抛到正面可获得 2 元奖励，第二次抛到奖励翻倍，以此类推（首次抛到反面则游戏结束），则可以获得的回报为 $(1/2)×2+(1/4)×4+\cdots+(1/2n)×2n+\cdots$，这是一个无限的总和，然而，让贝尔努利困惑的是，尽管它可能会有无限的回报，人们也不愿意为这样一个随机抽奖花费过多金钱。

马科维茨（Markowitz，1952）同样着迷于风险和收益的权衡，他设计了一个彩票选择问题。结果发现，在"肯定亏损 1 美分"和"有 1/10 的概率亏损 10 美分"之间做选择，大多数人为了规避风险，都会选择"肯定亏损 1 美分"。然而，当把损失扩大十倍甚至更多时，人们却从风险规避转变成了偏好大风险。例如，在"有 1/10 的概率损失 1 000 万美元"和"肯定损失 100 万美元"之间，更多人选择了前者。而在相反的情况下，让人们在收益中做选择时，与"肯定得到 1 美元"相比，人们更倾向于"有 1/10 的概率得到 10 美元"。但当收益扩大到一定程度，人们更喜欢"肯定收益 100 万美元"而非"有 1/10 的概率收益 1 000 万美元"。

这样的结果与卡内曼和特弗斯基的观点一致。他们一致质疑"人们通常不愿意承担风险并且对风险的态度是稳定的"这个观点，同时提出，在决策问题中，即使是很小的变化，也可能导致人们对风险的态度产生显著逆转。

3) 人的信息处理系统对决策的限制

(1) 人的计算能力有限

很少有人能在不用笔的情况下准确地算出四位数与四位数的乘积。在超出人能力范围且没有其他帮助的情况下人就需要进行猜测。由于在许多情况下不得不依赖于人的猜测，为此有些学者对人的猜测能力进行了研究。研究的试验结果表明，人对平均值的估计是比较准的，但对均方差的估计误差非常大；人在用外推法进行预测时，其值一般偏小；人在估计各种事件的概率时，会尽量避免给出极端值。总的来说，人的估计是偏保守的。

(2) 工作记忆的限制

人在进行决策的过程中，有大量的信息需要临时储存起来，它们只能被存放在工作记忆里。人的工作记忆能力是非常有限的，这就会造成大量的信息丢失，也影响人的决策。

(3) 长期记忆的限制

在进行决策的过程中，人往往会从自己的长期记忆中提取出需要的信息供自己决策使用。虽然人长期记忆的容量是无限的，但这并不能保证记忆中已有决策需要的一切信息。

(4) 大脑运算速度的限制

心理学试验表明，人的大脑进行一个单位的运算，大约需要 0.1 s，这个速度显然是非常慢的。在时间压力比较大的情况下，大脑只能通过"偷工减料"来完成任务，这也影响人的决策效果。

正是因为人的决策系统有这么多局限性，所以我们提倡使用计算机辅助决策。计算机的发展为人提供了一个有力的决策工具，但最好的计算机也不能完全替代人的决策。在人机系统中，人是系统的决策者，人的决策水平对确保系统安全有效运行具有重要作用。在人机系统的设计过程中，既要考虑通过选拔和训练提高决策人员的决策能力，又要看到人决策能力的局限性，在具有较高要求的情况下，应为操作者提供决策辅助工具。

3.5 反应执行与负荷

3.5.1 反应执行

操作者在接收到来自系统的信息后对其进行中枢加工，并根据加工的结果对系统做出反应，后一个过程被称为操作者的信息输出。例如，汽车驾驶员为避免撞上前方突然出现的行人而刹住汽车，飞行员将瞄准器对准攻击目标，等等。此类行为都是信息输出的表现。信息输出的实际形式是多种多样的，各类信息输出的质量取决于反应时间、运动速度、准确性等因素。

1）操作运动类型

在实际情境中，信息输出最重要的方式是运动输出。根据操作活动的形式，人体操作活动可分为以下五种：

①定位运动：人体或肢体根据作业所要求达到的目标，从一个特定位置到另一个特定位置的运动，是一种最基本的操纵控制运动；

②重复运动：在作业过程中，人连续不断地重复相同的动作；

③连续运动：操作者对操纵对象连续进行控制、调节；

④逐次运动：若干基本动作按一定顺序相对独立地展开；

⑤静态调整运动：在一定时间内，没有外在运动表现但需要肢体用力把身体的有关部位保持在特定位置上，如体操比赛。

2）操作执行速度

（1）反应时

一般将从外界刺激出现到操作者根据刺激信息完成反应之间的时间间隔称为反应时。其包括以下两部分：

①从刺激开始到反应开始之间的时间，称为反应潜伏时间；

②从反应开始到反应完成的时间，称为运动时间。

$$反应时 = 反应潜伏时间 + 运动时间$$

反应时可分为简单反应时和选择反应时。如果呈现的刺激只有一个，被试只在刺激出现时做出特定的反应，这时获得的反应时称为简单反应时。如果有多种不同的刺激信号，在刺激与反应之间表现为一一对应的前提下，呈现不同刺激时，要求做出不同的反应，这时获得的反应时称为选择反应时。

影响反应时的因素有以下几种：

①感觉通道的种类；

②效应器官的特点；

③刺激的强度和性质：弱光，0.205 s；强光，0.162 s；

④刺激出现的不确定性；

⑤训练程度；

⑥反应的复杂性；

⑦个体的身心状态。

不同的感觉通道受刺激的反应时明显不同。各种感觉通道的简单反应时如表 3.2 所示。

表 3.2　各种感觉通道的简单反应时

感觉通道	反应时/ms	感觉通道	反应时/ms
触觉	117~182	温觉	180~240
听觉	120~182	嗅觉	210~390
视觉	150~225	痛觉	400~1 000
冷觉	150~230	味觉	308~1 082

(2) 运动时间

运动时间是指运动开始至运动结束所耗费的时间。

(3) 定位运动速度

①早期进行的研究表明：定位运动速度依赖于运动距离和运动精度两个因素。

②关于定位运动速度和运动方向的关系，施密特克经过实验研究得出结论：右手 55°方向向右上方做定位运动速度最快。

③定位运动速度与空间介质有关。

(4) 重复运动速度

重复运动是在速度上有较高要求的运动。对于手轮和曲柄的操作运动，其运动速度受旋转阻力、旋转半径以及是否为优势手的影响。

研究结果表明：当旋转阻力最小、旋转半径为 3 cm 时，手轮旋转运动速度最大；当旋转阻力为 49 N、旋转半径为 4 cm 时，曲柄旋转运动速度为最大。

对于手指敲击计算机键盘等简单的重复运动，手敲击速度最快为 5~14 次/s，但这个速度的保持时间不长。表 3.3 列出了被试在 15 s 内各手指的最大敲击速度。

表 3.3　手指的最大敲击速度

手指	左手/(次·s^{-1})	右手/(次·s^{-1})
食指	66	70
中指	63	69
无名指	57	62
小指	48	56

3) 操作执行准确性

(1) 盲目定位运动准确性

在实际操作中，当视觉负荷很重时，往往需要人在没有视觉帮助的条件下根据对运动轨迹的记忆和运动感觉反馈进行盲目定位运动。有学者曾研究了手的盲目定位运动的准确性，其方法是在被试的左、前、右共 270°的范围内选定七个方位，相邻方位间相距 45°每个方位又分上、中、下三种位置，选择 20 个实验点，每个点上悬有类似射击用的靶子。被试在遮掉视线后做盲目定位运动，实验结果如图 3.3 所示（圆圈下的数字代表其直径，单位为 cm）。其中的每个圆圈表示击中相应位置靶子的准确性，圆越小，准确性越高；黑圆点的大小代表击中相应象限的准确性,黑圆点越小,准确性越高。

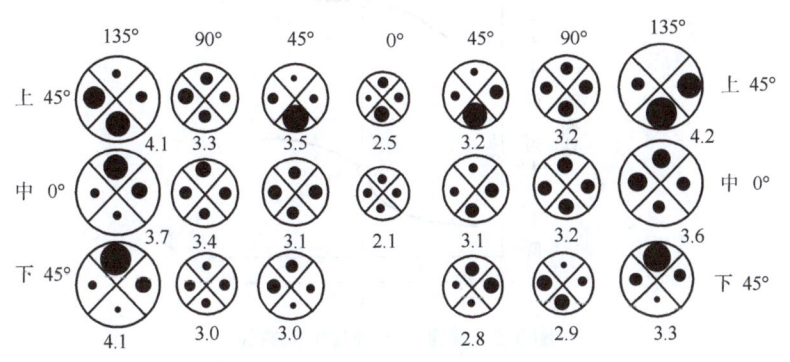

图 3.3 不同方位盲目定位的准确性

（2）连续运动准确性

关于连续运动的准确性可以用以下实验方法来进行检测。如图 3.4 所示,当被试握着笔沿狭窄的槽运动时,笔尖碰到槽壁即为一次错误,此错误可作为手臂颤抖的指标,实验结果如表 3.4 所示。由表可以看出,在垂直面上,手臂做前后运动时颤抖最大,其颤抖是上下方向的；在水平面上,做左右运动的颤抖最小,其颤抖是前后方向的。

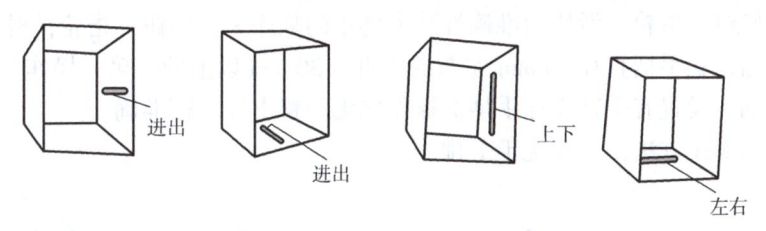

图 3.4 手臂运动方向对连续运动准确性的影响实验

表 3.4 手臂运动方向的颤抖对连续运动准确性的影响结果

槽所在平面	垂直	水平	垂直	水平
运动方向	前后	前后	上下	左右
颤抖方向	上下	左右	前后	前后
错误次数	247	2.3	45	32

（3）运动速度与准确性

运动速度与准确性两者之间存在着互相补偿的关系,描述其关系的曲线称为速度—准确性特性曲线,如图 3.5 所示。该曲线表示,速度越慢,准确性越高。但速度降到一定程度后,线渐趋平坦。这说明在人机系统设计中,过分强调速度而忽视准确性,或过分强调准确性而降低速度都是不利的。

（4）操作方式与准确性

由于手的解剖学特点和手的部位随意控制能力的不同,手的某些运动比另一些运动更加灵活准确。一般有以下几个方面的规律：

① 右手较左手快,右手由左向右运动又比由右向左快；

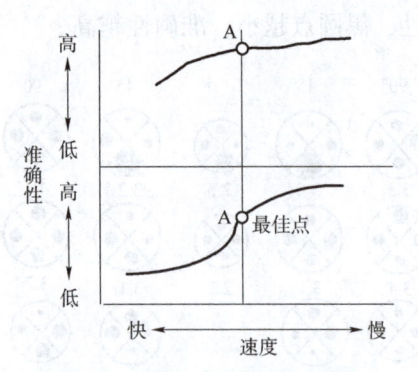

图 3.5　速度—准确性特征曲线

②手朝向身体比离开身体运动速度快；
③手从上往下比从下往上快；
④手在水平面内的运动速度比在垂直面内的运动速度快；
⑤手的旋转运动比直线运动快，且顺时针运动比逆时针运动快；
⑥手对向下按的按钮比向前按的按钮操作准确，水平安装的旋钮比垂直安装的旋钮操作准确；
⑦手操纵旋钮、指轮、滑块的准确性从大到小的顺序为：旋钮，指轮，滑块；
⑧手操纵圆柱状手柄直径 10 mm 左右的比直径 30 mm 以上的准确，操作"L"形的柄头比圆形柄头准确，设置有手臂支撑手柄的操作比无手臂支撑手柄准确。

图 3.6 所示操作方法，上排优于下排。

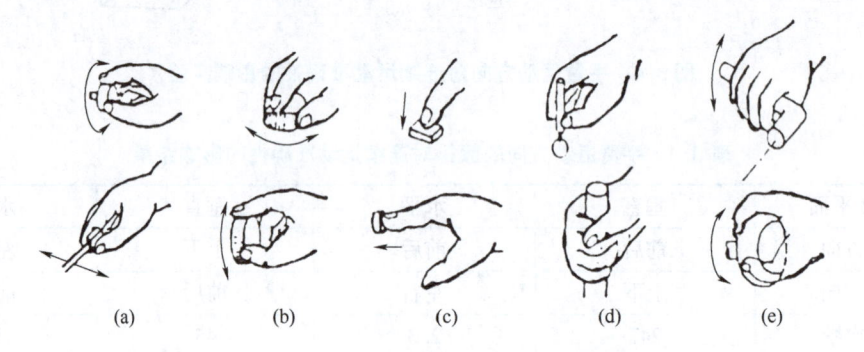

图 3.6　不同操作方法对准确性的影响

3.5.2　负荷

1) 体力劳动

（1）体力劳动及其影响

体力劳动是指需要人提供工作动力或使人产生体能消耗的劳动。研究表明，人体能够承受的劳动强度是有一定限度的，超过这一限度，不仅工作无法正常进行，还会使人体处于高度应激状态，导致事故发生，造成人力物力的严重损失。过度的体力劳动通常会带来以下不良后果：

①生理伤害。体力劳动包括各种需要人的力量作为工作动力的工作，它的特点是体能消耗高，心脏和呼吸系统负荷大。人的能量消耗和血液循环能力决定着体力劳动的极限，当体力劳动负荷过高时，人体的生理状态常会出现明显的变化，通常表现为心肺系统高水平活动。持续的心肺系统高水平活动可能导致人体各器官能力下降，影响四肢、心肺、肾脏等器官功能的正常发挥，严重的甚至还可能导致功能性衰竭，影响到作业者的生理健康。

②心理影响。体力劳动负荷过高对人的心理健康也会带来不利的影响。最明显的表现在于体力负荷过高会使作业者的疲劳感增强，反应迟钝，对外界事物的应变能力降低，情绪容易激动，加剧人际冲突。长时间的工作负荷过重可能会使作业者对工作感到厌烦，甚至对生活产生消极态度，严重影响其心理健康。

③工作效率影响。体力劳动负荷过高还会影响工作效率。从能量的角度出发，一个人做体力劳动时能量是有限的。随着作业者工作的积极性和主动性降低，工作时间延长效率明显下降，工作错误增多，可能会出现消极怠工的现象，严重的可能导致旷工现象增多，从而影响工作的顺利进行。

（2）体力劳动强度的衡量

体力劳动负荷的大小可以用劳动强度来计量。劳动强度是指作业者在作业过程中的体能消耗及紧张程度，即劳动量（肌肉能量和神经能量）的支出和劳动时间的比率。劳动强度是用来计量单位时间劳动消耗的一个指标，劳动强度不同，单位时间人体所消耗的能量也不同，通常是单位时间内劳动量消耗越多，劳动强度越大。目前，国内外对劳动强度分级的指标主要有两种：一种是相对指标，即相对代谢率 RMR；另一种是绝对指标，即劳动强度指数，如 8 h 的能量消耗量。

①国内关于劳动强度的划分。我国于 2007 年颁布了《工作场所物理因素测量第 10 部分：体力劳动强度分级》（GBZ/T 189.10—2007）国家标准，以劳动强度指数来划分劳动强度。这种方法可以消除劳动者个体差异的影响，科学性强，适用于科学研究或对某特殊工种劳动强度进行准确定级。具体分级如表 3.5 所示。

表 3.5 体力劳动强度分级表

劳动强度级别	劳动强度指数
Ⅰ	≤15
Ⅱ	15~20
Ⅲ	20~25
Ⅳ	>25

②日本能率协会对劳动强度的分级。日本学者古尺于 1936 年提出了相对代谢率的概念，简称 RMR，其计算公式为：

$$RMR = 劳动代谢量/基础代谢量 \tag{3-5}$$

体内能量的产生、转移和消耗叫作能量代谢。能量代谢按机体所处状态可以分为三种：基础代谢量、安静代谢量、能量代谢量。

a. 基础代谢量。

基础代谢量是人在绝对安静的条件下（平卧状态）维持生命所必需消耗的能量。

基础代谢率（B）是单位时间、单位面积的耗能。

基础条件为人清醒而极安静（卧床）、空腹（食后10 h以上）、室温20 ℃左右。

中国人正常的基础代谢率平均值如表3.6所示。

表3.6 中国人正常的基础代谢率平均值

年龄	11~15岁	16~17岁	18~19岁	20~30岁	31~41岁	41~50岁	51岁以上
男	195.5	193.4	166.2	157.8	158.7	154.1	149.1
女	172.5	181.7	154.1	146.4	142.4	142.4	138.6

正常人的基础代谢率比较稳定，一般不超过正常平均值的15%。

$$基础代谢量 = 基础代谢率平均值 \times 人体表面积 \tag{3-6}$$

中国人体表面积的公式为：

$$人体表面积（m^2）= 0.006\,1 \times 身高（cm）+ 0.012\,8 \times 体重（kg）- 0.152\,9 \tag{3-7}$$

b. 安静代谢量。

安静代谢量是指机体为了保持各部位的平衡及某种姿势所消耗的能量。安静代谢量包括基础代谢量和维持体位平衡及某种姿势所增加的代谢量两部分。通常以基础代谢量的20%作为维持体位平衡及某种姿势所增加的代谢量。因此，安静代谢量应为基础代谢量的120%。安静代谢率记为R，$R = 1.2B$。

$$安静代谢量 = R \times S \times t = 1.2 \times B \times S \times t \tag{3-8}$$

式中，R为安静代谢率[$kJ/(m^2 \cdot h)$]；S为人体表面积（m^2）；t为持续时间（h）。

c. 能量代谢量。

能量代谢过程是指生物体内物质代谢过程中所伴随的能量释放、转移、储存和利用的过程。人体进行作业或运动时所消耗的总能量叫能量代谢量。每小时、每平方米体表面积所产生的热量称为能量代谢率，记为M。

$$能量代谢量 = M \times S \times t \tag{3-9}$$

式中，M为能量代谢率[$kJ/(m^2 \cdot h)$]；S为人体表面积（m^2）；t为持续时间（h）。

日本能率协会按照相对代谢率指标将劳动强度划分为五个等级，如表3.7所示。

表3.7 日本能率协会劳动强度划分等级

劳动强度分级	RMR	作业特点
极轻劳动	0~1	手指作业、精神作业，坐位姿势多变，立位时身体重心不移动，属于精神或姿势方面的疲劳
轻劳动	1~2	手指作业为主，以及上肢作业以一定的速度可以长时间连续工作，局部产生疲劳
中劳动	2~4	几乎立位，身体以水平移动为主，速度相当于普通步行，可持续几小时
重劳动	4~7	全身作业为主，全身用力，全身疲劳，10~20 min想休息
极重劳动	7以上	短时间内全身强力快速作业，呼吸困难，2~5 min就想休息

作业的 RMR 越高，规定的作业率应越低。一般来说，RMR 不超过 2.7 的为适宜的作业 RMR；小于 4 的作业可以持续进行，但考虑精神疲劳应安排适当休息；RMR 大于 4 的作业不能连续进行；RMR 大于 7 的作业应实行机械化。

为了使劳动持久，减少体力疲劳，人们从事的大部分作业都应低于氧上限。极轻作业氧需约为氧上限的 25%；轻作业氧需为氧上限的 25%~50%；极重作业氧需接近氧上限；RMR 大于 10 的作业，氧需超过了氧上限，作业最多只能维持 20 min。完全在无氧状态下作业，一般坚持不到 2 min。

使用 RMR 方法的具体步骤如下：

第一步，确定作业岗位的活动项目（作业名称内容）。

第二步，制定各活动项目的 RMR 值（RMR）。

第三步，进行岗位调查，求得岗位各项目活动的时间值［如通过工作日写实，得出每项活动各自的工作日累积时间值（t_i），或用工作抽样法得出各项活动占总工时的百分比值（P_i）。

第四步，求岗位工作日的平均 RMR 值（RMR）：

$$\text{RMR}_r = \frac{1}{T}\sum_{i=1}^{n}\text{RMR}_i t_i \text{ 或者 } \text{RMR}_r = \sum_{i=1}^{n}\text{RMR}_i P_i \tag{3-10}$$

式中，RMR_r 为岗位工作日平均 RMR 值；RMR_i 为岗位某活动项目的 RMR 值，已由第二步得出；t_i 为岗位工作日写实得出的某项活动内容的工作日累积时间，由第三步得出；P_i 为通过工作抽样得出的某项活动发生次数与总抽样次数的比值，由第三步得出；T 为劳动日制度工时，通常为 480 min。

第五步，用 RMR 指标确定的劳动强度等级标准，应尽量与国家标准相对应。

第六步，把岗位日平均 RMR 值（RMR）与上述标准相对照，得出各岗位的劳动强度等级。

③ 国际劳动局劳动强度分级。研究表明，以能量消耗为指标划分劳动强度时，耗氧量、心率、直肠温度、排汗率、乳酸浓度和相对代谢率等具有相同意义。国际劳工局根据这个原理在 1983 年将工农业生产的劳动强度划分为六个等级，如表 3.8 所示。

表 3.8 用于评价劳动强度的指标和分级标准

劳动强度等级	很轻	轻	中等	重	很重	极重
耗氧量/(L·min^{-1})	0~0.5	0.5~1.0	1.0~1.5	1.5~2.0	2.0~2.5	2.5~
能量消耗/(kJ·min^{-1})	0~10.5	10.5~20.9	20.9~31.4	31.4~41.9	41.9~52.3	52.3~
心率/(beats·min^{-1})		75~100	100~125	125~150	150~175	175~
直肠温度/℃			37.5~38	38~38.5	38.5~39	39~
排汗率/(mL·h^{-1})			200~400	400~600	600~800	800~

劳动强度除考虑体力消耗外，还应考虑劳动环境、作业方式、工作班制、作业紧张程度等因素的影响。

（3）体力劳动效率

从能量的角度出发，做体力劳动的人就像是发动机，一台发动机把煤或油经燃烧产生的热能转换成机械能，这一过程会有一些能量损失。同样地，人体在工作时把化学能转换成机械能，这当中绝大部分能量被转换成热能浪费掉了。一般情况下，将效率定义为产生的有用功与实际消耗的能量之比。在理想条件下，人的体力劳动的效率可以达到30%，即把消耗掉能量的约30%转换成机械能，把剩余的转化为热能。

在重体力劳动中，使人的生理效率最优化是十分重要的，这不仅能更合理地利用能源，还可以减轻人身体的负荷。因此，劳动安全生理学家做了许多尝试来测量各种劳动方法、使用各种不同的劳动工具和设备的生理效率。这些结果对于机器、工具的设计和工作地的布置有重要的指导意义。

(4) 静负荷

①静负荷的概念及特性。肌肉的负荷可以分为两种形式：一种是动态的（节奏性的）负荷，简称动负荷；另一种是静止不动的负荷，简称静负荷。动负荷的特点是收缩、伸展、紧张或放松交替进行；静负荷的特点是肌肉长期处于收缩状态，这通常发生在保持某一姿势不动时。

在动负荷状态下，负荷可以用肌肉缩短的长度与施展的力的乘积来表示。在静负荷状态下，肌肉没有伸展，而是保持在一种紧张状态，力要保持相当长的时间，力没有做功，不能用力与距离的乘积来测量。在静负荷状态下，血管被肌肉组织的内部压力所压迫，所以血液不再流入肌肉。相反，在动负荷状态下，肌肉的作用就像是血液循环系统的"水泵"一样，收缩时把血液压出肌肉，紧接着的松弛又把新的血液带到肌肉中来，血液的供应比平时多好几倍。事实上，肌肉可以接受比平时大 10~20 倍的血液。因此，在动负荷状态下，肌肉有充分的血液供应，始终保持着高能状态的糖和氧，同时废物也随时被带走。而在静负荷状态下，肌肉从血液中得不到足够的糖和氧，不得不依赖自身的储存，而且更为不利的是废物不能被排出，这些废物累积起来便产生了人们所感觉到的肌肉疲劳和酸疼。

根据以上分析可知，在静负荷状态下不能长时间坚持工作，疼痛的感觉将迫使人们放弃工作。相反，在动负荷状态下选择一个合适的节奏就可以保持很长一段时间的工作而感觉不到疲劳。在人体中只有一块肌肉（心肌）是可以不停地工作而不被损坏和感到疲劳的。

②静负荷的产生。在日常工作生活中，人的身体不得不经常承受静负荷。例如，站立时，大腿、臀部、背部和颈部的许多肌肉都处在静负荷状态下。正是由于这些静负荷，身体可以保持多种坐姿，腿部的肌肉得到了舒展。躺下时，身体内的所有静负荷几乎都消失了，因此平躺是最好的休息方式。在静负荷与动负荷之间并没有明显的界线，通常某个特定的工作一部分是静态的，另一部分是动态的。由于静负荷比动负荷更难以避免，因此在混合负荷情况下，静负荷的影响更大。

一般而言，在下列情况下应考虑静负荷的影响：第一，使用很大的力持续 10 s 以上；第二，使用中等程度的力持续 1 min 以上；第三，使用较小的力（人的最大力的 1/3 左右）持续 4 min 以上。

几乎所有的工厂、所有的职业都有静负荷的产生场景。下面为最常见的例子：

a. 向前或向侧面弯腰的工作；

b. 用手握住东西不动；

c. 把手向前水平伸出；

d. 把身体的重量都放在另一条腿上（例如，一只脚踩踏板时）；

e. 在一个地方站着不动很长一段时间；

f. 推或拉很重的物体；

g. 把头向前或向侧面深度弯曲；

h. 把臂膀抬起很长时间。

一般来说，姿势不自然是一种最常见的静负荷。

③静负荷的影响。

在静负荷状态下，血液流动所受到的阻力与静负荷值成正比。当这个负荷达到肌肉最大力的60%时，通向这块肌肉的血液几乎完全被阻断。当负荷较低时，一定量的血液仍在循环，因为这时肌肉的紧张程度较低。当负荷低于最大力的15%~20%时，血液流动基本正常。显然，肌肉产生的力量越大，即肌肉的紧张程度越高，肌肉就越容易疲劳。这种关系可以用肌肉可收缩的最长时间与肌肉产生的力之间的关系来表示。Monod研究了这两者之间的关系，其结果如图3.7所示，其中可以看出，当肌肉产生的力达到其可能产生的最大力的50%时，肌肉的收缩持续不到1 min；当肌肉产生的力不超过最大力的20%时，肌肉的收缩可持续相当长的时间。但其他许多研究发现，值为最大力15%~20%的静负荷若持续许多天或几个月也会引起肌肉疼痛。而如果静负荷不超过最大力的8%，那么人可以每天工作几个小时而感觉不到疲劳。在大致相当的条件下，相对于动负荷，静负荷会导致更高的能量消耗，需要更长的疲劳缓解时间。

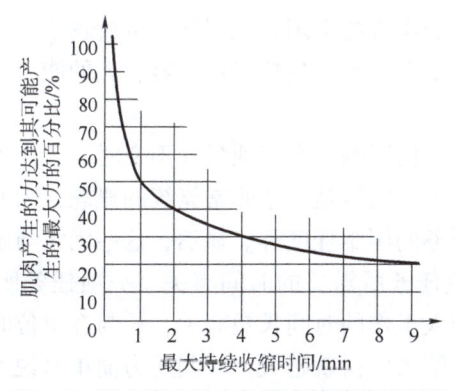

图 3.7 肌肉产生的力与最大持续收缩时间

静负荷会使肌肉产生疲劳，这种疲劳可以慢慢地发展成不可忍受的疼痛。如果人身体的某一部分每天都承受相当的静负荷，经过较长一段时间，人就会或多或少地感觉到疼痛，这不仅涉及肌肉，也涉及骨骼、关节、肌肉键及身体的其他结构，这一类问题统称为肌骨失调。一些调查研究表明：静负荷与一些疾病是相关的，具体包括关节水肿、肌肉腱鞘水肿、肌肉腱节点附近发炎、关节坏死、慢性关节炎、肌肉抽筋、脊椎病等。

肌骨失调可能可以被矫正，也可能是永久性的。可矫正的肌骨失调的症状是短暂的，这种疼痛位于某一肌肉或肌腱处，当负荷消失后，疼痛就消失了，这属于疲倦性疼痛。永久性的肌骨失调也位于受压的肌肉或肌腱处，但会影响邻近的关节和其他组织，当外部的负荷消失后，疼痛并不会消失，而是继续存在一些结构中。

(5) 体力劳动的安排

重体力劳动对人的身心健康会产生危害，所以应尽量减少或减轻过重的体力劳动。虽然自18世纪开始的机械化以及当前的电子化已大大减少了体力劳动的数量，降低了体力劳动的强度，但重体力劳动在许多工业领域（如采矿、建筑、运输、农业、林业）中仍然广泛存在。在多数发展中国家，受生产力水平的限制，重体力劳动更为普遍。因此，针对重体力劳动的研究对体力劳动负荷的控制有十分重要的现实意义。

2) 脑力劳动

(1) 脑力劳动及其影响

脑力负荷也称为心理负荷、精神负荷或脑力负担。脑力负荷最初是与体力负荷相对应的一个术语，是指单位时间内人承受的脑力活动工作量，用来形容人在工作中的心理压力或信息处理能力。下面给出几种具有代表性的定义：

①脑力负荷是人在工作时的信息处理速度，即决策速度和决策的困难程度。

②脑力负荷是人在工作时所占用的脑力资源程度，即脑力负荷与人在工作时所剩余的能力是负相关的。在工作时用到的能力越少，脑力负荷就越小；在工作时剩下的能力越少，脑力负荷就越大。

③脑力负荷是人在工作中感受到的工作压力的大小，即脑力负荷与工作时感到的压力是相关的。工作时感到的压力越大，脑力负荷越大；感到的压力越小，脑力负荷就越小。

④脑力负荷是人在工作中的繁忙程度，即操作者在执行脑力工作时实际有多忙。操作者越忙，说明脑力负荷越大；操作者越空闲，说明脑力负荷越小。

影响脑力负荷的因素主要有三类，包括工作内容、人的能力及工作绩效。

①工作内容。

工作内容对脑力负荷有直接影响。在其他条件不变时，工作内容越多、越复杂，操作者所承受的脑力负荷就越大。工作内容是一个非常笼统的概念，因此人们又把工作内容分为时间压力、工作强度、工作任务的困难程度等。显然，这些因素与脑力负荷都是相关的。

a. 脑力负荷首先与完成任务所需要的时间有关。一项任务所需要的时间越长，脑力负荷就越大。脑力负荷不仅与人工作的时间长短有关，还与在单位时间内的工作量有关，在单位时间内完成的工作越多，脑力负荷就越大。时间压力简单来说就是在任务完成过程中的紧迫感。时间越紧，人的脑力负荷就越大；工作越困难，脑力负荷就越大。

b. 脑力负荷还与工作强度有关。工作强度是指单位时间内需要完成的工作需求。工作强度越大，脑力负荷就越大。

c. 完成任务的时间和任务的强度是工作任务的两个独立因素，在这两个因素的基础上，又产生了相互交叉的概念和因素，即工作任务的困难程度，包括工作困难因素和工作环境因素。困难是一个综合的概念，它既包括了时间的长短，也包括了工作任务的强度。工作环境影响人对信息的接收，在照明不好或有噪声的情况下，人接收工作信息困难，这会影响下一步的信息处理，将增加人的脑力负荷。

②人的能力。

在脑力劳动中，个体之间的脑力劳动能力存在差异，干同样的工作，能力越大的人脑力负荷越小，能力越小的人脑力负荷越大。人的能力并不是一蹴而就的，它可以随着训练的增加而得到提高。人工作时是否努力、认真对脑力负荷也有影响，但目前努力程度对脑力负荷的影响趋势是不确定的。一般来说，当人们努力工作时，对工作要求的标准提高了，同时工作内容增加了，脑力负荷也会增加。有时，人在努力工作时，主动放弃休息时间增加工作时间，这也会增加脑力负荷。人更努力时可以使自己的能力增加，研究也发现操作者更努力时反应也会加快，脑力负荷反而降低。

③工作绩效。

脑力负荷的适当与否对系统的绩效、操作者的满意度及安全和健康均有很大的影响。研究发现，工作绩效与脑力负荷强度存在明显的依赖关系。人的工作绩效与脑力负荷强度的关系模型如图3.8所示，左侧的区域通常被称为数据限制区域，右侧的区域被称为资源限制区域。在数据限制区域，由于脑力负荷较轻，工作绩效一直是稳定的，主要受工作绩效测量指标的影响；在资源限制区域，工作绩效与脑力负荷是反向变化的，负荷增加，绩效就会下降。

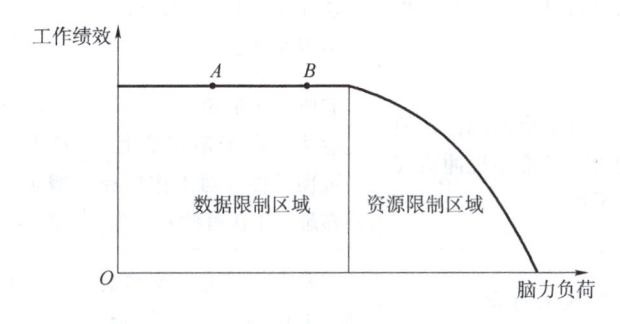

图 3.8　人的工作绩效与脑力负荷强度的关系模型

（2）脑力负荷的测量

按照脑力负荷的特点和使用范围，其测量方法可以分为四类，即主观评价法、主任务测量法、辅助任务测量法和生理测量法。

①主观评价法。

操作者首先执行某一类型的脑力工作，然后根据自己的主观感觉对操作活动的难度进行顺序。从系统使用者的角度出发，主观评价法被认为是最可接受的测评方法之一。它具有以下特点：

a. 主观评价法是脑力负荷评价中唯一的直接评价方法。它引导操作者对脑力负荷（如操作难度、时间压力、紧张程度等）等进行某种判断，这种判断过程直接涉及脑力负荷本质，具有较高的直显效度，易被评价者接受。

b. 主观评价法一般在事后进行，不会对主操作产生干扰，而辅助任务测量法或生理测量法须与主操作同时进行，一般不适合危险性高的情境使用。

c. 主观评价法一般使用统一的评价维度，不同情境的负荷评价结果可相互比较，而主任务测量法与生理测量法大都采用不同的绩效指标或生化指标，很难实现相互比较。

d. 主观评价法使用简单省时，不需要特定的仪器设备，评价人员只需要阅读有关指导语或通过简短的培训即可进行，适用于多种操作情境，数据收集和分析也容易进行。

脑力负荷主观评价法有多种类型，最常见的有古柏-哈柏（Cooper-Harper）评价法、主观负荷评价法（SWAT法）、NASA-TLX 主观评价法等。

a. 古柏-哈柏评价法。该方法是在1969年由Cooper和Harper提出，是评价飞机驾驶难易程度的一种方法，被用于飞机操纵特性的评定。它的建立基于飞行员工作负荷与操纵质量直接相关的假设。

b. 主观负荷评价法（SWAT法）。SWAT法认为脑力负荷可以看作时间负荷（操作者没有足够的时间完成任务）、努力程度（人在工作中需要付出的努力）和压力负荷（脑力负荷带来或由与脑力负荷相关的心理因素带来）三个要素的结合，每个要素又被分为三级。SWAT法描述的要素及水平如表3.9所示。

表3.9 SWAT法描述的要素及水平

维度水平描述	时间负荷	努力程度	压力负荷
1	经常有空余时间，各项活动之间很少有冲突或相互干扰	很少意识到心理努力，活动几乎是自动的，很少或不需要注意	很少出现慌乱、危险、挫折或焦虑，工作容易适应
2	偶尔有空余时间，各项活动之间经常出现冲突或相互干扰	需要一定的努力或集中注意力。由于不确定性、不可预见性或对工作任务不熟悉，工作有些复杂	由于慌乱、挫折和焦虑而产生中等程度的压力，负荷增加。为了保持适当的业绩，需要相当的努力
3	几乎从未有空余时间，各项活动之间冲突不断	需要十分努力和聚精会神。工作内容十分复杂，要求集中注意力	由于慌乱、挫折和焦虑而产生相当大的压力，需要极大的努力

该种方法的三个因素及每个因素的三个状态共形成27（3×3×3）个脑力负荷水平。这27个脑力负荷水平被定义在0~100。显然，当三个因素都为1时，其对应的脑力负荷水平为0；当三个因素都为3时，其对应的脑力负荷水平为100。其他情况下的脑力负荷水平的确定方法为：用27张卡片分别代表27种情况，操作者首先根据自己的主观观点对这27张卡片进行排序，然后研究人员根据数学中的合成分析方法把这27种情况分别与0~100的某一点对应起来，如（1，1，1）对应于0，（1，2，1）对应于15.2，（3，3，2）对应于79.5等。当27种情况下的脑力负荷水平确定之后，就要求操作者完成某一任务，然后给出这项任务的时间负荷、努力程度、压力负荷的程度，即三种负荷都分为高、中、低。根据这三个指标就可以确定脑力负荷的状态，然后根据相应的对应表查出脑力负荷水平的对应值。相对于其他的主观评价法，SWAT法的优点是运用数学分析方法对操作者给出的27种情况的排序数据进行数学处理，得到的数据比简单地把27个点平均地确定在0~100更可靠。但这种方法也有一个很大的问题，即对27种情况进行排序不仅需要相当多的时间，而且排序的准确性也很难保证，因此应用起来较为困难。

c. NASA-TLX主观评价法。古柏-哈柏评价法是一维的主观评价法，而脑力负荷是一个多维的概念，用一维的方法测量脑力负荷可能只知道结果，而不知道其真正的原因，于是NASA-TLX主观评价法应运而生。此方法有6个影响脑力负荷的因素，分别为脑力要求、体力要求、时间要求、操作绩效、努力程度和挫折水平，如表3.10所示。

表 3.10　NASA-TLX 中的脑力负荷因素

脑力负荷的影响因素	各个因素的定义
脑力要求	这项工作是简单还是复杂，容易还是要求很高？完成工作需要多少脑力或知觉方面的活动（如思考、决策、计算、记忆、寻找等）？
体力要求	需要多少体力类型的活动（如推、拉、转身、控制活动等）？这项工作是容易还是要求很高，是快还是慢，是轻松还是费力？
时间要求	工作速度使你感到多大的时间压力？工作任务中的速度是快还是慢，是悠闲还是紧张？
操作绩效	完成这项任务的成就感如何？你对自己绩效的满意度如何？
努力程度	在完成这项任务时，你在脑力和体力方面做出了多大的努力？
挫折水平	在工作时，你感到是没有保障还是有保障，是很泄气还是劲头十足，是恼火还是满意，是有压力还是放松？

NASA-TAX 主观评价法的应用过程分为两步：

首先，采用两两比较法，对每个因素在脑力负荷形成中的相对重要性进行评定，6 个因素的权重之和等于 1。例如，假定脑力要求与其他 5 个因素相比都更重要，则脑力要求的权数为 5/15＝0.33。在对权数进行评估时，自相矛盾的评估（即 A 比 B 重要，B 比 C 重要，C 比 A 重要）是允许的，这种情况出现时，说明被评估因素的重要性非常接近。

其次，针对实际操作情境对 6 个因素的状况分别进行评定。NASA-TLX 主观评价法要求操作者在完成某一项任务之后根据脑力负荷的 6 个影响因素在 0～100 给出自己的评价。除操作绩效这一因素之外，其他 5 个因素都是感觉越高，所给的分值也越高，而对操作绩效，感觉到自己的操作绩效越好，所给的分值越低。

确定了各个因素的权数和评估值之后，进行加权平均就可以计算出一项工作的脑力负荷。

②主任务测量法。

主任务测量法是通过测量操作者在工作时的业绩指标来判断这项工作给操作者带来的脑力负荷。根据资源理论，随着作业难度的增加，操作者投入的脑力资源越来越多，剩余的资源越来越少，脑力负荷也随之上升。当操作所需的资源更多时，人的绩效也会发生变化，即绩效质量开始下降。

可以从人的绩效指标的变化反推脑力负荷。主任务测量法可以分为两大类：一类是单指标测量法，另一类是多指标测量法。

a. 单指标测量法。单指标测量法用一个绩效指标来推断脑力负荷。为了有效地使用这种测量方法，要选择能反映脑力负荷变化的绩效指标，指标选择的好坏对脑力负荷的测量成功与否有着决定性的作用。

b. 多指标测量法。用多个绩效指标来测量脑力负荷是希望通过多个指标的比较和结合来减小测量的误差，另外可以通过多个指标来找出脑力负荷产生的原因，这样也可提高测量的精度。显然在用多指标测量法时，选择绩效指标就不像在单指标测量法时那么重要，因为在难以确定取舍时，可以把两个或多个指标都选上。速度和精确度是用来反映脑力负荷的重要指标。多指标测量的实验结果表明，不同的绩效指标对应于不同类型的负荷或不同水平的脑力负荷。

③辅助任务测量法。

当应用辅助任务测量法时，要求操作者同时做两项任务。操作者把主要精力放在一项任务上，这一任务被称为主任务。当有多余能力时应尽量做另一项任务，这一项任务被称为辅助任务。辅助任务完成的水平是操作者在做主任务时剩余能力的一个反映指数。在大多数应用中，这种方法被用来测量假定的多余能力或主任务尚未用到的能力。

辅助任务测量法测量脑力负荷一般分两步。第一步为测量单独做辅助任务时的绩效指标，这个指标反映的是人只做这一任务时的绩效，也即人的能力。第二步为在做主任务的同时，在不影响主任务的情况下尽量做辅助任务，这时也可以得到辅助任务的绩效，这个指标反映的是主任务中没有被使用的能力。把这两个指标相减就得到任务实际占用的能力，即脑力负荷。

显然，辅助任务测量法是建立在某些假定基础上的。首先，人的能力是一定的，就像一个瓶子的容积一样。其次，人的能力是单一的，即不同的任务使用相同的资源。如果不同的任务使用不同的资源，则不可按照上述方法测量脑力负荷。

然而并不是所有任务都可以作为辅助任务，辅助任务必须满足以下几个条件：第一，它必须是细分的，即被试在这项任务中不管花费多少精力都应该能够显示出来；第二，它必须与主任务使用相同的资源；第三，它必须对主任务没有干扰或干扰很小。由于不同任务使用不同的资源，因而可使用的辅助任务也很不同，下面是研究人员推荐的常用辅助任务：

a. 选择反应任务。选择反应一般是在一定的时间间隔或不相等的时间间隔向被试显示一个信号，被试根据不同的信号做出不同反应。选择反应任务有两个绩效指标，一个是反应时间，另一个是反应率。在主任务的脑力负荷较轻时，反应时间要可靠一些；当主任务的脑力负荷较高时，反应率要可靠一些。

b. 简单反应任务。简单反应任务是指要求被试一发现某一出现的目标就尽快作出反应，目标和反应方法都是唯一的。

c. 追踪任务。追踪任务是属于反应性质的任务，但追踪阶数的不同对追踪任务的困难程度影响很大。显然，在单独做追踪时，临界值会高一些，当与主任务一起做这项任务时，临界值会下降。通过临界值的变化就可以了解主任务的脑力负荷。

d. 监视任务。监视任务一般要求被试判断某一信号是否已经出现，绩效指标是信号侦探率。在单独完成监视任务时，信号侦探率会等于1或接近1。被试在完成主任务之后监视任务的信号侦探率就会下降，下降的幅度就是大脑被占用的情况，即主任务的脑力负荷监视任务被认为是主要是感觉类型的任务，特别是视觉感觉方面的任务，故用它来测量需要视觉的主任务的脑力负荷效果要好一些，对其他类型的任务效果可能会差一些。

e. 记忆任务。这类研究大都使用短期记忆任务，但记忆任务本身的脑力负荷较高，这可能会影响主任务的绩效或人对主任务困难程度的判断。

f. 脑力计算任务。各种各样的算术计算也被用来作为测量脑力负荷的辅助任务。一般运用简单的加法运算，但也有用乘法和除法的。显然，脑力计算涉及人的中枢信息处理，是中枢处理系统负荷最重的一种任务。

g. 复述任务。复述任务要求被试重复他见到或听到的某一个词或数字，通常不要求被试对听到的内容进行转换。因此，复述主要涉及人的感觉子系统，是一项感觉负荷非常重的任务。

h. 时间估计任务。时间估计就是在完成主任务的同时，对时间进行估计。一般采用等时间间隔法，这种方法是让被试每隔一固定时间就做出一个反应。这种方法不需要感觉信息输入，只需要做出反应，因而对感觉类的任务没有干扰。另外，也可以通过反应媒介的选择来避免与主任务的冲突。显然，脑力负荷越高，时间估计的误差就会越大。

④生理测量法。生理测量法是通过人在做某一项脑力类型工作时某一个或某一些生理指标的变化来判断脑力负荷大小的方法。人们相信：当脑力负荷过重时，与脑力相关的某些生理指标将发生变化，这种变化可以称为脑力劳动的指示器，正如用耗氧量来衡量体力负荷一样。许多不同的生理指标，如心跳、呼吸等被推荐用来测量脑力负荷。人们研究了眨眼时眼睛闭上的时间长短和眨眼模式，发现这两个因素与工作任务的时间因素有关，因而可以间接反映脑力负荷的水平，但使用这种方法测量首先必须排除被试的动机或疲劳带来的影响等因素。

用生理测量法测量脑力负荷并没有那么理想，最主要的问题是可靠性。生理测量法假定脑力负荷的变化会引起某些生理指标的变化，但是其他许多与脑力负荷无关的因素也可能引起这些变化。因此，由于脑力负荷而引起的某一生理指标的变化会被其他因素放大或缩小。用生理测量法的另一个局限是不同的工作占用不同的脑力资源，因而会产生不同的生理反应。一项生理指标对某一类工作适用，对另一类工作则可能不适用。

3.6 研究难点及未来发展趋势

3.6.1 人脑信息处理机制及人类智能形成机制研究

人的大脑是人体中最微妙的智能器官，也是高超、精巧和完善的信息处理系统，它几乎控制着人的所有行为，使每个个体具有独一无二的特点和个性。但是，大脑是如何处理各类信息的？大脑形成智能的机制是什么？人的意识是怎样形成的？未来人工智能是否能够全面超越人类大脑？人类能否理解自己的大脑？上述一系列关于大脑和人类智能的问题，也是未来对人脑信息处理机制及智能形成研究所面临的一系列极具挑战性的跨学科问题。

3.6.2 类脑智能研究

类脑智能方法研究近年来得到了广泛关注。类脑智能是一种新型的机器智能，是用计算建模的方法模拟生物神经系统的特性，实现对各类信息的推理和决策，是目前学界广泛关注的研究方向之一。类脑智能方法主要聚焦在感知、决策和控制三个研究方向，虽然现有研究已具备了较高程度的智能水平，如具备多模态信息感知和识别能力、具备复杂环境下实现最优决策和控制能力等，但是与人脑或生物神经系统智能相比，还缺乏自主性和高级推断能力，面对新颖、复杂、未知的情况或者问题时无法做出像人一样智能的思考与决策等。借鉴人脑的信息处理方式开展类脑智能研究，对扩展与应用人类智能具有重要作用，是人工智能重点发展的下一个目标，提出重点解决的关键科学问题如下：大数据驱动的人脑信息处理机制、多脑区协同的人类智能形成机制、多标志物联动的脑疾病发展机理、多模态融合的类脑深度计算机理等。

3.6.3　人机团队协作中人的信息处理研究

随着人工智能、大数据及各种高新技术的发展，人机交互已经成为生产生活中的重要环节，人机关系也开始由简单的人机互动转变为人机协作，这也就导致了人机团队在工作方式、信息获取、信息处理以及决策等方面都发生了相应的改变。"机（智能系统）"不同于人类，在语言理解上会有诸多限制，同时缺乏情感和直觉的能力，而人相较于"机（智能系统）"也存在诸多不足，上述问题的存在必然带来人机协同的困难和障碍。当前研究大多聚焦于某一特定情境下，从技术角度研究人机协同问题，也有部分学者通过实证方法研究人机协同问题，遵循团队绩效中的"输入—过程—输出（IPO）模型"，从人机任务中信息处理入手，引入知识概念，信息处理后转变为知识，人机间产生知识共享，再到人机知识应用，进一步形成智能融合，最终影响团队绩效。在上述理论支撑下研究信息处理、知识协同与人机团队绩效之间的关系，以探讨不同概念之间是如何相互作用并影响团队绩效的。

第4章
人机环系统显控设计

> **引 例**
>
> 当今信息化、智能化高度发展，人们在工作和生活中会接触到各种各样的智能产品或系统，一个好的智能产品或系统能够显著提高人们的工作效率，提升用户满意度。例如，智能家居系统就是一个集音频、视频、计算机功能、通信功能、家具自动化/控制/技术于一体的智能系统，极大提高了人们居家生活的便利性和灵活性。人与系统的交互方式也从触控交互，到语音和手势识别，再到增强/虚拟现实，未来的人机交互系统将走向何方？到底什么样的产品能够打动用户的"芳心"？如何设计人机环系统，才能保证系统的显示和控制完美匹配？通过学习人机环系统显控设计的相关知识，可以更好地了解和掌握人机环系统设计中显示和控制的相互作用及其关系，为解决上述问题提供理论支撑。

4.1 显示器的设计原则

在人机环系统中，人与机器和环境相互作用的媒介称为人机交互界面，包括显示器和控制器两部分。显示器在人机交互界面中起着至关重要的作用，它是一种输出设备，用于向用户展示信息。在工业环境中，显示器通常用于显示过程数据、警报信息和其他重要信息，帮助用户监控和控制机器或过程。显示器可以是计算机上的图形用户界面（GUI）、触摸屏或带有按钮和显示器的物理控制面板。控制器负责接收用户的输入命令，并将其转换为机器可以理解的指令，进而控制机器或过程。在人机交互界面中，显示器和控制器协同工作，形成一个闭环系统。用户通过显示器获取相关信息，并通过控制器输入控制指令，控制器接收这些指令，通过控制系统执行相应的输出操作，显示器则实时显示交互过程的状态和信息反馈，形成一个闭环的交互过程。人机交互界面设计主要是指显示器、控制器以及它们之间协同关系的设计，目标是使人机交互界面设计符合人机信息交流的规律和特性。本节将重点讨论显示器的设计原则，总体来说，显示器的设计应遵循以下原则：

①显示器所显示的信息应具有较好的可觉察性，保证监视者迅速准确地获得信息。例如，对于视觉显示装置，要使被显示的信息清晰可见；对于听觉显示装置，声音应有一定的强度，使人能够听到等。各种显示都不应低于与人相对应的最低感觉阈限。

②显示器所显示的信息应具有较好的可辨性。相似的信息容易引起混淆，这时需要运用可辨性好的元素。

③显示符号应力求形象化,并与人的习惯相一致。应尽量采用形象直观并与人的认知特点相匹配的显示方式。显示方式越复杂,人们认读和译码的时间越长,也越容易发生差错。应尽量增加显示方式与所表示意义间的逻辑联系。动态信息显示中的运动部分应该与它所代表的元素在现实世界中的空间运动模式和方向兼容。

④在一种感觉负担过重时,应改用另一种感觉协助获取信息。多重感觉信号比单个感觉信号更易引起注意。在某些情况下,可以应用两个或两个以上的方式编码。

⑤信息显示精度与系统要求相适应。显示精度过低则不能提供保证系统正常运行的信息,这显然是不行的;但若信息显示精度过高则会提高认读难度和增大工作负荷,导致信息接收速度和正确性下降。因此,显示器应该只显示那些操作人员需要的信息。

⑥显示器传递的信息量不宜过多,特别是应减少显示不必要的信息。人在工作时接收的信息都被放在工作记忆中,而工作记忆的容量是非常有限的,显示过多的信息不仅增加了人接收信息的时间和负担,还会使主要的信息更容易被遗漏。

⑦获取信息的成本最小化。

⑧应考虑到照明、噪声、震动、微气候环境和空气条件等因素的影响。

总之,显示器的形状、大小、颜色、分度、标记、空间布置、强度、亮度、变化、照明、背景环境以及听觉信息的响度、频率、持续和信号噪声比等多种设计因素都必须符合人对信息的认知过程,应使操作者对所显示信息的辨认速度快,误读少,总体上应可靠性高,减轻操作者的精神负荷和身体疲劳。

4.2 视觉显示器及听觉显示器

显示器按人接收信息感觉通道的不同可分为视觉显示器、听觉显示器和触觉显示器等,其中视觉显示器应用最为广泛,听觉显示器次之,触觉显示器只在特殊场合用于辅助显示。这里简单介绍视觉显示器和听觉显示器。

视觉显示器主要适合传递具有以下特征的信息:

①比较复杂抽象的信息或含有科学技术术语的信息、文字、图表、公式等;
②传递很长或需要延迟的信息;
③需用方位、距离等空间状态说明的信息;
④以后有被引用可能的信息;
⑤所处环境不适合听觉传递的信息;
⑥适合听觉传递,但听觉负荷已很重的场合;
⑦不需要急迫传递的信息;
⑧传递的信息常需同时显示、监控。

听觉显示器主要适合传递具有以下特征的信息:

①较短或无须延迟的信息;
②简单且要求快速传递的信息;
③视觉通道负荷过重的场合;
④所处环境不适合视觉通道传递的信息。

4.2.1 视觉显示器设计

1) 仪表显示器设计

（1）仪表的类型及特点

仪表是显示装置中用得最多的一类视觉显示器，按其认读特征可分为两大类：数字式显示仪表和刻度指针式仪表，刻度指针式仪表又可分为指针运动式和指针固定式两种。

①数字式显示仪表。它是直接用数字来显示有关参数或工作状态的装置，如各种数码显示屏、机械、电子式数字计数器、数码管等。其特点是显示简单准确，可显示各种参数和状态的具体数值，对于需要计数或读取数值的作业来说，这类显示装置有认读速度快、精度高、且不易产生视觉疲劳等优点。

②刻度指针式仪表。它是用模拟量来显示机器有关参数和状态的视觉显示装置。其特点是显示的信息形象化、直观，能使人对模拟值在全量程范围内所处的位置一目了然，并能给出偏差量，对于监控作业效果很好。

按其功能可将仪表分为以下几类：

a. 读数用仪表。其刻度指示各种状态和参数的具体数值，如高度表、时速表、煤气表等。

b. 检查用仪表。使用时一般不是为了获取正确数值，而是检查仪表的指示是否偏离正常位置，当偏离时要及时调节。指示的范围一般分为正常区、警戒区和危险区，当仪表指示进入警戒区或危险区时，须及时进行处理。

c. 追踪用仪表。追踪操纵是动态控制系统中最常见的操纵方式之一，目的是通过手动控制，使机器系统按照人所要求的动态过程或按照客观环境的某种动态过程去工作。追踪和瞄准运动中的目标就是一种追踪工作。

d. 调节用仪表。主要用于指示操纵调节的量值，而不是指示机器系统的状态。收音机上的调频显示装置就是这类仪表。

在设计和选择仪表时，必须明确仪表的功能并分析哪些功能最重要，依此确定适合的仪表显示方式。不同类型仪表的使用建议如表 4.1 所示。

表 4.1　不同类型仪表的使用建议

作用	仪表形式		
	指针运动式	指针固定式	数字式
读数用	尚可	尚可	好
检查用	好	差	差
追踪用	好	尚可	差
调节用	好	尚可	好

2) 仪表的刻度盘

（1）刻度盘的形式

模拟式显示器是用标定在刻度上的指针与刻度盘的相对运动来显示信息的装置，如最常见的手表、电流表、电压表等。根据形状的不同，刻度盘可分为圆形、半圆形、直线形和开窗形等,如图 4.1 所示。根据指针与刻度盘相对运动形式的不同,刻度盘可分为指针运动刻度盘固定、指针固定刻度盘运动或两者均运动三种类型。各种仪表的误读率如图 4.2 所示。

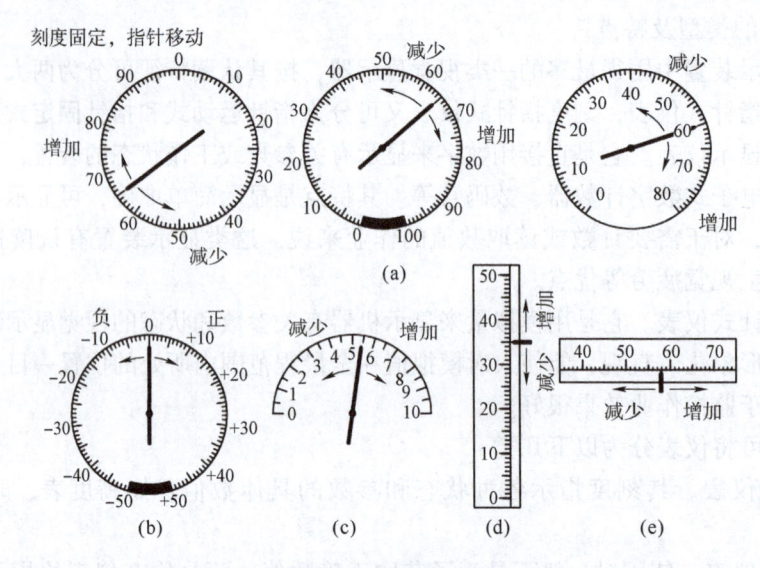

图 4.1 刻度盘形式分类

(a) 圆形;(b) 带正负值的圆形天平;(c) 半圆形或弧形;(d) 垂直标尺;(e) 水平标尺误读率

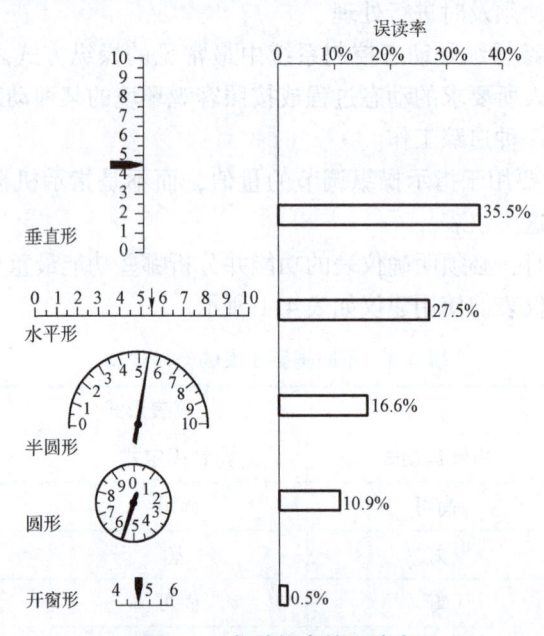

图 4.2 各种仪表的误读率

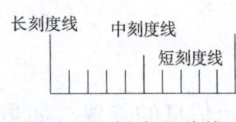

图 4.3 刻度区分线

(2) 刻度线高度

刻度线分为长刻度线、中刻度线和短刻度线,如图 4.3 所示,其高度与视距有关。伍德森(W. E. Woodson)提出的视距与刻度线高度的关系如表 4.2 所示。

表 4.2 视距与刻度线高度的关系

视距/m	刻度线高度/mm			字符高度/mm
	长刻度线	中刻度线	短刻度线	
<0.5	5.6	4.1	2.3	2.3
0.5~0.92	10.2	7.1	4.3	4.3
0.92~1.83	19.8	14.3	8.7	8.7
1.83~3.66	40.0	28.4	17.3	17.3
3.66~6.10	66.8	47.5	28.8	28.8

(3) 刻度线间距

刻度线之间的间距要适当。太小不便于视读，当小于 1 mm 时，视读误差明显增大；而太大又不经济。刻度线的数量由精度而定，长刻度线之间的小刻度在 9 条以内。视距在 330~710 mm 时，一般长刻度的间距取 12.7 mm 以上，短刻度间距为 1 mm 以上最大视距为 L（mm）时，各刻度线最小尺寸的参考值如下：

长刻度线高度：$L/90$ mm，刻度线宽度：$L/5\,000$ mm；

中刻度线高度：$L/125$ mm，短刻度线间距：$L/600$ mm；

短刻度线高度：$L/200$ mm，长刻度线间距：$L/50$ mm。

伍德森建议：各刻度线的间距应在 1.143 mm 以上。长刻度线宽度应在 0.89 mm 以上，中刻度线宽度应在 0.76 mm 以上，短刻度线宽度应在 0.64 mm 以上。短刻度线宽度至少应为刻度间距的 25%。

(4) 刻度标数进级和递增方向

刻度盘标注的数字应取整数，避免小数或分数。每一刻度应对应 1 个单位值，必要时也可以对应 2 个或 5 个单位值，以及它们的 10 倍、100 倍、1 000 倍等。数字递增方向的一般原则是：顺时针方向增加；从左往右增加；从下往上增加。

(5) 字符形状和大小

仪表刻度盘的汉字、字母和数字等统称为字符。字符的形状、大小等影响判读的效果。字符的形状应简明、醒目、易读，多用直角与尖角形以突出各个字符的形状特征，避免相互混淆。汉字推荐采用宋体或黑体，不宜采用草体、小写字母和美术体字符。

字符的大小应据视距而定。一般使用的字符高度可参考表 4.2，也可根据公式求得：

$$H = L/200$$

式中，H 为字符高度（cm）；L 为视距（cm）。

字符的其他尺寸可根据高度（H）确定，字符之间的最小间距为 $1/5H$；单词或数值之间的最小间距为 $2/3H$；字符的宽度为 $2/3H$；笔画粗细为 $1/6H$。

(6) 刻度直径

圆形仪表的刻度直径与视距和刻度数有关。视距较远或刻度数较多时必须适当增加仪表直径。默雷尔推荐的圆形仪表最佳直径如表 4.3 所示。表 4.3 中 D 为仪表刻度直径，I 为大刻度数，L 为视距，其中所有仪表的可接受最小直径为 2.5 cm。

表 4.3　圆形仪表最佳直径

I	0	5	9	19	50	70	L/m
D/m	0					2.5	0.5
	0				3.2		0.9
	0			2.5	6.4		1.8
	0		2.5		12.9		3.6
	0	2.5			21.4		6.0
I	100	150	200	250	300	350	L/m
D/m	3.6	5.4	7.2	8.9	10.7	12.5	0.5
	6.4	9.6	12.9	16.1	19.3	22.5	0.9
	12.9	19.3	25.7	32.2	38.6	45.0	1.8
	25.7	38.6	51.4	64.3	77.2	90.0	3.6
	42.9	64.3	85.7	107.2	128.6	150.0	6.0

(7) 刻度标数

为了更好地认读，仪表刻度必须标有数字。刻度值宜只标注在长刻度线上，一般不在中刻度线上标注，尤其不标注在短刻度线上。最小刻度可不标数，最大刻度必须标数。指针在刻度盘内，如有空间，则标数应在刻度的外侧；指针在刻度盘外，标数应在刻度的内侧。开窗式的窗口应能显示出被指示数字及前后相邻的数字。刻度标数的优劣比较如图 4.4 所示（自左向右分别表示了好的设计到不好的设计）。

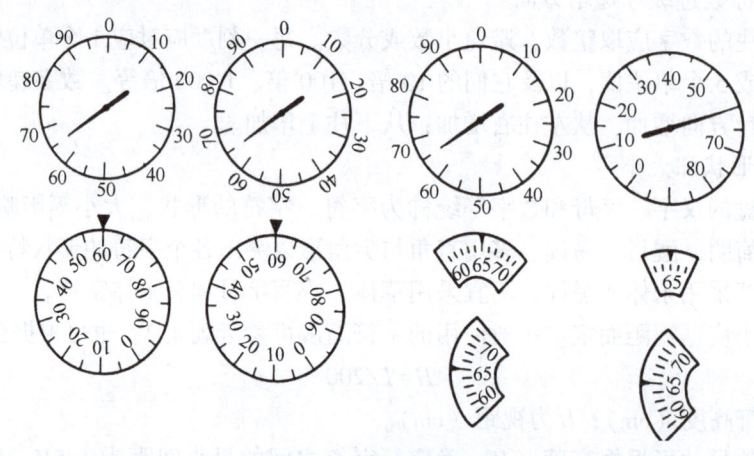

图 4.4　刻度的标数

(8) 仪表的指针

指针是指针式仪表的重要组成部分，所有这类仪表的读数或状态显示都是由指针来指示的。因此，指针的设计是否符合人的视觉特性将直接影响仪表认读的速度和准确性。指针的形状要简洁、明快、有明显的指示性形状，指针由针尖、针体和针尾构成，常用的指针形状如图 4.5 所示。一般通过速示仪测定实验便可比较不同形状指针的认读速度和误读率。

(a) (b) (c) (d) (e) (f) (g) (h)

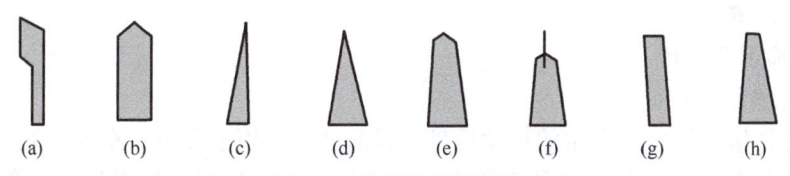

图 4.5 常用的指针形状

指针与刻度的间距最好为 1~2 mm，不要重叠。指针的指尖一般可与短刻度线等宽，或为刻度间距的 10^{-n}（n 为整数）。指针应贴近刻度盘面以减少读值时的视差。仪表的指针零位一般在时钟 12 点或 9 点的位置上。追踪用仪表有时置于 9 点位置。当许多检查用仪表排列在一起时，指针的正常位置应处于同一方向，以 9 点位置为优，也可采用上下相对的方向。如果需要排成一竖列，以指向 12 点位置为优。如果仪表超过 6 个，则应排成 2 行，以免观察时眼睛和身体有较大移动，如图 4.6 所示。

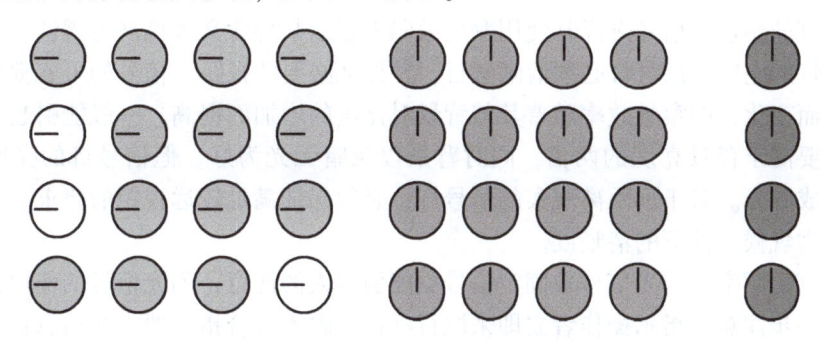

图 4.6 指针零位的选择

（9）仪表的颜色

指针式仪表的颜色设计主要是盘面、刻度标记和数码、字符以及指针的颜色匹配问题，它对仪表的造型设计与认读有较大影响，是仪表中不可忽视的问题。指针式仪表依据指针指示的刻度、数字来显示信息，因此，刻度盘面、刻度数字和指针间的颜色搭配应遵循一定的规律，使显示的信息认读清晰、醒目。最清楚的搭配是黑与黄，最模糊的搭配是黑与蓝，其余的搭配都介于这两者之间。在实际工作中，由于黑白两种颜色的对比度较高，且符合仪表的习惯用途，因此常用这种搭配作为表盘和数字的颜色。

（10）仪表的布置

单个仪表或仪表板、仪表柜上多个显示装置的布置一般应遵循以下原则：

①显示装置所在的平面应与人的正常视线尽量保持垂直，以方便认读和减少读数误差；

②根据人的视野、视区特性，显示装置的布置应紧凑，要适度缩小仪表板的总范围，并按重要性和观察频率，将显示装置分别布置在合适的视区内；

③根据操作流程布置仪表；

④根据"功能分区"原则布置仪表；

⑤显示装置的布置应与被显示的对象有容易理解的一一对应关系。

除了前面所讲用作定量显示的读数类仪表以外，还有一类定性显示的检查类仪表或警戒类仪表，一般不需要仪表显示具体量值，但要求能突出醒目地显示系统的工作状态（参数）

是否偏离正常范围。

3）信号显示器设计

（1）信号显示的特征

视觉信号是指由信号灯产生的视觉信息，目前已广泛用于飞机、车辆、航海、铁路运输等装备的仪器仪表板上。其特点是面积小、视距远、引人注目、简单明了，但负载信息有限，当信号太多时，信号显示会变得杂乱，并相互干扰。信号装置主要有两个作用，其一是指示性，即引起操作者的注意或指示操作，具有传递信息的作用；其二是显示工作状态，即反映某个指令、某种操作或某种运行过程的执行情况。

信号灯以灯光作为信息载体，下面阐述信号灯设计所依据的主要原则。

（2）信号灯的设计

①信号灯的形状。信号灯的形状应简单明了，与它所代表的含义有逻辑上的联系，以便于区别。

②信号灯的颜色。信号灯经常使用颜色编码来表示某种含义和提高可辨性。

③信号灯的亮度。信号灯必须清晰醒目，并保证必要的视距。信号的可察觉亮度随背景亮度的变化而变化，即察觉效率随着其与背景对比度的增加而提高。一般能引起人注意的信号灯的亮度要高于背景亮度的两倍，同时背景以灰暗无光为好。但信号灯的亮度又不能过大，以免造成眩光。对于远距离观察的信号灯，必须保证满足较远视距的要求，而且应保证在日光及恶劣气候条件下的清晰度。

④信号灯的频率。闪光信号较固定信号更能引起人的注意，闪光信号的作用包括：引起观察者的进一步注意；指示操作者立即采取行动；反映不符合指令要求的信息；用闪光的快慢指示机器或部件运动速度的快慢；指示警告或危险信号。

常用的闪光信号频率为 0.67~1.67 Hz。与背景亮度对比较差时或信息紧急时可适当提高闪光频率。由于闪光信号容易给其他信号或工作带来干扰，所以应尽量少用，只有在必须引起注意的情况下才使用。闪光方式可采用明灭、明暗或似动式等。

⑤信号灯的位置。信号灯应布置在良好视野范围内。对于仪表板上的信号灯，重要的应设置在视野中央 3°范围内，一般的设置在离视野中心 20°以内，只有相当次要的才允许设置在离开视野中心 60°~80°（水平视野）以外。所有的信号灯都应设置在观察者不用转头或转动躯干的视野范围内。当操纵控制台上有多种视觉显示器时，信号灯系统应与其他显示系统形成一个整体，避免相互之间的重复和干扰。当信号灯的含义与某种操作反应有联系时，必须考虑信号灯与控制器的位置关系，一般是将信号灯设置在该操作器上或在它的上方，且信号灯的指示方向最好与控制器的动作方向相一致，做到准确、形象化。

4）荧光显示器设计

（1）荧光屏的显示特征

荧光屏显示信息的优点是可以在其上显示图形、符号、文字以及实况模拟，既能用作追踪显示，又能显示动态画面。随着软硬件技术的进步，荧光屏将在人机信息交流中发挥更为重要的作用。

（2）目标状态对显示的影响

①亮度。目标的亮度越高越易被觉察，但是当目标亮度超过 34.3 cd/m^2 时，视敏度不再继续有较大亮度的改善，所以目标亮度不宜超过 34.3 cd/m^2。

②呈现时间。当目标呈现时间在 0.01~10 s 范围时，目标的视见度随呈现时间的增多而提高，但是当呈现时间大于 1 s 时，视见度提高的速度减慢；当呈现时间大于 10 s 时，视见度只有很小的提高。通常目标呈现时间为 0.5 s 时已可满足视觉辨别的基本要求，呈现时间为 2~3 s 时，视觉辨别效果最佳。

③余辉。目标余辉是目标物消失后，目标光点在屏幕上的停留时间，一般为 3~6 s。当扫描周期缩短时，余辉积累效应可改进余辉的能见度，提高视觉效率。周围照度以 1 lx 时为最佳。

④目标的运动速度。运动的目标比静止的目标易于察觉，但难以看清，因此人的视敏度与目标运动速度成反比，当目标的运动速度超过 80°/s 时，已很难看清目标，视觉效率大大下降。

⑤目标的形态。形状优劣次序为：三角形、圆形、梯形、正方形、长方形、圆形、十字形。当干扰光强度较大时，方形目标优于圆形目标。目标的颜色也会影响辨别效果率，目标采用红色（波长 631 nm）或绿色（波长 521 nm）时视觉分辨效率与白色目标相似，但红色目标易引起视觉疲劳，计算机的荧光屏上绝大多数都用绿色作为目标。蓝色（波长 467 nm）的辨别效率较差，因为蓝色会较大地改变视觉调节功能。从视敏度的角度看，目标越大越易察觉。一般来说，目标的能见度随着目标面积的增大而增大，大体上呈线性关系。但目标过大占用空间就会太多，因而应有一个适宜的大小。

⑥目标与背景的关系。目标的视见度受制于目标与背景的亮度对比；当亮度对比值高于目标与背景亮度对比的可见阈值时，目标才能从背景中被分辨出来。在屏幕亮度为 0.3~34 cd/m² 时，亮度对比值一般随屏幕的亮度线性增加，在屏幕亮度为 68.6 cd/m² 时，亮度对比达到最大值的 90%，因此 68.6 cd/m² 被作为屏幕亮度的最佳值。

荧光屏幕以外的照明并不是越暗越好，而是与屏幕亮度一致或稍低时，目标察觉、识别和追踪的效率最高。周围照明颜色与目标颜色应有清晰的对比。此外，荧光屏不宜亮到影响对周围环境的观察，对比度通常取 0.22，目标与屏幕的对比度可取 0.18。

(3) 屏幕形状与尺寸

屏幕有矩形和圆形两种，屏幕坐标也相应地有直角坐标和极坐标两种。从目标观察和定位工作效率来看，直角坐标优于极坐标。常用的为方形屏幕直角坐标。

屏幕的大小与视距有关。一般视距的范围是 500~700 mm，此时屏幕的大小以在水平垂直方向对人眼形成不小于 30° 的视角为宜。

荧光屏幕的大小和位置直接影响人的识别和认读，因此是设计中的重要问题，不能忽视。屏幕大小对于出现在屏幕上不同象限的目标的辨别效率具有不同的影响。在视距为 710 mm 的情况下，屏幕面积较小者（如直径为 178 mm 的雷达屏幕），外圈目标的辨别效率较高；而屏幕面积较大时（如直径为 356 mm），内圈目标的辨别效率较高。在一般工作台（视距为 355~710 mm）的条件下，多数人认为雷达屏幕以直径 127~178 mm 为佳。而在 560~710 mm 的视距下，用于一般文字处理、办公自动化、商业等领域的计算机显示器，屏幕大小以 356 mm（14 in）为宜；用于工程设计、图形图像处理、虚拟现实技术、视频处理等领域的计算机显示器宜采用 432~508 mm（17~20 in）对角线长的高分辨率屏幕。

荧光屏的屏幕位置应按最佳观察角进行设计，即屏幕应与观察者的视线垂直，以便操作者观察。其视距最好在 710 mm 左右，太远或太近均不理想。对于特殊的大屏幕，视距可按实际情况增大。

5）标志符号设计

（1）标志符号的特征和要求

视觉信息显示形式中的一种是标志符号，其信息显示独具特点，其利用鲜明的图形表示某种含义，促使人们迅速正确地做出判断，简单、方便、灵活，可以长期使用，不受文化知识和语言差异的限制。

设计或选择标志符号的最基本要求就是使人们容易理解其含义。其具体要求包括：必须考虑使用目的和使用条件，采用与其含义相一致的图形；可利用颜色、形状、图形、符号、文字等进行编码，以提高辨识的速度和准确性；不得使用过分抽象或人们难以接受的图形，应采用人易感知到的图形，以便于记忆，减少视觉辨识时间；尽量用图形符号代替文字说明，以减少判读时间；尽量使用国际通用的标志符号；与显示器和控制器有关的标志符号，要合理区分和布置，符合操作者的心理和动作特征；避免环境背景产生视觉干扰。

（2）标志符号的知觉特点

设计的标志符号要符合人的知觉特点：

①形（图形）与基（背景）分明。

②边界明显。

③封闭。

④简明。

⑤完整。

（3）标志符号的文字信息

文字信息应按以下原则进行设计：

①信息简短而明确。要避免含义模糊、容易引起歧义或多解的文字信息。信息要完整，否则会导致含义不清，但不宜过长，否则可能使信息被误解。

②使用短句子。

③使用主动句。对同一意义的信息，使用主动句比被动句更易于理解和记忆。

④使用肯定句。

⑤使用易懂文字。

⑥按时序组句。如果信息中包括活动的若干步骤，就应按照完成工作的先后顺序组成系列指令。

4.2.2 听觉显示器设计

听觉信息显示装置分为两大类：一类是音响及报警装置，另一类是言语显示装置。下面主要介绍音响及报警装置。

1）音响及报警装置

（1）蜂鸣器

它是音响装置中声压级最低、频率也较低的装置。蜂鸣器发出的声音柔和，不会使人紧张或惊恐，适用于较安静的环境，常配合信号灯一起使用。蜂鸣器还可用作报警器。

（2）铃

因铃的用途不同，其声压级和频率有较大差别，例如电话铃声的声压级和频率只稍大于蜂鸣器，主要是在安静的环境下让人注意；而用作指示上下班的铃声和报警器的铃声，其声压级和频率就较高，可在高强度噪声环境中使用。

(3) 角笛和汽笛

角笛和汽笛的声音有吼声（声压级 90~100 dB、低频）和尖叫声（高声强、高频）两种，常用作高噪声环境中的报警装置。

(4) 警报器

警报器的声音强度大，可传播很远，频率由低到高，发出的声调有起伏，可以抵抗其他噪声的干扰，能引起人的注意，并强制性地使人接收。它主要用作危急事态的报警，如防空警报、救火警报等。

2) 言语显示装置

用于传递和显示言语信号的装置称为言语显示装置。用言语作为信息载体，可使传递和显示的信息含义准确、接收迅速，且信息量较大，但其易受噪声的干扰。在某些追踪操纵活动中，言语显示装置的效率并不比视觉信号差。在言语显示装置的设计中应注意下列问题：

①言语的清晰度和强度；

②噪声环境中的言语显示。

3) 听觉显示器的优缺点

听觉显示器相比视觉显示器的优点如下：

①声音是环绕的、全方位的；

②听觉不依赖于光线的存在，因此不受恶劣可视环境的影响；

③声音是非常突出的，能立即吸引注意力；

④人的听觉系统能过滤声音，能够在有声背景下定位和专注于特定的声音。

在下面的情况下，听觉显示会比视觉显示更适合：

①信号来源本身是声音（如汽车喇叭）；

②信息简单短小（如火警）；

③稍后不再需要这一信息（如救护车的警报器）；

④信息涉及当时的事件（如博物馆里引导人们参观的录音播放）；

⑤当发出警报时或者信息需要立即处理时（如烟雾警报器）；

⑥视觉通道负担过重（如空中交通控制）；

⑦视觉通道不可获得（如闹钟）；

⑧当语音反应需要时（如服务台）；

⑨照明条件或者对黑暗的适应限制了视觉的使用（如飞行舱）；

⑩信息的接收者在执行任务时不得不移动位置（如电力厂）。

当然，利用声音通道来传递信息时也可能会带来一些不利的效果。在设计听觉显示时需考虑以下因素：

①吃惊反应。声音可能是非常突出的，会干扰和打断当前任务的执行，甚至于抹掉当时要考虑到潜在的劣势。

②定位困难。当声音环绕时，声音能被障碍物吸收或反射，依赖于当时环境来定位声音的来源比较困难。

③对抽象声音的有限记忆。人们能区别几千种不同的声音，然而，对于抽象声音的来源

方向定位是比较困难的。由纯粹的音频组成的声音，人们的记忆力是非常有限的，典型范围是 5~8 个。在大多数情况下，建议使用的音频不超过 6 种。

④被其他声音所掩盖。如果一个声音被另外一个同频率或相似频率的声音掩盖，那么过滤和分辨这个声音就比较困难。

⑤对声音的适应。人往往不会注意一个连续的声音。

4.3 控制器的设计原则

操作装置简称控制器，是人机交互系统的重要组成部分，也是人机交互界面涉及的一项重要内容。控制器的设计得当与否直接关系到整个系统的工作效率、安全运行以及使用者操作的舒适度。

4.3.1 控制器的选择、设计和配置

控制器的选择、设计和配置应遵循下列原则：

①控制器的尺寸和形状应适合人的手脚尺寸及生理学和解剖学特性；

②控制器的操作力、操作方向、操作速度、操作行程（包括线位移行程和角位移行程）和操作准确度要求都应与人的施力和运动输出特性相适应；

③在有多个控制器的情况下，各控制器在形状、尺寸、色彩、质感以及安放位置等方面应易于识别，避免混淆。

④对控制器进行编组的方法应与使用者的思维方式和规律一致。控制器编组应遵循：按功能或相互关系编组，按使用顺序编组，按使用频率编组，按优先性编组，按操作程序编组，按模仿工艺过程的模拟编组。

⑤让操作者在合理的体位下操作。应考虑控制器操作时人体的依托和支撑要求，减轻操作者疲劳，减少单调厌倦的感觉。

⑥控制器的操作运动与显示器或与被控对象应有正确的运动协调关系。这种运动关系应与人的自然行为倾向一致。

⑦控制器与相关显示器所使用的编码形式必须协调一致。编码应与公认惯例及现有的标准保持一致。可以使用的编码形式包括形状、位置、尺寸、颜色、操作方法及字符等。

⑧形状美观、结构简单。合理设计多功能控制器，如带指示灯的按钮，将操纵和显示功能结合起来。

4.3.2 控制器人因工程设计要求

控制器人因工程设计要求包括以下几个方面：

①需要紧握的控制器：在与手接触的部位应为球形、环形或其他便于握持的形状；需与手指接触的部分应有适合指形的波纹，其横截面应为椭圆形或圆形，表面不得有尖角、毛刺和缺口棱边等。要保证操纵舒适，用力方便，握持牢固。

②控制方向用的手轮：可以制成半圆形或弧形转向把，以获得良好的观察视野和便于双手持握。

③双手操纵的手轮（或转向把）：一次连续转动角度一般不应大于 90°，最大不得超

过 120°。

④带柄手轮：首先，无论装在手轮上或装在曲柄上的手柄都应能够自由转动；其次，当做大于 120°快速旋转时，需有自动离合装置保证手轮与转轴能及时脱开，或能使手柄及时折合沉入轮缘。

⑤操纵杆：扳动角度应该在 30°～60°范围内，最大不得超过 90°。

⑥用手掌按压操作的控制器：表面要有球面凸起形状，用手指按压的表面要有适合指形的凹陷轮廓；按钮的水平截面应为圆形或矩形，按键应为矩形；对于直径在 3～5 mm 的按钮和矩形按键可做成球面或平面形状，为编码的需要也允许将其制成其他形状。

⑦用手指操纵的板开关和转开关：应为圆形拨动球柄或圆形旋钮。圆形部应大径朝外，且柄的外端呈球形；双位转换开关从一个位置扳到另一位置的角度应在 40°～90°范围内，三位转换开关为 30°～50°。

⑧用于分级调节的控制器：从一个位置扳到另一个位置时阻力应该逐渐增加，一旦到位则应有明显的手感或到位声响，不允许在两个工位之间发生停滞不动的现象。

⑨与手接触的控制器：表面温度在 10 ℃以下或 60 ℃以上时，应采用导热系数低的材料制造或包敷控制器。

⑩脚控控制器：不应使踝关节在操作时过分弯曲，脚踏板与地面的最佳倾角一般为 30°；在操纵时脚掌应与小腿近似垂直，踝关节活动范围不大于 25°，并应保证在蹬踏力消除后控制器能自动复位。

⑪有定位或保险装置的控制器：终点位置应有标记或专门止动限位装置；分级调节的控制器还应有中间各挡位置标记和定位及自锁、连锁装置，以保证在工作过程中不会由于意外触动或振动而产生误动作现象。

4.3.3　控制器的一般配置要求

控制器的一般配置要求具体如下：

①应按功能要求（使用的重要性）、操作频率和操作顺序进行安排。

②在任何情况下控制器的手柄轮缘旋和扳等用手接触的部位均应布置在操作者上肢活动范围内，重要的和经常使用的控制器应配置在易触及区域内，使用频繁的应配置在最佳区域，同时应符合操作的安全要求。

③控制器数量较多时应成组排列。功能相关的控制器和显示器应集中安放，对有操作顺序关系的控制器应按从左到右（横向排列时）或自上而下（纵向排列时）的顺序进行排列。与操作器功能有关的显示器应按功能与显示器相邻安排，而且控制器应配置在显示器的下侧或右侧，以避免操作时手臂挡住观察显示器的视线。分组排列时各组之间的轮廓界限应采用对比比较鲜明的颜色、图案或线条加以区分，以方便识别。

④在同一平面相邻且互相平行配置的控制器应该有一定间距，保证相互之间不产生干涉。对于食指操作的按钮，间距最小值为 20 mm，推荐值为 50 mm。单手操作的旋钮间距最小值为 25 mm，推荐值为 50 mm。双手同时操作的手轮间距最小值为 75 mm，推荐值为 125 mm。单脚随意操作的踏板间距最小值为 100 mm，推荐值为 150 mm。

⑤控制器的控制方向应与调节动作方向相互协调一致，当不一致时应特别标明。

⑥用双手操纵的控制器应配置在操纵者（或座位）的正中矢状面左右方向偏离不超过

40 mm 的范围内。坐姿操作时，双手操纵的手轮或转向把转动平面应与水平面成 40°~90°，并和座椅对称面垂直。立姿操作时，其转动平面应与水平面成 0°~90°。当分别用左右手同时操纵两个带柄手轮时，应使两个轮的旋转方向相反。

4.3.4 单手操作的控制器人因工程设计要求

单手操作的控制器人因工程设计要求如下：
①单手操作的控制器应配置在操作者动作手臂的一侧。
②操纵杆应配置在操作者的上臂和前臂的夹角成 90°~135° 的范围内，以便手在推拉方向用力。
③无手柄手轮的转动平面应与前臂成 10°~60°。
④带柄手轮应使其转动平面与前臂成 10°~90°，若仅用手部转动，其转动平面应与前臂成 10°~45°。
⑤对设备进行"开、关"控制的按钮开关，配置时应布置在垂直面内，向"上（开启）、下（关闭）"扳动。若为满足设备控制与功能协调的需要，也允许沿水平面布置，向"左（开启）、右（关闭）"扳动。
⑥按压式控制器，如按钮和按键式开关等，应能显示"接通"和"断开"的工作状态。"断开"状态按钮或按键应比面板高 5~10 mm，"接通"状态的应比面板高 1~3 mm，必要时应加上其他视觉信号显示。

4.3.5 脚控控制器的一般人因工程设计要求

脚控控制器应在坐姿条件下使用。为了保证操纵舒适、用力方便，控制器须配置在肢体动作一侧，在偏离人体正中矢状面 75~125 mm 的范围内；座位应能按身高进行调节，使大腿与小腿间夹角为 90°~110°，以便于用力，需大力蹬踏时夹角可达 160°；不操作时，双脚应有足够的自由活动空间；若必须立姿操作时，脚控制器的接触面高出地面距离不应超过 160 mm，并应在踩压到底时与地面持平。

4.3.6 控制器的操纵依托支点要求

某些设备或工具常常会在震动、冲击和颠簸的条件下使用。为保证在上述条件下进行精细调节或连续调节，必须考虑为身体的相关部位提供有效的依托支点，以保证操作平稳准确。可采用的依托支点有：
①肘部作为前臂和手关节做大幅度运动时的依托支点；
②前臂作为手运动时的依托支点；
③手腕作为手指运动时的依托支点；
④脚后跟作为踝关节运动时的依托支点。

4.4 人机环系统中显控组合设计与评价

通常显示器与控制器是联合使用的，有操纵控制装置就有相应的信息显示装置来显示操纵控制的结果和状态，例如，以电源指示灯的亮灭来指示电源开关的开关状态时，这种操纵装置与显示装置之间的匹配关系称为操纵—显示的相合性。

4.4.1 空间位置上的相合性

操纵与显示相合的目的主要是减少信息加工的复杂性，避免操作错误，缩短操纵时间，提高工作效率。控制器和显示器配合使用时，控制器应该与其相联系的显示器紧密布置在一起，控制器一般布置在显示器的下方。当布置的空间受到限制时，控制器和显示器的布置在空间位置上应有逻辑联系。

4.4.2 运动方向上的相合性

控制器和显示器的运动方向应具有相合性。根据人的生理与心理特征，人对控制器与显示器的运动方向有一定的习惯定式，如顺时针旋转或自下而上，人一般认为是增加的方向。顺时针旋转收音机的开关旋钮，其音量增大，逆时针旋转，音量减小，直至关闭；汽车的方向盘顺时针旋转，汽车向右转弯，逆时针旋转，汽车向左转弯，这种右旋右转、左旋左转的运动展现了控制器与显示器或执行系统的运动方向在逻辑上是一致的，图4.7所示为控制器和显示器方向相合性及习惯操纵模式。

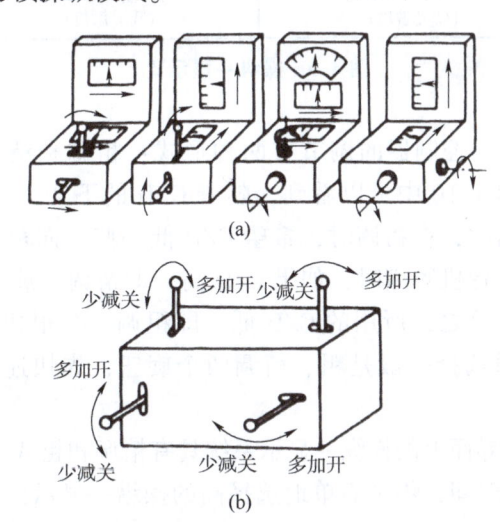

图 4.7 控制器和显示器方向相合性及习惯操纵模式

对于在同一平面内彼此靠得很近的旋钮和半圆形仪表，其运动方向的相合性应沿着两点切线方向，如图4.8所示。

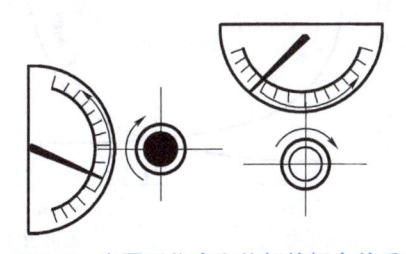

图 4.8 半圆形仪表和旋钮的相合关系

4.4.3 操纵—显示比

操纵—显示比就是控制器（Control）和显示器（Display）位移量之比，记为 C/D。移动量可以是直线距离（如直线型刻度盘的显示量、操纵杆的移动量），也可以是旋转的角度和圈数（圆形刻度盘的指针显示量，旋钮的旋转圈数等）。灵敏度低的控制器是指它的操纵位移量很大，显示器的移动量却很小；相反，灵敏度高的控制器则是它的位移量小，显示量大。C/D 反映了操纵—显示界面灵敏度的高低。C/D 比值高，说明操纵—显示系统灵敏度低，C/D 比值低，说明操纵—显示系统灵敏度高，如图 4.9 所示。

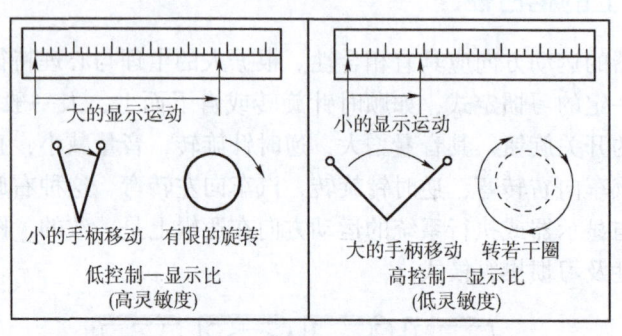

图 4.9 操纵—显示比

在操纵—显示界面中，控制器的调节有两种形式：粗调和精调。在选择 C/D 时，需考虑两种调节形式。从图 4.10 中可以看到，随着 C/D 的下降，粗调所需时间急剧下降，而精调正好与之相反。因此，在粗调时，希望 C/D 低一些；而精调时，则希望 C/D 高一些。例如，用旋钮选择收音机频道时，如果 C/D 高，即精调（或微调），将会用很长的时间慢慢搜寻到所需频道。反之，所用的 C/D 低，即粗调，会很快地搜索到频道，但容易过调。因此收音机的频道选择一般是粗、精调两个旋钮，先快速找到所需频道，再精调其收听质量。

一般来说，人机交互界面上的操纵—显示系统具有精调和粗调两种功能。操纵—显示系统的选择考虑精调和粗调时间，不是简单地选择高的操纵—显示比还是低的操纵—显示比，最佳的操纵—显示比是两种调节时间曲线的相交处。这样可以使总的调节时间降到最低，如图 4.10 所示。

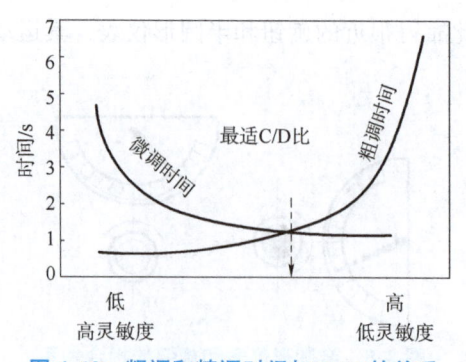

图 4.10 粗调和精调时间与 C/D 的关系

4.4.4 操纵—显示相合性的应用

在汽车操纵人机交互界面中，除方向盘、油门踏板、离合器踏板、制动器踏板及换挡操纵杆外，还有许多调控按钮和开关，它们共同参与对车辆的控制。由于人在驾驶车辆时，眼睛主要的精力在观察前方路况，对于显示车辆工况的各种仪表等装置，只能短时间地浏览一下，因此汽车操纵—显示相合性对于保证安全驾驶和人机协调性具有重要意义。

1) 车窗的调控

为了提高人驾驶汽车的舒适性和方便性，现在的汽车已普遍采用电动方式来控制车窗的升降。为方便人在驾车过程中无须目视就能方便地操纵车窗上下运动控制按钮，按钮的布置位置常放在驾驶员的右侧控制板或左侧车门扶手上。当手指按动按钮上部，车窗玻璃上升；按动按钮下部，车窗玻璃下降。这种按钮通过触觉达到了很好的操纵—显示的相合性。

2) 车辆的转向灯光控制

当车辆在行驶中遇到十字路口需向右转弯或在行驶过程中需靠右停车时，都需打开右转弯灯示意；当需要左转弯或超越前面车辆时，需打开左转弯灯示意。由于转弯灯分别位于汽车头尾的左右角，当灯开启时，驾驶员并不能看到灯的闪烁，因此，需在仪表板上设置示意箭头和信号灯，并与操纵手柄、转弯灯同步显示。当手柄向上，表示向右转弯，右转弯灯、"→"箭头亮；当手柄向下，表示向左转弯，左转弯灯、"←"箭头亮。这种形象直观的操作和显示也体现了在操纵—显示相合性设计中的人机工程原则。

4.5 研究重点和趋势

随着信息化技术的快速发展与应用场景的愈加复杂，显控终端上各种类别信息需要综合显示，显示内容更加多元，显示方式更加灵活多变，同时人机交互界面需具备支持多窗口显示、放大窗显示、优先级显示、冻结显示、尾迹显示、余晖显示、智能化切换等各种功能。与此同时，智能化显控技术越来越多地在公共安全、工业互联网、智慧城市、文化旅游等产业相关场景落地。国内外工业领域也在逐渐向虚实结合环境转变，促进了信息系统与物理系统两者间的融合发展，降低人在生产过程中的工作负荷。因此，当前研究多通过人体的多种感觉和动作（如视觉、听觉、触觉、肢体、手势等），利用三维、虚拟现实（Virtual Reality，VR）、增强现实（Augmented Reality，AR）、数字孪生（Digital Twin）、眼动控制、表情识别及语音控制等关键技术，实现人与机器和环境之间更为直观、自然、高效的交互目标。

现有较为成熟的交互方式有语音识别交互、手势控制、触觉交互、眨眼检测及眼跟踪技术等。在人类感知信息途径中，通过视觉获取对外信息的比例高达83%，大大超过其他感知觉。相对于手控、语音等方式，视觉交互缩短了中央加工与动作执行的反应时间，可完成多任务同步处理的需求，且受环境影响较小。但由于眼动信号中的认知成分较低，无法对注视行为属于无意识还是有意识进行判断，即发生"米达斯接触"问题，通常采用增加视觉反馈体系、反复定位确认与交互以及外界信号触发辅助等解决方法，但这都给眼部带来了额外的负担与劳累，从而加剧视疲劳的产生，降低用户体验。如何在有效解决米达斯接触问题的同时避免疲劳是目前视觉交互技术研究的重点。多模态交互方式充分利用各模态间的优势互补，融合多种模式的综合语义辅助视觉通道，精准定位目标、准确识别意图，对缩小定位时间、减缓视觉疲劳有着重要作用。相比于传统的基于单一模态数据的交互方式，基于多模态融合的交互方式的空间覆盖率、时间覆盖率和决策准确度更高，可以有效进行信息互补，从多方面来描述数据对象特性，成为复杂作业环境下实现人机交互意图感知的有效途径。

虚实环境与多模态人机交互技术的结合，为实现智能人机融合提供了技术路径。微软发布的新一代 HoloLens2 增强现实头戴设备，支持手势、语音、眼动等交互方式，通过示教系统可应用于复杂产品生产车间，辅助员工完成装配培训，并使用 Dynamic 365 Layout 来对生产布局进行验证。例如，通过采用数字孪生技术进行显控系统设计时，信息和物理系统的融合与相互映射，能更好地反映实际生产状态，使操作者能够更好地了解系统整体运行情况，并通过虚实数据的融合实现虚实双向动态连接和控制，来达到监测和调整实际生产过程的目的。此外，增强现实技术作为将虚拟信息和真实世界融合的先进技术，在跟踪注册技术、显示技术、人机交互技术等方面都展开了大量的研究，将计算机生成的虚拟信息添加呈现到真实世界中，虚拟和真实信息相互补充显示，以实现对真实世界的"增强"显示，更好地促进操作者对系统的控制，提高人机交互效率。但目前针对人与虚拟信息的自然交互方式的研究还并不成熟，在利用增强现实设备完成操作的过程中，出现了许多人因问题。由于用户体验的差异性和多样性，以及用户认知能力的不同，当前技术及相关产品无法以人们所习惯的方式与人们进行信息交流和提供主动的服务，从而不能满足当今人机交互系统个性化、柔性化的要求。因此为提升用户体验，将多通道自然交互方式和用户画像的构建相结合，深度挖掘用户的需求和意图，真正实现用户行为的个性化识别和理解。

第 5 章
创新设计与驾驶人因

5.1 人因工程与设计思维

5.1.1 创新设计思维

1) 人因驱动的创新设计

创新的过程本质上就是一种持续地将人的因素（用户要求、用户体验、使用场景等）和技术的不断调整达到最佳的人机匹配的过程，使技术有用、易学、易用，从而为人创造一种新体验的生活和工作方式。这样一个"大众化"和"实用性"创新过程本质上就是体验创新，这正是人因工程中 UCD 理念所倡导的。因此，人因工程可以利用自身学科的理念和方法通过体验驱动创新来引领创新设计；在现有理论和方法论的基础上，充分利用人因学科的新技术和新途径，为创新设计提供系统化的指导理论、方法和工具。

人因工程是一门以心理学、生理学、生物力学、计算机科学、系统科学等为基础的综合性交叉学科，致力于研究"人—机—工作环境"之间的关系，使系统和产品的设计符合人的特点、能力及需求，进而促使人能安全、高效、健康、舒适地从事各类活动。近年来，人因工程中所倡导的"以用户为中心设计"（User Centered Design，UCD）的理念对传统的"以技术驱动设计"的理念形成强烈冲击。特别是，随着中国制造 2025、中国人工智能 2.0 发展战略等一系列国家战略计划的提出与实施，创新设计和创新驱动发展将是我国社会经济发展的重要趋势。此时，与用户体验密切相关的人因工程学科引领创新设计和创新驱动将是科技、社会发展的必然结果。

设计思维，作为一种有效的且被广泛接受的实现创新的方法，其被应用到商业乃至社会的所有领域，个人和团队均可以利用它产生具有重大突破的想法。设计思维强调以用户为中心的、多领域的创新方法，进一步验证了人因工程驱动创新设计的理念，通过帮助用户定义以人为中心的问题然后进行实验得到创新方案想法，加速内部创新进程。

为了推动我国创新设计水平的发展，提升个人乃至社会的整体创新能力，以设计思维作为创新设计理论研究的着眼点，通过揭示设计者产生创新方案的认知过程以及外部知识对设计思维的影响机制，探究最佳的知识启发创新设计媒介，进而为辅助创新设计工具的开发提供思路和理论依据。

2) 设计思维的基本概念

产品设计是一种创造性的活动，其目的是设计出具有新颖性、创造性和实用性的新产品。设计产生的过程就是设计产物产生的思维过程，也称为设计思维。

诺贝尔奖获得者、经济学家西蒙于 1969 年首次提出将设计作为一种思维方式的概念，认为设计是一般的问题解决过程，并建立了分析-综合-评估线性模型。著名学者 Lawson 首次明确提出"设计思维"（Design Thinking）这一概念，认为设计是一个特殊和高度发展的思维形式，是一种设计者学习后更擅长于设计的技术，设计思维试图通过描述而不是建模的方式来表示设计进程中模糊的属性。世界著名设计公司 IDEO 将设计思维定义为"用设计者的感知和方法去满足在技术和商业策略方面都可行的、能转换为顾客价值和市场机会的人类需求的规则"。因此，设计思维可以被视为一种实现创新的新方式和新途径。

设计思维自身具有独特的内部结构、进程、行为和组件。这些特征可以被经验丰富的设计者在设计研究和设计实践中发现、认识并利用。针对设计思维的研究有利于揭示产生成果设计产物的思维过程，剖析杰出设计者的思维理念，进而有助于改变现阶段过于依赖经验、直觉进行设计的现状，增加对设计内在规律的理解，并逐步完善设计理论体系。

3）设计思维的外在表现

设计草图和设计固化（Design Fixation）是设计思维的主要外在体现。草图行为贯穿整个设计过程，是设计者思维状态的直观呈现形式；设计固化作为阻碍设计者创新行为的常见现象，从设计效应方面（产物创新局限性）外显了设计者的思维特性。因此，探索设计草图和设计固化及其背后蕴含的思维规律，就成为设计思维研究的重要课题。

(1) 设计草图

在产品设计过程中，设计草图蕴含了设计者画图时并未注意到的灵感，设计者在设计过程中会根据设计草图提供的原始意象与"草图对话"，激发、引入设计主体长时记忆内的并与设计主题相关的信息，并对原草图进行重新的解释，促使新的意象在脑海中形成，进而激发产生新的创意。在设计实践中，设计者需要学会善用而不是忽视草图所带来的视觉启发效果。

(2) 设计固化

设计固化是指在设计过程中，受外部信息或个人经验影响，设计方案局限于有限的设计想法的设计现象。设计固化现象常发生在设计师经历过一个设计实例后，再次创建一个具有类似该实例特性的新产品时。也就是说，设计方案容易受到先前实例和设计师最初想法的影响，因此设计固化可能导致设计方案类型减小、新颖性降低。同时，设计固化在设计进程中的影响也有积极的一面。对于创新性要求不高的设计任务，设计固化可以促使设计者快速制定设计方案，进而节约时间成本。

5.1.2 设计思维的研究方法

设计思维的本质是设计者在设计过程中的思维状态，因此研究设计思维有必要对设计者在设计过程中的各种思维状态进行相关研究。考虑到设计思维的复杂性、动态性特征，最好的研究途径就是将心理学实验、神经科学实验与计算机模型相结合，进而全面探索设计思维的内在规律。

1）基于认知心理学的设计思维研究方法

认知心理学是一门研究认知行为及行为背后的内心心智历程的心理科学。由于设计思维作为一种内在的认知活动，缺乏固定的知识表征模式和精确的计算程序，难以被直接观测；

因此，研究流程通常采用先提出严密的可解释、可预测的理论假设，再采用认知心理学实验来观察、测试设计者的设计行为和表现，验证假设，进而获取设计思维的相关结论。

目前研究设计思维最常用的认知心理学的方法有输入—输出实验、出声思维法和草图行为法。通过输入—输出实验可研究设计过程中输入的变化对输出的影响。例如，Agogué 等研究了年龄和教育背景对创新设计过程的影响；Toh 等研究了设计者的性格特质对思维固化的影响。该方法虽然不能对设计细节的认知行为给出相关的结果，但是可以为设计思维的研究提供一定的依据。同时，将认知实验和设计实验的优势相结合，可以综合评估数量、新颖性、可行性、多样性等指标对设计思维的影响。出声思维法要求设计者一边进行产品设计，一边描述思维过程，该方法提供了将隐性的设计思维活动显性化为通过音视频记录的信息而转化成的语义信息，进而通过分析语义信息来探究设计思维活动。例如，Dorst 等利用出声思维法探究了设计问题与产品方案创造性之间的相关性，并引入问题解决模型验证了其有效性。草图行为法要求设计者采用边思考边画草图的方式完成设计任务。该方法记录设计过程中的草图，进而通过分析草图来探析设计思维活动。草图一方面为显性化设计思维提供了具体途径，另一方面也辅助了设计过程。

2）基于认知神经科学的设计思维研究方法

设计思维形成的主体是设计者的大脑，不同的思维状态会使大脑相应认知功能区域产生变化，因此设计思维的内在心理表征应得到神经科学的验证。目前学术领域对大脑的结构、分区及对应功能方面的研究已经比较全面，在设计认知方面存在一定的应用基础。通过神经成像技术，可以从认知神经科学的角度分析大脑与设计思维相关的活动。目前在设计认知研究领域应用较多的是脑电图技术（Electroencephalography，EEG）和功能磁共振成像技术（functional Magnetic Resonance Imaging，fMRI）。

大脑思维活动的物质基础是一种电化学过程，而 EEG 是由布置在头部的电极记录的电荷信号经过处理后得到的，可通过分析设计思维的生理过程产生设计思维和得到发展规律。例如，Carras 通过分别记录设计者在进行语言、视觉和音乐设计任务的 EEG，探究了设计者在设计过程中枕叶区和额叶区脑电的变化；Razoumnikova 等研究了在趋同思维与发散思维实验条件下，参与者与任务相关 EEG 的变化模式；Jausovec 等研究了参与者在解决封闭式问题和开放式问题时的 EEG 在相干性和功率谱上的差异。fMRI 技术通过测量神经元活动所引发的血液动力改变，进而可以得出大脑血液变化与设计认知活动相关的结论。例如，Mark 等采用 EEG 和 fMRI 两种方法分析并总结了参与者在解决口头问题时的大脑活动差异；Goel 等通过对参与者完成问题匹配任务过程中进行头部 fMRI 扫描，总结了任务完成程度对不同脑区之间的神经差异的影响。除此之外，其他生理信号也开始用于描述产品设计过程中的认知活动。例如，对设计者设计过程的心率进行变异分析，可用来表征在设计过程中的精神压力变化情况；通过设计眼动追踪实验观察设计者在设计过程中的视觉行为，为设计认知活动的分析和推导提供依据。

已有研究结果表明认知神经科学比较适合设计思维领域相关问题的研究，未来将考虑结合神经科学和认知心理学实验，进而阐明心理功能在神经层次上是如何实现的，以更深入理解设计者的认知过程和行为模式，进一步完善设计思维认知理论。

3）基于计算机技术的设计思维研究方法

近年来，随着信息技术与人工智能技术的飞速发展，为设计思维领域研究引入了新的思路和方法。通过将计算机技术中的数据结构和算法结构与认知理论的表征结构与加工过程进行类比，模拟设计者认知加工过程，评估并修正理论模型，进而使设计思维的表征结构和过程描述更加精确。

基于计算机技术的设计思维研究方法强调利用信息技术模拟设计者个人解决设计问题的推理过程，对设计推理进行科学的描述和测量，以发挥计算机自动化、快速处理设计问题的优势。设计问题是典型的不良定义问题，这导致设计推理过程具有高度复杂特征。当前对具有模糊性的创造性思维进行模拟仍存在一定困难，但对基础的设计推理已经有了初步模拟及科学描述。如 Huang 等运用神经网络系统模拟设计者的草图绘制行为，帮助设计者联想不同的概念；Taura 等通过计算机仿真发现创新概念产生的特点与模式。

当前针对各种特定的心理学现在的特定表征和计算理论在认知科学中取得了实质性进展，并且部分理论在神经科学上已具备更丰富的内涵。然而，目前所有的表征和计算理论均是优缺点并存的，有必要将不同类型的表征理论相结合进行研究。因此，设计思维模拟可以考虑在认知心理学和神经科学的基础上整合各类表征理论，进而开发包含多种思维表征方式的可计算模型，探索基于计算机技术的设计思维研究方法。

5.1.3　外部知识对设计思维的影响规律

1）外部知识的类型及特征

现有研究发现，能够启发设计思维的外部知识形式多样，包括实物、图像、文字等在内的信息载体都可以作为外部知识的来源。其中，文字信息是广泛存在且易于应用的一类外部知识。进一步研究发现：外部知识的不同特征对设计思维具有不同的启发效果。为了回答外部知识的何种特征能够产生较好的启发效果这一科学问题，学术领域已经发现了多种影响设计思维的特征，主要包括数量、相关性、多样性、新颖性、抽象性和持续时间等。其中，数量是指提供给设计者外部知识的多少；相关性是指外部知识与设计问题的相关性；多样性是指外部知识之间的差异性，差异性越大则多样性越好；新颖性是指外部知识是否常见，不常见的外部知识新颖性较高；抽象性是指外部知识的模糊程度及通用程度；持续时间是指外部知识呈现的时间长短。虽然学术领域对以上特征的内涵具有基本一致的理解，但在具体研究中对这些特征的定义及度量方式不尽相同。

2）外部知识导致的设计思维现象

在产品设计过程中提供的这些外部知识往往发挥了多重作用，有积极的启发作用，也有消极的干扰、固化等作用。目前，学术领域已经发现外部知识可能导致的几种设计思维现象，主要包括知识映射、思维干扰和思维固化。

①知识映射，指的是将知识从获取知识的源领域转移到要解决问题的目标领域，根据源领域和目标领域的相关性可以分为局部映射和远距离映射等。

②思维干扰，指的是外部信息的不断呈现，过多吸引设计者的注意力，容易干扰甚至打断设计者设计思维的形成过程。

③思维固化，指的是提供给设计者的外部信息限制了设计者产生创新设计方案的空间，设计者难以产生创新性较强的设计方案。

设计者在产品设计过程中往往以外部知识作为设计起点，结合设计问题寻找相关信息。设计有效的外部信息刺激策略，一方面通过外部信息降低设计者获取设计起点的难度，引入有效信息和帮助设计者扩大设计搜索空间，进而突破自身局限性；另一方面帮助设计者避免外部信息导致的思维干扰、固化等问题，从而充分发挥外部知识的启发效果。

3) 外部知识的抽象性对设计思维的影响规律

实现外部知识启发设计思维的关键是：揭示设计者产生创新设计方案的认知过程——设计思维与知识之间的影响特性，并依据这种影响特性为设计者提供相应的知识。为此，许多研究学者通过认知实验探索了外部知识对创新设计结果的影响，并证实：知识的抽象程度对创新设计结果新颖性的影响最为显著，抽象程度高的知识有利于产生更多的创新设计方案，但存在知识映射问题，即方案的可行性不高；抽象程度低（具体的知识，如实现细节）的知识更容易产生可行性高的设计方案，但往往导致思维固化问题，即方案的新颖性不高。因此，必须在恰当的时间为设计者提供抽象程度适当的知识才能最大限度地发挥知识对创新设计的激励作用，减小知识对创新设计的抑制作用。

但是目前，学术领域仍未形成对知识抽象性的明确定义，也没有形成区分抽象程度的具体标准；同时，不同抽象程度的知识对个体设计思维的影响特性尚不明确，不同抽象程度的知识对启发创新设计的结果是否存在差异也未得到一致性结论。如果从知识的抽象性入手，研究不同抽象程度的知识对设计思维的激励、启发、干扰等作用，有可能抓住设计思维产生、发展的主要环节。

因此，本节采用认知实验的方法，根据知识抽象性的研究，为实现外部知识服务设计思维提出新的解决思路。在给出设计知识的抽象性内涵的基础上，通过开展认知实验观测设计者在抽象知识刺激下的设计行为和设计结果，通过对实验数据的分析，期望得到抽象知识对设计思维刺激策略，并建立抽象知识对设计思维影响的理论模型，为辅助创新设计提供新的方法。

(1) 外部知识的抽象性

不同的信息具有不同的细节层次，这反映了它所蕴含的知识的抽象性。尽管知识的抽象概念在学术界尚未形成一致性定义，但是对信息的模糊性和通用性的一般理解是一致的。即知识的抽象性难以直接度量，其往往表现出知识的模糊性和通用性，知识抽象程度越高，则知识表达的含义越模糊、通用性越强。有学者将抽象知识定义为：人在认知过程中所得到的，从整体中抽取出来反映具体事物某一方面或层面的内容。为了更准确地描述知识的抽象性内涵，本节所研究的知识针对产品功能所表现出的知识信息，将知识的抽象性定义为不同层次知识的分解过程，即产品功能在不同抽象层面所展开的视图。通过将产品中的知识信息从整体到细节分解为多个层次，从而实现知识从抽象到具体的表现形式。

产品功能实现的过程就是不同抽象程度的知识逐渐融合到产品中的过程，从最开始的概念生成，构建逻辑系统，形成最终的产品，知识由抽象到具体逐渐融合到产品中。很多情况下，将一个抽象级别的知识转换成另一级别，这本身就是一个知识分解的过程。当知识逐次分解后，其抽象程度降低，所描述的内容也更为详尽。知识的抽象性是对产品形态、技术以及工作原理等的大致描述。

将产品功能中所蕴含的知识进行层次分解，是实现知识抽象化表示的前提。FBS（Function-Behavior-Structure），即功能—行为—结构模型，为知识抽象性的实现提供了分层的框架，是辅助产品功能分解的重要认知手段。从产品功能角度出发，对蕴含的功能进行逐层分解，在分解过程中结合 FBS 映射关系，由产品功能要求映射为产品行为，再由行为映射成产品的结构，在此过程中形成知识的抽象分解。

FBS 产品功能分解方法如图 5.1 所示，将总功能分解为若干分功能与功能元，有些功能元（如底座等起支撑作用的功能元）可以直接映射为结构，其他功能元（如执行机构等的功能元）都对应一个子行为，最后通过行为的变形和行为与结构/状态间的映射确定概念产品。具体表现为总功能下包含多个分功能，每个分功能对应多种作用行为，各个行为需要多种结构得以支持实现，不同的结构组合可以满足不同的功能实现。FBS 的功能分解方法成功地解决了功能与行为、行为与结构以及功能与结构间的多对多的映射关系，辅助设计人员逐步了解产品的各项功能、分功能和功能元，并通过对不同行为原理的映射和行为的变形组合求解产品的最优解。FBS 的功能分解将复杂的问题逐步分解为可求解的简单的问题，通过将复杂的产品总功能分解为若干较小的、简单的分功能，为设计者提供了一个由粗到精、由模糊到清楚、由抽象到具体不断进化的概念设计手段。

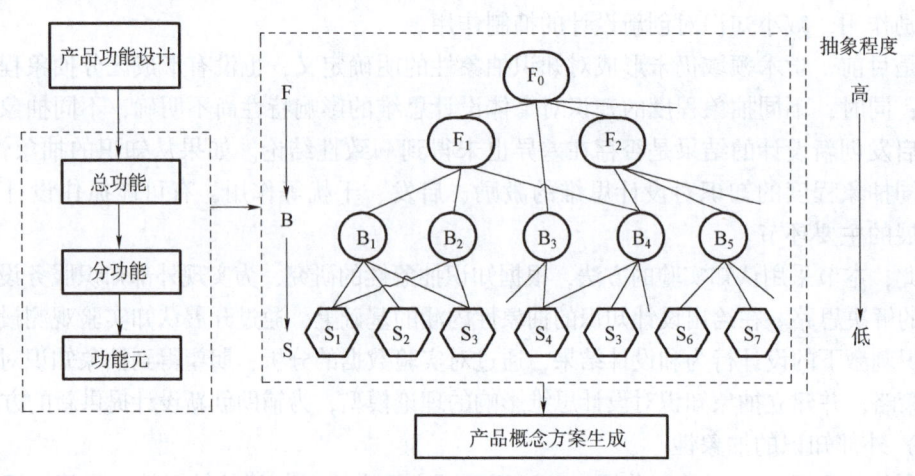

图 5.1　FBS 产品功能分解方法

由于该功能分解方法与设计过程中个体思维过程类似。抽象性在此表现为产品各项功能、分功能和功能元的逐层分解，以及产品整体结构、主要结构、部间结构的进一步细分。在该过程中，产品知识抽象程度由高到低的层次分解，表现为其功能由总功能到各个具体的分功能的展开，即产品自顶向下的功能分解蕴含了所包含的知识由抽象到具体的表现形式。

根据产品的功能分解过程中所表现的知识分解形态，采用词汇与图片两种知识表现方式，分别将其定义为知识的语义抽象以及知识的形式抽象。其中，语义抽象，具体指相关概念的语义覆盖范围，利用语义分析提取其中包含的产品概念，生成的这些概念代表知识不同抽象层次的表现形式；形式抽象，则具体指知识信息的形式化表现方式，通过将实体及实物的形象抽离，运用图片的形式将产品功能用不同的抽象程度表示出来。两种知识抽象化方法通过从整体中抽取反映产品功能结构的各个层面知识，进而实现知识的抽象化表达。

（2）知识的语义抽象对设计思维的影响实验

本节运用认知实验的方法探究不同抽象程度的语义知识对设计思维的影响，以构建的知识库中的抽象语义词汇作为实验素材，观测设计者在不同抽象程度的知识刺激下的设计行为和设计数据，揭示知识的抽象程度对设计思维的影响特性。

①实验及任务设计。

该实验为设计类实验，研究了 40 名被试在不同抽象程度的功能词激励下的设计任务完成情况，被试均是来自北京理工大学机械与车辆学院的研究生（年龄 23~25 岁），都曾有过产品设计课程的学习经历，对产品设计中创意生成过程有初步了解。

实验要求被试完成一类指定产品的设计，并绘制产品设计草图。实验过程中提供不同抽象程度的知识作为刺激信息，辅助被试进行产品设计。根据被试绘制完成的草图，提取实验结果进行数据分析与处理。本实验的设计对象为代步工具。选取原因如下：

a. 考虑被试的专业背景，产品应该包含一定的机械结构。

b. 产品结构不应该过于复杂，超出被试的认知水平；也不应过于简单，否则被试会更多地借鉴日常的经验，而忽略知识刺激对其的影响。

c. 产品应该蕴藏多种功能、结构，有可发挥的创新空间。

本实验将 40 名被试随机分为四组（A、B、C、D），如表 5.1 所示。

表 5.1 实验分组情况表

组别	知识信息
A 组	对照组，无任何提示信息
B 组	提供第一级别（高等抽象）的功能词汇、流词汇与组件词汇
C 组	提供第二级别（中等抽象）的功能词汇、流词汇与组件词汇
D 组	提供第三级别（低等抽象）的功能词汇、流词汇与组件词汇

②实验步骤。

a. 被试明确实验性质，该实验为设计类实验，需要被试根据提供的要求，设计一款工具。

b. 被试打开 Access 窗口，阅读实验指导语，明确设计任务及实验要求（本实验要求被试设计多种类型的代步工具）。

c. 被试通过阅读提供的知识信息（不同抽象程度知识），构思产品设计。

d. 被试将设计的产品绘制在 A4 纸上，同时需要标注产品相应信息（如材质、能源、工作方式等），以便评价人员充分了解该产品。

e. 被试完成产品设计，向评价人员简要阐述自己的思考过程，以及设计完成的产品结构等相应基本信息。

③实验结论与分析。通过对实验结果的统计分析，可以得到以下结论：

a. 抽象知识作为辅助信息在设计过程中是否有刺激设计者提高创新设计的作用（比较 A 组与 B、C、D 组）。

在设计过程中，当不提供任何辅助信息时，设计出产品的数目最多；然而，产品的新颖性、多样性以及可行性最差。结果表明，抽象知识的确具有提高设计者创新能力、增强创新设计方案以及提高创新产品的各方面的性能等作用。

b. 知识抽象程度的不同是否会影响创新设计结果（比较 B 组、C 组和 D 组）。

随着提供知识抽象程度的降低，即知识从抽象到具体，设计产品数目、新颖性、多样性降低；产品的可行性先升高后降低。结果表明，抽象程度的高低确实会使设计结果产生差异。较高的语义抽象程度对设计的刺激效果优于相对具体的语义知识。

综上，在设计过程中，抽象知识能明显起到辅助设计人员进行创新设计的作用；不同抽象程度的语义知识会对设计者的创新设计产生影响；提供高等抽象程度的知识能提高设计产品的数目、新颖性与多样性,提供中等抽象程度的知识可以辅助设计人员提高产品的可行性。

(3) 知识的不同抽象形态对设计思维的影响实验

旨在研究知识的这两种不同的抽象模式对设计思维影响的差异;同时进一步验证不同抽象程度的图片对设计思维的刺激效果,是否与语义词汇的作用结果相同。通过该实验获取不同抽象模式与不同抽象形态的知识对设计思维影响的数据,分析面向设计思维的抽象知识刺激策略。综合上一节实验的结果,为后续抽象知识对设计思维的影响机制的理论模型构建提供理论依据。

①实验及任务设计。

该实验为设计类实验,研究了60名被试在不同抽象模式的外部刺激下的设计任务完成情况,被试均是来自北京理工大学机械与车辆学院的研究生(年龄20~25岁),都曾有过产品设计课程的学习经历,对产品设计过程有基本了解。

实验要求被试根据要求完成一类指定产品的设计,本实验的设计对象为老年智能手杖。选取原因在于,手杖这类产品包含一定的机械结构,同时产品构造不过于复杂,在功能及构型方面具有比较大的可发挥空间,有利于被试进行创新设计。被试通过绘制设计草图表达设计想法。在绘制过程中,应当配以必要的文字说明,辅助评价人员对其设计思维的了解,通过提取实验结果进行数据分析与处理。

实验过程中提供不同抽象模式2(词汇、图片)×不同抽象程度3(低等抽象、中等抽象、高等抽象)的知识作为刺激信息,辅助被试进行产品设计,共分为6个组别,每组10人,如表5.2所示。

表 5.2 实验分组

项目	高等抽象	中等抽象	低等抽象	对照组
词汇	A组(10人)	B组(10人)	C组(10人)	G组(10人) 无任何提示信息
图片	D组(10人)	E组(10人)	F组(10人)	

被试通过绘制设计草图,表达其设计想法。在绘制过程中,应当配以必要的内容说明,以方便评价人员对设计思维的了解。评价人员根据被试绘制的草图,提取实验结果进行数据分析与处理。

②实验步骤。

a. 被试明确实验性质,该实验为设计类实验,需要被试根据提供的要求,设计一款工具。

b. 被试打开Access窗口,阅读实验指导语,明确设计任务及实验要求(本实验要求被试设计多种类型的老年智能手杖)。

c. 被试通过阅读提供的知识信息(不同抽象程度+不同抽象形态的知识),构思产品设计。

d. 被试将设计的产品绘制在A4纸上,同时需要标注产品相应信息(如材质、结构、功能等),以便评价人员充分了解该产品。

e. 被试完成产品设计,向评价人员简要阐述自己的思考过程,以及设计完成的产品结构等相应基本信息。

③实验结论与分析。

通过对实验结果的统计分析，可以得到以下结论：

a. 知识的不同抽象模式（语义抽象，形式抽象）对设计思维是否存在影响。

对于高抽象程度的知识，语义抽象知识（A组）、形式抽象知识（D组）在数量、可行性指标上对设计思维的影响差别不大，D组略优于A组；但是在新颖性及多样性上，语义抽象知识（A组）的启发效果明显优于形式抽象知识（D组）。

对于中等抽象程度的知识，语义抽象知识（B组）设计的数量、可行性、多样性不如形式抽象知识（E组），而新颖性则高于形式抽象知识；但是单对新产品进行各指标评价，语义抽象知识（B组）明显优于形式抽象知识（E组），对于低抽象程度的知识则相反，语义抽象知识（C组）在数量、可行性上均不如形式抽象知识。多样性和新颖性指标的设计结果则更优。

综上，知识的语义抽象与形式抽象在创新设计作用效果上确实存在差异。知识的语义抽象（词汇刺激）更能在一定程度上提高产品的新颖性及多样性，知识的形式抽象（图片刺激）更有利于设计产品的数量和可行性。对于新设计产品而言，知识的语义抽象在可行性、新颖性及多样性三个指标上都更优。

b. 知识不同程度的形式抽象对设计思维的作用规律是否与语义抽象的结果相同。

对于知识的语义抽象而言，随着提供知识抽象程度的降低，即知识从抽象到具体，设计产品的可行性先增高再减少，数量、新颖性及多样性均降低，与语义抽象的结果基本相同，即高等抽象程度的知识刺激效果最优。

对于知识的形式抽象，随着提供知识抽象程度的降低，设计产品的新颖性逐渐减少，数量、可行性、多样性均先增高再减少。可行性和新颖性指标作用效果与语义抽象相同；数量和多样性指标存在差异，但都优于低等抽象程度的作用效果，即中等抽象程度的图片刺激效果更优。

综上，在设计过程中：①形式抽象与语义抽象的知识均能起到辅助设计人员进行创新设计的作用。②针对设计产品的不同评价指标，两者各有优势，语义抽象（词汇刺激）有利于提高产品的新颖性及多样性，知识的形式抽象（图片刺激）更有利于提高设计产品的数量和可行性。③在知识抽象程度对设计结果作用差异研究方面，语义抽象的刺激效果与上一节的实验结果基本相同；形式抽象的新颖性、可行性指标变化趋势相同，数量、多样性指标变化存在差异，但相同的是中高等抽象的效果总是优于低等抽象的效果。④提供高等抽象的语义抽象知识以及中等抽象的形式抽象知识对于提高产品各方面的性能效果最优。

4）外部知识的相关性对设计思维的影响规律

产品设计过程是一个解决设计问题的过程，伴随着设计者对外部信息和自身知识经验的认知处理。设计者大脑中的知识经验是以编码后的知识节点的形式存在的，这些知识节点按照一定的规则连接成知识网络。设计思维的过程，就是在知识网络中寻找相关联并且有意义的信息的过程。其中，外部知识可以激励设计者唤醒知识网络中的某些与设计问题相关的关键信息，达到启发设计者进行创新产品设计的作用。

设计思维的核心是结合设计问题和外部知识，寻找信息并建立关联的认知过程。在产品设计过程中向设计者提供外部知识可以使设计者联想到不易被唤醒的关联信息，这些信息由于与设计问题之间存在相关性限制因此不易被唤醒。关联性较大，设计者容易联想到信息，但联想到的信息大多与外部知识相关。关联性较小，设计者不易联想到信息，但可能联想到不易被唤醒的关键信息。目前外部知识的相关性基本上是以知识领域为基础的定性研究，还没有确定的外部信息相关性的度量方法，对设计思维的影响机制也不明确。

为了探究外部知识的相关性对设计思维的影响机制，本节首先给出外部知识相关性的定义，认为相关性具体指提供给设计者的功能词的集合与设计产品的功能集合之间的相似性；在此基础上，采用认知实验的方法获取不同相关性的外部知识刺激下的设计结果，分析外部知识的相关性差异对设计思维的影响规律。

(1) 实验及任务设计

该实验为设计类实验，研究了48名被试在不同相关性的外部知识刺激下的设计任务完成情况，被试为来自北京理工大学机械与车辆学院的本科生（年龄18~21岁），其中33名为男性，15名为女性，所有被试均有丰富的工程领域知识和机械设计相关经验。

本实验给设计者的设计任务是设计高楼辅助逃生工具，目的是在紧急情况下提供辅助逃生的方式，主要用于高层楼房。提供给设计者的设计问题描述如下："设计辅助逃生工具，主要用于高层楼房。当发生紧急情况时，被困人员可以迅速借助该工具抵达安全区域且不可对被困人员造成难以恢复的伤害。要求该工具在不使用时不妨碍正常生活，而在紧急情况发生时可以迅速启用。对设计方案的数量不做要求。"

选取该产品作为设计对象基于以下几个原因：

①该问题足够简单并且容易理解，当有了想法之后便可以迅速开始设计构思；

②该产品蕴含多种功能与结构，满足设计者的发挥空间；

③目前缺乏已知的或已经成功实现的解决方案，设计者不会拘泥于已有的方案，并且这个问题具有适当的挑战性；

④设计该产品具有一定的社会意义和影响，属于工程产品设计的范畴，可以使设计者在设计过程中具有较高的参与水平。

本实验将48名被试随机分为A、B、C共3组，每组16人。其中A组设计者被提供相关性大的外部信息，B组设计者被提供相关性小的外部信息，C组设计者不提供外部信息。

(2) 实验步骤

本实验分为三个阶段，如图5.2所示。

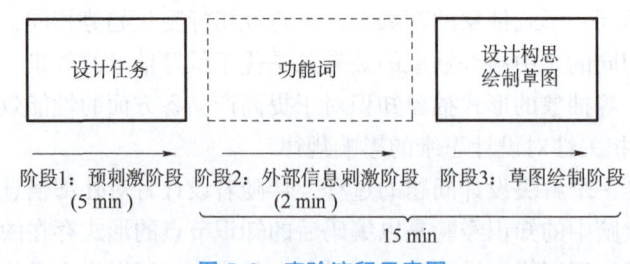

图5.2 实验流程示意图

阶段1是一个预刺激的构思阶段，设计者阅读设计任务并构思5 min。

阶段2为外部信息刺激阶段，被提供相关性大和小的外部信息的A、B两组设计者阅读和理解功能词及其含义，共有2 min的时间；不提供外部信息的设计者继续进行产品的构思。

阶段 3 为草图绘制阶段，所有的设计者都回到了对给定设计问题的构思阶段并开始绘制草图，阶段 2 和阶段 3 共有 15 min 的时间。

在实验开始前，实验者会告知设计者实验的各阶段及对应时间。在距离每个阶段结束还有 1 min 时，实验者会提示设计者。阶段 3 结束时，设计者需要完成草图的绘制并交给实验者。

（3）实验结论与分析

将外部知识的相关性对产品设计方案各指标的影响结果进行归纳和整理。由于各指标评价结果间的数据范围差异明显，为了更好地表示不同相关性的外部信息对设计方案不同指标的影响，需要对数据进行进一步处理。新颖性指标的数值越小表示设计方案的新颖性越强，而其余指标均为数值越大对应该特性越强，因此首先将新颖性指标取倒数，再根据各评价指标将数据分组，将每组内数据处理成均值为 0、标准差为 1 的数据，这种方法既可以将数据归一化进行横向比较，又可以保留各组间的数据差异。各指标评估结果如图 5.3 所示。

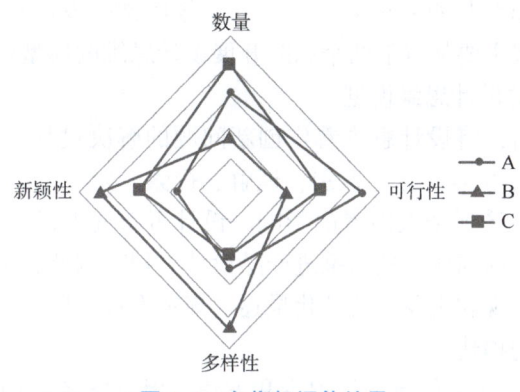

图 5.3　各指标评估结果

从上图中可以明显得出，当提供相关性较大的外部信息时，设计方案的可行性指标有了明显的提升，即 A 组的可行性指标明显高于 B 组和 C 组，但是会影响设计方案的数量、新颖性和多样性，其中对新颖性的影响最大。当提供相关性较小的外部信息时，设计方案的多样性和新颖性指标有了明显的提升，即 B 组的多样性指标明显高于 A 组，但是会影响设计方案的数量和可行性。当不提供给设计者外部信息时，设计方案的数量有了明显的提升，即 C 组数量指标高于 A 组和 B 组。

通过以上对实验结果的分析，可以得出以下两点结论：

①外部信息在产品设计过程中可以有效提高设计方案的创新性。

在产品设计过程中不提供给设计者外部信息时，设计方案的数量最多，但是新颖性、多样性和可行性较弱。当提供给设计者外部信息时，设计方案具有较强的新颖性、多样性和可行性。因此，外部信息可有效辅助设计者，具有提升设计方案各指标的作用。

②不同相关性的外部信息对创新产品设计的启发效果不同。

相关性较小的外部信息可以显著提升设计方案的新颖性和多样性，相关性较大的外部信息可以提升设计方案的可行性。不同相关性的外部信息对设计方案各指标的提升效果不同。

5.1.4　创新设计研究难点和趋势

1) 设计思维的复杂性与多样性

在产品创新设计中，设计思维作为驱动创新的核心动力，其复杂性与多样性构成了当前研究的一大难点。设计思维不仅涉及认知心理学、问题解决策略、信息处理等多个学科领域，还深受个人经验、文化背景及外部信息等多重因素的影响。设计者需要在纷繁复杂的信息中筛选、整合并创新性地应用这些知识，以形成独特而有效的设计方案。然而，这一过程往往难以捉摸，传统的思维模型难以表征复杂多样的设计思维，当前缺乏统一的理论框架和有效的量化评估方法，使得设计思维的深入研究面临挑战。

产品创新设计是设计者综合利用已有知识和外部信息产生方案的过程，本质上是设计思维的形成过程。设计思维这一概念最早是由 Lawson 提出的，随后 Boden 提出需要构建一种思维模型来解释产品创新设计过程。自从 1926 年 Wallas 创造思维四阶段模型产生以来，已经成为多数设计思维研究的基础理论，学者们也开展了许多设计思维模型研究。例如，Osborn 等的七步创造性思维模型；Sternberg 等的思维收敛—发散模型；Kobreg 等的通用旅程模型。目前，学术领域主要从以下两个思路开展设计思维的模型构建研究：

(1) 基于问题解决的设计思维模型

采用构造主义的思路，将设计思维看作创新问题的解决过程，设计实践开始于设计问题，结束于给出问题解决方案，通过识别、理解、探索、定义、解决问题实现创新产品设计。在这一过程中，容易受到个人因素的影响。设计者首先要基于已有问题融合自己的想法，形成自身认为要解决的问题，然后推进产品设计进程。因此，该研究方法重点关注设计者在设计过程中的设计表现和现象，线性化描述、规定设计问题解决过程，从而将过程结构化，完成设计思维模型的构建。

TRIZ 理论虽然已经形成了创新设计理论和方法，但是学者们仍然在对其进行不断的拓展。檀润华等提出了以 TRIZ 框架及功能分析为核心的模型，通过现有产品的类比形成创新产品方案；Vincent 于 2006 年提出一种基于 TRIZ 理论的信息处理模型，用以解释启发式设计的内在机理，该模型将设计思维划分为六个步骤；李彦等总结出复合菱形思维操作过程模型，该模型借鉴发散—收敛模型，将创新方案的产生视为发散—收敛模型的组合；Howard 等提出了一种将工程设计的线性过程与认知心理学的创造性过程结合起来的设计思维模型；Dorst 将创造性问题的解决过程分为问题分析、建立问题解决框架、寻找信息和形成解决方案四个过程。

(2) 基于信息处理的设计思维模型

采用实证主义的思路，将设计思维看作设计者在特定的设计情境中对信息的操作，并描述和归纳不同情境下设计者的行为和思维规律，试图通过对设计行为现象的研究，探索其中蕴含的设计思维规律。产品创新设计要基于大量的知识信息才可以实现，这说明知识信息必然影响设计思维。在设计者的产品设计过程中，信息首先从感觉记忆、情景处理器进入认知过程，中央处理中心对输入的信息结合长期记忆进行加工，这个过程也是设计想法生成的过程，随后借助工具将设计想法输出，产生产品设计方案。设计思维的过程中伴随着设计者对相关信息的处理，通过探究信息处理的过程总结其中蕴含的设计思维规律。

Nijstad 等认为设计思维有知识获取和方案产生两个阶段，设计者首先通过工作记忆分析线索，然后延续线索来搜索长期记忆，进而获得相应的设计方案；Lai 等从信息关联的角度，将设计思维定义为不同知识之间建立关联的过程，构建了一种分布式连接模型（Distributed Linking Model，DIM-2），用于表征设计思维过程；张书涛利用遗传算法模拟了产品造型进化的设计流程，建立了设计思维模型；Gero 等把设计者在产品设计过程中的信息处理过程与 FBS 模型相结合，构建了基于情景化实时信息的设计思维模型。

上述有关经典设计思维模型构建的研究，有助于归纳和研究设计思维的内在规律，也在辅助创新设计方法的研究上发挥了重要作用。本团队在分析外部知识的抽象性和相关性对设计思维影响规律的基础上，构建相应的认知模型，包括基于模糊认知图的设计思维理论模型和基于循环神经网络的设计思维理论模型，进而揭示个体思维机制与信息处理机制，为指导设计人员创新设计提供新的体系结构和方法。

2）知识抽象性对设计思维的影响

在产品创新设计中，设计思维的有效运用是推动创新进程的关键。然而，知识的抽象性作为设计思维过程中的一大难点，常常阻碍着设计者从海量信息中提炼出有价值的设计灵感。抽象知识不仅涉及复杂的逻辑关系，还蕴含着深层次的因果关系，这些关系往往难以被直观理解和有效应用。因此，如何揭示知识抽象性对设计思维的影响机制，成为当前创新设计研究亟待解决的问题。

为了解决这一难点，本书引入了模糊认知图（Fuzzy Cognitive Map，FCM）的方法，构建了基于抽象知识的因果推理动态模型。该模型旨在通过描述认知过程中知识的抽象要素间的相互关系，进一步揭示知识抽象性对设计思维的影响机制。模糊认知图作为一种有效的知识表示和推理工具，能够融合定性和定量分析，直观地展示概念之间的因果关系，并实现对原有因果关系的修正和整合。

（1）模糊认知图的基本概念

模糊认知图是由节点以及联结点的有向边组成的模糊有向图，节点（C_i）用来描述与系统行为有关的概念，是模糊认知图的基本单元；带权重的有向弧（ω_{ij}）则用来表示这些概念之间的关系。节点的值代表着每一个概念在系统特定时刻下的状态，而有向弧的权重则表示彼此相连的因节点影响果节点的程度。概念之间的语义联系程度不同表现为边的"权重"不同，节点之间互相连接形成复杂的网络。节点 C_i 对节点 C_j 存在正因果关系，即节点 C_i 的增加会导致节点 C_j 的增加；反之亦然，若存在负因果关系，则导致节点 C_j 的减少；若不存在因果关系，则两者不存在柔性约束。

因为知识的共性是"因果结构"，概括地说知识是关于事物各种属性的规律性认识。因此从知识工程的角度，知识存储在概念节点及概念节点间的关系中，连接在系统运行中的作用即为知识的使用过程。概念间的连接描述了概念之间的逻辑关系，同时也沟通和体现了概念之间的相互作用。概念间的相互作用的过程就可以看作依据连接关系进行推理的过程，连接的作用就是表示关系和执行推理。综上，模糊认知图的结构就是节点，以及带权重的有向弧，作为储存知识的基本单元，如图 5.4 所示。

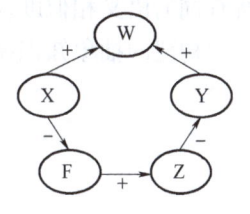

图 5.4 模糊认知图的基本结构

由模糊认知图节点关系的传递性进行逻辑推理，可以实现对原有因果关系的修正，达到整合信息、系统预测等目的，如图 5.5 所示。因此，通过推理起始于一个初始状态向量的输入，便可得到整个系统的变化，从得到该节点所表示的概念的变化对个体设计思维整体过程的影响结果。整个过程包括知识获取，知识表示以及因果推理。FCM 已被证明具有简单、直观、用户友好、融合定性和定量分析的优点，可以有效地进行概念之间的因果关系表示并分析推理。

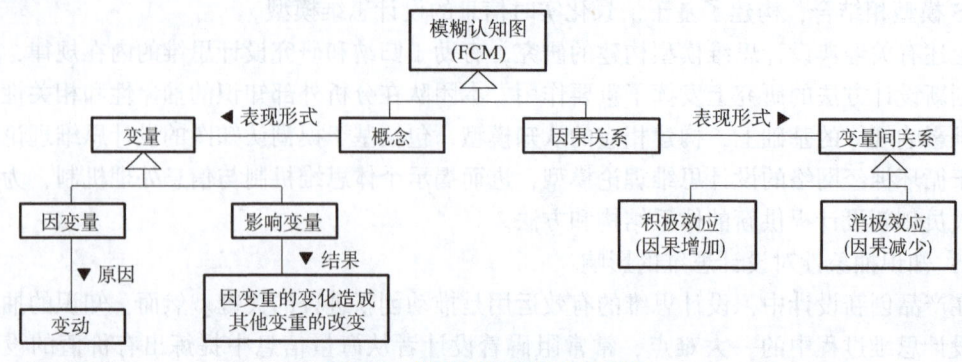

图 5.5　模糊认知图的基本要素

（2）基于功能词库的模糊认知图模型构建

根据抽象知识库中功能词之间的影响关系，构建模糊认知图，并通过模糊认知图的分析和推理机制，输出与需要设计的产品关联度高且具有创造性信息的功能词汇，生成一种基于模糊认知图的设计灵感生成方法及辅助系统。

模型的构建过程包括：计算所构建的抽象知识库中功能词之间的语义相似度，得到初始矩阵 **IM**（Initial Matrix），模糊化处理后得到 **FZM**（Fuzzified Matrix），结合功能词之间的影响关系，得到关系强度矩阵 **SRM**（Strength of Relationships Matrix），去掉其中较弱的关系，构建邻接矩阵 **AM**（Adjacency Matrix），图形化表示邻接矩阵 **AM** 后得到模糊认知图 **FCM**（Fuzzy Cognitive Map）。

① 构建初始矩阵（**IM**）。将语义抽象知识库中的功能术语随机编号为 1 至 n 号，计算知识库中每两个功能词之间的语义相似度，根据术语的编号以及语义相似度的数值得到初始矩阵 **IM**。

构建的初始矩阵 **IM** 是一个 $[n \times n]$ 的矩阵，其中，矩阵中的元素 O_{ij} 表示 i 号词与 j 号词的语义相似度。第 i 行的所有元素 O_{i1}，O_{i2}，…，O_{im} 组成向量 V_i，表示 i 号词与术语库中所有词的语义相似度。

构建的抽象知识库包含 839 个功能词汇，则 $n=839$，得到初始矩阵 **IM** 如下：

$$IM = \begin{bmatrix} 1 & 0.105 & 0.061 & \cdots & 0.100 \\ 0.105 & 1 & 0.056 & \cdots & 0.067 \\ 0.061 & 0.056 & 1 & \cdots & 0.056 \\ \vdots & \vdots & \vdots & \ddots & \vdots \\ 0.100 & 0.067 & 0.056 & \cdots & 1 \end{bmatrix} \tag{5-1}$$

② 构建模糊化矩阵（**FZM**）。将初始矩阵 **IM** 中所有向量 V_i 的数值进行模糊化处理，将其转化为 [0，1] 区间中的数值，即得到模糊化矩阵 **FZM**。**FZM** 主要是为了确定词汇间的连接强度。

得到模糊化矩阵 **FZM** 如下：

$$FZM = \begin{bmatrix} 1 & 0.960 & 0.232 & \cdots & 0.877 \\ 0.960 & 1 & 0.149 & \cdots & 0.331 \\ 0.232 & 0.149 & 1 & \cdots & 0.149 \\ \vdots & \vdots & \vdots & \ddots & \vdots \\ 0.877 & 0.331 & 0.149 & \cdots & 1 \end{bmatrix} \tag{5-2}$$

③构建关系强度矩阵（**SRM**）。关系强度矩阵 **SRM** 是一个 [$n×n$] 的矩阵，主要是为了确定词汇间是否存在连接关系，以及连接方向。定义关系强度矩阵 **SRM** 中元素表示为 S_{ij}。S_{ij} 表示 i 号词对 j 号词的影响关系。S_{ij} 取 [0,1] 之间的值，当 $S_{ij}=0$ 时，表示两个词之间没有影响。

得到关系强度矩阵 **SRM** 如下：

$$SRM = \begin{bmatrix} 1 & 0.960 & 0.232 & \cdots & 0 \\ 0.960 & 1 & 0.149 & \cdots & 0 \\ 0.232 & 0.149 & 1 & \cdots & 0 \\ \vdots & \vdots & \vdots & \ddots & \vdots \\ 0 & 0 & 0 & \cdots & 1 \end{bmatrix} \tag{5-3}$$

④构建邻接矩阵（**AM**）。去掉关系强度矩阵 **SRM** 中的弱关系，得到邻接矩阵 **AM**。

将关系强度矩阵 **SRM** 中的全部元素按照从小到大的顺序进行排列，获得元素的 $x\%$ 分位点 m。定义元素 S_{ij} 的值小于分位点 m 的为弱关系，去掉关系强度矩阵 **SRM** 中较弱的关系，获得邻接矩阵 **AM**，定义邻接矩阵 **AM** 中元素表示为 W_{ij}。W_{ij} 表示功能词之间最终关系强度。

取元素的 20% 分位点，得 $m=0.495$，则元素 S_{ij} 的值小于分位点 0.495 的为弱关系。即得到邻接矩阵 **AM** 如下：

$$AM = \begin{bmatrix} 1 & 0.960 & 0 & \cdots & 0 \\ 0.960 & 1 & 0 & \cdots & 0 \\ 0 & 0 & 1 & \cdots & 0 \\ \vdots & \vdots & \vdots & \ddots & \vdots \\ 0 & 0 & 0 & \cdots & 1 \end{bmatrix} \tag{5-4}$$

⑤获得模糊认知图（**FCM**）。图形化表示邻接矩阵 **AM** 后得到模糊认知图 **FCM**。

最终矩阵 **AM** 中元素 W_{ij} 表示第 i 个词与第 j 个词之间的最终关系强度，方向为第 i 个词指向第 j 个词，即根据邻接矩阵 **AM** 得到功能词之间的影响关系及方向，画出表示功能词之间关系的模糊认知图，部分如图 5.6 所示。

（3）模型推理过程及方法

①确定输入向量。根据所需要设计产品的功能，从步骤一所述的功能词库中获取功能词作为产品创新辅助设计信息。根据所获取的功能词确定初始输入向量 **IPV**。

输入向量 **IPV** 为 n 维行向量，定义输入向量 **IPV** 中元素表示为 I_{1j}。I_{1j} 的值由如下方法确定：

j 号词为选取的功能词 $\Rightarrow I_{1j}=1$

j 号词不是选取的功能词 $\Rightarrow I_{1j} = 0$

即得到输入向量 **IPV**。

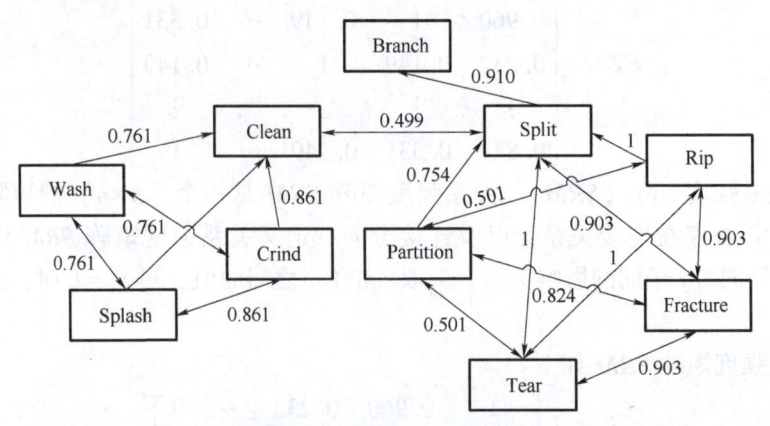

图 5.6　部分模糊认知图

② 获得中间向量。将输入向量 **IPV** 与邻接矩阵 **AM** 相乘获得中间向量 **MV**。

即与模糊认知图 **FCM** 的邻接矩阵 **AM** 相乘，使邻接矩阵 **AM** 得到了初始输入向量 **IPV** 的激励，获得输出向量 **MV**，定义输出向量 **MV** 的元素表示为 M_{1j}。

③ 迭代计算。利用二进制压缩函数将中间向量 **MV** 变换为 **IPV**^{1}，将 **IPV**^{1} 作为后续输入向量。定义后续输入向量 **IPV**^{1} 的元素表示为 I^1_{1j}。

二进制压缩函数的阈值设为 n，I^1_{1j} 由如下方法确定：

$$M_{1j} > n \quad I^1_{1j} = 1$$
$$M_{1j} \leqslant n \quad I^1_{1j} = 0$$

二进制压缩函数的阈值设为 0.2。

④ 定义输出向量。重复步骤②与步骤③至 **IPV**^{n} = **IPV**$^{n-1}$，将 **IPV**^{n} 作为输出向量 **OPV**。定义输出向量 **OPV** 的元素表示为 P_{1j}。

⑤ 输出功能词。根据步骤四所述输出向量 **OPV** 获得对应在功能词库中的功能词，并将对应在功能词库中的功能词输出。

获得对应在功能词库中的功能词的方法如下：

$$P_{1j} = 1 \text{ 输出 } j \text{ 号词}$$
$$P_{1j} = 0 \text{ 不输出 } j \text{ 号词}$$

将输出的与需要设计的产品关联度高且具有创造性信息的输出功能词，作为产品创新设计的辅助信息，通过创新性辅助信息设计使所设计产品具有更多的满足实际需求的功能，提高所设计产品的实际使用性能和创新性，解决相关工程问题。

3) 设计思维中的信息联系与外部知识相关性

在创新设计的实践中，设计思维作为核心驱动力，其复杂性和动态性一直是研究者们关注的重点。特别是在处理大量外部知识信息时，如何有效地将这些信息与内部知识经验相结合，以激发创新灵感，成为一个亟待解决的难点。设计者在面对设计任务时，需要从海量的外部信息中筛选出与设计问题紧密相关的信息，同时激活并整合自身长期记忆中的相关知识节点，这一过程不仅要求高度的认知处理能力，还需要对信息间的相关性有深刻的理解。

因此，根据外部知识的相关性对产品设计结果和过程的影响规律，结合设计思维的信息处理模式，提出基于信息联系的设计思维理论模型。结合该理论模型的思路，构建基于循环神经网络的可计算模型，从理论层面揭示相关性对设计思维的影响机制；并根据不同的设计需求，输出可辅助设计者进行产品创新设计的外部信息。

(1) 基于信息联系的设计思维逻辑模型

产品设计过程伴随着设计问题的解决过程，设计者接受外部信息刺激，并从自身知识经验中通过认知处理获取信息。设计者大脑中的知识经验是以编码后的知识节点的形式存在的，这些知识节点按照一定的规则连接成知识网络。产品设计的过程实际上就是在知识网络中寻找与设计问题相关信息的过程，直到寻找到与设计产品相关联的足够的信息可以输出解决问题的产品设计方案。设计过程中的信息处理可以看作一种建立知识节点联系的信息处理机制，如图 5.7 所示。其中认知处理系统负责接收外部信息输入并进行认知加工和输出。而工作记忆则负责存储认知加工输出的信息，长期记忆中被唤醒的信息也存储在工作记忆中，有关设计方案想法的产生就在工作记忆。长期记忆存储着设计者有关产品设计的知识经验，可被唤醒和使用。

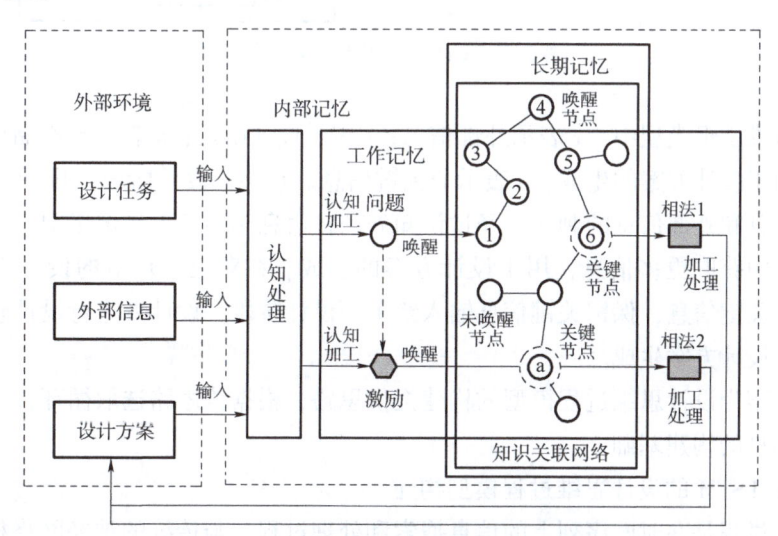

图 5.7 设计思维信息处理过程示意图

从提供给设计者设计任务和外部信息到设计方案的产生，大脑内部进行了如下的信息处理活动：设计任务和外部信息中的部分信息经过认知处理进入内部记忆，分别被转换为问题和激励存储在工作记忆中。问题和激励可以沿着长期记忆中的知识网络唤醒设计者的一些相关知识节点，当与产品设计相关的关键知识节点被唤醒时，可以转换成相关的设计想法通过加工处理输出到设计方案。设计者权衡目前的设计想法，提取相关信息作为输入，经过认知处理更新问题和激励，再循环上述过程，直至设计方案输出。

设计者将知识经验转化为知识节点网络存储到记忆中，当外部信息经过认知处理转换成激励信息时，唤醒的信息节点即为对应于当前激励的知识信息，存储在工作记忆中。因此，在产品设计过程中给设计者提供的外部信息，有助于唤醒与产品设计相关的关键节点，提高设计方案的创新性。问题在一定条件下也可以转化为激励，外部信息和设计方案共同作用于设计者的内部记忆，启发产品设计过程，有助于快速寻找相联系的知识节点。因此，也可以将外部信息看作设计任务与设计者的内部记忆联系起来的知识节点。

提供外部信息可以唤醒设计者容易被忽略的关键知识节点，这些知识信息容易被忽略的原因是与设计任务之间相关性的限制。相关性导致设计者不易主动联想起这些知识节点，从而限制设计过程中认知加工的积极性和思维的发散性，因此外部信息的相关性对创新产品设计有显著的影响。

基于上述分析，提出一种基于信息联系的设计思维逻辑模型，该模型将设计思维过程逻辑化表示，作为模型构建的基础，如图5.8所示。

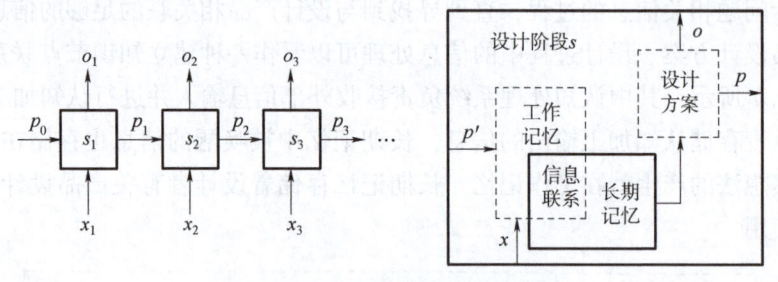

图 5.8　设计思维逻辑模型示意图

在设计思维逻辑模型中：x 表示外部信息；s 表示设计阶段；p 表示与产品设计有关的关键信息，可用于设计方案的生成；o 表示非关键信息。在某一设计阶段，设计者接受上一设计环节关键信息和外部信息的刺激，经过认知处理将信息储存到工作记忆中，再通过信息联系从长期记忆中获取更多信息，用于设计方案的生成。在对上一环节的设计方案进行更新后，会舍弃非关键信息，保留关键信息输入给下一设计阶段。设计者进行设计阶段的不断迭代，直至产品设计方案生成。

该逻辑模型为设计思维过程模型的构建提供思路，根据该思路选取循环神经网络作为设计思维过程模型的构建基础。

（2）基于 LSTM 的设计思维过程模型构建

产品设计过程是在时间序列上的信息搜索和处理过程，与传统的神经网络相比，循环神经网络更适合用于产品设计过程中模型的构建。因为循环神经网络（Recurrent Neural Networks，RNN）在传统神经网络的基础上融入了"记忆"的特性，即上一状态的计算结果影响当时状态的计算，与产品设计过程中设计者的信息处理特点相符。

长短期记忆模型（Long Short Term Memory，LSTM）是 RNN 的改进模型。LSTM 是 Hochreiter & Schmidhuber 等提出的，使用 LSTM 单元替换 RNN 的隐含层单元，形成 LSTM 网络。传统的循环神经网络将隐含层作为一个记忆模块，随着时间的推进，输入数据中的有效信息逐渐被弱化，LSTM 对记忆模块进行了重新设计，加入了"记忆"和"遗忘"模式，可以更充分地利用历史数据中的有效信息。

LSTM 的这一特性与设计者产品设计过程中的信息处理机制相符，设计者通过将外部信息和设计任务进行认知处理，获得问题和激励，产生想法后作用于设计方案，再进一步更新问题和激励，可以很好地模拟产品设计过程中的信息处理机制。因此，选用 LSTM 进行模型的构建。

LSTM 通过记忆单元来保存历史数据中的信息，信息的更新和维护分别受输入门、输出门和遗忘门的控制，一般采用 sigmoid 和 tanh 函数进行描述，LSTM 单元示意图如图 5.9 所示。

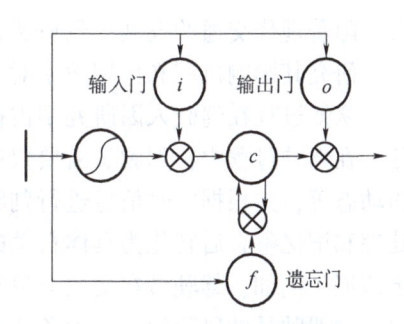

图 5.9　LSTM 单元示意图

基于 LSTM 的模型框架如图 5.10 所示，包含输入层、LSTM 隐含层和输出层三个部分。

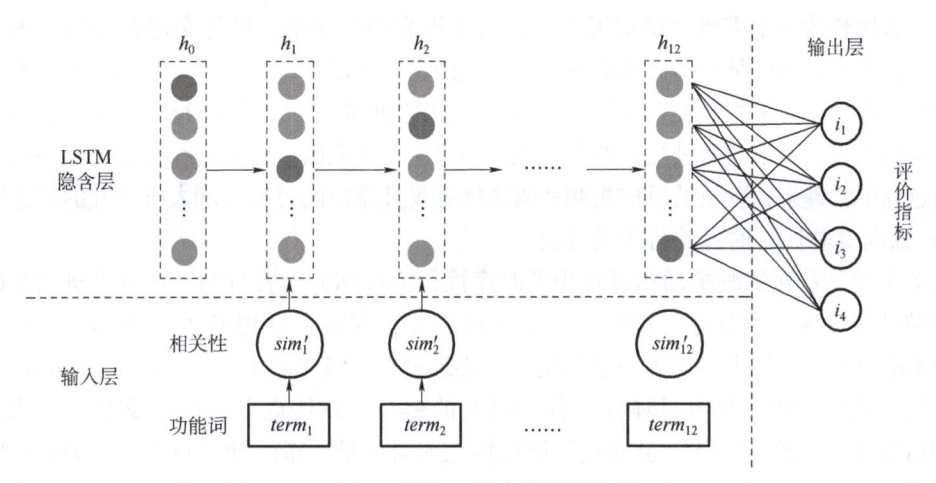

图 5.10　基于 LSTM 的模型框架

① 输入层为外部信息（提供给设计者的功能词）与设计产品的相关性 sim'，依次向上输入 LSTM 隐含层。

② LSTM 隐含层依次接收输入层的相关性输入，进行迭代计算最后将结果向右传递到输出层，可表示为公式：

$$h_i = \mathrm{LSTM}(h_{i-1}, sim'_i) \tag{5-5}$$

③ 输出层为指标的评价结果，评价指标结果 i 如公式所示：

$$i = \sigma(W^T h_{12} + b) \tag{5-6}$$

式中，W 和 b 分别为权重和偏置，h_{12} 为 LSTM 的输出结果。

5.2　驾驶人因应用案例

5.2.1　驾驶人因

1）驾驶人因基本概念

驾驶人因是交通工程与心理学、认知科学、行为科学等多学科交叉的重要研究领域，主要研究与驾驶员自身特性及其在驾驶过程中的行为模式、心理状态、认知能力等相关的因素。随着现代交通的发展，驾驶人因已经成为提升道路交通安全与交通效率的关键因素之一，研究其影响机制和作用效果对于减少交通事故、改善驾驶体验具有重要意义。

认知过程在驾驶人因研究中占据着重要地位，因为驾驶活动本质上是一个复杂的认知任务。在驾驶过程中，驾驶员需要快速感知周围环境的变化，例如车速、道路障碍、前后车辆的动态等，并根据实时信息进行判断和决策。决策过程是将驾驶过程中感知、注意力、信息处理和记忆整合后转化为具体行动的环节。因此驾驶决策是动态的、快速的，并且高度依赖于情境。例如，驾驶员在变更车道时需要根据后方车辆的速度和距离做出快速判断，这一过程受到驾驶员的风险偏好、紧急状态下的压力容忍度等多种因素影响。决策过程可能因复杂的道路条件、其他交通参与者的行为等不确定因素而变得复杂，驾驶员需要在短时间内权衡不同的选择并做出最优判断。

驾驶人因作为一个多维度的研究领域，对于提高交通安全、优化交通管理有着深远的影响。通过深入了解驾驶员行为的形成机制和影响因素，有助于设计更安全的驾驶辅助系统、优化人机交互界面。先进驾驶辅助系统（ADAS）可以实时监测驾驶员的行为状态，提供必要的提醒与辅助功能。而自动驾驶技术的发展也需要考虑驾驶人因，尤其是在自动驾驶与人工驾驶的交接过程中，理解驾驶员的反应机制和需求能够提升系统的可靠性和人机交互的舒适度。

2）面向驾驶任务的驾驶行为的分类

机动车驾驶员在驾驶机动车过程中的时序性行为被称为驾驶行为。在驾驶机动车的过程中，驾驶员需要通过不断地与车辆、外部环境交互，完成包括感知外部事物、理解外部事物、预测事物发展、做出动作等一系列生理—心理过程。情景意识（Situation Awareness，SA）是指在特定的时间和空间内对环境中各种要素的感知、对其意义的理解及对未来状态的预测。在情景意识理论中，驾驶员通过三层结构完成对情景状态的理解与反应。即第一层为对交通情景的感知，第二层为对感知得来的信息的理解，第三层为对未来事物发展的预测，以此为基础产生驾驶决策和驾驶动作。

根据情景意识理论，驾驶任务被划分为操作层、策略层和计划层，分层模型如图5.11所示。计划层主要包括总体的出行计划与目标、选择何种路径与工具等；策略层是在计划层的基础上，关注如何完成出行任务，包括车道选择、速度选择等；操作层是在策略层的基础上，关注如何实现对车辆的具体控制，如制动、加速、转向等。驾驶行为能直接影响到交通安全态势，如能快速、准确地辨识驾驶员的驾驶行为，便可有助于驾驶安全辅助系统对驾驶员进行合理的安全辅助，提升行车安全态势。

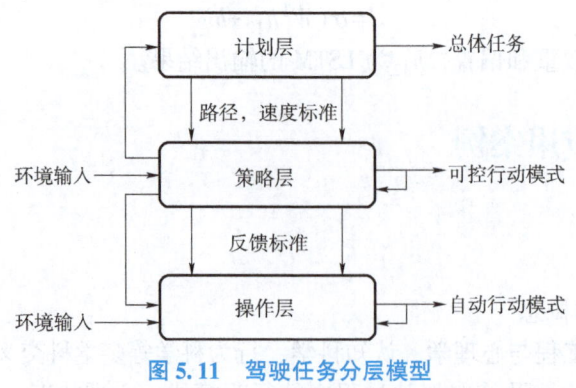

图 5.11 驾驶任务分层模型

3）驾驶行为辨识

在驾驶员与车辆交互的过程中，通过转向盘、制动和加速踏板上的操控动作将驾驶员的大部分指令信息传递给车辆，不当的操作可能导致道路交通事故，快速准确地检测操控动作、辨识驾驶行为有助于预防交通事故，改善行车安全态势，这也是驾驶安全辅助系统的重要功能之一。在驾驶员对车辆的各种操控动作中，制动和加速踏板的动作是驾驶员用来产生车辆减速和加速的操控动作，它是时序驾驶行为的重要组成部分。以踏板操控动作为例，在数据来源方面，主要有三种踏板动作强度检测方法。第一种方法主要利用 CAN 总线的数据，基于驾驶系统数据将制动行为强度进行分类；第二种方法主要利用图像信号，基于机器视觉对驾驶员脚部状态进行跟踪，进而采用机器学习方法来推断制动和加速踏板的状态；第三种方法主要利用驾驶员的生理心理信号，基于脑电图和肌电图等来预测制动行为。

对于驾驶行为辨识方法，基于生理信号的辨识方法存在设备侵入度较高的缺点，因此应用生理信号进行行为辨识的方法通用性有待研究。基于操控行为参数及车辆动力学参数的辨识方法受环境因素与个体差异的影响较大。而对于图像的方法，来自摄像机的图像数据可能会受到振动、照明和遮挡的影响。因此，需要综合考虑驾驶行为辨识任务的功能需求，改善驾驶行为辨识方法的性能。

5.2.2　基于纳米摩擦发电机传感器的驾驶行为辨识

从数据来源层面进行探究，驾驶员的驾驶操纵行为不仅与踏板位置、车辆制动强度、驾驶员生理信号有关，驾驶员对车辆转向盘、踏板施加机械力的大小、方向同样能对驾驶员驾驶操纵行为进行表征。因此设计了一种纳米摩擦发电机传感器，用于采集因驾驶人施加在转向盘和踏板上的机械力而产生的电信号，设计实验对比纳米摩擦发电机传感器相较于驾驶系统数据和图像数据的响应速度快慢。通过实验验证纳米摩擦发电机传感器在实时检测踏板动作强度任务上的表现，并基于机器学习方法构建映射模型，验证基于纳米摩擦发电机传感器辨识驾驶员驾驶行为的可行性。

1）纳米摩擦发电机传感器

纳米摩擦发电机（Triboelectric Nanogenerators，TENGs）是一种新型自供能材料，通过接触带电效应和静电感应效应的耦合，将微小机械能转化为电信号。纳米摩擦发电机具有高灵敏度、低成本、自供能等优点，在能量收集、医疗设备、可穿戴设备、液体检测、压力检测等领域得到广泛应用。驾驶员在驾驶过程中针对汽车踏板存在频繁的、不同程度的操纵，而纳米摩擦发电机具有对微小机械能的敏感性及响应的快速性，因此可以将其作为车载传感器的材料，应用于检测驾驶员操控动作强度、辨识驾驶行为。

纳米摩擦发电机的工作原理和特性如下：如图 5.12（a）所示，聚酰亚胺胶层（Kapton）和铝层（Al）是两种摩擦极性差别很大的材料。铝层可以同时作为摩擦层和电极，有很强的失电子能力，而聚酰亚胺胶层有很强的获得电子的能力。纳米摩擦发电机的工作主要包括四个阶段。在第一阶段（Ⅰ）中，两个纳米摩擦层（聚酰亚胺胶层、铝层）在机械力作用下紧密相连，由于两个摩擦层对电荷亲和性的差异，聚酰亚胺胶层得电子表面电势为负，铝层失电子表面电势为正。但由于两个摩擦层紧密相连，产生的电场相互抵消，电势差为0。在第二阶段（Ⅱ）中，机械力释放，两个摩擦层分离，两个电极之间产生电势差，在电势差的驱动下，电子从上电极流向下电极。在第三阶段（Ⅲ）中，两个摩擦层之间的分离距离继续增加，直到上电极上的感应正电荷完全中和聚酰亚胺胶层上的净负电荷，此时电压达到最大值。在第四阶段（Ⅳ）中，在机械力的作用下，两摩擦层再次靠近，此时为了再次达到静电平衡，电子从下电极流向上电极，导致电压下降，直到恢复初始状态。重复的接触和分离过程会使纳米摩擦发电机传感器产生交替的电信号，电压和电流大小与施加的力或接触面积成正比，因此可以利用这些电信号来检测外界的物理量。

纳米摩擦发电机的这种接触分离模式使其具有通过摩擦带电和静电感应耦合将机械能转化为电能的能力。基于此特性可将其制作成车载传感器，如图5.12（b）所示，顶部和底部用聚酰亚胺胶层封装，底部聚酰亚胺胶层作为摩擦层，铝层与聚酰亚胺胶层相接触，采用缓冲层分隔聚酰亚胺胶—铝摩擦层以形成间隙。当驾驶员有操纵动作时，它能够快速产生电压数据，而当操纵动作结束时，它又能快速恢复初始状态。将纳米摩擦发电机制作而成的传感器贴在车辆踏板上和转向盘上，能够使驾驶人在进行加速、制动、转向等驾驶行为时，快速产生电信号。

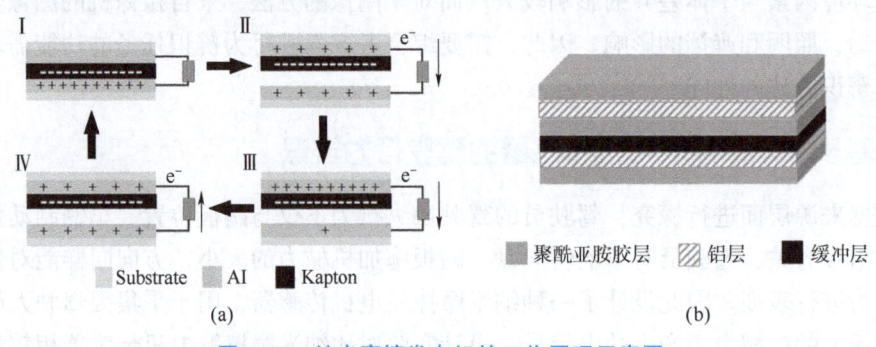

图5.12　纳米摩擦发电机的工作原理示意图

2）实验设备

（1）驾驶模拟器

实验采用静态驾驶模拟器，采用Fanatec一体化硬件，主要由转向盘、三联踏板、驾驶座椅三部分组成。转向盘直径约为28 cm，具有皮质包裹和转向阻尼设计，手感接近真实方向盘。并且其支持900°的旋转，贴近汽车真实转向角度范围，能为驾驶员提供细腻的控制感。三联踏板包含加速、制动、离合三个踏板，采用金属材料，具有沉重的脚感，接近真实汽车踏板的反馈。每个踏板力度不同，制动踏板设计为渐进式阻力，为驾驶员在模拟测试中对车速获得更精确的控制。此外驾驶模拟器还配备双电力反馈系统，能够模拟多种驾驶场景和路面情况，对转向时的阻力、刹车时的震动感以及不平路面上的颠簸进行反馈，让驾驶员在模拟测试时对车速拥有更直观的感受，并且在完成转向、加速、制动等驾驶操纵行为时能输出更贴近真实驾驶情况的机械力，从而使纳米摩擦发电机传感器采集到的数据更具真实性。

实验采用UCwin/Road驾驶模拟软件进行设计和运行，它可以对道路、桥梁、隧道、建筑物、自然地形等场景进行建模，并且可以设置交通流模型和规则，能够模拟各种交通场景，满足模拟测试的场景需求。UCwin/Road在模拟过程中会生成三个方向的驾驶视野，模拟真实驾驶过程中驾驶员的主要视野区域。在驾驶模拟过程中，通过驾驶模拟器软件同步记录转向盘位置、踏板位置及系统时间，并通过驾驶模拟器自带的基于光电信号的位置传感器获得踏板的位置数据。

主要的数据采集设备如下：

摄像机：使用罗技 C170 网络摄像机，使用计算机视觉库 OpenCV 为所有图片标记上计算机系统时间，以便后续完成时间标定工作。在多通道传感器响应时间对比测试中，它作为检测踏板动作的一种数据来源；在驾驶行为辨识测试中，用于采集驾驶员面部图像，以便实时评估驾驶员的疲劳状态，作为驾驶员驾驶行为辨识的依据之一。

纳米摩擦发电机：采用接触分离式的纳米摩擦发电机，如图 5.13 所示，将其安装在驾驶模拟器加速踏板、制动踏板和转向盘上，用于监测驾驶员踩踏踏板的行为。使用 keithley 6514 静电计收集纳米摩擦发电机产生的电压，并将其转换为数字信号，同步采集四个通道的电压信号，并利用数据采集软件读取并保存电压信号对应的计算机系统时间。

驾驶模拟器：根据安装在模拟器内部的光电传感器同步记录制动踏板、加踏板和转向盘的位置数据，并且记录各数据对应的计算机系统时间。

图 5.13 纳米摩擦发电机传感器的安装位置

3）多通道传感器响应时间对比测试

为验证纳米摩擦发电机传感器相较于传统图像数据和驾驶模拟器数据的响应速度，设计多通道传感器响应时间对比测试，在同一指令下，比较纳米摩擦发电机传感器、摄像机、驾驶模拟器光电传感器的响应速度，验证使用纳米发电机传感器辨识驾驶员驾驶行为是否满足快速性要求。

（1）实验场景

通过敲击动作作为指令，受试者根据指令对加速/制动踏板进行踩踏动作，通过摄像机对整个敲击动作和踩踏动作进行记录。同步采集纳米摩擦发电机电压信号、驾驶模拟器的踏板位置信号以及受试者脚部图像数据。规定发起指令到各个传感器信号产生显著性变化的时间间隔作为各个传感器的响应时间。

受试者：多通道传感器响应时间对比测试，共 10 名学生参加实验（5 名男生，5 名女生）；所有参与实验的学生均在 23~29 岁，均持有有效驾照，并且均没有外科或神经系统疾病。

（2）多通道传感器响应时间提取方法

多通道传感器响应时间对比测试用于比较摄像机、纳米摩擦发电机传感器和驾驶模拟器光电传感器对于同一驾驶操作行为检测响应速度的区别。在测试过程中，对驾驶模拟器、纳米摩擦发电机传感器和摄像机的数据进行同步采集。对于传感器的响应，进行人工标定，人工标定标准如下：

①驾驶模拟器：将响应时刻设置为归一化踏板位置值大于 0.1 的时刻。

②摄像机：将响应时刻设置为可以显著观察到图片中踏板发生位置变化的时刻。

③纳米摩擦发电机传感器：将响应时刻设置为放大后电压值高于 0.5 V 的时刻。

人工提取三种传感器数据源响应时刻，并对驾驶模拟器和纳米摩擦发电机传感器的响应速度进行统计和比较，如图 5.14 所示。

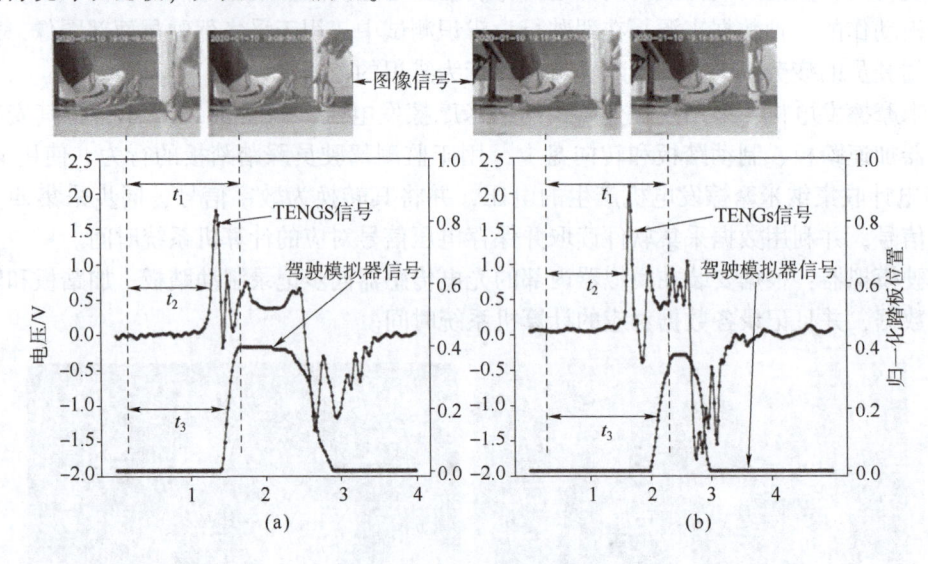

图 5.14 响应时间示意图
（a）加速踏板；（b）制动踏板

（3）多通道传感器响应时间对比实验结果

通过手工标注，得到纳米摩擦发电机传感器对驾驶员踏板操控动作的响应灵敏度可达 100%，即每一个踏板操控动作都能测量出相应的电压信号。通过手动提取了三个信息来源下的动作响应时间，并采用配对 t 检验判别其在统计学意义上是否存在显著性差异。共提取 80（动作数）×3（传感器个数）×2（踏板个数）= 480 个响应时间。对于加速踏板，纳米摩擦发电机传感器的响应时间（平均值＝0.670 s，标准差＝0.250 s）显著短于摄像机（平均值＝0.880 s，标准差＝0.243 s）和驾驶模拟器（平均值＝0.956 s，标准差＝0.251 s）。驾驶模拟器和摄像机的响应时间也有显著性差异（$p<0.001$）。在制动踏板上也观察到了类似的结果。纳米发电机传感器的响应时间（平均值＝0.548 s，标准差＝0.197 s）显著短于摄像机（平均值＝0.798 s，标准差＝0.201 s）和驾驶模拟器（平均值＝0.806 s，标准差＝0.202 s）。驾驶模拟器和摄像机对制动踏板的响应时间无显著性差异。多通道传感器的响应时间对比测试的结果如图 5.15 和图 5.16 所示。

（4）实验总结

传感器的响应时间是一个比较重要的评价指标，更短的响应时间意味着更快的响应速度，这有助于满足实时性要求。通过多通道传感器响应时间对比测试，比较了驾驶模拟器的光电传感器、摄像机和纳米摩擦发电机传感器的响应速度。结果表明，纳米摩擦发电机传感器的响应时间相比光电传感器和图像信号减少 30% 以上。测试结果表明基于空间位置感知的传感器比基于压力的传感器有更长的响应时间，因此采用纳米摩擦发电机传感器来对驾驶员行为进行辨识能够满足其快速性要求。

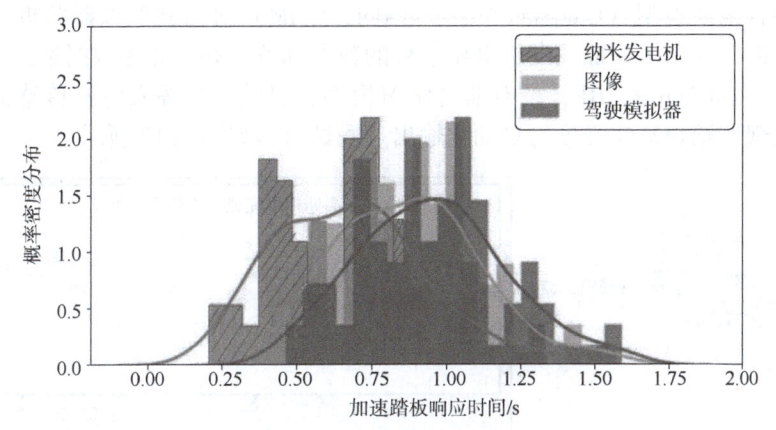

图 5.15 加速踏板多通道传感器响应时间对比测试结果图

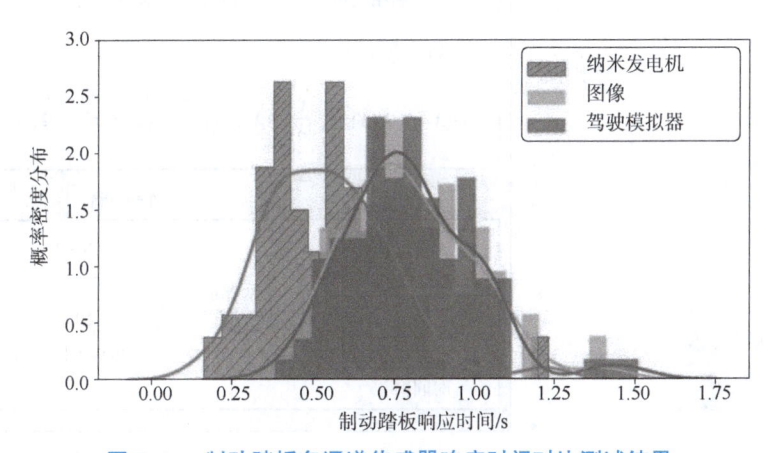

图 5.16 制动踏板多通道传感器响应时间对比测试结果

4）基于纳米摩擦发电机传感器的踏板强度测试

纳米摩擦发电机传感器在检测驾驶员动作上响应速度相较于图像和驾驶模拟器光电传感器更快，但其对于驾驶动作表征的准确性未知。因此为检验纳米摩擦发电机传感器在驾驶员驾驶行为动作强度检测上的应用效果，基于静态驾驶模拟的测试，尝试使用纳米发电机传感器电压信号来辨识驾驶员的动作强度，探究利用纳米摩擦发电机传感器电压信号检测踏板动作强度的可行性。

(1) 实验场景

受试者在高速公路场景中模拟驾驶一辆车对前方车辆进行跟驰，且不允许超车。前方车辆设定为以变化速度行驶，因此受试者被迫频繁进行加速和制动，从而能够生成并记录频繁的加减速行驶数据和纳米摩擦发电机传感器电压数据。

受试者：基于纳米摩擦发电机传感器的踏板动作强度测试，共 30 名学生参加实验（20 名男生，10 名女生）；所有参与实验的学生均在 23~29 岁，均持有有效驾照，并且均没有外科或神经系统疾病。

(2) 基于纳米发电机传感器的踏板动作强度检测模型

在踏板动作强度测试中，根据同步采集的驾驶模拟器和纳米发电机传感器电压信号，通过无监督的混合高斯模型（Gaussian Mixed Model，GMM）对驾驶模拟器踏板位置数据进行聚类，聚类结果作为纳米摩擦发电机电压信号的数据标签，并以此为数据集，训练一个基于随机森林（Random Forest，RF）的有监督学习模型，以纳米摩擦发电机传感器的电压数据作为输入，实现对踏板动作强度的自动化输出。测试流程如图5.17所示。

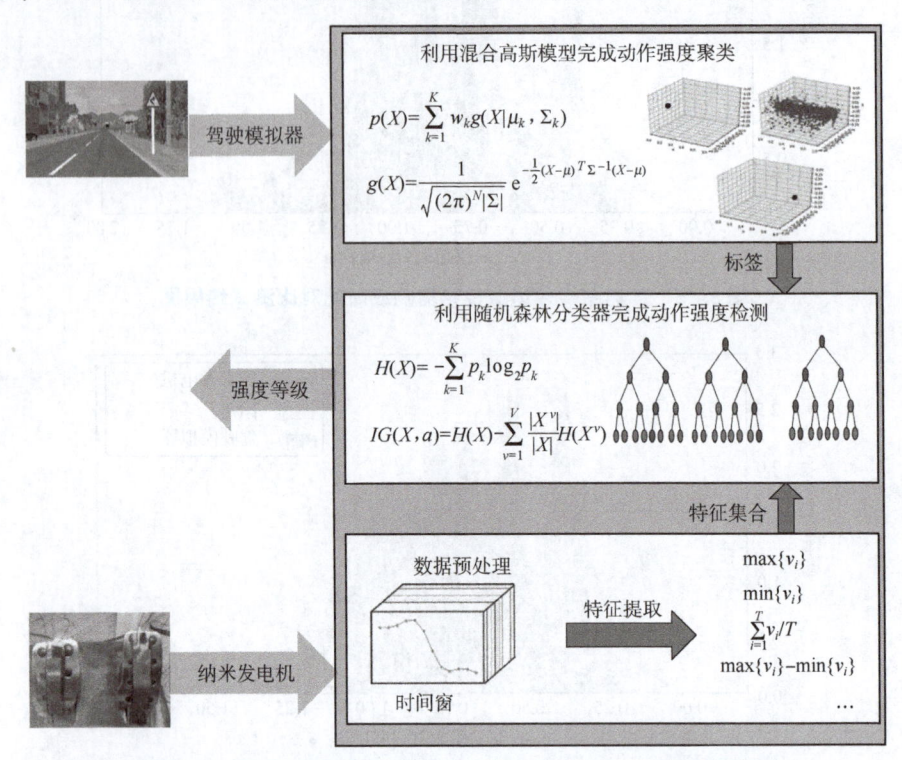

图 5.17　基于纳米摩擦发电机传感器的踏板动作强度测试流程

①基于混合高斯模型的踏板动作强度聚类：根据驾驶模拟器记录的踏板位置数据，采用高斯混合模型对加速/制动踏板上的驾驶员动作强度进行聚类，从而得到每个系统时间下的聚类结果，并按照系统时间就近标注到纳米发电机传感器的电压数据上。

混合高斯模型是一个概率密度函数，通过混合高斯模型来获取加速/制动踏板动作强度的概率分布，将踏板动作强度划分为三个聚类。归一化之后的加速/制动踏板位置序列可描述为：

$$X = \{x_1, x_2, x_3, \cdots, x_T\} \tag{5-7}$$

考虑一阶和二阶差分，来自驾驶模拟器的踏板信号数据可以表示为：

$$X = \{X_1, X_2, \cdots, X_T\} = \{[x_1, v_1, a_1], [x_2, v_2, a_2], \cdots, [x_T, v_T, a_T]\} \tag{5-8}$$

式中，x 为踏板的归一化值，v 为相邻时刻之间 x 的差分，a 为相邻时刻之间 v 的差分。对于时间 t 处的每个三维度的值，概率密度可由以下等式表示：

$$p(X) = \sum_{k=1}^{K} w_k g(X | \mu_k, \Sigma_k) \tag{5-9}$$

$$g(X) = \frac{1}{\sqrt{(2\pi)^N |\Sigma|}} e^{-\frac{1}{2}(X-\mu)^T \Sigma^{-1}(X-\mu)} \tag{5-10}$$

式中，K 为聚类数，w_k 是每个分量的高斯分布的权重。$g(X|\mu_k, \Sigma_k)$ 是第 k 个分量的概率密度函数，$\boldsymbol{\mu} = [\mu_1, \mu_2, \mu_3]^T$ 是每个维度的平均值向量，$\boldsymbol{\Sigma}$ 是整体的协方差矩阵。

给定数据 X，训练的目的是计算每部分的 μ_k，Σ_k。采用期望最大算法（Expectation-Maximization Algorithm，EM 算法）来得到，包括 E 步骤和 M 步骤两个步骤。

E 步骤：估计数据点 i 中每个分量 k 的后验概率 Pri_k。

$$E(\gamma_{t,k} \mid X_t, \mu^i, \Sigma^i, w^i) = \frac{w_k^i g(X_t \mid \mu_k, \Sigma_k)}{\sum_{k=1}^{K} w_k^i g(X_t \mid \mu_k, \Sigma_k)} \tag{5-11}$$

M 步骤：根据以下公式更新参数：

$$\mu_k^{i+1} = \frac{\sum_{t=1}^{T} \frac{w_k^i g(X_t \mid \mu_k^i, \sum_k^i)}{\sum_{k=1}^{K} w_k^i g(X_t \mid \mu_k^i, \sum_k^i)} y_t}{E(\gamma_{t,k} \mid y_t, \mu^i, \sum^i, w^i)} \tag{5-12}$$

$$\sum_k^{i+1} = \frac{\sum_{t=1}^{T} \frac{w_k^i g(X_t \mid \mu_k^i, \sum_k^i)}{\sum_{k=1}^{K} w_k^i g(X_t \mid \mu_k^i, \sum_k^i)} (y_t - \mu_k^i)^2}{E(\gamma_t, k \mid y_t, \mu^i, \sum^i, w^i)} \tag{5-13}$$

②特征选择：将纳米摩擦发电机传感器的电压数据分为相同宽度的时间窗，时间窗的宽度作为一个超参数，时间窗的步长统一设定为 0.02 s，即纳米摩擦发电机传感器电压数据采集的最小间隔。将纳米摩擦发电机传感器的电压数据转化为时间窗序列数据，每个时间窗对应的标签设定为其终点最近的聚类结果，标注过程如图 5.18 所示。

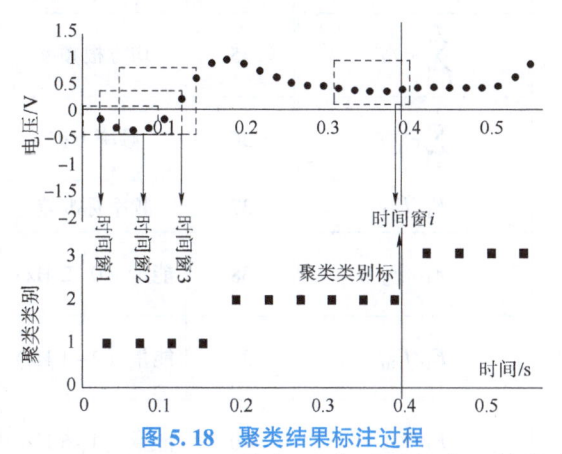

图 5.18 聚类结果标注过程

给定一个时间窗 $tw = \{v_1, v_2, \cdots, v_T\}$，其中 v_i 表示时间点 i 处的电压。T 为时间窗的宽度，通过傅立叶变换，得到振幅和功率矢量 $A = \{a_1, a_2, \cdots, a_{N-1}\}$，$S = \{s_1, s_1, \cdots, s_{N-1}\}$，其中 $f = \{f_1, f_2, \cdots, f_{N-1}\}$ 表示相应的频率。结合时域和频域的特征，从时间窗中选取 42 个候选特征，得到候选特征向量，如表 5.3 所示。

表 5.3　基于纳米摩擦发电机信号的候选特征

编号	特征名称	公式	编号	特征名称	公式
1	最大值	$\max\{v_i\}$	22	最大振幅频率	$f_{\max\{a_i\}}$
2	最小值	$\min\{v_i\}$	23	最小振度	$\min\{a_i\}$
3	平均值	$\sum_{i=1}^{T} v_i/T$	24	最小振幅频率	$f_{\min\{a_i\}}$
4	峰值	$\max\{v_i\}-\min\{v_i\}$	25	平均振幅	$\sum_{i=1}^{N-1} a_i/N-1$
5	第一四分位数	$25\%\mathrm{rank}\{v_i\}$	26	峰值振幅	$\max\{a_i\}-\min\{a_i\}$
6	中值	$50\%\mathrm{rank}\{v_i\}$	27	中值振幅	$\mathrm{median}\{a_i\}$
7	第三四分位数	$75\%\mathrm{rank}\{v_i\}$	28	最大功率	$\max\{s_i\}$
8	方差	$\sum_{i=1}^{T}(v_i-F_3)^2/T$	29	最小功率	$\min\{s_i\}$
9	标准差	$\sqrt{F_8}$	30	平均功率	$\sum_{i=1}^{N-1} s_i/N-1$
10	绝对平均值	$\sum_{i=1}^{T}\|v_i\|/T$	31	峰值功率	$\max\{s_i\}-\min\{s_i\}$
11	均方值	$\sum_{i=1}^{T} v_i^2/T$	32	中值功率	$\mathrm{median}\{a_i\}$
12	均方根值	$\sqrt{F_{11}}$	33	重心频率	$\sum_{i=1}^{N-1} f_i a_i/\sum_{i=1}^{N-1} a_i$
13	方根幅值	$\left(\sum_{i=1}^{T}\sqrt{\|v_i\|}/T\right)^2$	34	均方频率	$\sum_{i=1}^{N-1} f_i^2 a_i/\sum_{i=1}^{N-1} a_i$
14	偏斜度	$\sum_{i=1}^{T} v_i^3/T$	35	均方根频率	$\sqrt{F_{34}}$
15	峰度	$\sum_{i=1}^{T} v_i^4/T$	36	频率方差	$\sum_{i=1}^{N-1}(f_i-F_{33})^2 a_i/\sum_{i=1}^{N-1} a_i$
16	峰值因数	F_1/F_{12}	37	频率标准差	$\sqrt{F_{36}}$
17	波形因数	F_{12}/F_3	38	能量（0~2 Hz）	$\sum_{f=0}^{f=2} s_i$
18	脉冲因子	F_1/F_{10}	39	能量（2~4 Hz）	$\sum_{f=2}^{f=4} s_i$
19	裕度因子	F_1/F_{13}	40	能量（4~6 Hz）	$\sum_{f=4}^{f=6} s_i$
20	峭度因子	F_{15}/F_{12}^4	41	能量（6~8 Hz）	$\sum_{f=6}^{f=8} s_i$
21	最大振幅	$\max\{a_i\}$	42	能量（8~10 Hz）	$\sum_{f=8}^{f=10} s_i$

③分类模型选择：将时间窗内纳米摩擦发电机传感器的电压信号转换为特征向量后，通过随机森林算法将特征集映射到混合高斯模型获取的标签中。随机森林算法是一种集成学习方法，它是由多个决策树组成的分类器，其输出由这些决策树的投票决定。决策树算法是一种机器学习算法，采用树形结构完成分类任务，它由一个根节点、多个中间节点和叶节点组成，通过优化信息熵构造决策树结构。在一种随机森林算法中，采用了多个决策树组合，随机森林算法输出是这些决策树输出的集合，根据决策树的性能更新各个决策树输出的权重。

（3）基于纳米摩擦发电机传感器的踏板动作强度检测实验结果分析

基于纳米摩擦发电机的踏板动作强度检测测试总共记录了 5 560 s 的驾驶数据，对于来自驾驶模拟器的数据，使用混合高斯模型将其分为三类。聚类的详细信息如表 5.4 所示。所有纳米摩擦发电机传感器的电压数据都根据系统时间使用聚类结果被标注上踏板动作强度聚类等级。

表 5.4 踏板动作聚类结果

加速踏板	x		v		a		时长/s
	平均值	标准差	平均值	标准差	平均值	标准差	
聚类 1	1.000	0.000	0.000	0.000	0.000	0.000	1 473
聚类 2	0.000	0.000	0.000	0.000	0.000	0.000	707
聚类 3	0.478	0.281	0.001	0.027	0.001	0.001	391
制动踏板	x		v		a		时长/s
	平均值	标准差	平均值	标准差	平均值	标准差	
聚类 1	0.000	0.000	0.000	0.000	0.000	0.000	2 374
聚类 2	0.421	0.290	0.001	0.003	0.000	0.002	58
聚类 3	0.344	0.248	0.000	0.046	0.001	0.021	138

纳米摩擦发电机传感器的电压数据被标注上聚类等级之后，训练和测试一个基于随机森林的有监督分类器。将纳米摩擦发电机传感器的电压数据分为训练集和验证集，训练集占 70%，验证集占 30%。为了获得最佳的算法性能，需要确定三个超参数：时间窗宽度、特征数量（排序后）和分类器类型。

①时间窗宽度：将数据拆分为多个时间窗时，需要确定时间窗宽度，时间窗宽度会同时影响算法的精度和计算量。分别采用 5 s、10 s、15 s、20 s、25 s、30 s、35 s、40 s、45 s 共 9 个不同的时间窗宽度，采样间隔设置为 0.02 s，以滑动窗口方法对时间序列数据进行划分，再在得到的各个时间窗口内提取表 5.3 所示的候选特征，用于模型训练。

②特征数量（排序后）：对于一个确定的时间窗宽度，根据对于分类结果的贡献度对候选特征进行排序，不同时间窗宽度的特征排序不同。在对特征进行排序之后，根据排序选择前 n 个候选特征。排序特征的个数也会影响算法的精度和计算消耗，分别采用 5、10、15、20、25、30、35、40 共 8 种不同数量的特征数量进行测试。

③分类器种类：除了随机森林算法，同时采用支持向量机（Support Vector Machine，SVM）、Logistic 回归（Logistic Regression，LR）和 K 近邻（K Nearest Neighbour，KNN）三种常用算法来对比分类器的性能。为得到最佳参数组合，采用十折交叉验证。采用 $F1$ 分数作为踏板动作强度检测模型性能的评价标准，可按公式计算。

$$F1 = \frac{2 \times P \times R}{P+R} \tag{5-14}$$

式中，P、R 分别表示精确率和召回率。

图 5.19 和图 5.20 分别显示了加速、制动踏板强度检测模型 $F1$ 分数和超参数组合之间的关系。其中纵轴表示数据拆分时设置的时间窗宽度，横轴表示对应时间窗宽度下选取贡献度最大的前若干个特征进行测试，图中的数字反映算法的 $F1$ 分数。

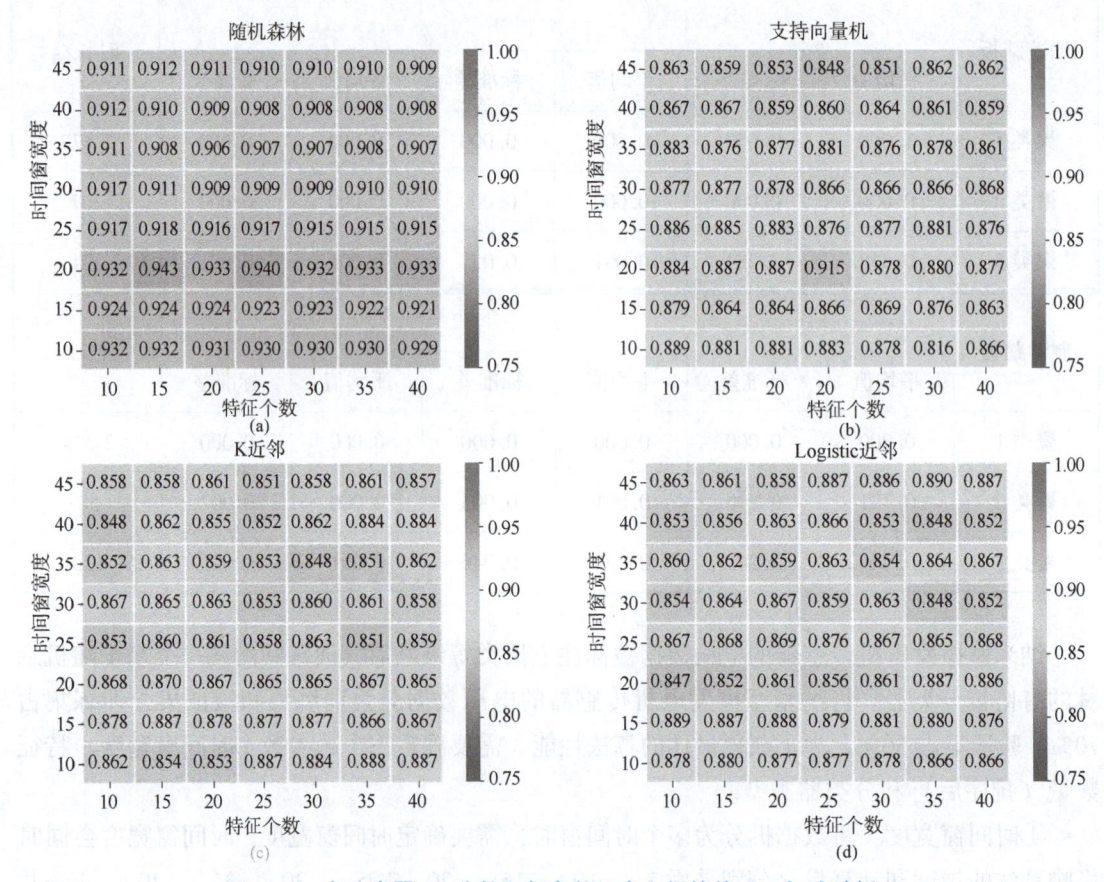

图 5.19　各分类器 $F1$ 分数和超参数组合之间的关系（加速踏板）

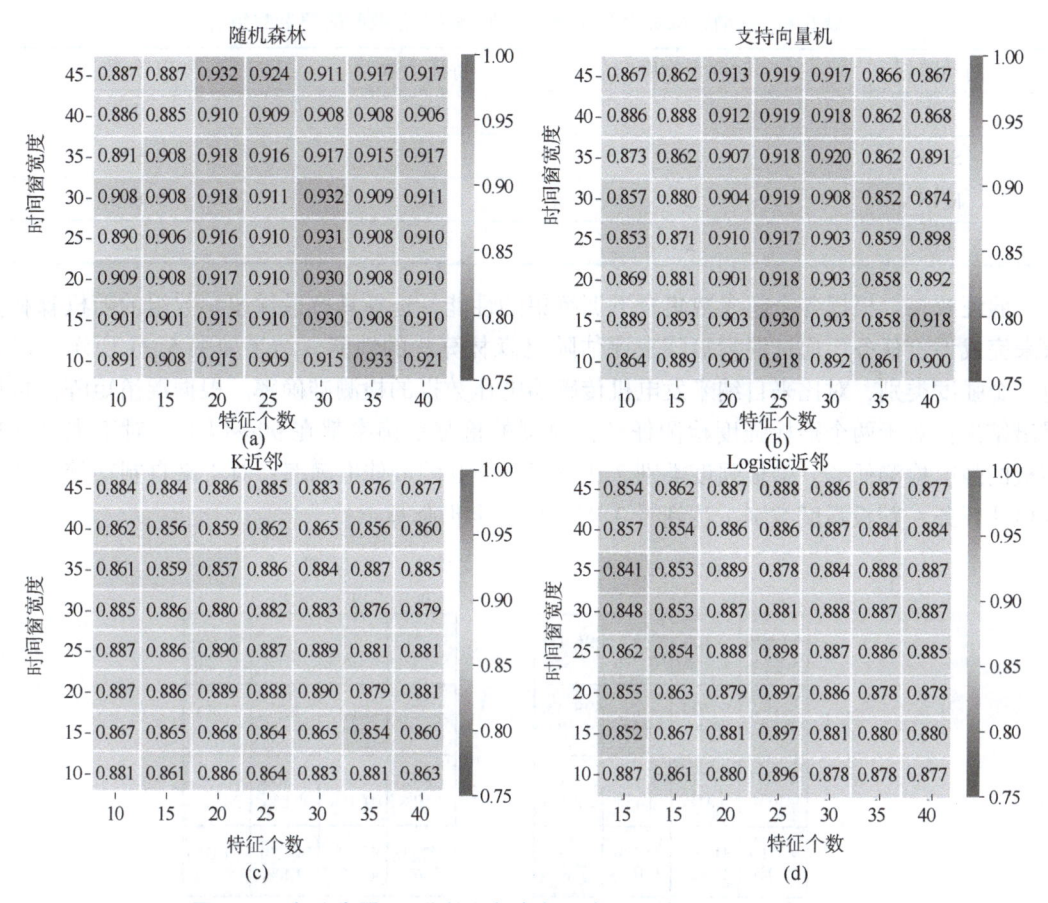

图 5.20 各分类器 $F1$ 分数和超参数组合之间的关系（制动踏板）

从模型的评估结果可得出，$F1$ 分数随不同的超参数组合而变化。对于随机森林算法，它在两个检测任务上都优于其他三种算法，即在各种超参数组合上的整体 $F1$ 分数高于其他算法。当它使用 20 作为时间窗宽度和 15 作为特征数量来检测加速踏板的动作强度时，获得了最高的 $F1$ 分数，如图 5.19（a）所示。同样，当它使用 10 作为时间窗宽度、35 作为特征数量来检测制动踏板的动作强度时，它获得了最高的 $F1$ 分数，如图 5.20（a）所示。整体来看，支持向量机在各个超参数组合上获得的 $F1$ 分数仅次于随机森林，其性能排名第二，而 K 近邻分类器和 Logistic 回归分类器的性能没有显著差异。表 5.5 和表 5.6 显示了每个分类器达到最高 $F1$ 分数时的超参数组合，可以发现在最优表现上也是随机森林>支持向量机>K 近邻分类器≈Logistic 回归分类器。

表 5.5 加速踏板每个分类器达到最高 $F1$ 分数时的超参数组合

加速踏板	时间窗宽度/s	特征个数	$F1$ 分数
RF	20	15	0.943
SVM	20	25	0.915
KNN	10	35	0.888
LR	45	35	0.890

表 5.6　制动踏板每个分类器达到最高 $F1$ 分数时的超参数组合

制动踏板	时间窗宽度/s	特征个数	$F1$ 分数
RF	10	35	0.933
SVM	15	25	0.930
KNN	25	20	0.890
LR	25	25	0.898

验证效果：根据各个超参数集合下训练集的性能，选择具有最优超参数组的随机森林算法来完成评价任务。通过混淆矩阵来评估随机森林算法的性能，结果如图 5.21 所示。对于每一个强度类别，对比来纳米发电机传感器电压数据的检测准确率。根据混淆矩阵，可以得出结论：对于两个踏板强度检测任务，模型的检测准确率都在 90% 以上；对于来自加速踏板的强度检测任务，踏板强度类别 2 达到了 0.940 的最佳准确率；对于来自制动踏板的强度检测任务，踏板强度类别 1 达到了 0.931 的最佳准确率。

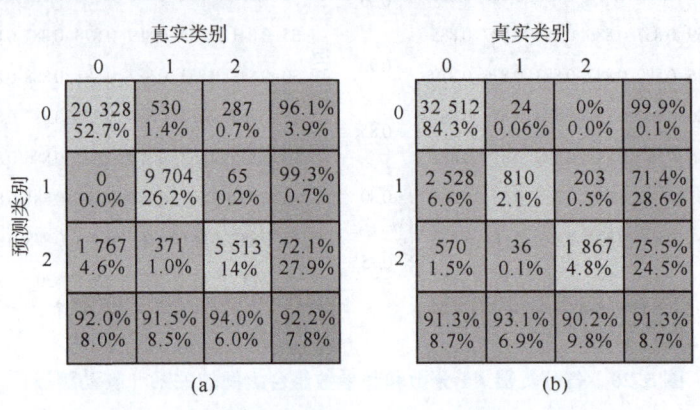

图 5.21　最优随机森林算法应用与测试集的混淆矩阵
(a) 加速踏板；(b) 制动踏板

(4) 实验总结

准确率也是驾驶行为辨识的一个重要评价指标。基于纳米摩擦发电机传感器的踏板动作强度测试探究了利用纳米摩擦发电机传感器的电压信号检测踏板动作强度等级的可行性。通过设计基于机器学习的算法处理摩擦纳米发电机传感器的电压信号，先采用无监督算法对其踏板的动作强度进行自动标定，再进行时间窗切分、候选特征提取等一系列操作。在对候选特征进行贡献度排序后，选择与标签结果高度相关的特征。并训练基于随机森林的分类器，实现以纳米摩擦发电机传感器电压信号为输入，驾驶员踏板动作强度等级为输出的检测算法。从模型表现可以看出，此方法的检测准确率平均在 90% 以上。测试结果表明，纳米摩擦发电机传感器的电压信号可以作为踏板动作强度检测的数据源，在多种工况下的鲁棒性较好。

5) 基于纳米摩擦发电机传感器的驾驶行为测试

纳米摩擦发电机传感器在响应速度和动作强度辨识准确性上取得了不错的效果，但在驾驶行为辨识任务上还需考虑辨识提前时间，以便对驾驶安全辅助提供反应时间。在多通道传感器响应时间对比测试中，规定纳米摩擦发电机传感器的响应时刻为放大后电压值大于 0.5 V 的时刻，但在驾驶员产生驾驶行为之前的一小段时间范围内，其对转向盘、加速踏板和制动踏板存在一个施加力/力变化的阶段，而纳米摩擦发电机传感器可以捕捉到微小机械力变化而产生电信号，因此在此基础上考虑驾驶行为响应的提前时间。随着驾驶时间的增加，驾驶员会产生驾驶疲劳，驾驶疲劳会对驾驶员的反应时间、判断力、注意力、视觉感知能力、操作准确率等产生影响，因此设计基于纳米摩擦发电机传感器的驾驶行为测试，使用辨识提前时间和模型的类型为超参数，探究了用纳米摩擦发电机传感器的电压数据辨识不同驾驶疲劳程度下驾驶操控意图的可行性，验证三种模型效果。

（1）实验场景

受试者在高速公路和城市道路环境中进行模拟驾驶，模拟驾驶环境设计如图 5.22 所示。城市道路上设置了 6 个节点，设置了不同的道路类型、车道数、道路长度等属性，具体节点详细信息如表 5.7 所示。受试者按照指引在城市道路上进行约 40 min 的模拟驾驶，随后进入长度约为 20 km 的高速公路行驶约 10 min。由于驾驶任务及驾驶场景的限制，受试者需要频繁进行加速、减速和转向等操作，记录测试过程中的驾驶操纵行为数据，同步收集驾驶模拟器的踏板位置、转向盘位置数据、纳米摩擦发电机传感器的电压信号以及受试者面部视频。

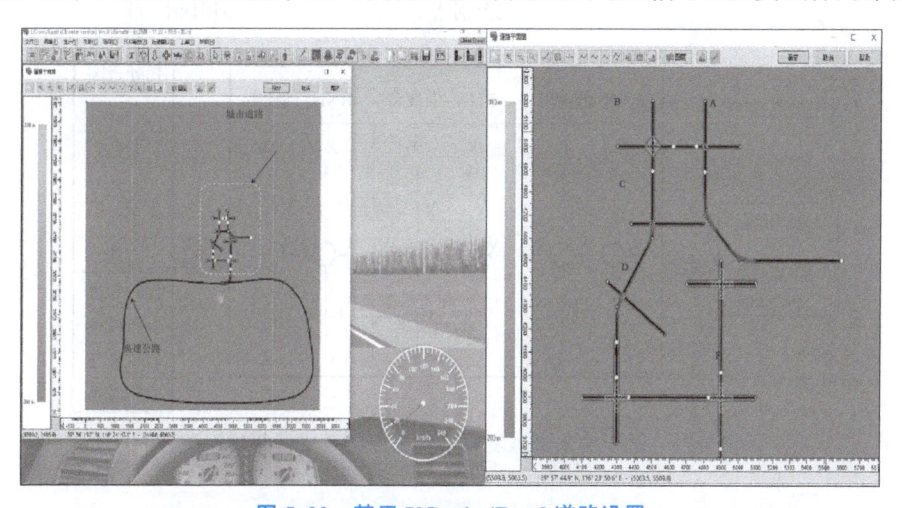

图 5.22　基于 UC win/Road 道路设置

表 5.7　各节点类型及属性

节点	类型	路长/km	速度限制/(km·h^{-1})	周边景物	车道数	交通信号灯
节点 A	环岛	0.5	40	灌木丛	1×1	无
节点 B	交叉口	0.5	40	灌木丛和房屋	1×1	无
节点 C	环岛	0.7	40	高层建筑	1×1	无
节点 D	环岛	0.7	40	高层建筑	2×2	无
节点 E	交叉口	0.6	40	高层建筑	3×3	有
节点 F	交叉口	1.0	40	建筑	3×3	有
高速公路	高速公路	20	80	树林	2×2	无

受试者：基于纳米摩擦发电机传感器的驾驶行为测试，共 20 名学生参加实验（10 名男生，10 名女生）。所有参与实验的学生均在 23～29 岁，均持有有效驾照，并且均没有外科或

神经系统疾病。

（2）基于纳米摩擦发电机传感器的驾驶意图辨识模型

在驾驶行为辨识测试中，受试者被要求在一个模拟的高速公路和城市道路场景中完成模拟驾驶任务。测试过程中同步采集了驾驶模拟器转向盘位置数据、踏板位置数据、纳米摩擦发电机传感器的电压数据以及受试者的面部视频数据。根据驾驶模拟器数据将模拟驾驶操纵行为划分为（无动作、左转、右转）×（无动作、加速、减速）九类，并将其作为标签结合纳米摩擦发电机电压数据对循环神经网络模型进行训练。同时，根据驾驶员面部图像，进行疲劳状态评估，将驾驶数据分为低疲劳、中疲劳和高疲劳三类，并针对三种情况分别建模。建模流程如图 5.23 所示。

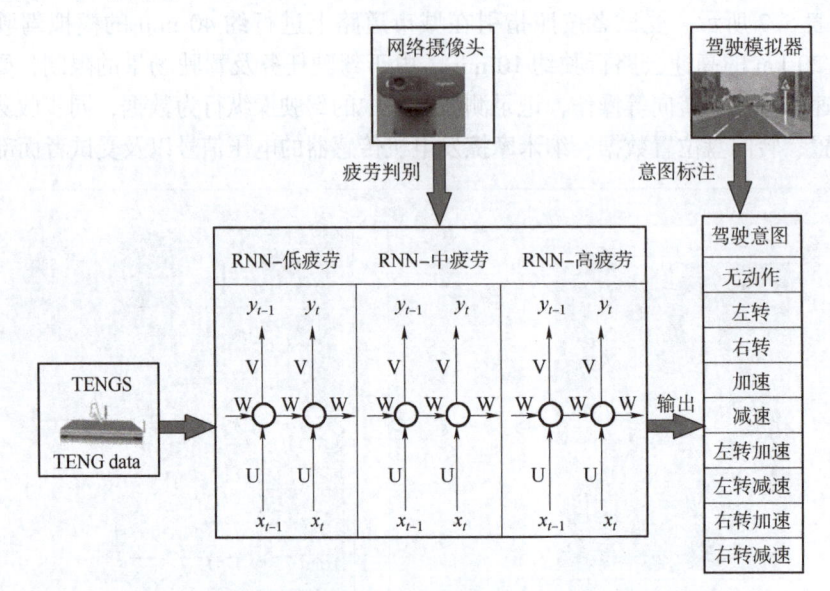

图 5.23 基于纳米摩擦发电机传感器的驾驶行为辨识流程

输入向量：选取四个通道的纳米摩擦发电机传感器电压信号作为输入向量，信号的采样频率为 50 Hz。对电压信号进行线性放大、平滑滤波、标准化操作后，得到四维时间序列：

$$X_I = \{X_1, X_2, \cdots, X_N\} = \{(X_1^1, X_1^2, X_1^3, X_1^4),$$
$$(X_2^1, X_2^2, X_2^3, X_2^4), \cdots, (X_N^1, X_N^2, X_N^3, X_N^4)\}$$

式中，X_I 为输入的时间序列，X_N 为 N 时刻的电压信号，包含了来自四个纳米发电机的标准化后的电压信号。

输出向量：选取驾驶模拟器输出的信号作为标签，将驾驶行为离散化为九种状态，即无动作、左转、右转、左转加速、左转减速、右转加速、右转减速、加速、减速。为了便于计算损失函数，采用 one-hot 编码对其进行编码，当其处于某种状态时，仅有一维数据被编码为 1，其余为 0，最终得到一个多维向量。

由于驾驶模拟器信号对比纳米发电机的电压信号具有延迟性，因此需要对输入向量进行提前编码，选取 0 s、0.1 s、0.2 s、0.3 s、0.4 s、0.5 s、0.6 s、0.7 s、0.8 s、0.9 s、1.0 s 共 11 组提前量。对于不同提前量的对应模型，按照辨识提前时间将九种状态提前标注到纳米发电机传感器的电压信号上，从而实现对驾驶行为的提前辨识功能。

模型结构：采用 python 语言环境下的 pytorch 工具包进行建模，主要控制参数如表 5.8 所示。

表 5.8　循环神经网络主要控制参数

参数	取值
计算单元	RNN 单元、LSTM 单元、GRU 单元
种类	RNN—低疲劳、RNN—中疲劳、RNN 高疲劳
隐藏层数	128
输出层	softmax 函数
预测提前时间/s	0、0.1、0.2、0.3、0.4、0.5、0.6、0.7、0.8、0.9、1.0

损失函数：选取交叉熵损失函数作为模型的损失函数。其计算公式如下：

$$C = -\frac{1}{n} \sum_x [y \ln a + (1 - y) \ln(1 - a)] \tag{5-15}$$

式中，x 表示样本，y 表示实际的标签，a 表示预测的输出，n 表示样本总数量。交叉熵能够衡量同一个随机变量中的两个不同概率分布的差异程度，在本任务中表示真实概率分布与预测概率分布之间的差异。交叉熵的值越小，模型预测效果就越好。

训练方法：采用 BPTT（Back Propagation Through Time）算法来训练此模型，BPTT 算法是针对循环层的训练算法，首先前向计算每个神经元的输出值，随后，反向计算每个神经元的误差项值，它是误差函数对神经元加权输入的偏导数，最后，计算每个权重的梯度，利用随机梯度下降算法更新权重。

（3）基于纳米发电机传感器的驾驶行为辨识实验结果分析

驾驶行为辨识测试一共采集了约 1 000 min 的驾驶行为数据，根据驾驶员疲劳状态检测模型，划分出低疲劳状态、中疲劳状态、高疲劳状态驾驶行为数据集，时长分别为约 612 min、311 min、103 min。该驾驶行为数据集包含驾驶员面部视频、驾驶模拟器输出的转向盘及踏板位置数据和纳米发电机传感器的电压数据，三类数据都包含系统时间，其中，九种驾驶意图时长占比如图 5.24 所示。

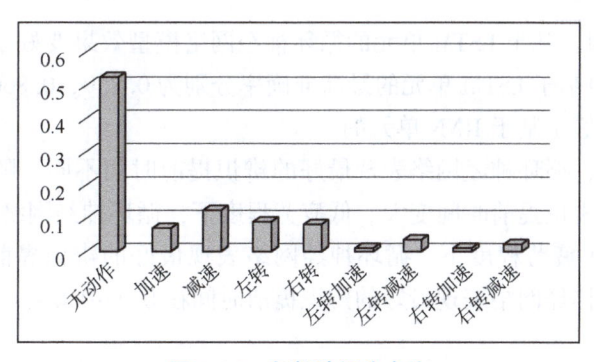

图 5.24　各驾驶行为占比

通过图 5.24 可以得出，驾驶员在完成测试任务的过程中，无动作时间占比超过 50%，加、减速时间占比在 10% 左右，其余驾驶动作状态占比都小于 10%，将 70% 的数据作为训练集，30%的数据作为验证集。

在训练过程中，从收集到的测试数据中随机抽取 1~5 s 的驾驶行为数据，以标准化后的纳米摩擦发电机传感器的四通道电压数据为模型输入，以不同提前时间的驾驶意图时间序列为模型输出，对不同疲劳状态下基于纳米摩擦发电机传感器电压信号的驾驶意图辨识模型分别进行了训练。

在测试过程中，同样从验证集中随机抽取 1 000 组 1~5 s 的驾驶行为数据，通过标准化后的纳米发电机传感器的四通道电压数据为输入的模型，验证其在不同辨识提前时间下辨识驾驶行为的准确率。不同疲劳状态下循环神经网络准确率与不同计算单元及辨识提前时间的关系如图 5.25 所示。

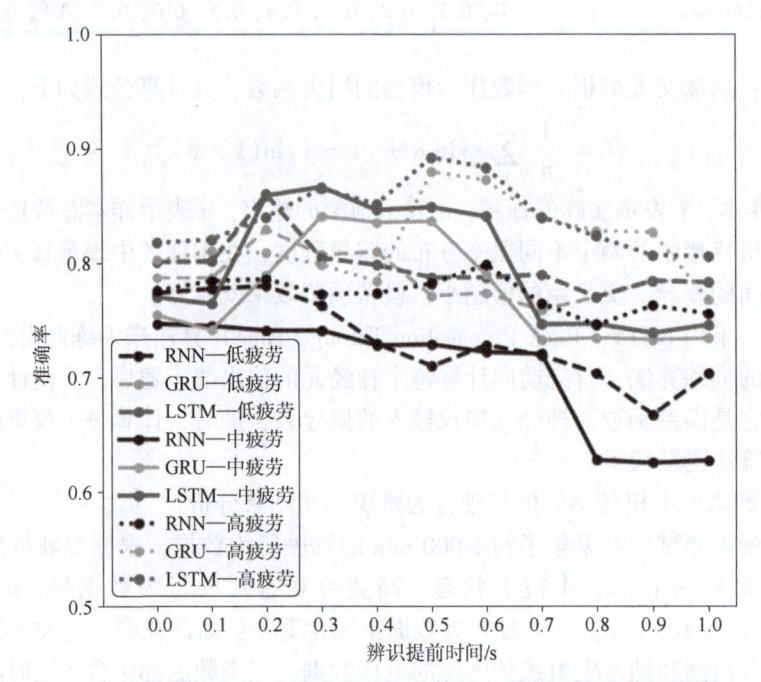

图 5.25　循环神经网络准确率与不同计算单元及辨识提前时间的关系

根据图 5.25 可知，基于 LSTM 单元的循环神经网络模型效果要好于基于 RNN 单元和基于 GRU 单元的，其中基于 LSTM 单元的最高准确率分别为 0.859、0.866、0.891。基于 GRU 单元的循环神经表现好于基于 RNN 单元的。

不同疲劳程度下，循环神经网络表现最好的辨识提前时间不同。随着疲劳程度的提高，表现最好的点对应的辨识提前时间变大。低疲劳程度下，循环神经网络表现最好的辨识提前时间在 0.2~0.3 s；中疲劳程度下，循环神经网络表现最好的辨识提前时间在 0.2~0.4 s；高疲劳程度下，循环神经网络表现最好的辨识提前时间在 0.5~0.6 s。

（4）实验总结

由于纳米摩擦发电机传感器的响应速度快于传统传感器，因此设计并实施了基于纳米摩擦发电机传感器的驾驶行为辨识测试，探究在不同驾驶员疲劳状态下利用纳米摩擦发电机传感器的电压信号辨识驾驶意图的可行性。基于循环神经网络设计了不同疲劳状态下驾驶行为辨识模型，以纳米摩擦发电机传感器的电压信号为输入，结果显示，基于循环神经网络的驾驶意图辨识模型可以在 9 种分类的任务下提前 0.2~0.6 s 辨识驾驶人的驾驶动作，辨识精度达到 80% 以上。同时发现，随着驾驶员疲劳程度的提高，辨识提前时间也变长，可能与驾驶员在疲劳状态下生理活动速率变慢有关。

5.3 研究难点和趋势

1) 研究难点

针对上述案例，影响驾驶员行为辨识模型性能的因素有很多，如传感器的使用时间。纳米摩擦发电机传感器的发电特性可能会在长时间使用后发生变化，使得采集的电信号出现异常值。为了克服这一问题，可以建立一个不同使用时间下从纳米摩擦发电机传感器采集的数据库，也可以训练一个能够处理各种情况的广义分类器，或者完善纳米摩擦发电机的发电性能。

针对驾驶行为的研究，以人为主体来看，其多变性和个体差异性是研究的主要难点之一，不同的驾驶员在年龄、性别、驾驶经验、个性特征等方面存在差异，导致其面对同一情境时的反应和行为截然不同。以环境为主体来看，驾驶行为在环境、天气和交通流量等因素影响下也会发生显著变化。例如在拥堵道路上，驾驶员可能表现出不同于空旷道路上的行为模式。这使得研究难以构建一个统一、普遍适用的行为模型，进而增加了数据采集和分析的难度。以机器为主体来看，驾驶行为的动态性和实时性对实验设备提出了较高的要求，需要对驾驶过程中驾驶员和车辆的各种细微变化进行实时监测。尽管车载摄像头、眼动追踪仪和生理监测设备等技术的发展为实时数据采集提供了可能，但如何在不影响驾驶员行为的前提下采集高质量的数据仍是个技术难题，而驾驶员对当前状态的认知直接影响了驾驶行为。

针对驾驶人因的研究，其难点主要在于人的认知和行为特征高度复杂且易变。驾驶是一种高强度的动态活动，驾驶员必须实时感知道路环境、分析车辆信息，并迅速做出相应的决策和操作，因此驾驶人因的研究不仅需要捕捉细致的生理和行为数据，还要实时分析驾驶员的心理状态和认知负荷。然而，传统实验室方法往往无法真实再现驾驶过程中的多维信息流，而车载生理监测设备等新技术虽能提供实时数据，但在使用中还存在准确性和稳定性的问题，难以完全满足精细化分析的需求。另外，驾驶人因研究还面临数据处理和分析的挑战。驾驶过程中产生的大量数据包含复杂的时序特征和非线性关系，如驾驶员的视觉、听觉信息、动作反应及情绪状态等。尽管深度学习和数据挖掘技术的发展为驾驶人因的自动化分析提供了支持，但如何准确提取驾驶员行为的关键特征并解读不同数据源之间的关系仍然是个难题。特别是在多源数据融合的背景下，如何处理来自生理监测、眼动追踪、行为记录、环境传感等的多维数据并在此基础上形成对驾驶人因的全面认识，尚需要更为精确的算法和计算模型。

2) 研究趋势

在智能交通系统和自动驾驶的发展背景下，驾驶行为的研究逐渐呈现出一些新的趋势。首先是数据驱动的行为建模与分析。得益于传感器技术、数据挖掘算法和机器学习方法的进步，驾驶行为研究逐渐从依赖于少量实验数据转向基于大规模真实数据的建模与预测。通过整合车载数据、交通环境数据及驾驶员生理数据，研究者能够建立驾驶行为的多维度数据集，并利用深度学习等方法建立行为预测模型。这种数据驱动的方法不仅能发现复杂的行为模式，还可以根据实时数据动态调整模型，从而更准确地预测驾驶员的行为，有助于驾驶辅助系统和自动驾驶算法优化。其次是多源数据的融合与协同分析。单一数据源难以全面捕捉驾驶行为的各个方面，因此越来越多的研究聚焦于多源数据的融合分析，如结合驾驶员生理数据、眼动数据、驾驶操控数据、车辆行驶状态数据等，构建全面的驾驶行为特征。在此基础上，研究者可以更深入地分析驾驶员的认知负荷、情绪状态以及风险意识。例如，结合心率和皮肤电导数据能够有效监测驾驶员的紧张或疲劳状态，为车载智能系统提供依据，以实现动态预警和实时干预。

驾驶员因研究呈现出数据驱动和人机交互深化的趋势。得益于传感器、计算机视觉和机器学习等技术的进步，研究者能够通过收集和分析大量真实世界的数据来建立人因行为模型，推动数据驱动的驾驶人因分析。这种基于大数据的方法使得研究不再局限于小规模实验样本，而是能够动态捕捉到驾驶员的行为特征及其在复杂交通场景下的反应模式。例如，结合生理数据、驾驶行为数据和环境数据，研究者可以建立驾驶员在压力状态下的行为模型，从而为智能系统的风险预测提供支持。此外，驾驶员因研究正逐步向人机协同和交互体验的方向转变。自动驾驶的发展带来了人机共驾模式，车辆在部分场景下的自动驾驶功能要求驾驶员与自动系统之间建立流畅、清晰的交互。人机交互界面的设计因此尤为重要，要求向驾驶员提供直观、易解读的反馈信息，帮助其在系统自动化程度不断提高的背景下，安全有效地保持对驾驶状态的掌控。如何确保驾驶员在自动驾驶切换过程中具备足够的意识和认知准备，避免因系统操作模糊或信息传递不充分引发的误操作，已成为研究的重点之一。

第6章
人体测量学及应用

> **引 例**
>
> 随着网络购物走进千家万户，人们选择通过网络购买或定制服装已经成为一种趋势，生产商必须获得用户的人体测量学数据才能设计出符合用户要求的服装，基于人体测量学参数的虚拟试衣系统应运而生。但由于服装布料存在种类多样，缝合方法差异巨大以及受力变形情况复杂等原因，服装建模及试穿一直是虚拟试衣系统研究中的重点和难点。将基于人体测量学数据的方法应用于网络消费模式下个性化的人体运动模拟和虚拟服装创建中，将会带来巨大的经济效益和社会效益。

6.1 人体测量学数据

在人类漫长的进化过程中，骨骼构造和形态特征逐渐形成。随着科学的发展，社会的进步，人们对人体特征的类型、变异、进化规律的探索也在逐渐深入。其中，人体测量作为研究手段，被广泛运用于以探究人体形态特征的个体特性、整体共性以及群体间差异为目的的人类学研究中。

6.1.1 人体测量概述

人体测量学的主要任务之一为测量并收集人体特征，并通过对大量样本数据的统计推算出代表某一类人群形态特征的数据。

1）基本术语

《用于技术设计的人体测量基础项目》GB/T 5703—2023 规定了人因工程学使用的成年人和青少年的人体测量术语，其只有在被测者姿势、测量基准面、测量方向、测点等符合下述要求时，才是有效的。

（1）基本姿势

①立姿。

立姿是指被测者身体挺直，头部以法兰克福平面定位，眼睛平视前方，肩部放松，上肢自然下垂，手伸直，掌心向内，手指轻贴大腿侧面，左、右足后跟并拢，前端分开大致成45°，体重均匀分布于两足。

②坐姿。

坐姿是指被测者躯干挺直，头部以法兰克福平面定位，眼睛平视前方，膝弯曲大致成直角，足平放在地面上。

（2）测量基准面

人体测量基准面的定位是由三个互为垂直的轴（铅垂轴、纵轴和横轴）来决定的。人体测量中设定的轴线和基准面如图 6.1 所示。

① 矢状面。

通过铅垂轴和纵轴的平面及与其平行的所有平面都称为矢状面。

② 正中矢状面。

在矢状面中，把通过人体正中线的矢状面称为正中矢状面。正中矢状面将人体分成左、右对称的两部分。

③ 冠状面。

通过铅垂轴和横轴的平面及与其平行的所有平面都称为冠状面。冠状面将人体分成前、后两部分。

④ 水平面。

与矢状面及冠状面同时垂直的所有平面都称为水平面。水平面将人体分成上、下两部分。

⑤ 法兰克福平面。

通过左、右耳屏点及右眼眶下点的水平面称为法兰克福平面，又称为眼耳平面。

(3) 测量方向

① 头侧端与足侧端。

在人体的上、下方向上，将上方称为头侧端，下方称为足侧端。

② 内侧与外侧。

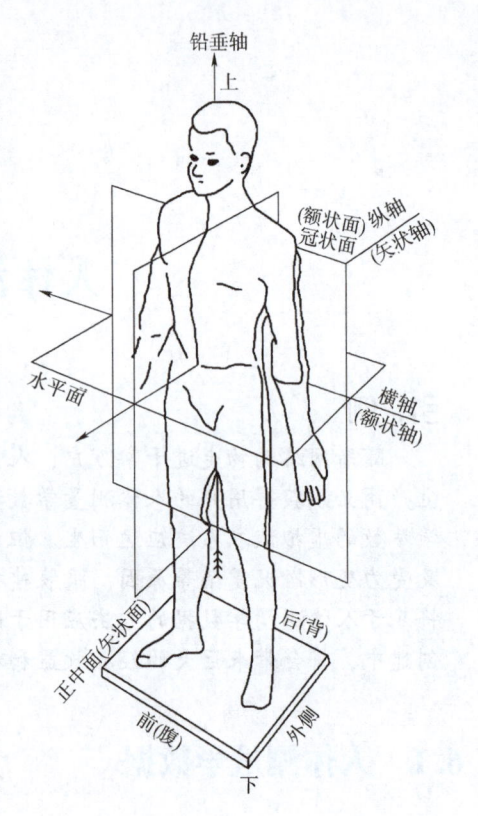

图 6.1　人体测量中设定的轴线和基准面

在人体左、右方向上，将靠近正中矢状面的方向称为内侧，远离正中矢状面的方向称为外侧。

③ 近位与远位。

在四肢上，将靠近四肢附着部位的称为近位，远离四肢附着部位的称为远位。

④ 桡侧与尺侧。

对于上肢，将桡骨侧称为桡侧，尺骨侧称为尺侧。

⑤ 胫侧与腓侧。

对于下肢，将胫骨侧称为胫侧，腓骨侧称为腓侧。

(4) 支撑面、衣着和测量精确度

① 支撑面。

立姿时站立的地面或平台以及坐姿时的椅平面应是水平的、稳固的、不可压缩的。

② 衣着。

要求被测量者裸体或穿着尽量少的内衣（如只穿内裤和背心）测量，在后者情况下，测量胸围时，男性应撩起背心，女性应松开胸罩后进行测量，且免冠赤足。

③ 测量精确度。

线性测量项目测量值读数精确度为 1 mm，体重读数精确度为 0.5 kg。

(5) 基本测点与测量项目

测点（Landmark）是为了测量的方便和规范而定义的人体表面上的标志点，即测量的起止点。这些测点的位置是以人体测量基准面和人体形态特征描述的。如头顶点，定义为头部以眼耳平面定位时，在头顶部正中矢状面上的最高点。

人体尺寸测量项目较多，《用于技术设计的人体测量基础项目》（GB/T 5703—2023）给出 62 个测量项目，其中包括立姿测量项目 12 项（含体重）、坐姿 16 项、特定部位 20 项（手、足、头）、功能测量项目 14 项。测点和测量项目的说明和定义，使用时可查阅该标准。

2）测量分类

人体形态测量数据主要有两类，即静态人体尺寸（或称人体构造尺寸）和动态人体尺寸（人体功能尺寸）。

（1）静态人体尺寸测量

静态人体尺寸测量是指被测者静止地站着或坐着进行的一种测量方式。静态测量的人体尺寸用作设计工作空间的大小、家具、产品界面元件以及一些工作设施等的设计依据。目前我国成年人静态测量项目中立姿有 12 项，坐姿有 16 项，详见《用于技术设计的人体测量基础项目》GB/T 5703—2023。

图 6.2 所示为静态下测出的男性身体处于站、坐、跪、卧、蹲等位置时的限制尺寸，供设计时参考。

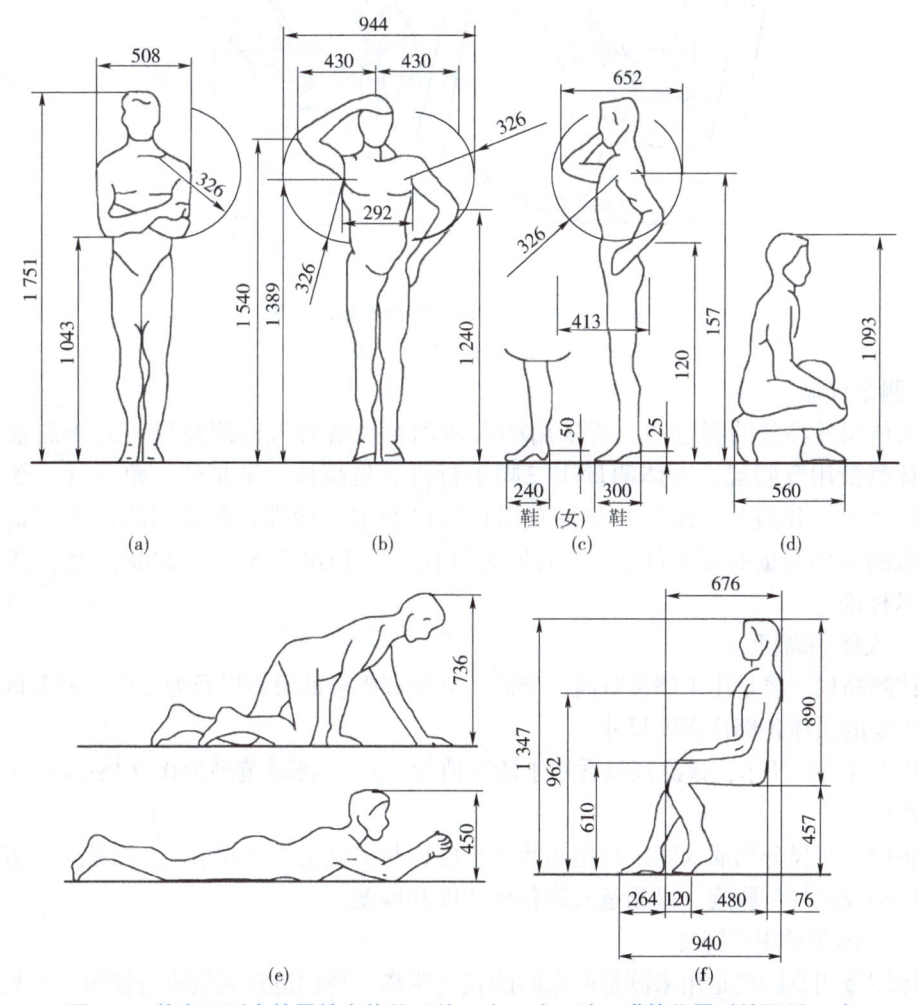

图 6.2　静态下测出的男性身体处于站、坐、跪、卧、蹲等位置时的限制尺寸

(2) 动态人体尺寸测量

动态人体尺寸测量是指被测者处于动作状态下所进行的人体尺寸测量。动态人体尺寸测量的重点是测量人在执行某种动作时的身体动态特征。图 6.3 所示为车辆驾驶时的静态图和动态图。静态图 [见图 6.3(a)] 强调驾驶员与驾驶坐位、方向盘、仪表等的物理距离；动态图 [见图 6.3(b)] 则强调驾驶员身体各部位的动作关系。动态人体尺寸测量的特点是，在任何一种身体活动中，身体各部位的动作并不是独立完成的，而是协调一致的，具有连贯性和活动性。例如，手臂可及的极限并非只由手臂长度决定，它还受到肩部运动、躯干的扭转、背部的屈曲以及操作本身特性的影响。由于动态人体测量受多种因素影响，故难以用静态人体测量资料来解决设计中的有关问题。

动态人体测量通常是对手、上肢、下肢、脚所及的范围以及各关节能达到的距离和能转动的角度进行测量。

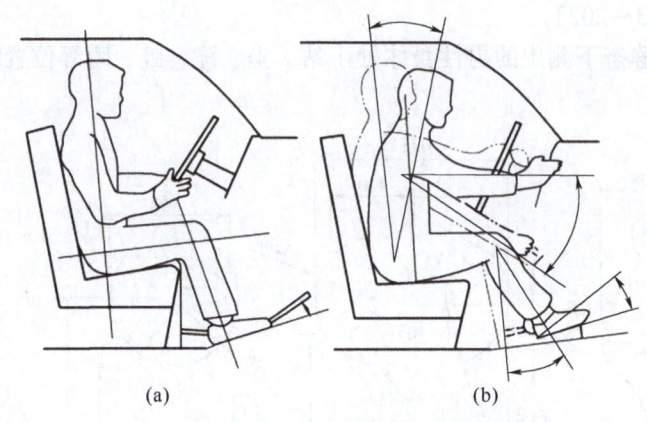

图 6.3　车辆驾驶时的静态图和动态图
(a) 静态图；(b) 动态图

3) 测量仪器

在人体尺寸参数的测量中，所采用的人体测量仪器有人体测高仪、人体测量用直脚规、人体测量用弯脚规、人体测量用三脚平行规、坐高椅、量足仪、角度计、软卷尺以及医用磅秤等。我国对人体尺寸测量专用仪器已制定了标准，而通用的人体测量仪器可采用一般的人体测量的有关仪器。《人体测量仪器》（GB/T 5704—2008）是人体测量仪器的技术标准。

(1) 人体测高仪

人体测高仪主要是用来测量身高、坐高、立姿和坐姿的眼高以及伸手向上所及的高度等立姿和坐姿的人体各部位高度尺寸。

如图 6.4(a) 所示，该测高仪适用于读数值为 1 mm、测量范围为 0~1 996 mm 人体高度尺寸的测量。

若将两支弯尺分别插入固定尺座和活动尺座，与构成主尺杆的第一、二节金属管配合使用时，即构成圆杆弯脚规，可测量人体各种宽度和厚度。

(2) 人体测量用直脚规

人体测量用直脚规是用来测量两点间的直线距离，特别适宜测量距离较短的不规则部位的宽度或直径，如测量耳、脸、手、足等部位的尺寸。此种直脚规适用于读数值为 1 mm 和

0.1 mm，测量范围为 0~200 mm 和 0~250 mm 人体尺寸的测量。直脚规根据有无游标读数分Ⅰ型和Ⅱ型两种类型，而无游标读数的Ⅰ型直脚规根据测量范围的不同，又分为ⅠA 和ⅠB 两种类型。其结构如图 6.4（b）所示。

（3）人体测量用弯脚规

人体测量用弯脚规是用于不能直接以直尺测量的两点间距离的测量，如测量肩宽、胸厚等部位的尺寸。此种弯脚规适用于读数值为 1 mm，测量范围为 0~300 mm 的人体尺寸的测量。按其脚部形状的不同分为椭圆体形（Ⅰ型）和尖端型（Ⅱ型），图 6.4（c）为Ⅱ型弯脚规。

图 6.4 人体测量的常用仪器

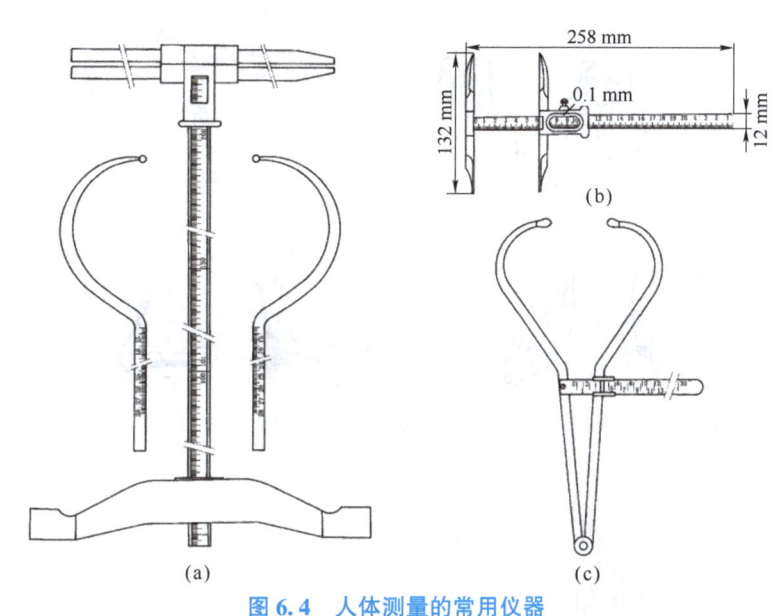

（a）人体测高仪；（b）人体测量用直脚规；（c）人体测量用弯脚规

4）测量方法

人体测量方法主要有以下三种：普通测量法、摄像法、三维数字化人体测量法。

（1）普通测量法

普通人体测量仪器可以采用一般的人体生理测量的有关仪器，包括人体测高仪、直角规、弯角规、三脚平行规、软尺、测齿规、立方定颅器、平行定点仪等，其数据处理采用人工处理或者人工输入与计算机处理相结合的方式。它主要用来测量人体构造尺寸，如图 6.5 所示。

此种测量方式耗时耗力，数据处理容易出错，数据应用不灵活，但成本低廉，具有一定的适用性。

（2）摄像法

计算机与摄影测量技术发展以后，人们开始采用摄影法进行动态人体尺寸测量，其原理可以说是摄影测量技术与栅格系统的结合。被测者站在带光源的栅格板（已知每个小方格大小）前，用照相机或摄像机做投影测量，通过图像处理与数据修正后，可从投影板上的方格数得到动态人体尺寸（见图 6.6）。

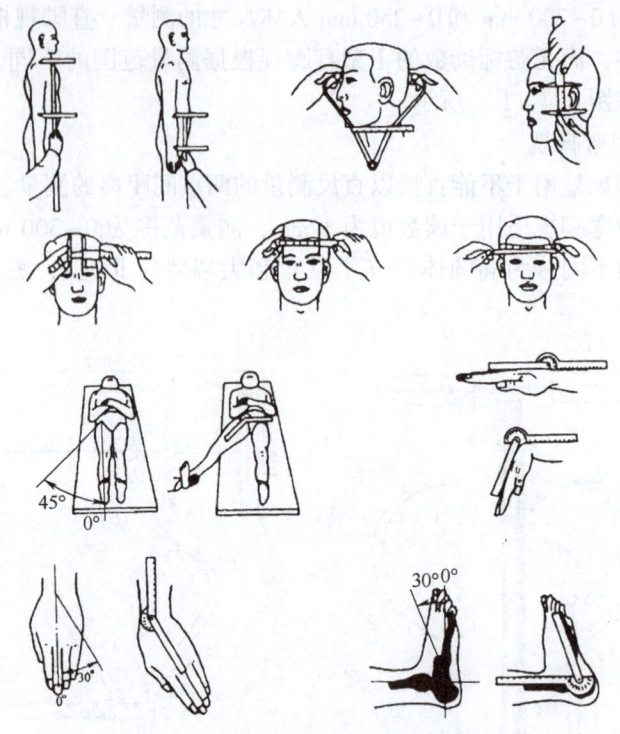

图 6.5 人体各部位尺寸普通测量方法

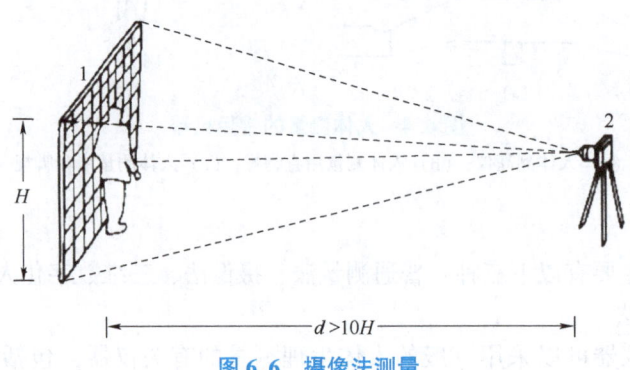

图 6.6 摄像法测量

(3) 三维数字化人体测量法

三维数字化人体测量（见图 6.7）分为手动接触式、手动非接触式、自动接触式、自动非接触式等，最终可以根据所需速度、精度和价格确定合适的方式。

①手动接触式三维数字化测量仪。

美国佛罗里达 Faro 技术公司的 FaroArm 是典型的手动接触式数字化测量仪。测量时，操作者手持 FaroArm 末端的探针接触被测人体的表面时按下按钮，测量人体表面点的空间位置三维数据信息记录下探针所测点的 X、Y、Z 坐标和探针手柄方向，并采用 DSP 技术通过 RS232 串口线连接到各种应用软件包上。

②非接触式三维数字化测量仪。

非接触式测量是运用真实人体数据的技术，随着计算机技术和三维空间扫描仪技术的发展，高解析度的 3D 资料足以描述准确的人体模型。

三维人体测量技术的优势主要体现在以下四个方面：

a. 测量数据更丰富。比如以前测量头围，只能知道头部周长，现在通过三维扫描直接得到头部的完整形状，在头盔、帽子等设计中能够获取头部三维数据，使设计更合理。

b. 测量时不受内衣颜色影响，测量精度高。完整人体扫描精度可达到 1 mm。

c. 测量数据种类可随时扩增。手工测量时，测量后若想再了解一个项目数据，需要重新对数万样本进行再次测量，这几乎是不可能完成的；而通过三维扫描测量，人体完整的模型进入数据库，任何部位的尺寸数据都可以随时调取。

d. 测量时间大大缩短。三维人体测量技术已达到 10 s 完成对人体尺寸的全部扫描测量，加上测量前后的准备工作，也可在 10 min 内完成，极大程度上提高了测量效率。目前，中国标准化研究院人类工效学实验室采用先进的三维人体测量技术，依据科学的抽样方案和统一的测量规程开展全国范围内三维人体尺寸测量。

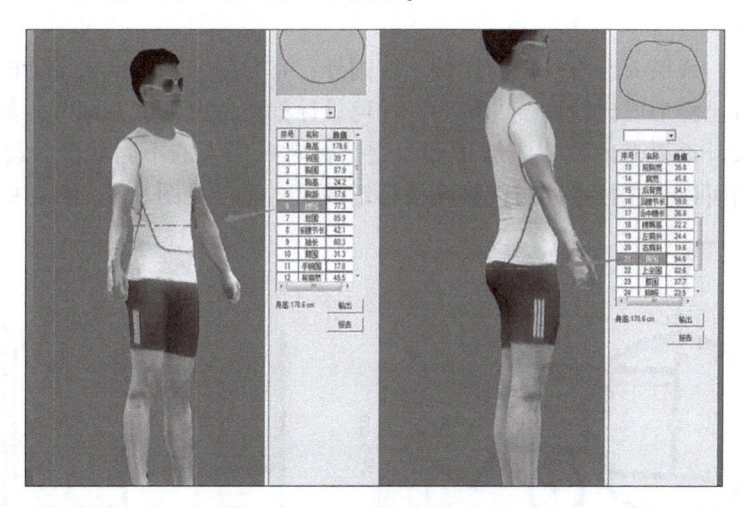

图 6.7　三维数字化人体测量

5）数据的影响因素

（1）年龄

人体尺寸增长过程，一般男性 20 岁结束，女性 18 岁结束。通常男性 15 岁、女性 13 岁时手的尺寸就达到了一定值。男性 17 岁、女性 15 岁时脚的大小也基本定型。成年人的身高会随年龄的增长而收缩一些，但体重、肩宽、腹围、臀围、胸围却随年龄的增长而增加。

（2）性别

在男性与女性之间，人体尺寸、重量和比例关系都有明显差异。对于大多数人体尺寸，男性都比女性大些，但有些尺寸——胸厚、臀宽及大腿周长，女性比男性大。男女即使在身高相同的情况下，身体各部分的比例也是不同的。同整个身体相比，女性的手臂和腿较短，躯干和头占的比例较大，肩较窄，骨盆较宽。皮下脂肪厚度及脂肪层在身体上的分布男女也有明显差别。

（3）年代

随着人类社会的不断发展，卫生、医疗、生活水平的提高以及体育运动的大力开展，人类的成长和发育也发生了变化。据调查，欧洲居民每隔 10 年平均身高增加 1~1.4 cm；美国城市男性青年 1973—1986 年 13 年间平均身高增长了 2.3 cm；男性青年 1934—1965 年 31 年间平均身高增长了 5.2 cm，体重增加了 4 kg，胸围增加了 3.1 cm；我国广州中山医学院男生 1956—1979 年 23 年间平均身高增长了 4.38 cm，女性平均身高增长了 2.67 cm。身高的变化，势必带来其他形体尺寸的变化。

(4) 地区与种族

不同的国家、不同的地区、不同的种族人体尺寸差异较大，即使是同一国家，不同区域也有差异。进行产品设计或工程设计时，应考虑不同国家、不同区域的人体尺寸差异。

(5) 职业

不同职业的人，在身体大小及比例上也存在着差异，例如，一般体力劳动者平均身体尺寸都比脑力劳动者稍大些。在美国，工业部门的工作人员要比军队人员矮小；在我国，一般部门的工作人员要比体育运动系统的人矮小。也有一些人由于长期的职业活动改变了形体，其某些身体特征与人们的平均值不同。

(6) 残疾人

每个国家中，残疾人也占一定的比例。在国外，有专门针对残疾人设计的学科研究——无障碍设计，并已经形成比较系统的体系。任何设计都要考虑到这一细节，如建筑设计、公园设计、道路设计都要考虑残疾人坡道和盲道。针对残疾人的不同状况，设计尺寸也有差异，如常见的有可以直立行走的与依靠轮椅行走的尺寸等（见图 6.8、图 6.9）。

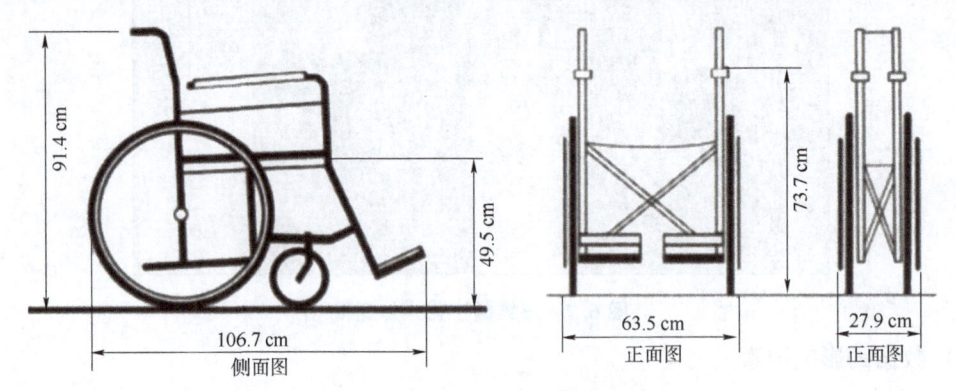

图 6.8 轮椅结构尺寸图

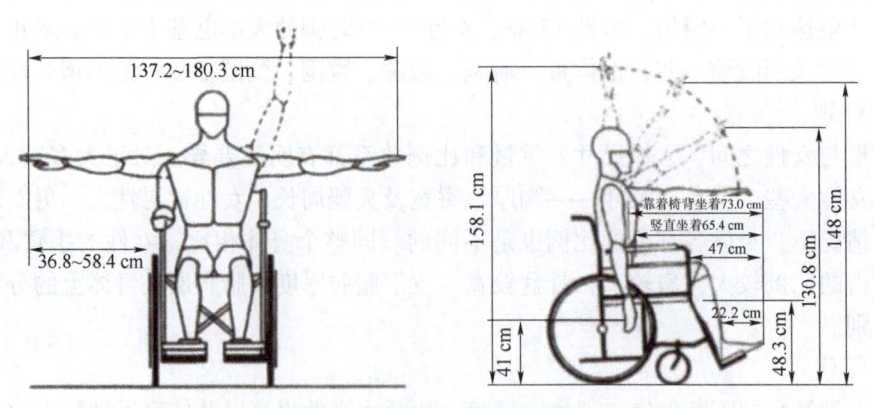

图 6.9 残疾人功能尺寸图

另外，数据来源不同、测量方法不同、被测者是否有代表性等因素，也常常造成测量数据的差异。

6) 数据的统计特性

由于群体中个体与个体之间存在着差异，一般来说，某一个体的测量尺寸不能作为设计的依据。为使产品适合于一个群体的使用，设计中需要的是一个群体的测量尺寸。然而，全面测量群体中每个个体的尺寸又是不现实的。通常是通过测量群体中较少量个体的尺寸，经数据处理后而获得较为精确的所需群体尺寸。

在人体测量中所得到的测量值都是离散的随机变量，因而可根据概率论与数理统计理论对测量数据进行统计分析，从而获得所需群体尺寸的统计规律和特征参数。

(1) 均值

表示样本的测量数据集中地趋向某一个值，该值称为平均值，简称均值。均值是描述测量数据位置特征的值，可用来衡量一定条件下的测量水平和概括地表现测量数据的集中情况。对于有 n 个样本的测量值：x_1，x_2，$\cdots$，x_n，其均值为：

$$\bar{x} = \frac{x_1 + x_2 + \cdots + x_n}{n} = \frac{1}{n}\sum_{i=1}^{n} x_i \tag{6-1}$$

(2) 方差

描述测量数据在中心位置（均值）上下波动程度差异的值叫均方差，通常称为方差。方差表明样本的测量值是变量，既趋向均值而又在一定范围内波动。对于均值为 $\bar{x}$ 的 n 个样本的测量值：x_1，x_2，$\cdots$，x_n，其方差 S^2 的定义为：

$$S^2 = \frac{1}{n-1}\left[(x_1-\bar{x})^2 + (x_2-\bar{x})^2 + \cdots + (x_n-\bar{x})^2\right]$$
$$= \frac{1}{n-1}\sum_{i=1}^{n}(x_i - \bar{x})^2 \tag{6-2}$$

用上式计算方差，其效率不高，因为它要用数据做两次计算，即首先用数据算出 $\bar{x}$，再用数据算出 S^2。有一个在数学上与上式等价，计算起来又比较有效的公式，即：

$$S^2 = \frac{1}{n-1}(x_1^2 + x_2^2 + \cdots + x_n^2 - n\bar{x}^2)$$
$$= \frac{1}{n-1}\left(\sum_{i=1}^{n} x_i^2 - n\bar{x}^2\right) \tag{6-3}$$

如果测量值 x_i 全部靠近均值 $\bar{x}$，则优先选用这个等价的计算式来计算方差。

(3) 标准差

由方差的计算公式可知，方差的量纲是测量值量纲的平方，为使其量纲和均值相一致，则取其均方根差值，即标准差来说明测量值对均值的波动情况。所以，方差的平方根 S_D，称为标准差。对于均值为 $\bar{x}$ 的 n 个样本的测量值：x_1，x_2，$\cdots$，x_n，其标准差 S_D 的一般计算式为：

$$S_D = \left[\frac{1}{n-1}\left(\sum_{i=1}^{n} x_i^2 - n\bar{x}^2\right)\right]^{\frac{1}{2}} \tag{6-4}$$

(4) 抽样误差

抽样误差又称标准误差，即全部样本均值的标准差。在实际测量和统计分析中，总是以样本推测总体，而在一般情况下，样本与总体不可能完全相同，其差别就是由抽样引起的。抽样误差数值大，表明样本均值与总体均值的差别大；反之，说明其差别小，即均值的可靠性高。

概率论证明，当样本数据列的标准差为 S_D，样本容量为 n 时，则抽样误差 $S_{\bar{x}}$ 的计算式为：

$$S_{\bar{x}} = \frac{S_D}{\sqrt{n}} \tag{6-5}$$

由上式可知，均值的标准差 $S_{\bar{x}}$ 要比测量数据列的标准差 S_D 小 $\sqrt{n}$ 倍。当测量方法一定时，样本容量愈多，则测量结果精度愈高。因此，在可能范围内增加样本容量，可以提高测量结果的精度。

(5) 百分位数

人体测量的数据常以百分位数 P_k 作为一种位置指标、一个界值。一个百分位数将群体或样本的全部测量值分为两部分，有 $K\%$ 的测量值小于和等于它，有 $(100-K)\%$ 的测量值大于它。例如在设计中最常用的是第 5 百分位数 P_5、第 50 百分位数 P_{50} 和第 95 百分位数 P_{95} 三种百分位数。其中第 5 百分位数代表"小"身材，是指有 5% 的人群身材尺寸小于此值，而有 95% 的人群身材尺寸均大于此值；第 50 百分位数表示"中"身材，是指大于和小于此人群身材尺寸的各为 50%；第 95 百分位数代表"大"身材，是指有 95% 的人群身材尺寸均小于此值，而有 5% 的人群身材尺寸大于此值。

在一般的统计方法中，并不一一罗列出所有百分位数的数据，而往往以均值 $\bar{x}$ 和标准差 S_D 来表示。虽然人体尺寸并不完全是正态分布，但通常仍可使用正态分布曲线来计算。因此，在人机工程学中可以根据均值 $\bar{x}$ 和标准差 S_D 来计算某百分位数人体尺寸，或计算某一人体尺寸所属的百分位数。

①求某百分位数人体尺寸。

当已知某项人体测量尺寸的均值为 $\bar{x}$，标准差为 S_D，需要求任一百分位的人体测量尺寸 x 时，可用下式计算：

$$x = \bar{x} \pm (S_D \times K) \tag{6-6}$$

式中，K 为变换系数，设计中常用的百分比值与变换系数 K 的关系如表 6.1 所示。

表 6.1 百分比与变换系数

百分比/%	K	百分比/%	K
0.5	2.576	70	0.524
1	2.326	75	0.674
2.5	1.960	80	0.842
5	1.645	85	1.036
10	1.282	90	1.282
15	1.036	95	1.645
20	0.842	97.5	1.960
25	0.674	99.0	2.326
30	0.524	99.5	2.576
50	0.000	—	—

当求 1%~50% 的数据时，式中取"-"号；当求 50%~99% 的数据时，式中取"+"号。

②求数据所属百分率。

当已知某项人体测量尺寸为 x_i，其均值为 $\bar{x}$，标准差为 S_D，需要求该尺寸 x_i 所处的百分率 P 时，按 $z=(x_i-\bar{x})/S_D$ 计算出 z 值，根据 z 值在有关手册中的正态分布概率数值表（见表 6.2）上查得对应的概率数值 p，则百分率 P 按下式计算：

$$P = 0.5 + p \tag{6-7}$$

表 6.2 正态分布表

Z	0	1	2	3	4	5	6	7	8	9
0.0	0.000 0	0.004 0	0.008 0	0.012 0	0.013 0	0.019 9	0.023 9	0.027 9	0.031 9	0.035 9
0.1	0.039 8	0.043 8	0.047 8	0.051 7	0.055 7	0.059 7	0.063 6	0.067 5	0.071 4	0.075 4
0.2	0.079 3	0.083 2	0.087 1	0.091 0	0.094 8	0.098 7	0.102 6	0.106 4	0.110 3	0.114 1
0.3	0.117 9	0.121 7	0.125 5	0.129 3	0.133 1	0.136 8	0.140 6	0.144 3	0.148 0	0.151 7
0.4	0.155 4	0.159 1	0.162 8	0.166 4	0.170 0	0.173 6	0.177 2	0.180 8	0.184 4	0.187 9
0.5	0.191 5	0.195 0	0.198 5	0.201 9	0.205 4	0.208 8	0.212 3	0.215 7	0.219 0	0.222 4
0.6	0.225 8	0.229 1	0.232 4	0.235 7	0.238 9	0.242 2	0.245 4	0.248 6	0.251 8	0.254 9
0.7	0.258 0	0.261 2	0.264 2	0.267 3	0.270 4	0.273 4	0.276 4	0.279 4	0.282 3	0.285 2
0.8	0.288 1	0.291 0	0.293 9	0.296 7	0.299 6	0.302 3	0.305 1	0.307 8	0.310 6	0.313 3
0.9	0.315 9	0.318 6	0.321 2	0.323 8	0.326 4	0.328 9	0.331 5	0.334 0	0.336 5	0.338 9
1.0	0.341 3	0.343 8	0.346 1	0.348 5	0.350 8	0.353 1	0.355 4	0.357 7	0.359 9	0.362 1
1.1	0.364 3	0.366 5	0.368 6	0.370 8	0.372 9	0.374 9	0.377 0	0.379 0	0.381 0	0.383 0
1.2	0.384 9	0.386 9	0.388 8	0.390 7	0.392 5	0.394 4	0.396 2	0.398 0	0.399 7	0.401 5
1.3	0.403 2	0.404 9	0.406 6	0.408 2	0.409 9	0.411 5	0.413 1	0.414 7	0.416 2	0.417 7
1.4	0.419 2	0.420 7	0.422 2	0.423 6	0.425 1	0.426 5	0.427 9	0.429 2	0.430 6	0.431 9
1.5	0.433 2	0.434 5	0.435 7	0.437 0	0.438 2	0.439 4	0.440 6	0.441 8	0.442 9	0.444 1
1.6	0.445 2	0.446 3	0.447 4	0.448 4	0.449 5	0.450 5	0.451 5	0.452 5	0.453 5	0.454 5
1.7	0.455 4	0.456 4	0.457 3	0.458 2	0.459 1	0.459 9	0.460 8	0.461 6	0.462 5	0.463 3
1.8	0.464 1	0.464 9	0.465 6	0.466 4	0.467 1	0.467 8	0.468 6	0.469 3	0.469 9	0.470 6
1.9	0.471 3	0.471 9	0.472 6	0.473 2	0.473 8	0.474 4	0.475 0	0.475 6	0.476 1	0.476 7
2.0	0.477 2	0.477 8	0.478 3	0.478 8	0.479 3	0.479 8	0.480 3	0.480 8	0.481 2	0.481 7
2.1	0.482 1	0.482 6	0.483 0	0.483 4	0.483 8	0.484 2	0.484 6	0.485 0	0.485 4	0.485 7
2.2	0.486 1	0.486 4	0.486 8	0.487 1	0.487 5	0.487 8	0.488 1	0.488 4	0.488 7	0.489 0

续表

Z	0	1	2	3	4	5	6	7	8	9
2.3	0.489 3	0.489 6	0.499 8	0.490 1	0.490 4	0.490 6	0.490 9	0.491 1	0.491 3	0.491 6
2.4	0.491 8	0.492 0	0.492 2	0.492 5	0.492 7	0.492 9	0.493 1	0.493 2	0.493 4	0.493 6
2.5	0.493 8	0.494 0	0.494 1	0.494 3	0.494 5	0.494 6	0.494 8	0.494 9	0.495 1	0.495 2
2.6	0.495 3	0.495 5	0.495 6	0.495 7	0.495 9	0.496 0	0.496 1	0.496 2	0.496 3	0.496 4
2.7	0.496 5	0.496 6	0.496 7	0.496 8	0.496 9	0.497 0	0.497 1	0.497 2	0.497 3	0.497 4
2.8	0.497 4	0.497 5	0.497 6	0.497 7	0.497 7	0.497 8	0.497 9	0.497 9	0.498 0	0.498 1
2.9	0.498 1	0.498 2	0.498 2	0.498 3	0.498 4	0.498 4	0.498 5	0.498 5	0.498 6	0.498 6
3.0	0.498 7	0.498 7	0.498 7	0.498 8	0.498 8	0.498 9	0.498 9	0.498 9	0.499 0	0.499 0
3.1	0.499 0	0.499 1	0.499 1	0.499 1	0.499 1	0.499 2	0.499 2	0.499 2	0.499 3	0.499 3
3.2	0.499 3	0.499 3	0.499 4	0.499 4	0.499 4	0.499 4	0.499 4	0.499 5	0.499 5	0.499 5
3.3	0.499 5	0.499 5	0.499 6	0.499 6	0.499 6	0.499 6	0.499 6	0.499 6	0.499 6	0.499 7
3.4	0.499 7	0.499 7	0.499 7	0.499 7	0.499 7	0.499 7	0.499 7	0.499 7	0.499 7	0.499 8
3.5	0.499 8	0.499 8	0.499 8	0.499 8	0.499 8	0.499 8	0.499 8	0.499 8	0.499 8	0.499 8
3.6	0.499 8	0.499 8	0.499 9	0.499 9	0.499 9	0.499 9	0.499 9	0.499 9	0.499 9	0.499 9
3.7	0.499 9	0.499 9	0.499 9	0.499 9	0.499 9	0.499 9	0.499 9	0.499 9	0.499 9	0.499 9
3.8	0.499 9	0.499 9	0.499 9	0.499 9	0.499 9	0.499 9	0.499 9	0.499 9	0.499 9	0.499 9
3.9	0.500 0	0.500 0	0.500 0	0.500 0	0.500 0	0.500 0	0.500 0	0.500 0	0.500 0	0.500 0

6.1.2 常用人体测量学数据

1) 我国成年人人体结构尺寸

2023年8月6日发布的《中国成年人人体尺寸》（GB/T 10000—2023）根据人因工程学要求提供了我国成年人人体尺寸的基础数据，它适用于工业产品设计、建筑设计、军事工业以及工业的技术改造、设备更新及劳动安全保护。

标准中共提供了52项静态尺寸和16项人体功能尺寸的统计值。标准中所列出的数据是法定中国成年人（男18～70岁，女18～70岁）人体尺寸，并按男女分开列表。在各类人体尺寸数据表中，除了给出工业生产中法定成年人年龄范围内的人体尺寸，同时还将该年龄范围分为四个年龄段：18～25岁（男、女）；26～35岁（男、女）；36～60岁（男、女）和61～70岁（男、女），且分别给出这些年龄段的各项人体尺寸数值。为了应用方便，各类数据表中的各项人体尺寸数值均列出其相应的百分位数。

（1）立姿人体尺寸

《中国成年人人体尺寸》（GB/T 10000—2023）给出了21个立姿人体尺寸，选取常见的成年人立姿人体尺寸，如表6.3所示。

表 6.3 立姿人体尺寸　　　　　　　　　　　　　　　　　　　　　　　　　　　　　　　　mm

项目	男（18~70岁）							女（18~70岁）					
百分位数/%	1	5	10	50	90	95	99	1	5	10	50	90	95	99
体重/kg	47	52	55	68	83	88	100	41	45	47	57	70	75	84
身高	1 528	1 578	1 604	1 687	1 773	1 800	1 860	1 440	1 479	1 500	1 572	1 650	1 673	1 725
眼高	1 416	1 464	1 486	1 566	1 651	1 677	1 730	1 328	1 366	1 384	1 455	1 531	1 554	1 601
肩高	1 237	1 279	1 300	1 373	1 451	1 474	1 525	1 161	1 195	1 212	1 276	1 345	1 366	1 411
肘高	921	957	974	1 037	1 102	1 121	1161	867	895	910	963	1 019	1 035	1 070
手功能高	649	681	696	750	806	823	854	617	644	658	705	753	767	797
会阴高	628	655	671	729	790	807	849	618	641	653	699	749	765	798
胫骨点高	389	405	415	445	477	488	509	358	373	381	409	440	449	468
上臂长	277	289	296	318	339	347	358	256	267	271	292	311	318	332
前臂长	199	209	216	235	256	263	274	188	195	202	219	238	245	256
大腿长	403	424	434	469	506	517	537	375	395	406	441	476	487	508
小腿长	320	336	345	374	405	415	434	297	311	318	345	375	384	401
肩最大宽	398	414	421	449	481	490	510	366	377	384	409	440	450	470
肩宽	339	354	361	386	411	419	435	308	323	330	354	377	383	395
胸宽	236	254	265	299	330	339	356	233	247	255	283	312	319	335
臀宽	291	303	309	334	359	367	382	281	293	299	323	349	358	375
胸厚	172	184	191	218	246	254	270	168	180	186	212	240	248	265
上臂围	227	246	257	295	332	343	369	216	235	246	290	332	344	372
胸围	770	809	832	927	1032	1064	1123	746	783	804	895	1009	1042	1109
腰围	642	687	713	849	986	1 023	1.096	599	639	663	781	923	964	1 047
臀围	810	845	864	938	1 018	1 042	1 098	802	837	854	921	1 009	1 040	1 111
大腿围	430	461	477	537	600	620	663	443	470	485	536	595	617	661

（2）坐姿人体尺寸

《中国成年人人体尺寸》（GB/T 10000—2023）给出了13个坐姿人体尺寸，选取常见的成年人坐姿人体尺寸，如表6.4所示。

表 6.4 坐姿人体尺寸　　　　　　　　　　　　　　　　　　　　　　　　　　　　　　　　mm

项目	男（18~70岁）							女（18~70岁）					
百分位数/%	1	5	10	50	90	95	99	1	5	10	50	90	95	99
坐高	827	856	870	921	968	979	1 007	780	805	820	863	906	921	943
坐姿颈椎点高	599	622	635	675	715	726	747	563	581	592	628	664	675	697
坐姿眼高	711	740	755	798	845	856	881	665	690	704	745	787	798	823
坐姿肩高	534	560	571	611	653	664	686	500	521	531	570	607	617	636
坐姿肘高	199	220	231	267	303	314	336	188	209	220	253	289	296	314
坐姿大腿厚	112	123	130	148	170	177	188	108	119	123	137	155	163	173

续表

项目	男（18~70岁）							女（18~70岁）					
坐姿膝高	443	462	472	504	537	547	567	418	433	440	469	501	511	531
坐姿胭高	361	378	386	413	442	450	469	341	351	356	380	408	418	439
坐姿两肘间宽	352	376	390	445	505	524	566	317	338	352	410	474	491	529
坐姿臀宽	292	308	316	346	379	388	410	293	308	317	348	382	393	414
坐姿臀–胭距	407	427	438	472	507	518	538	396	416	426	459	492	503	524
坐姿臀–膝距	509	526	535	567	601	613	635	489	506	514	544	577	588	607
坐姿下肢长	830	873	892	956	1025	1045	1086	792	833	849	904	960	977	1015

（3）头部测量尺寸

《中国成年人人体尺寸》（GB/T 10000—2023）给出了8个头部人体尺寸，选取常见的成年人头部人体尺寸，如表6.5所示。

表 6.5 头部测量尺寸　　　　　　　　　　　　　　　　　　　　　　　　　　mm

项目	男（18~70岁）							女（18~70岁）					
百分位数/%	1	5	10	50	90	95	99	1	5	10	50	90	95	99
头宽	142	147	149	158	167	170	175	137	141	143	151	159	162	168
头长	170	175	178	187	197	200	205	162	167	170	178	187	189	194
形态面长	104	108	111	119	129	133	144	96	100	102	110	119	122	130
瞳孔间距	52	55	56	61	66	68	71	50	52	54	58	64	66	71
头围	531	543	550	570	592	600	617	517	528	533	552	571	577	591
头矢状弧	305	320	325	350	372	380	395	280	303	311	335	360	367	381
耳屏间弧（头冠状弧）	321	334	340	360	380	386	397	313	324	330	349	369	375	385
头高	202	210	217	231	249	253	260	199	206	213	227	242	246	253

（4）手部测量尺寸

《中国成年人人体尺寸》（GB/T 10000—2023）给出了6个手部人体尺寸，选取常见的成年人手部人体尺寸，如表6.6所示。

表 6.6 手部测量尺寸　　　　　　　　　　　　　　　　　　　　　　　　　　mm

项目	男（18~70岁）							女（18~70岁）					
百分位数/%	1	5	10	50	90	95	99	1	5	10	50	90	95	99
手长	165	171	174	184	195	198	204	153	158	160	170	179	182	188
手宽	78	81	82	88	94	96	100	70	73	74	80	85	87	90
食指长	62	65	67	72	77	79	82	59	62	63	68	73	74	77
食指近位宽	18	18	19	20	22	23	23	16	17	17	19	20	21	21
食指远位宽	15	16	17	18	20	20	21	14	15	15	17	18	18	19
掌围	182	190	193	206	220	225	234	163	169	172	185	197	201	211

(5) 足部测量尺寸

《中国成年人人体尺寸》（GB/T 10000—2023）给出了3个足部人体尺寸，选取常见的成年人足部人体尺寸，如表6.7所示。

表 6.7　足部测量尺寸　　　　　　　　　　　　　　　　　　　　　　　　mm

项目	男（18~70岁）							女（18~70岁）					
百分位数/%	1	5	10	50	90	95	99	1	5	10	50	90	95	99
足长	224	232	236	250	264	269	278	208	215	218	230	243	247	256
足宽	85	89	91	98	104	106	110	77	82	83	90	96	98	102
足围	218	226	231	247	263	268	278	200	207	211	225	240	245	254

2. 我国成年人人体功能尺寸

《中国成年人人体尺寸》（GB/T 10000—2023）标准中提供了工作空间设计用人体功能尺寸测量项目，动态人体测量通常是对手上肢、下肢、脚所及的范围以及各关节能达到的距离和能转动的角度进行测量。表6.8中提供了工作空间设计用功能尺寸。

表 6.8　工作空间设计用功能尺寸　　　　　　　　　　　　　　　　　　　mm

项目	男（18~70岁）							女（18~70岁）						
百分位数/%	1	5	10	50	90	95	99	1	5	10	50	90	95	99
上肢前伸长	729	760	774	822	873	888	920	640	693	709	755	805	820	856
上肢功能前伸长	628	654	667	710	758	774	808	535	595	609	653	700	715	751
前臂加手前伸长	403	418	425	451	478	486	501	372	386	393	416	441	448	461
前臂加手功能前伸长	291	308	316	340	365	374	398	269	284	291	313	338	346	365
两臂展开宽	1 547	1 594	1 619	1 698	1 781	1 806	1 864	1 435	1 472	1 491	1 560	1 633	1 655	1 704
两臂功能展开宽	1 327	1 378	1 401	1 475	1 556	1 582	1 638	1 231	1 267	1 287	1 354	1 428	1 452	1 509
两肘展开宽	804	827	839	878	918	931	959	753	770	780	813	848	859	882
中指指尖点上举高	1 868	1 948	1 986	2 104	2 228	2 266	2 338	1 740	1 808	1 836	1 939	2 046	2 081	2 152
双臂功能上举高	1 764	1 845	1 880	1 993	2 113	2 150	2 222	1 643	1 709	1 737	1 836	1 942	1 974	2 047
坐姿中指指尖点上举高	1 188	1 242	1 267	1 348	1 432	1 456	1 508	1 081	1 137	1 159	1 234	1 307	1 329	1 372
直立跪姿体长	581	612	628	679	732	749	786	610	621	627	647	668	674	689
直立跪姿体高	1 166	1 200	1 217	1 274	1 332	1 351	1 391	1 103	1 131	1 146	1 198	1 254	1 271	1 308
俯卧姿体长	1 922	1 982	2 014	2 115	2 220	2 253	2 326	1 826	1 872	1 897	1 982	2 074	2 101	2 162
俯卧姿体高	343	351	355	374	397	404	422	347	351	353	362	375	379	388
爬姿体长	1 128	1 161	1 178	1 233	1 290	1 308	1 347	1 097	1 117	1 127	1 164	1 203	1 215	1 241
爬姿体高	743	765	776	813	852	864	891	707	720	728	753	781	789	808

6.1.3 人体测量学数据的应用

只有在熟悉人体测量基本知识之后，才能选择和应用各种人体数据，否则有的数据可能被误读，如果使用不当，还可能导致严重的设计错误。另外，各种统计数据不能作为设计中的一般常识，也不能代替严谨的设计分析。因此，当设计中涉及人体尺度时，设计者必须掌握数据测量定义、适用条件、百分位的选择等方面的知识，才能正确应用有关数据。

1) 主要人体尺寸的应用准则

（1）最大最小准则

该准则要求根据具体设计的目的，选用最小或最大人体参数。例如，人体身高常用于通道和门的最小高度设计，为尽可能使所有人（99%以上）通过时不发生撞头事件，通道和门的最小高度设计应使用高百分位身高数据；而操作力设计则应按最小操纵力准则设计。

（2）可调性准则

对与健康安全关系密切或减轻作业疲劳的设计应按可调性准则设计。即在使用对象群体的 5%~95% 可调。例如，汽车座椅应在高度、靠背倾角、前后距离等尺度上可调。

（3）平均性准则

虽然平均这个概念在有关人使用的产品、用具设计中不太合理，但门拉手、锤子和刀的手柄等，用平均值进行设计更合理。同理，对于肘部平放高度设计由于主要目的是能使手臂得到舒适的休息，故选用第 50 百分位数据是合理的，对于中国人而言，这个高度在 14~27.9 cm。

（4）使用最新人体数据准则

所有国家的人体尺度都会随着年代、社会经济的变化而不同。因此，应使用最新的人体数据进行设计。

（5）地域性准则

一个国家的人体参数与地理区域分布、民族等因素有关，设计时必须考虑实际服务的区域和民族分布等因素。

（6）功能修正与最小心理空间相结合准则

有关标准公布的人体数据是在裸体（或穿单薄内衣）、不穿鞋的条件下测得的，而设计中所涉及的人体尺寸是在穿衣服、穿鞋甚至戴帽条件下的人体尺寸。因此，考虑有关人体尺寸时，必须给衣服、鞋、帽留下适当的余量，也就是应在人体尺寸上增加适当的着装修正量。所有这些修正量总计为功能修正量。于是，产品的最小功能尺寸可由下式确定：

$$X_{\min} = X_a + \Delta_f \tag{6-8}$$

式中，$X_{\min}$ 是最小功能尺寸（mm）；X_a 是第 a 百分位人体尺寸数据（mm）；Δ_f 是功能修正量（mm）。

功能修正量随产品不同而异，通常为正值，但有时也可能为负值。通常用实验方法求得功能修正量，但也可以通过统计数据获得。对于着装和穿鞋修正量可参照表 6.9 中的数据确定。对坐姿和立姿作业而言，作业时身体不可能保持直立状态，因此有关作业姿势修正量的常用数据是：立姿时的身高、眼高数据减 10 mm，坐姿时的坐高、眼高数据减 44 mm。考虑操作功能修正量时，应以上肢前展长为依据，而上肢前展长是后背至中指尖点的距离，因而对操作不同功能的控制器应做不同的修正。例如，按钮开关可减 12 mm；搬钮开关则减 25 mm。

表 6.9 正常人着装和穿鞋修成量值

项目	尺寸修正量/mm	修正原因
立姿高	25~38	鞋高
坐姿高	3	裤厚
立姿眼高	36	鞋高
坐姿眼高	3	裤厚
肩宽	13	衣
胸宽	8	衣
胸厚	18	衣
腹厚	23	衣
立姿臂宽	13	衣
坐姿臂宽	13	衣
肩高	10	衣（包括坐高 3 mm 及肩 7 mm）
两肘间宽	20	—
肩—肘	8	手臂弯曲时，肩肘部衣物压紧
臂—手	5	—
叉腰	8	—
大腿厚	13	—
膝宽	8	—
膝高	33	—
臀—膝	5	—
足宽	13~20	—
足长	30~38	—
足后跟	25~38	—

另外，为了克服人们心理上产生的"空间压抑感""高度恐惧感"等心理感受，或者为了满足人们"求美""求奇"等心理需求，在产品最小功能尺寸上附加一项增量，称为心理修正量。考虑了心理修正量的产品功能尺寸称为最佳功能尺寸，计算式为：

$$X_{opm} = X_a + \Delta_f + \Delta_p \tag{6-9}$$

式中，X_{opm} 是最佳功能尺寸（mm）；X_a 是第 a 百分位人体尺寸数据（mm）；Δ_f 是功能修正量（mm）；Δ_p 是心理修正量（mm）。心理修正量可用实验方法求得，一般通过被试主观评价表的评分结果进行统计分析，求得心理修正量。

(7) 姿势与身材相关联准则

劳动姿势与身材大小要综合考虑,不能分开。例如,坐姿或蹲姿的宽度设计要比立姿的大。

(8) 合理选择百分位和适用度准则

设计目标不同,选用的百分位和适应度也不同。常见设计和人体数据百分位选择归纳如下:

①凡净空高度类设计,一般取高百分位数据,常取第99百分位的人体数据以尽可能适应100%的人。

②凡间距类设计,一般取较高百分位数据,常取第95百分位的人体数据。

③凡属于可及距离类设计,一般应使用低百分位数据。例如,涉及伸手够物、立姿侧向手握距离、坐姿垂直手握高度等设计皆属于此类问题。

④座面高度类设计,一般取低百分位数据,常取第5百分位的人体数据。因为如果座面太高,大腿会受压,使人感到不舒服。

⑤隔断类设计,如果设计目的是保证隔断后面人的秘密性,应使用高百分位(第95或更高百分位)数据;反之,如果是为了监视隔断后的情况,则应使用低百分位(第5或更低百分位)数据。

⑥公共场所工作台面高度类设计,如果没有特别的作业要求,一般以肘部高度数据为依据,常取第5百分位数据。

2) 人体尺寸的应用方法

(1) 由身高计算人体尺寸

正常成年人人体各部分尺寸之间存在一定的比例关系,因而按正常人体结构关系,以站立平均身高为基数来推算各部分的结构尺寸是比较符合实际情况的。而且,人体的身高随着生活水平、健康水平等条件的提高而有所增长,如以平均身高为基数的推算公式来计算各部分的结构尺寸,能够适应人体结构尺寸的变化,而且应用也灵活方便。

根据《中国成年人人体尺寸》(GB/T 10000—2023)的人体基础数据,推导出我国成年人人体尺寸与身高 H 的比例关系,如图6.10所示,该图仅供计算我国成年人人体尺寸时参考。由于不同国家人体结构尺寸的比例关系是不同的,因而该图不适用于其他国家人体结构尺寸的计算。又因间接计算结果与直接测量数据间有一定的误差,使用时应考虑计算值是否满足设计的要求。

(2) 由体重计算体积

人体体积计算公式为:

$$V = 1.015W - 4.937 \tag{6-10}$$

式中,V 是人体体积(L);W 是人体体重(kg)。

(3) 身高尺寸在设计中的应用

人体尺寸主要决定人机系统的操纵是否方便和舒适宜人。因此,各种工作面的高度和设备高度,如操纵台、仪表盘、操纵件的安装高度以及用具的设置高度等,都要根据人的身高来确定。以身高为基准确定工作面高度、设备和用具高度的方法,通常是把设计对象分成各种典型类型,并建立设计对象的高度与人体身高的比例关系,以供设计时选择和查用。图6.11所示为以身高为基准的设备和用具的尺寸推算图,设备及用具的高度与身高的关系如表6.10所示。

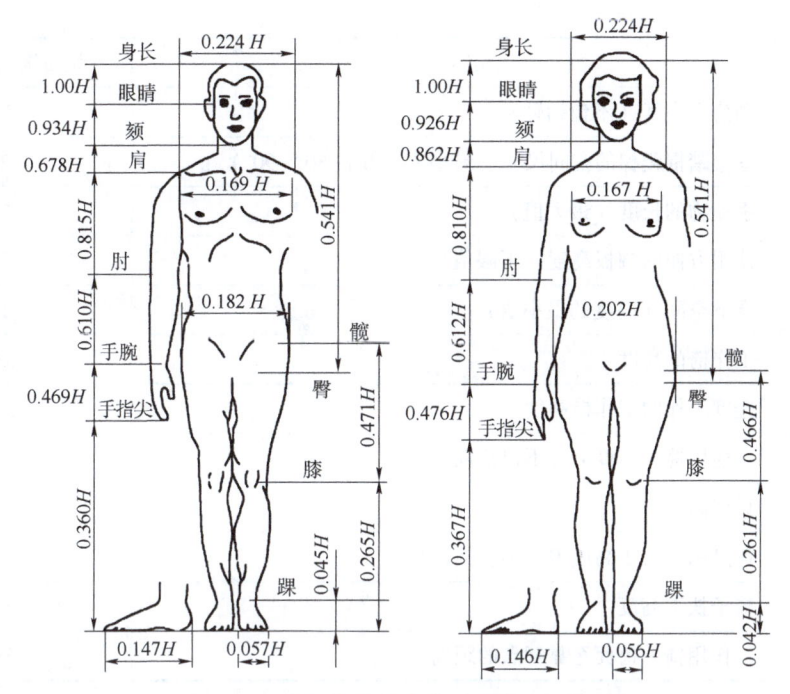

图 6.10 我国成年人人体尺寸的比例关系

表 6.10 设备及用具的高度与身高的关系

序号	定义	设备高与身高之比
1	举手达到的高度	4/3
2	可随意取放东西的搁板高度（上限值）	7/6
3	倾斜地面的顶棚高度（最小值，地面倾斜度为5°~15°）	8/7
4	楼梯的顶棚高度（最小值，地面倾斜度为25°~35°）	1/1
5	遮挡住直立姿势视线的搁板高度（下限值）	33/34
6	直立姿势眼高	11/12
7	抽屉高度（上限值）	10/11
8	使用方便的搁板高度（上限值）	6/7
9	斜坡大的楼梯的天棚高度（最小值，倾斜度为50°左右）	3/4
10	能发挥最大拉力的高度	3/5
11	人体重心高度	5/9
12	采取直立姿势时工作面的高度	6/11
13	坐高（坐姿）	6/11
14	灶台高度	6/19
15	洗脸盆高度	4/9

续表

序号	定义	设备高与身高之比
16	办公桌高度（不包括鞋）	7/17
17	垂直踏棍爬梯的空间尺寸（最小值，倾斜80°~90°）	2/5
18	手提物的长度（最大值）	3/8
19	使用方便的搁板高度（下限值）	3/8
20	桌下空间（高度的最小值）	1/3
21	工作椅的高度	3/13
22	轻度工作的工作椅高度	3/14
23	小憩用椅子高度 D（不包括鞋）	1/6
24	桌椅高差	3/17
25	休息用的椅子高度 D（不包括鞋）	1/6
26	椅子扶手高度	2/13
27	工作用椅的椅面至靠背点的距离	3/20

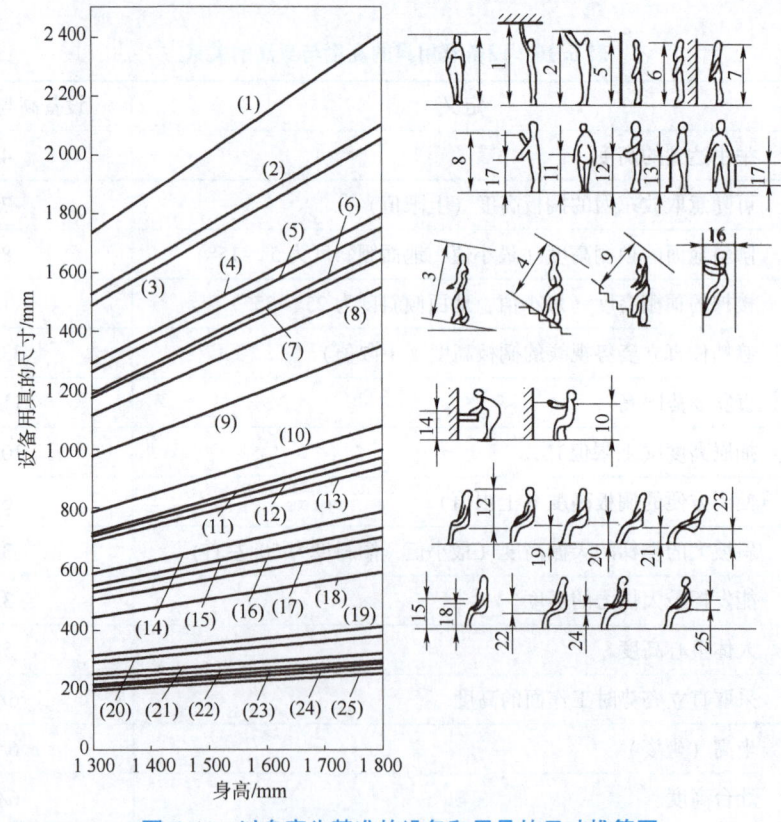

图 6.11　以身高为基准的设备和用具的尺寸推算图

(4) 人体尺寸应用的一般步骤

①确定所设计产品的类型。在涉及人体尺寸的产品设计中,设定产品功能尺寸的主要依据是人体尺寸百分位数,而人体尺寸百分位数的选用又与所设计产品的类型密切相关。在《在产品设计中应用人体尺寸百分位数的通则》(GB/T 12985—1991)标准中,依据产品使用者人体尺寸的设计上限值(最大值)和下限值(最小值)对产品尺寸设计进行了分类,产品类型的名称及其定义列于表 6.11 中。凡涉及人体尺寸的产品设计,首先应按该分类方法确认所设计的对象是属于其中的哪一类型。

表 6.11 产品尺寸设计分类

产品类型	产品类型定义	说明
Ⅰ型产品尺寸设计	需要两个人体尺寸百分位数作为尺寸上限值和下限值的依据	又称双限值设计
Ⅱ型产品尺寸设计	只需要一个人体尺寸百分位数作为尺寸上限值或下限值的依据	又称单限值设计
ⅡA型产品尺寸设计	只需要一个人体尺寸百分位数作为尺寸上限值的依据	又称大尺寸设计
ⅡB型产品尺寸设计	只需要一个人体尺寸百分位数作为尺寸下限值的依据	又称小尺寸设计
Ⅲ型产品尺寸设计	只需要第 50 百分位数(P_{50})作为产品尺寸设计的依据	又称平均尺寸设计

②选择人体尺寸百分位数。表 6.11 中的产品尺寸设计类型,按产品的重要程度又分为涉及人的健康安全的产品和一般工业产品两个等级。在确认所设计的产品类型及其等级之后,选择人体尺寸百分位数的依据是满足度。人机工程学设计中的满足度,是指所设计产品在尺寸上能满足多少人使用,通常以合适使用的人数占使用者群体的百分比表示。产品尺寸设计的类型、重要程度、满足度与人体尺寸百分位数的关系如表 6.12 所示。

表 6.12 人体尺寸百分位数的选择

产品类型	产品重要程度	百分位数的选择	满足度
Ⅰ型产品	涉及人的健康、安全的产品	选用 P_{99} 和 P_1 作为尺寸上、下限值的依据	98%
	一般工业产品	选用 P_{95} 和 P_5 作为尺寸上、下限值的依据	90%
ⅡA型产品	涉及人的健康、安全的产品	选用 P_{99} 和 P_{95} 作为尺寸上限值的依据	99%或95%
	一般工业产品	选用 P_{90} 作为尺寸上限值的依据	90%
ⅡB型产品	涉及人的健康、安全的产品	选用 P_1 和 P_5 作为尺寸下限值的依据	99%或95%
	一般工业产品	选用 P_{10} 作为尺寸下限值的依据	90%
Ⅲ型产品	一般工业产品	选用 P_{50} 作为产品尺寸设计的依据	通用
成年男、女通用产品	一般工业产品	选用男性的 P_{99}、P_{95} 或 P_{90} 作为尺寸上限值的依据	通用
		选用女性的 P_1、P_5 或 P_{10} 作为尺寸下限值的依据	

表 6.12 中给出的满足度指标是通常选用的指标，特殊要求的设计，其满足度指标可另行确定。设计者当然希望所设计的产品能满足特定使用者总体中所有的人使用，尽管这在技术上是可行的，但在经济上往往是不合理的。因此，满足度的确定应根据所设计产品使用者总体的人体尺寸差异性、制造该类产品技术上的可行性和经济上的合理性等因素进行综合优选。还需要说明的是，在设计时虽然确定了某一满足度指标，但用一种尺寸规格的产品却无法达到这一要求，在这种情况下，可考虑采用产品尺寸系列化和产品尺寸可调节性设计解决。

③确定功能修正量。有关人体尺寸标准中所列的数据是在裸体或穿单薄内衣的条件下测得的，测量时不穿鞋或穿着纸拖鞋。而设计中所涉及的人体尺度应该是在穿衣服、穿鞋甚至戴帽条件下的人体尺寸。因此，考虑有关人体尺寸时，必须给衣服、鞋、帽留下适当的余量，也就是在人体尺寸上增加适当的着装修正量。其次，在人体测量时要求躯干为挺直姿势，而人在正常作业时，躯干则为自然放松姿势，为此应考虑由于姿势不同而引起的变化量。此外，还需考虑实现产品不同操作功能所需的修正量。所有这些修正量的总计为功能修正量。功能修正量随产品不同而不同，通常为正值，但有时也可能为负值。通常用实验方法求得功能修正量，但也可以从统计数据中获得。对于着装和穿鞋修正量可参照表 6.13 中的数据确定。对姿势修正量的常用数据是，立姿时的身高、眼高减 10 mm；坐姿时的坐高、眼高减 44 mm。考虑操作功能修正量时，应以上肢前展长为依据，而上肢前展长是后背至中指尖点的距离，因而对操作不同功能的控制器应做不同的修正，如对按钮开关可减 12 mm；对推滑板推钮、扳动扳钮开关则减 25 mm。

表 6.13　正常人着装身材尺寸修正值　　　　　　　　　　　　　　mm

项目	尺寸修正量	修正原因	项目	尺寸修正量	修正原因
站姿高	25~38	鞋高	两肘间宽	20	—
坐姿高	3	裤厚	肩—肘	8	手臂弯曲时，肩肘部衣物压紧
站姿眼高	36	鞋高	臂—手	5	—
坐姿眼高	3	裤厚	叉腰	8	—
肩宽	13	衣	大腿厚	13	—
胸宽	8	衣	膝宽	8	—
胸厚	18	衣	膝高	33	—
腹厚	23	衣	臀—膝	5	—
立姿臀宽	13	衣	足宽	13~20	—
坐姿臀宽	13	衣	足长	30~38	—
肩高	10	衣（包括坐高 3 和肩高 7）	足后跟	25~38	—

④确定心理修正量。为了克服人们心理上产生的"空间压抑感""高度恐惧感"等心理感受或者为了满足人们"求美""求奇"等心理需求，在产品最小功能尺寸上附加一项增

量，称为心理修正量。心理修正量也是用实验方法求得，一般是通过被试主观评价表的评分结果进行统计分析，求得心理修正量。

⑤产品功能尺寸的设定。产品功能尺寸是指为确保实现产品某一功能而在设计时规定的产品尺寸。该尺寸通常是以设计界限值确定的人体尺寸为依据，再加上为确保产品某项功能实现所需的修正量。产品功能尺寸有最小功能尺寸和最佳功能尺寸两种，具体设定的通用公式如下：

$$最小功能尺寸 = 人体尺寸百分位数 + 功能修正量 \quad (6-11)$$
$$最佳功能尺寸 = 人体尺寸百分位数 + 功能修正量 + 心理修正量 \quad (6-12)$$

6.2 人体模板

由于人体各部位的尺寸因人而异，而且人体的工作姿势随着作业对象和工作情况的不同而不断变化，因而要从理论上来解决人机相关位置问题是比较困难的。但是，若利用人体结构和尺度关系，将人体尺度用各种模拟人来代替，通过"机"与人体模型相关位置的分析，便可以直观地求出人机相对位置的有关设计参数，为合理布置人机系统提供可靠条件。

国外研究人机工程学历史较长的国家，如美国、日本等，在进行人机系统相关位置设计中，模拟人已成为有效的辅助设计手段。他们研制开发了成套的标准模拟人，主要有二维人体模板（即平面模拟人），其次是三维人体模型（即立体模拟人），平面的成套的标准模拟人已由专门的销售部门作为设计的辅助工具出售，为设计部门提供了极为方便的条件。

6.2.1 二维人体模板

目前，在人机系统设计中采用较多的是二维人体模板（简称人体模板）。这种人体模板是根据人体测量数据进行处理和选择而得到的标准人体尺寸，利用塑料板材或密实纤维板等材料，按照 1∶1、1∶5 等常用设计比例制成人体各个关节均可活动的人体侧视模板，如图 6.12 所示。

图 6.12 表示坐姿时裸露人体（标准规定必须穿鞋）的侧视图，图中人身各肢体上标出的基准线用以确定关节调节角度，这些角度可以从人体模板上相应部位所设置的刻度上读出；头部标出的眼线表示人的正常视线；鞋上标出的基准线表示人的脚底线。人体模板可以在侧视图上演示关节的多种功能，但不能演示侧向外展和转动运动。模板上带有角刻度的人体关节调节范围，是指功能技术测量系统的关节角度，包括健康人在韧带和肌肉不超过负荷的情况下所能达到的位置，而不考虑那些虽然可能，但对劳动姿势来说超出了有生理意义的界限运动。由于人体模板中部分关节角度是根据有关专家们提供的经验数据设计的，并对一些关节结构（如 P_5）做了一定程度的简化，因而没有反映人体这一区域的生理作用，其背部外形也不能表示正常人体的腰

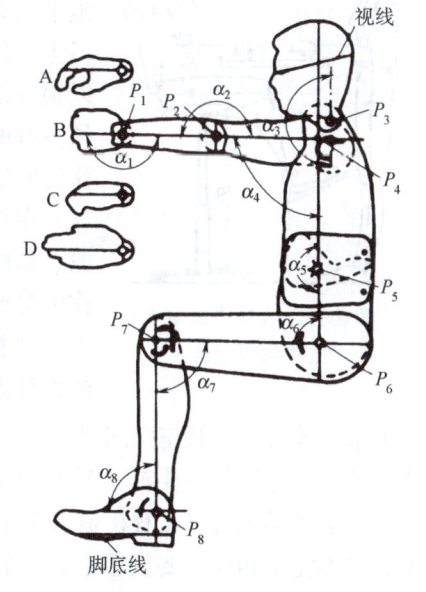

图 6.12 二维人体模板

曲弧形。所以，这种人体模板不适宜作为工作座椅靠背曲线的模型。表6.14列出了人体模板关节角的调节范围。

表6.14 人体模板关节角的调节范围

人体关节			调节范围	人体关节			调节范围
P_1	腕关节	α_1	140°~200°	P_5	腰关节	α_5	168°~195°
P_2	肘关节	α_2	60°~180°	P_6	髋关节	α_6	65°~120°
P_3	头/颈关节	α_3	130°~225°	P_7	膝关节	α_7	75°~180°
P_4	肩关节	α_4	0°~135°	P_8	脚关节	α_8	70°~125°

根据工作中手的姿势的不同，有下列几种手的姿势，可供选择使用：
①三指捏在一起的手，见图6.12中的A型。
②握住圆棒的手，手的横轴为垂直面，见图6.12中的B型。
③握住圆棒的手，手的横轴为水平面，见图6.12中的C型。
④伸开的手，见图6.12中的D型。

6.2.2 人体模板的应用

按人机工程学的要求，在设计机械、作业空间、家具、交通运输设备，特别是设计各种运动式机械时，对车身型式的选择、驾驶室空间的确定、显示与操纵机构的布置、驾驶座以及乘客座椅尺寸等方面的设计参数，都是以人体尺寸作为依据的。因而人体模板的应用十分广泛，主要可用于辅助制图、辅助设计、辅助演示或模拟测试等方面。

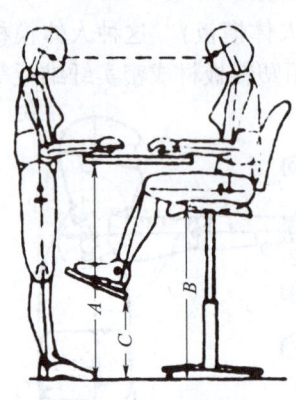

图6.13 人体模板用于工作系统设计

在设计人机系统时，人体模板是设计或制图人员考虑主要人体尺寸时有用的辅助手段。例如，生产区域中工作面的高度、坐平面高度和脚踏板高度是在一个工作系统中互相关联的数值，但主要是由人体尺寸和操作姿势决定的。如借助于人体模板可以很方便地得出在理想操作姿势下各种百分位的人体尺寸所必须占有的范围和调节范围，由此便很快确定或绘制出相应的工作台座椅和脚板等设计方案。其方法可通过图6.13说明。

在汽车、飞机、轮船等交通运输设备设计中驾驶室或驾驶舱、驾驶座以及乘客座椅等相关尺寸，也是由人体尺寸及其操作姿势或舒适的坐姿确定的。但是，由于相关尺寸非常复杂，人与"机"的相对位置要求又十分严格，为了使这种人机系统的设计能更好地符合人的生理要求，在设计中，可以采用人体模板来校核有关驾驶室空间尺寸、方向盘等操纵机构的位置、显示仪表的布置等是否符合人体尺寸与规定姿势的要求。图6.14是利用人体模板校核小汽车驾驶室设计的实例。

对于各类运行式工程机械，由于机种多、结构形式与工作条件多变，其操作装置与操作姿势也不完全相同，要从理论上确定操作者究竟采用何种姿势及其占有的作业空间，尚存在一定困难。因而在设计这类机械的驾驶室或控制室时，就可以把选定百分位数的人体模板放在设计图纸的相关部位上，来演示分析操作姿势的变化对操作空间和操纵机构布置所产生的影响；反之，借助于绘图板上的人体模板，也可以模拟测量座椅、显示装置、操纵机构等与人体操作姿势的配合是否属于最佳状态。图 6.15 是利用人体模板演示工程机械驾驶室设计的实例。

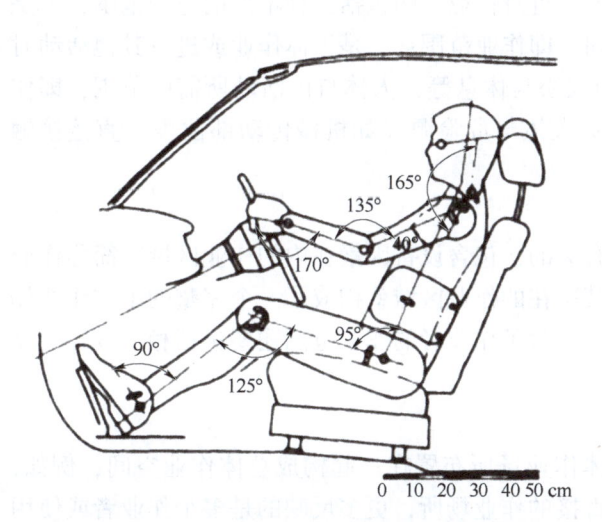

图 6.14　人体模板用于小汽车驾驶室设计

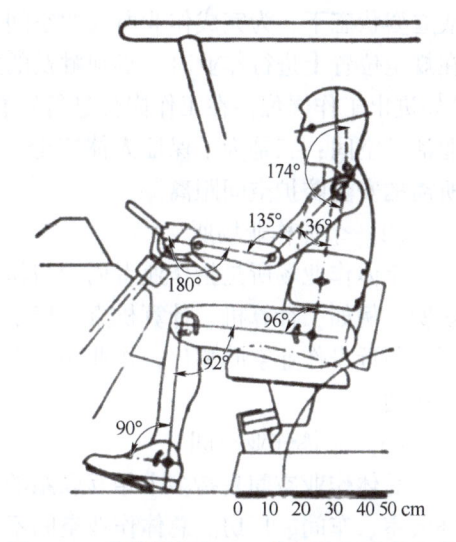

图 6.15　人体模板用于工程机械驾驶室设计

6.2.3　人体模板百分位数的选择

在应用人体模板进行辅助制图、辅助设计、辅助演示或模拟测试的过程中，选择人体模板的百分位数是很关键的问题。通常，必须根据设计对象的结构特征和设计参数来选择适当百分位数的人体模板。表 6.15 说明了人体模板百分位数的选择方法。

表 6.15　设计参数与人体模板百分位数的关系

结构特征	设计参数举例	选用人体模板百分位数
外部尺寸	手臂活动触及范围	应选用"小"身材，如第 5 百分位数
内部尺寸	腿、脚活动占有空间；人体头、手、脚等部位通过空间	应选用"大"身材，如第 95 百分位数
力的大小	操作力	应选用"小"身材，如第 5 百分位数
	断裂强度	应选用"大"身材，如第 95 百分位数

6.3　作业空间设计

6.3.1　作业空间设计概述

1）作业空间概述

人与机器结合完成生产任务是在一定的作业空间进行的。人、机器设备、工装以及被加工物所占的空间称为作业空间。为了设计方便，根据作业空间的大小以及各自的特点，可将其分为近身作业空间、个体作业场所和总体作业空间。

(1) 近身作业空间

近身作业空间是指作业者在某一固定工作岗位时，考虑人体的静态和动态尺寸，在坐姿或立姿状态下，为完成作业所及的空间范围。近身作业空间包括三种不同的空间范围，一是在规定位置上进行作业时，必须触及的空间，即作业范围；二是人体作业或进行其他活动时（如进出工作岗位，在工作岗位进行短暂的放松与休息等）人体自由活动所需的范围，即作业活动空间；三是为了保证人体安全，避免人体与危险源（如机械传动部位等）直接接触所需的安全防护空间距离。

(2) 个体作业场所

个体作业场所是指作业者周围与作业有关的、包含设备因素在内的作业区域，简称作业场所。例如，计算机、计算机桌、椅子及其所在的作业区域就构成了一个完整的个体作业场所。与近身作业空间相比，作业场所更复杂，除了作业者的作业范围还要包括相关设备所需的场地。

(3) 总体作业空间

总体作业空间是指多个相互联系的个体作业场所布置在一起构成总体作业空间，例如，办公室、车间、厂房。总体作业空间不是直接的作业场所，更多反映的是多个作业者或使用者之间作业的相互关系。

2) 作业空间设计

作业空间设计，从大的范围来讲，是指按照作业者的操作范围、视觉范围以及作业姿势等一系列生理、心理因素对作业对象、机器、设备、工具进行合理的空间布局，给人、物等确定最佳的流通路线和占有区域，提高系统总体可靠性和经济性。从小的范围来讲，就是合理设计工作岗位，以保证作业者安全、舒适、高效地工作。设计作业空间，主要是设计两个作业需求"距离"：一是"安全距离"，是为了防止碰到某物（一般是指较危险的东西）而设计的障碍物距离作业者的尺寸范围；二是"最小距离"，也就是确定作业者在工作时所必需的最小范围。

6.3.2 作业空间设计影响因素

1) 人体因素

(1) 人体测量学数据的运用

在作业空间设计时，人体测量数据的静态数据及动态尺寸都有其用处。针对不同情况还应不同对待（如不同年龄段、不同民族等），下面列出的数据运用步骤可作为设计参考：

①确定对于设计至关重要的人体尺度（如座椅设计中人的小腿加足高、坐深等）。

②确定设计对象的使用群体，以决定必须考虑的尺度范围（如成年女性或男性士兵及地域性群体差异等）。

③确定数据运用原则。运用人体测量学数据时，可按照以下三种原则进行设计：

a. 人体设计原则：即按照群体某特征的最大值或最小值进行设计。按最大值设计的例子，如支承件强度；按最小值设计的例子，如常用控制器的操纵力。

b. 可调设计准则：对于重要的设计尺寸给出范围，使作业群体中的大多数能舒适地操作或使用，运用的数据为第5百分位数至第95百分位数，如高度可调的工作椅设计。

c. 平均设计原则：尽管"平均人"的概念是错误的，但某些设计要素按群体特征的平均值进行考虑是比较合适的。

数据运用准则确定后，如有必要，还应选择合适的数据定位群体的百分位。查找与定位群体特征相符合的人体测量数据表，选择有关数据值。如有必要，对数据做适当的修正。群体的尺寸是随时间变化而变化的，有时数据的测量与公布相隔几年，差异会比较明显，所以应尽可能使用近期测得的数据。考虑测量衣着情况。一般情况下，标准人体测量学数据是在裸体或少着装的情况下进行测量的，设计时，为了确定实际使用的作业空间，必须充分考虑着装的容限。考虑人体测量学数据的静态和动态性质。作业域一般取决于作业者的臂长，但实际作业范围可以超出臂长所及区域，因为其中包含肩部和身躯的运动。对于不同的方位和不同的高度，作业范围是不一样的。必须注意的是，功能尺寸是针对特定的作业而言的，所以即使作业性质的差异很小（如操纵力），不同作业也具有不同的作业姿势和所需的空间。

2）人体视野及所及范围

在空间设计中尤其是作业空间的布局设计中，除了应满足人的操作范围要求外，人的视觉特性也是重要的因素之一。在作业中大多数信息是通过视觉来传递的，因此，观察对象的位置、眼睛的高度和视野所及的范围，是作业空间设计中协调人机关系必须考虑的重要问题。

（1）视野

在水平面内的视野是：双眼视区大约在左右各60°以内的区域，在这个区域里还包括字、字母和颜色的辨别范围，辨别字的视线角度为10°~20°；辨别字母的视线角度为5°~30°，在各自视线范围以外，字和字母模模糊糊，趋于消失。对于特定的颜色的辨别，视线角度为30°~60°。最敏锐的视力是在标准视线每侧1°的范围内。

在垂直平面的视野是：以标准视线水平为0°基准，则最大视区为视平线以上60°和视平线以下70°。颜色辨别界限为视平线以上30°，视平线以下40°。实际上人的自然视线是低于标准视线的，一般状态下，站立时自然视线低于水平线40°，坐着时低于水平线15°；在立姿松弛时，自然视线偏离标准线30°，在坐姿松弛时，自然视线偏离标准线38°。最佳观看展示物的视区在低于标准线30°的区域里。

作业者在操作时，其视野范围内不仅有操作对象，还有四周的作业环境，作业者在注视操作对象时，很容易受到环境的影响。所以实际视力范围小于上面所说的标准范围。在空间设计时，要充分考虑眼睛的适应性。

（2）主要视力范围

视力是眼睛分辨物体细微结构能力的一个生理尺度。正常人的视力范围比视野小，因为视力范围要求能迅速、清晰地看清目标细节的范围，所以只是视野的一部分。根据对物体视觉的清晰度，一般把视野分成三个主要视力范围区。

①中心视力范围（直视区）。人们通常所说的视力，是指视网膜中心窝处的视力，又称为中心视力。中心视力范围为1.5°~3°，其特点是对该区内的事物的视觉最为清晰。

②瞬间视力范围。瞬间视力范围的视角为18°，其特点是通过眼球的转动，在有限的时间内就能获得该区内物体的清晰形象。

③有效视力范围。有效视力范围的视角为30°，其特点是利用头部和眼球的转动，在该区内注视物体时，必须集中注意力方能有足够的清晰视觉。

有时,对被观察物体并不要求获得十分细致的清晰程度,所以注意力不必集中,视力也不紧张。此外,视力范围与被观察的目标距离有关。目标在 560 mm 处最为适宜,低于 380 mm 时会发生目眩,超过 760 mm 时,细节看不清楚。当观察目标需要转动头部时,左右均不宜超过 45°,上下也均不宜超过 30%。

视力范围的大小还随着年龄、观察对象的亮度、背景的亮度以及两者之间亮度对比度等条件的变化而变化。

(3) 眼高

人眼具有视觉特性,在目视工作中人眼的适应性至关重要。人眼适应性与人眼的高度及显示器、控制器的位置有关。显示器、控制器的配置应当满足人的视觉特性的要求。配置不当将引起作业者的视觉疲劳,从而导致作业的效率降低,安全和可靠性无法得到保障。

立姿眼高是从地面至眼睛的距离,在一般工业人口中,立姿眼高的范围为 1 470~1 750 mm。坐姿眼高是从座位面至眼睛的距离,其范围为 660~790 mm。两组数值均为正常衣着和身体姿势状态。这些尺寸是目视工作必须适应的眼高范围。

(4) 视觉运动规律

①眼睛沿水平方向运动比沿垂直方向运动快而且不易疲劳;一般先看到水平方向的物体,后看到垂直方向的物体。因此,很多仪表外形都设计成横向长方形。

②视线的变化习惯于从左到右、从上到下和顺时针方向运动。所以仪表的刻度方向设计也应遵循这一规律。

③人眼对水平方向尺寸和比例的估计比对垂直方向尺寸和比例的估计要准确得多,因而水平式仪表的误读率(28%)比垂直式仪表的误读率(35%)低。

④当眼睛偏离视中心时,在偏离距离相等的情况下,人眼对左上限的观察最优,依次为右上限、左下限,而右下限最差。视区内仪表的布置应考虑这一点。

⑤两眼的运动是协调的、同步的。在正常情况下不可能一只眼睛转动而另一只眼睛不动;在一般操作中,不可能一只眼睛视物而另一只眼睛不视物。因而通常都以双眼视野为设计依据。

3) 工作体位

正确的作业体位可以减少静态疲劳,有利于提高工作效率和工作质量。因此,在作业空间设计时,应能保证在正常作业时,作业者具有舒适、方便和安全的姿势。

(1) 决定工作体位和姿势的因素

操作者在作业过程中,通常采用坐姿、立姿、坐立交替相结合的姿势,也有一些作业采用跪姿和卧姿。在作业中使用良好的作业姿势可使作业者时刻处于轻松的状态。在确定作业姿势时,主要考虑以下因素:作业空间的大小和照明条件;作业负荷的大小和用力方向;作业场所各种仪器、机具和加工件的摆放位置;作业台高度及有没有容膝空间;操作时的起坐频率等。

尽量避免和减少的工作体位和姿势有:静止不动的立位,长时间或反复弯腰,身体左右扭曲或半坐位,经常一侧下肢承担体重,长时间双手或单手前伸等。

(2) 主要工作体位

①坐姿。坐姿是指身躯伸直或稍向前倾(倾角为 10°~15°),大腿平放,小腿一般垂直

于地面或稍向前倾斜着地，身体处于舒适状态的体位。

坐姿作业具有以下特点：不易疲劳，持续工作时间长；身体稳定性好，操作精度高；手脚可以并用作业；脚蹬范围广，能正确操作。

人体最合理的作业姿势就是坐姿。对于以下作业应采用坐姿作业：

a. 在坐姿操作范围内，短时作业周期需要的工具、材料、配件等都易于拿取或移动。

b. 不需用手搬移物品的平均高度超过工作面以上 15 cm 的作业。

c. 不需作业者施用较大力量，如搬动重物不得超过 4.5 kg。否则，应采用机械助力装置。

d. 在上班的绝大多数时间内从事精密装配或书写等作业。即精细而准确的作业；持续时间较长的作业；施力较小的作业；需要手、足并用的作业。

②立姿。立姿通常是指人站立时上体前屈角小于 30°时所保持的姿势。立姿作业的优点及缺点如下：

立姿作业的优点：可活动的空间增大；需经常改变体位的作业，立位比频繁起坐消耗能量少；手的力量增大，即人体能输出较大的操作力；减小作业空间，在没有坐位的场所，以及显示器、控制器配置在墙壁上时，立姿较好。

立姿作业的缺点：不易进行精确和细致的作业；不易转换操作；立姿时肌肉要做出更大的功来支持体重，容易引起疲劳；长期站立容易引起下肢静脉曲张等。

对于以下作业应采用立姿作业：

a. 作业空间不具备坐姿岗位操作所需的容膝空间时。

b. 作业过程中，常需搬移重量超过 4.5 kg 的物料时。

c. 作业者经常需要在其前方的高、低或延伸的可及范围内进行操作。

d. 要求操作位置是分开的，并需要作业者在不同的作业岗位之间经常走动。

e. 需作业者完成向下方施力的作业，如包装或装箱作业等。

即对于需经常改变体位的作业；工作地的控制装置布置分散，需手、足活动幅度较大的作业；在没有容膝空间的机台旁作业；用力较大的作业；单调的作业等，应采用立姿。

③坐、立交替。某些作业并不要求作业者始终保持立姿或坐姿，在作业的一定阶段，需交换姿势完成操作。这种作业姿势称为坐、立交替的作业姿势。采用这种作业姿势既可以避免由于长期立姿操作而引起的疲劳，又可以在较大的区域内活动以完成作业，同时稳定的坐姿可以帮助作业者完成一些较精细的作业。当然，并不是所有作业都可以采用坐、立交替的作业姿势，它只适合一些特殊的作业，如作业中需要重复前伸超过 41 cm 或高于 15 cm 的操作等。

4）人的行为特征

前面讨论的是人进行正常作业所必需的物理空间。实际上，人对作业空间的要求，还受社会和心理因素的影响。一般来说，人的心理空间要求大于操作空间要求。当人的心理空间要求受到限制时，会产生不愉快的消极反应或回避反应。因此，在作业空间设计时，必须考虑人的社会和心理因素。

低劣的作业场所设计会降低人机系统的作业效率，而作业空间设计者不考虑人与人之间的联系环节与作业者的社会要求，同样会影响作业者的效率、安全性与舒适感。

(1) 个人心理空间

个人心理空间是指围绕一个人并按其心理尺寸要求的空间。通常把心理空间分为四个范围,即紧身区 A(亲密距离)、近身区 B(个人距离)、社交区 C(社交距离)、公共区 D(公共距离),如图 6.16 所示。

①紧身区是最靠近人体的区域,一般不容许别人侵入,特别是 150 mm 以内的内层紧身区,更不允许侵入。

②近身区是同人进行友好交谈的距离,近身空间具有方向性。当干扰者接近作业者时,若无视线的影响,作业者的个人空间后面大于前面;若存在正面视线交错时,则前面大于后面。试验表明,受人直视或从背后接近被试所造成的不安感,大于可视而非直视条件下的接近。例如,当有人从正面接近某个体时,在较远处该个体即会感到不安;而如果从其后部接近,在该个体已感知的情况下,感受到侵犯的距离会稍短一些,从侧面接近时,感到不安的距离会更短。人们对正面要求较多,而对侧面要求较少。因此,有必要通过工作场所的布局设计,使工作岗位具有足够的、相对独立的个人空间,并预先对外来参观人员的通行区域做出恰当的规划。有些座椅的设计虽然考虑了人的舒适性和使用效率,但由于放置的位置和排列不当,总体使用效率并不高。例如,长排放置的多人座椅,中间不加分隔,即使落座者旁边有空位,人们通常也不愿意坐上去,如果加上扶手或隔开座椅,就可以提高座椅利用率。

③社交区是一般社交活动的心理空间范围,在办公室或家中接待客人一般保持在这一空间范围。

④社交区外为公共区,它超出个人直接接触交往的空间范围。影响个人心理空间大小的因素很多,如性别、环境、社会地位、地域等,在现代物质条件下个人空间难以得到完全的满足,经常由于人员堵塞,人们工作时难以处于良好的心理状态而影响工作效率。近期研究所提出的解决办法是给个体一定的布置作业场所的自由,使其能按自己的意愿安排工作空间,建立自己的心理地域,避免与他人互相干扰。例如,隔间式办公场所的设计、玻璃门的设计等就是基于这一思想,既方便了工作,又满足了作业者的心理空间需求。

与个人心理空间相对应的接触类型包括亲密距离、个人距离、射角距离和公共距离,具体数值如表 6.16 所示。

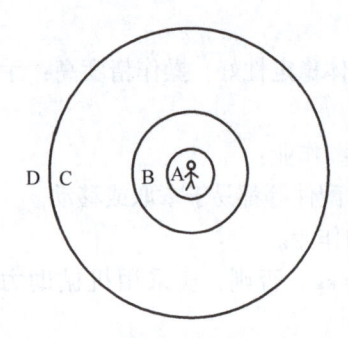

图 6.16 人身空间区域
A—紧身区;B—近身区;C—社交区;D—公共区

表 6.16 个人心理空间距离

接触类型	心理距离/mm
亲密距离	≤450
个人距离	>450~1 200
社交距离	>1 200~3 500
公共距离	>3 500~9 000

(2) 人的捷径反应和躲避行为

人的捷径反应是指人在日常生活中,为了图方便,采用最便捷的途径,直接指向目标的行为倾向。例如，伸手取物往往直接伸向物品，穿越空地走直线等。当发生危险时人类也有一些共同的躲避行为，如从众心理、左右躲避等行为。人的这种行为倾向在作业过程中常常是引起事故的原因。因此，在设计总体布局、通道、机器、堆放物时就应该提前考虑到。

5）作业姿势

由于工业生产中的工作任务和工作性质不同，在人机系统中人的作业姿势也各不相同，一般分为坐姿、立姿和坐立姿交替三类。作业姿势不同，其作业空间设计具有不同的特点。

（1）坐姿作业空间设计

坐姿作业是为从事轻作业、中作业且不要求作业者在作业过程中走动的工作而设计的作业姿势。坐姿作业空间设计主要包括工作台面、作业范围、容膝空间、椅面高度及活动余隙脚作业空间的尺寸设计。

（2）工作面高度和宽度

坐姿工作面的高度主要由人体参数和作业性质等因素决定。从人体力学的角度来看，作业者小臂接近水平或稍微下倾放在工作台面上而上臂处于自然悬垂状态，是最适宜的操作姿势。所以，一般把工作面高度设计在肘部以下 50~100 mm（轻作业，正常位置），但也要根据作业性质适当调整。例如，负荷较重时工作面的高度应低于正常位置 50~100 mm，以避免手部负重易于臂部施力；对于装配或书写这样的精细作业，作业台面高度要高于正常位置 50~100 mm，使眼睛接近操作对象，便于观察。表 6.17 列出了坐姿作业时工作台面高度的推荐值。

表 6.17 坐姿作业时工作台面高度的推荐值　　　　　　　　　　　　　　mm

工作类型	对男性的推荐高度	对女性的推荐高度
精密工作	900~1 100	800~1 000
轻作业	740~780	700~740
用力作业	680	650

工作台面宽度视作业功能要求而定。一般单供靠肘使用时，最小宽度为 100 mm，最佳宽度为 200 mm；仅当写字用时，最佳宽度为 400 mm；工作面板的厚度一般不超过 50 mm，以便保证大腿的容膝空间。

（3）作业范围

作业范围是作业者以立姿或坐姿进行作业时，手和脚在水平面和垂直面内所触及的最大轨迹范围。它分为水平作业范围、垂直作业范围和立体作业范围。其设计依据为动态和静态人体测量尺寸，同时，作业范围的大小受多种因素的影响，如手臂触及的方向、动作性质（如作业任务等）以及服装限制等。

①水平作业范围。

水平作业范围是指人坐在工作台前，在水平面上方便地移动手臂所形成的轨迹。它包括正常作业范围和最大作业范围。正常作业范围是指上臂自然下垂，以肘关节为中心，前臂做回旋运动时手指所触及的范围；最大作业范围是指人的躯干前侧靠近工作面边缘时，以肩峰点为轴，上肢伸直做回旋运动时手指所触及的范围。图 6.17 所示为巴恩斯（Barnes）1963 年和法雷（Farley）1955 年测得的数据。斯夸尔斯（Squires）认为，在前臂由里侧向外侧做回转运动时，肘部位置发生了一定的相随运动，手指伸及点组成的轨迹不是圆弧线而是外摆线。

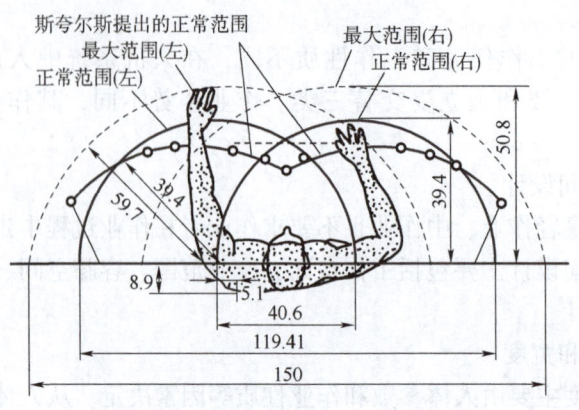

图 6.17 水平作业范围（单位：cm）

在正常作业范围内，作业者能够舒适愉快地工作。在最大作业范围内，静力负荷较大，长时间在此范围内操作，容易使人产生疲劳。

根据手臂的活动范围，作业空间的平面尺寸的设计原则如下：

a. 按照 95% 的人满意原则。
b. 将常使用的控制器、工具工件放在正常作业范围之内。
c. 将不常使用的控制器、工具放在正常范围和最大范围之间。
d. 将特殊的、易起危害的装置布置在最大范围之外。

② 垂直作业范围。

从垂直平面看，人体手臂最合适的作业区域是一个近似梯形的区域，如图 6.18 所示，设计时应根据人体尺寸和图中所示范围决定作业空间。

图 6.18 坐姿作业时手的垂直作业范围（单位：mm）

③立体作业范围。

立体作业范围指的是将水平和垂直作业范围结合在一起的三维空间。实际上，坐姿作业时，操作者的动作范围被限制在工作台面以上的空间范围，其作业范围为一立体空间，如图 6.19 所示。图 6.20 所示为坐姿立体空间作业范围。图中标示了手操作的近点、远点及最佳位置。

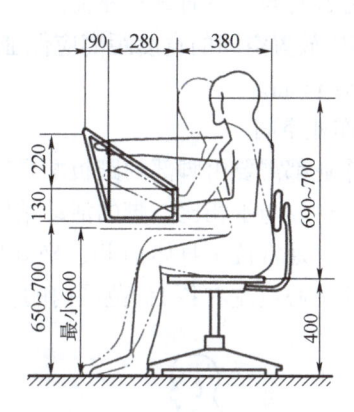

图 6.19　坐姿上肢运动范围　　　　图 6.20　坐姿立体空间作业范围（单位：mm）

坐姿工作面的适宜高度往往与座椅的高度密切相关。当使用的工作面较大，操作者的腿必须伸入工作面下方时，设计时必须考虑到工作面的厚度和使用者大腿的厚度。要使工作面的高度至少可让使用者的大腿能够伸入工作面的下面，如图 6.21 所示。由于人们在身体尺寸上存在着个体差异，高度固定的工作面很难适应不同身材的人使用。若能把工作面和座椅的高度设计成可以调节的，就可以使这个问题得到较好的解决。

a. 容膝、容脚空间。

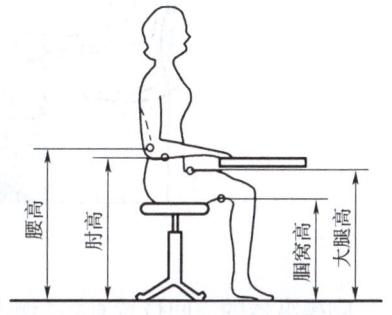

在坐姿工作台的设计过程中，还要考虑作业者在作业时腿脚都能有方便的姿势。因此，在工作台下部就要有足够的空间，这种在工作台下部容纳腿脚的区域称为容膝空间和容脚空间。表 6.18 给出了坐姿作业时的最小和最大的容膝空间尺寸，设计时可作为参考。

图 6.21　坐姿人体尺寸和工作面高度、座椅高度的关系示意图

表 6.18　容膝空间尺寸　　　　　　　　　　　　mm

尺寸部位	最小尺寸	最大尺寸
容膝孔宽度	510	1 000
容膝孔高度	640	680
容膝孔深度	460	660
大腿空隙	200	240
容腿孔深度	660	1 000

b. 椅面高度及活动余隙。

坐姿作业离不开座椅，因此设计坐姿作业空间要考虑座椅所需的空间及其人体活动需要改变座椅位置等余隙要求。

a）座椅的椅面高度一般略低于小腿高度，以便使全部脚掌着地支撑下肢重量，方便下肢移动，减小臀部压力，避免椅子前沿压迫大腿。

b）座椅放置空间的深度距离（台面边缘到固定壁面的距离），至少应在 810 mm 以上，以便作业者起身与坐下时移动座椅。

c）座椅放置空间的宽度距离应保证作业者能自由地伸展手臂，座椅的扶手至侧面的距离应大于 610 mm。

c. 脚作业空间。

许多作业都需要由脚部的踏板配合完成，踏板设计不合理会直接影响操作者的舒适度和动作的准确性。与手相比，脚的活动精度差很多，但操作力较大，因此，脚作业空间一般范围较小，并且通常位于身体前侧、坐高以下的区域（特殊作业姿态除外）。图 6.22 显示了脚偏离身体中心线左右各 15°范围内的作业空间示意图，深影区为脚的灵敏作业空间。

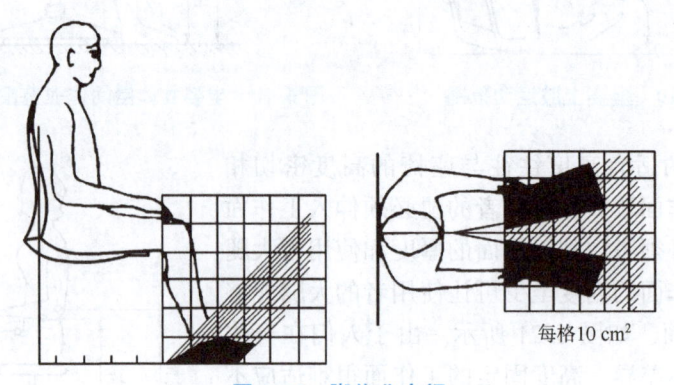

图 6.22 脚作业空间

脚操纵器的空间位置直接影响脚的施力和操纵效率。对于蹬力较大的脚操纵器，其空间位置应考虑到施力的方便性，使脚和整个腿在操作时形成一个施力单元。因此，大、小腿间的夹角应在 100°~135°范围内，以 120°为最佳，如图 6.23 所示。

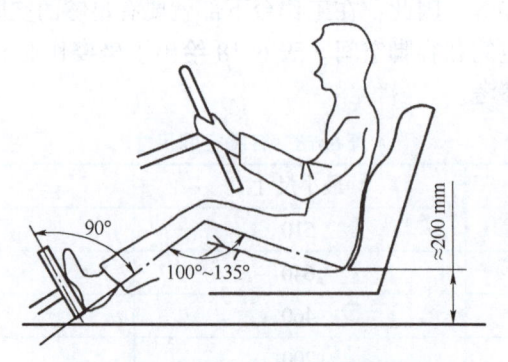

图 6.23 蹬力较大的脚操纵器作业空间

对于蹬力较小的脚操纵器，大、小腿间的夹角应在 105°~110° 范围内，如图 6.24 所示。

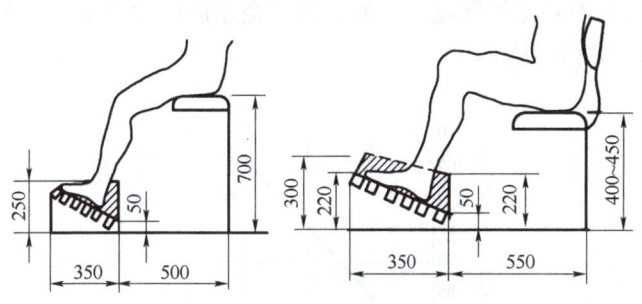

图 6.24　蹬力较小的脚操纵器作业空间（单位：mm）

（4）立姿作业空间设计
① 工作台面高度。

一般而言，人站立工作时较舒适的工作台面高度是比立姿肘关节高低 1~5 cm。我国男性站立时的平均肘高为 102 cm，女性为 96 cm，所以男性较合适的站立时的工作台面高度应为 92~97 cm，女性为 86~91 cm。但是人们站立工作时工作台面的高度还要根据工作性质适当调整，比如精密作业要求改善视力，应适当抬高工作台面的高度；重体力劳动要求较低的工作台面，以便于手部使劲。图 6.25 所示为工作台面调整的高度。

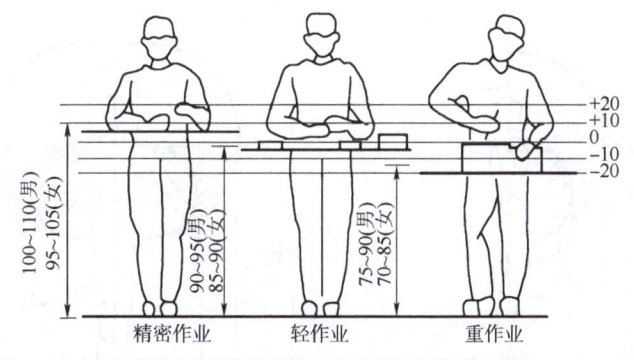

图 6.25　工作台面调整的高度（单位：cm）

表 6.19 给出了西方国家推荐的不同工作类型立姿时的工作台面高度。

表 6.19　立姿工作时推荐的工作台面高度　　　　　　　　　　　　　　cm

工作类型	对男性的推荐高度	对女性的推荐高度
精密工作	100~110	95~105
轻工作	90~95	85~90
重工作	75~90	70~85

由于中国人的平均身高比西方国家的平均身高要低 5 cm 左右，所以在采用上面的数据时应考虑到这一差异，否则采用的值可能偏高。此外，立姿作业工作台面的高度与身高成线性关系，如图 6.26 所示。

从理论上来讲，在设计立姿作业工作台面高度时稍高一点比稍低一点要好。因为如果工作台面高了可以通过放一块脚踏板来解决。而如果工作台面太低了，则只能通过人弯腰来解决。实际工作中有时会遇到这类问题。例如，有的企业进口的设备，工人工作时感到工作台太高，只有放置脚踏板才能工作。

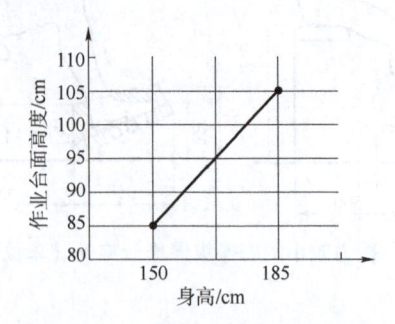

图 6.26 作业台面的高度与身高的关系

② 作业范围。

立姿水平作业范围与坐姿作业时基本相同，垂直作业范围要比坐姿的大一些，其中也分为正常作业范围和最大作业范围，同时有正面和侧面之分。具体如图 6.27 所示。最大可及范围是以肩关节为中心、臂的长度为半径（720 mm）所画的弧；最大可抓取作业范围，是以 600 mm 为半径所画的圆弧；最舒适的作业范围是半径为 300 mm 左右的圆弧。身体前倾时半径可增加到 400 mm。垂直作业范围是设计控制台、配电板、驾驶盘和确定控制位置的基础。

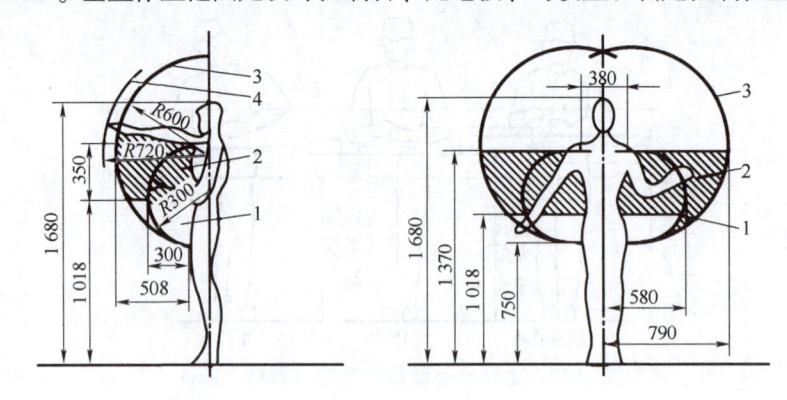

图 6.27 立姿作业的作业范围（单位：mm）

1—最舒服的作业范围；2—较有利的作业范围；3—最大抓取范围；4—最大可及范围

③ 工作活动预隙。

立姿作业时，人的活动性较大，为保证作业者操作自由、动作舒展，必须使操作者有一定的活动余隙，并应尽量大一些，具体尺寸可参照表 6.20 设计。

表 6.20 立姿作业活动余隙设计参考尺寸　　　　　　　　　　　　　　　　　　　　mm

余隙类型	最小值	推荐值
站立用空间（工作台至身后墙壁的距离）	760	910
身体通过的宽度	510	810
身体通过的深度（侧身通过的前后间距）	330	380
行走空间宽度	305	380

续表

余隙类型	最小值	推荐值
容膝空间	200	—
容脚空间	150×150	—
过头顶余隙	2 030	2 100

（5）立姿作业空间垂直方向布局设计

立姿作业空间在垂直方向可划分为5段，根据人体作业时的特点，不同高度上设计的作业内容不同，具体设计尺寸可参照表6.21。

表6.21　立姿作业空间垂直方向布局尺寸　　　　　　　　　　　　　　mm

控制器种类	推荐值
报警装置	1 800
极少操纵的手控制器和不太重要的显示器	1 600~1 800
常用的手控制器、显示器、工作台面等	700~1 600
不宜布置控制器	500~700
脚控制器	0~500

（6）坐立姿交替作业空间设计

从生理学的角度来讲，一般推荐能够交替站着或坐着进行的工作，这是因为若一直站着人的腿部的负荷过重，使人感到劳累，而总是坐着人的运动量太小，易产生一些职业病。人在站着和坐着时对身体内部产生的压力是不同的，轮流站着和坐着工作，人体内的某些肌肉就像是轮流工作和休息一样。另外，许多学者认为，每次变换姿势都可以改善骨髓内营养的供应，这对人的身体也是有好处的。在设计坐立交替的工作面时，工作面的高度以立姿作业时工作面高度为准，为了使工作面高度适合坐姿操作，需要提供较高的椅子。椅子高度以68~78 cm为宜，同时一定要提供脚踏板，使人坐着工作时脚有休息的地方，否则人们很难工作持久。图6.28给出了坐立交替工位设计要求。

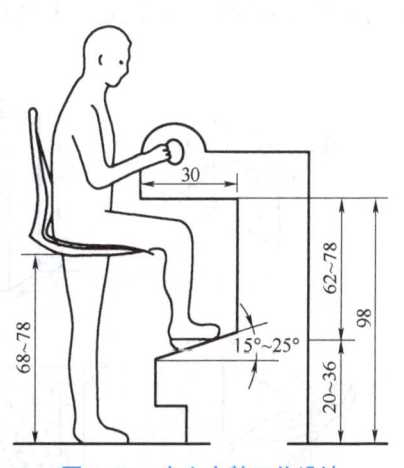

图6.28　坐立交替工位设计要求（单位：cm）

（7）其他作业姿势的作业空间设计

除了坐姿、立姿和坐立交替的作业外，还有许多特殊的要求限定了作业空间的大小，如环境、技术要求限定作业者的空间，或者一些维修工具的使用所要求的最小空间等，这些都是常遇到的作业空间设计问题。

受限作业是指作业者被限定在一定的空间内进行操作。虽然这些空间狭小，但设计时还必须满足作业者能正常作业。为此，要根据作业特点和人体尺寸设计其最小空间尺寸。图6.29所示为常见的受限作业的空间尺寸。

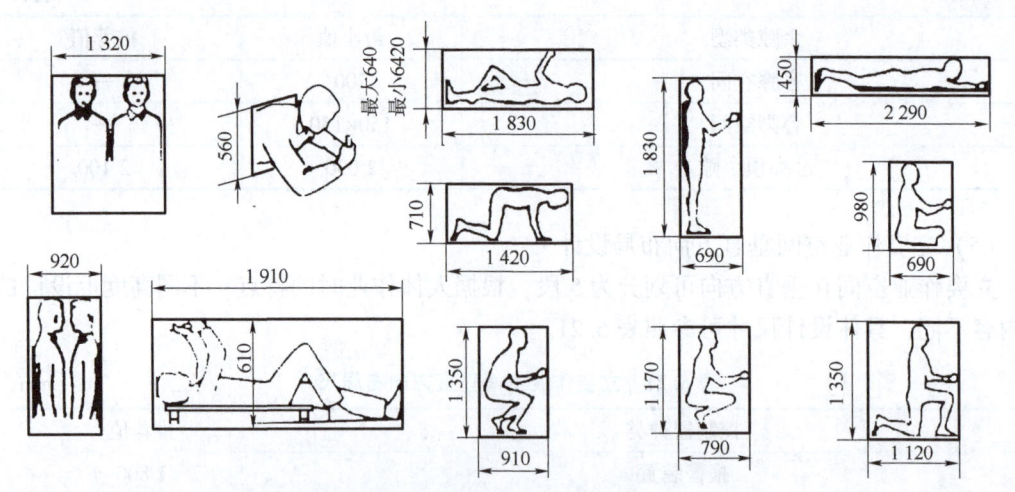

图 6.29　常见的受限作业的空间尺寸（单位：mm）

为防止作业空间太小，一般以第 95 百分位数以上的人体数据为设计依据，并适当考虑穿着服装进行作业等因素的要求。

除了受限作业空间外，还一些作业环境过于狭小，人员根本无法进入，只能允许人的上肢和一些维修工具、机器零件进入。这种用于设备维修的空间尺寸主要由上肢、零件和维修工具的尺寸和活动余隙决定。具体的设计尺寸可参照图 6.30 和图 6.31。

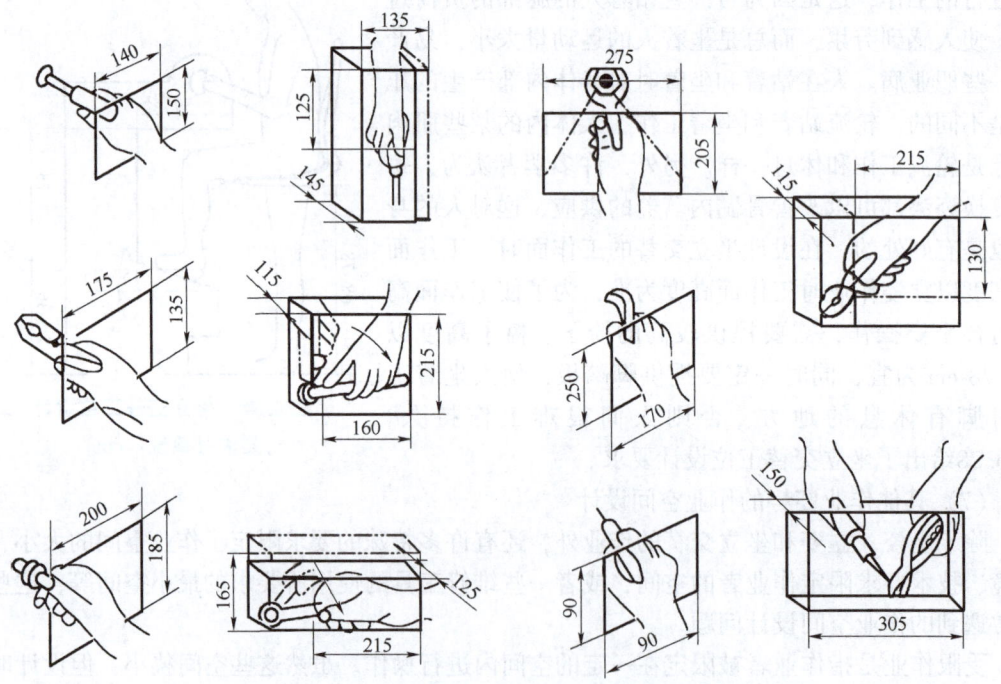

图 6.30　标准工具尺寸和使用方法限定的维修空间（单位：mm）

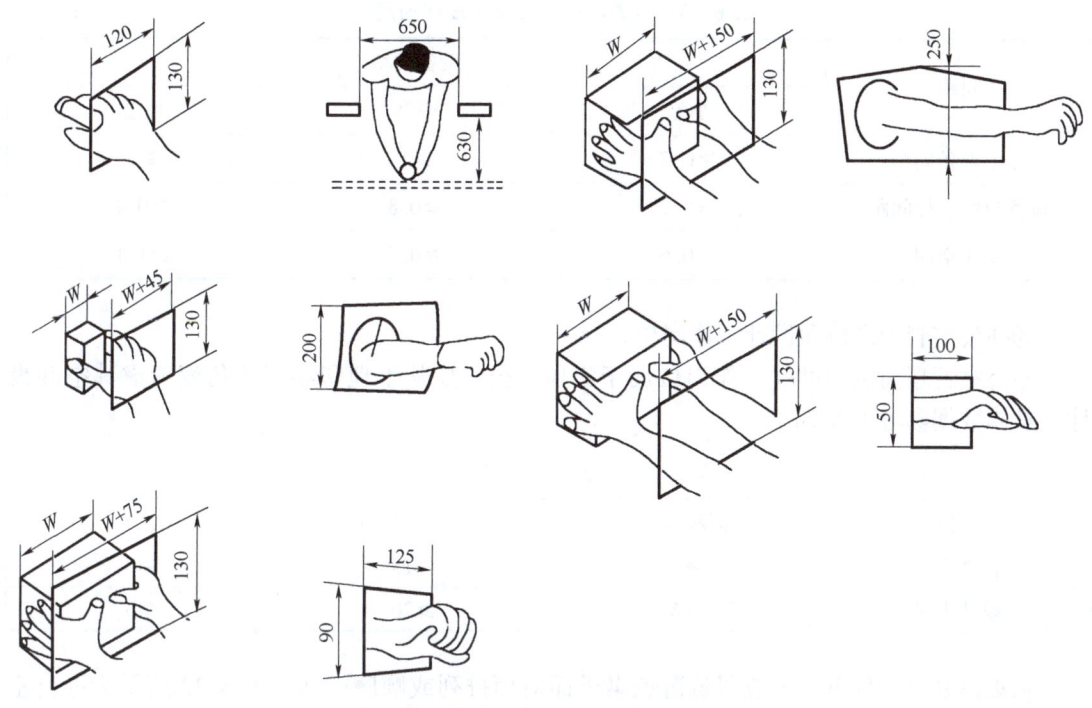

图 6.31 由上肢和零件尺寸限定的维修空间（单位：mm）

6）作业空间

作业空间的设计不仅包括与人体密切接触的空间设计，还包括周围工作环境的设计，只有设计较好的工作场所，才能使人—机—环境协调一致，满足工作任务所提出的特定要求。而工作场所的设计与工作任务的性质密切相关，作业场所性质不同，其空间设计具有不同特点。

（1）主要工作岗位的空间设计

① 工作间。

操作者的工作大多在工作间进行，为了使操作者活动自如，避免产生心理障碍和身体损伤，要求工作地面积大于 8 m²，每个操作者的活动面积应大于 1.5 m²、宽度大于 1 m。每个操作者的最佳活动面积为 4 m²。对于长时间在工作间工作的人员来说，其作业面积可参照表 6.22 中的数据。

表 6.22 工作间面积 m²

作业者	工作空间
坐姿作业者	≥12
不以坐姿为主的作业者	≥15
重体力作业者	≥18

② 机器设备与设施间的布局尺寸。

多台机器协同作业时，机器设备与设施布局间要保证足够的空间距离，其设计尺寸可参照表 6.23。此外，高于 2 m 的运输线路需要有牢固的防护罩。

表 6.23　机器设备与设施布局间的尺寸　　　　　　　　　　　　　　　　　m

间距	设备类型		
	小型	中型	大型
加工设备间距	≥0.7	≥1	≥2
设备与墙、柱间距	≥0.7	≥0.8	≥0.9
操作空间	≥0.6	≥0.7	≥1.1

③办公室管理岗位和设计工作岗位。

办公室管理岗位和设计工作岗位属于集体办公，应从生理和心理的角度考虑其空间设计，具体数据参考表 6.24。

表 6.24　办公室人员的空间尺寸

岗位	面积/m^2	活动空间/m^3	高度/m
管理人员	≥5	≥15	≥3
设计人员	≥6	≥20	≥3

在集体办公条件下，还应尽量避免桌子面对面排列或顺序排列。图 6.32 所示为办公室桌椅的空间布置示例。

(a)

(b)

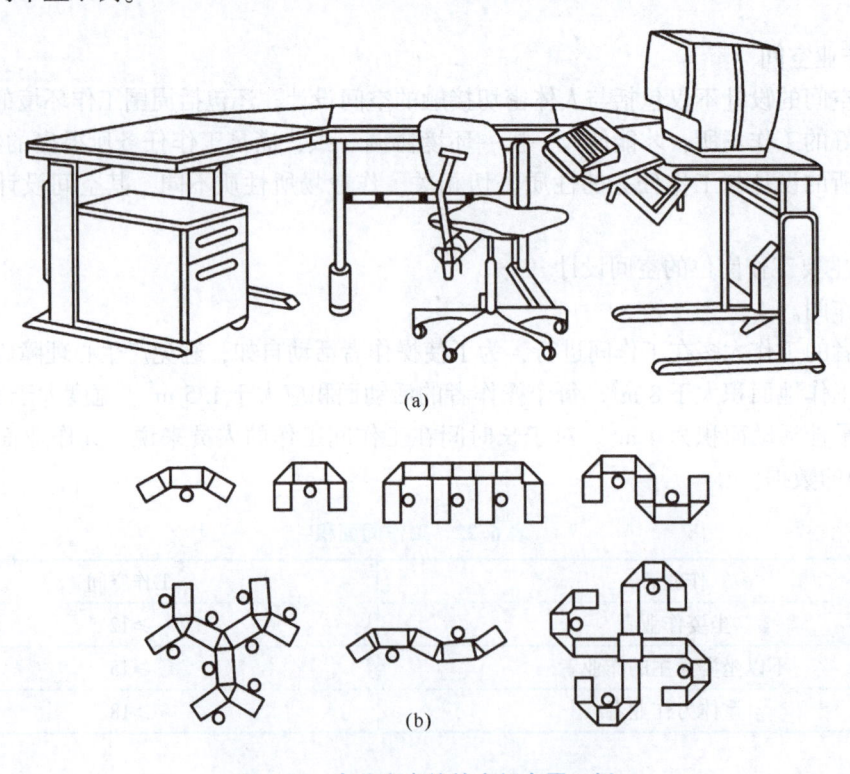

图 6.32　办公室桌椅的空间布置示例
（a）单人办公桌椅空间布置；（b）多人办公桌椅空间布置

(2) 辅助性工作场地的空间设计
① 出入口。
封闭的工作区域首先要有供人员和车辆日常通行的常规出入口。出入口的位置应保证畅通无阻，避免意外堵塞，其大小视具体使用情况而定。一般仅供人员出入的进出口应大于 810 mm×2 100 mm。封闭的工作场所还要有必要的应急出口，应急出口的设计既要保证人员的迅速撤离，又要考虑救援装备和防护服。应急出口的设计参数如表 6.25 所示。

表 6.25 应急出口的设计参数　　　　　　　　　　　　　　　　　　　　mm

出口形状	最小	最佳
矩形	405×610	510×710
正方形（边长）	460	560
圆形（直径）	560	710

② 通道和走廊。
工作区域经常存在一条或几条通道和走廊，其中有主通道和辅助通道，在设计它们的高度、宽度和位置时，都应考虑到该区域预定的人流和物流的大小和方向。通道和走廊的设计应遵循最小空隙的原则。图 6.33 所示为各种情况下通道的空间尺寸。

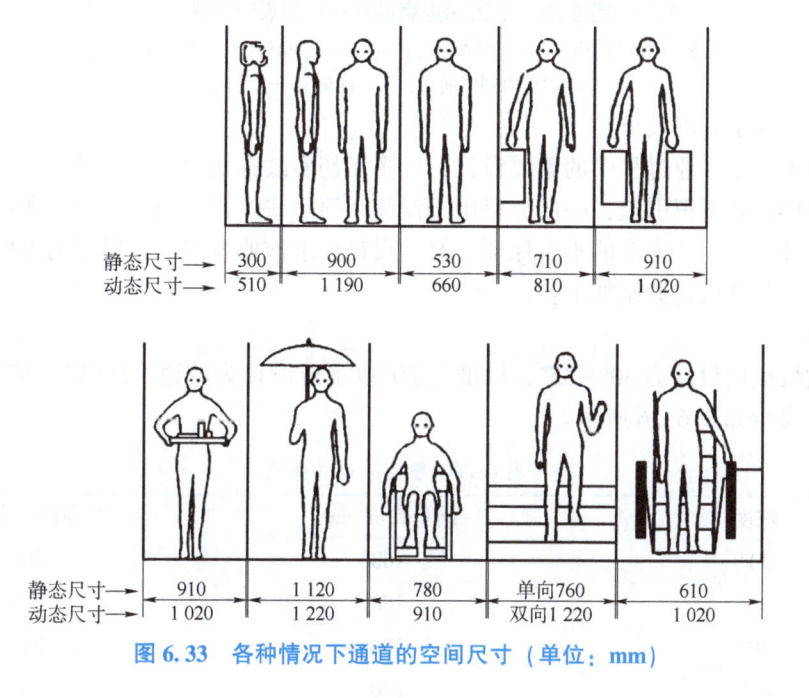

静态尺寸→ 300　900　530　710　910
动态尺寸→ 510　1 190　660　810　1 020

静态尺寸→ 910　1 120　780　单向760　610
动态尺寸→ 1 020　1 220　910　双向1 220　1 020

图 6.33 各种情况下通道的空间尺寸（单位：mm）

为了保证作业者在通道和走廊上安全通行，其设计还要遵循下列原则。
a. 通道和走廊应避免死角，在安排机器设备的工作场所，通道拐角的周围要保证视线良好，能看到周边情况。
b. 用流程图等直观形式标示通道结构流量等。
c. 在地面、墙壁顶棚等处设置导向标志。
d. 通道内应避免工人随意挪动设备，避免无意间合电闸等不安全的活动。

e. 保证通道畅通，避免生产设备伸向通道，避免将门开向通道。
f. 尽量设计双向通道，避免设计单向通道。

通道和走廊的最小空隙设计要求如图 6.34 所示。

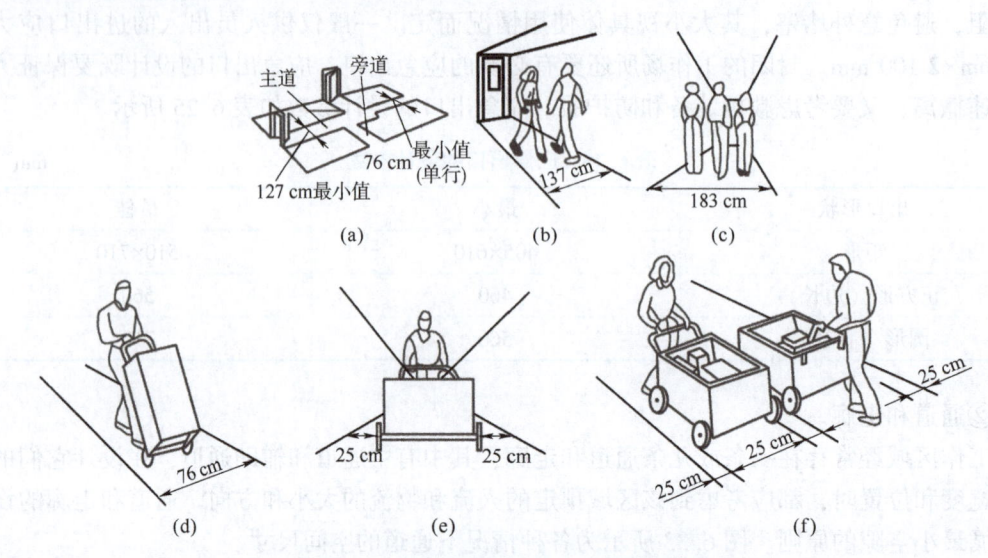

图 6.34 通道和走廊的最小空隙设计要求
（a）主道与旁道；（b）两人通行；（c）三人并肩；（d）双轮手推车；
（e）货车两侧留间隙；（f）两辆货车通行间隙

③楼梯、梯子和斜坡道。

楼梯和梯子是作业过程中的重要设施，许多工伤事故都是操作者从梯子上摔下来，其中不全是由于操作者不慎引起，一部分是由于设施太简陋或设计不当引起的。所以，好的楼梯或梯子的设计，是生产安全的重要保证。好的设计要求作业者减少踏错或为下跌者提供保持平衡的办法，具体设计原则如下：

a. 楼梯。

楼梯的坡度应设计为 30°~35°，坡度在 20°以下应设计为坡道，50°以上应该使用梯子。其具体设计参数如表 6.26 所示。

表 6.26 楼梯的设计参数

坡度	踏步高度/mm	踏脚板深度/mm
30°	160	280
35°	180	260
40°	200	240
45°	220	220
50°	240	200

为防止在楼梯上滑跌，踏板上应设计防滑面，一般用金属条、硬橡胶等，还要注意清理积水、积雪，时常养护。楼梯的边缘还要设计扶手栏杆，高度一般为 900~1 000 mm，扶手宽度或直径应小于 50 mm，以便抓握。楼梯的踏板和扶手以及周围的墙壁色彩还要搭配合理，使作业者视线集中，避免产生错觉。

b. 梯子。

常用的梯子有移动式和固定式两种，固定的梯子一般设计有扶手，称为登梯，其坡度为 50°~75°。移动的梯子一般可折叠，使用时应使其坡度大于 70°，以免出现滑移。梯子的坡度决定其踏步高度和踏板深度，坡度越大，踏板越浅，而踏步高度也越大，具体尺寸可参考楼梯的设计参数。

c. 斜坡道。

斜坡道是在作业区域连接两个不同高度作业面的地面通道，经常用于装卸货物、运输重物等。斜坡道的设计要考虑人的力量和安全性，一般对于手推车和运货车，坡度不能超过 15°，无动力时设计坡道要缓一些。坡道也要设计防滑表面，并在两边安装扶手，搬运设备还要设计制动装置。

(3) 平台和护栏

①平台。

在生产中，经常需要将作业者升至一定高度进行作业，这时就需要建立围绕工作区域或在工作区域的相关部分建立连续工作面，这种工作面称为平台。平台的设计要求负荷要大于实际负荷，并与相邻工作设备表面的高度差小于 50 mm，平台的尺寸应大于 910 mm× 700 mm，空间高度大于 1 800 mm，此外，还要在平台面板四周装踢脚板，高度应大于 150 mm。

②护栏。

当作业者的工作平台高于地面 200 mm 时，或为保证作业者远离危险部位，应该设计合理的护栏以保证作业者的安全，如图 6.35 所示。护栏的尺寸一般根据第 95 百分位数来设计，扶手的高度一般大于 1 050 mm，立柱间距应小于 1 000 mm，横杆间距应小于 380 mm，扶手的直径以 30~75 mm 为宜。护栏设计除了设计栏杆自身的间距外，还要设计栏杆与防护物间的距离，其距离关系如图 6.36 所示。

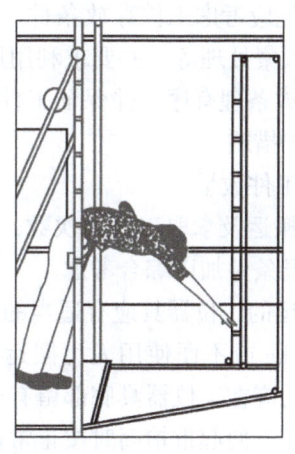

图 6.35 护栏的合理设计

(4) 工位器具

工位器具是生产中不可缺少的设备，用来放置零件、原材料或在制品等，工位器具的尺寸直接影响作业空间的布置。

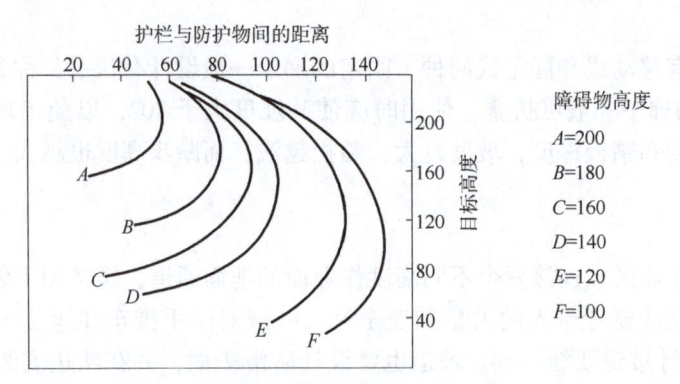

图 6.36　护栏与防护物的距离关系（单位：cm）

①工位器具的选用。

工位器具按其用途可分为通用和专用两种。通用的工位器具一般适用于单件小批生产；专用的工位器具一般适用于成批生产。

工位器具按其结构形式可分为箱式、托板式、盘式、筐式、吊式、挂式、架式和柜式等，选用方法如下：

　　a. 原材料毛坯等不需要隔离放置的工件可选用箱式和架式。
　　b. 大型零部件等可选用托板式。
　　c. 小工件、标准件等可选用盘式。
　　d. 需要酸洗、清洗、电镀或热处理的工件可选用筐式。
　　e. 细长的轴类工件可选用吊挂式、架式。
　　f. 贵重及精密件如工具、量具可选用柜式。

②工位器具设计要求。

　　a. 周转运输首先应考虑工件存放条件、使用的工序和存放数量，需防护部位及使用过程中残屑和残液的收集处理等，并要求利用周转运输和现场定置管理。
　　b. 应使工件摆放条理有序，并保证工件处于自身最小变形状态，需防止磕砸划伤的部位应采用加垫等保护措施。
　　c. 应便于统计工件数量。
　　d. 要减少物件搬运及拿取工件的次数，一次移动工件数量要多，但同时应对人体负荷操作频率和作业现场条件加以综合考虑。
　　e. 依靠人力搬运的工位器具应有适当的把手和手持部位。
　　f. 重量大于 25 kg 或不便使用人力搬运的工位器具应有供起重的吊耳、吊钩等辅助装置，需用叉车起重的应在工位器具底部留有适当的插入空间。起吊装置应有足够的强度并使其分布对称于重心，以便起重抬高时按正常速度运输不至于发生倾覆事故。
　　g. 应保证拿取工件方便并有效地节省容器空间。应按拿取工件时的手、臂、指等身体部位的伸入形式，留出最小入手空间。
　　h. 工位器具的尺寸设计要考虑手工作业时人的生理和心理特征及合理的作业范围。
　　i. 对需要身体贴近进行作业的工件器具，应在其底部留有适当的放脚空间。
　　j. 工位器具不得有妨碍作业的尖角、毛刺、锐边、凸起等，需堆码放置时应有定位装置以防滑落。带抽屉的工位器具在抽屉拉出一定行程的位置应设有防滑脱的安全保险装置。

③工位器具的使用和布置要求。

a. 放置的场所、方向和位置一般应相对固定，方便拿取，避免因寻找而产生走路、弯腰等多余动作。

b. 放置的高度应与设备等工作面高度相协调，必要时应设有自动调节升降高度的装置以保持适当的工作面高度。

c. 堆码高度应考虑人的生理特征、现场条件、稳定性和安全。

d. 带抽屉的工位器具应根据拉出的状态，在其两侧或正面留出手指、手掌和身体的活动距离。

e. 为便于使用和管理，应按技术特征用文字、符号或颜色进行编码或标识，以利于识别。

f. 编码或标识应清晰鲜明，位置要醒目，同类工位器具标识应一致。

6.3.3 作业空间设计一般要求

要设计一个合适的作业空间，不仅要考虑元件布置的造型与样式，还要顾及下列因素：操作者的舒适性与安全性；便于使用，避免差错，提高效率；控制与显示的安排要做到既紧凑又可区分；四肢分担的作业要均衡，避免身体局部超负荷作业；作业者身材的大小等。对大多数作业空间设计而言，由于要考虑身体各部分的关联与影响，从而必须基于功能尺寸做出设计。

1）近身作业空间设计应考虑的因素

（1）作业特点

作业空间的尺寸大小与构成特点，必须首先服从工作需要，要与工作性质和工作内容相适应。例如，体力作业比脑力作业的作业空间大得多；高温作业比常温作业的作业空间大等。

（2）人体尺寸

在很多工作中，作业空间设计需要参照人体尺寸数据。特别是一些作业空间受限制的环境，人体尺寸更是作业空间的设计依据。在空间设计中，有的要以使用者总体的第95百分位数的人体尺寸为依据，如房门的宽度；有的要以使用者总体的第50百分位数或平均人体尺寸为依据，如工作台面的高低。人体尺寸一般在不着装或只穿单衣条件下测量，而人们在工作中往往要穿工作服和防护服。这一点在作业空间设计时必须予以考虑。

（3）作业姿势

人们在工作中通常采用的姿势有三种，即坐姿、立姿和坐立交替结合姿势。采用不同的姿势需要占用的空间不同，如坐姿作业需要有容膝空间等。因而在设计时对操作者的作业姿势要有所考虑。

（4）个体因素

作业空间设计中还应考虑使用者的性别、年龄、体形和人种等因素。

（5）维修活动

在许多人机系统中，需要定期检修或更换机器部件。所以在工位设计和机器布置时应为维修机器的各种部件留出维修所必需的活动空间。

2) 作业场所布置原则

任何元件都可有其最佳的布置位置，它取决于人的感受特性、人体测量学与生物力学特性以及作业的性质。对于作业场所而言，因为显示器与控制器太多，不可能每一种设施都处于其本身理想的位置，这时必须依据一定的原则来安排。从人机系统的整体来考虑，最重要的是保证方便、准确的操作。据此可确定作业场所布置的总体原则。

（1）重要性原则

首先考虑操作上的重要性。最优先考虑的是实现系统作业的目标或达到其他性能最为重要的元件。一个元件是否重要往往根据它的作用来确定。有些元件可能并不频繁使用，却是至关重要的，如紧急控制器，一旦使用就必须保证迅速而准确。

（2）使用频率原则

显示器与控制器应按使用频率的大小依次排列。经常使用的元件应放在作业者易见易及的位置。

（3）功能原则

根据机器的功能进行布置，把具有相同功能的机器布置在一起，以便于操作者的记忆和管理。

（4）使用顺序原则

在设备操作中，为完成某动作或达到某一目标，常按顺序使用显示器与控制器。这时，元件则应按使用顺序排列布置，以使作业方便、高效，如起动机床、开启电源等。

在布置系统中各元件时，不可能只遵循一种原则。通常，重要性原则和使用频率原则主要用于作业场所内元件的区域定位阶段，而使用顺序原则和功能原则侧重于某一区域内各元件的布置。选择何种原则布置，往往是根据理性判断来确定的，没有很多经验可借鉴。1968 年，福勒（R. L. Fowler）和威廉姆斯（W. E. Williams）等曾对按照上述四条原则布置的控制器仪表板的操作绩效进行了比较研究。他们在每块试验板上布设 126 个控制器和显示器，结果显示，完成相同操作任务时，按使用顺序原则布置控制器和显示器的仪表板所耗用的时间最少。图 6.37 所示为按照不同原则布置控制器和显示器的模拟作业时间的关系。当然，对无固定和无相对固定操作顺序的器物，是无法运用此原则的。

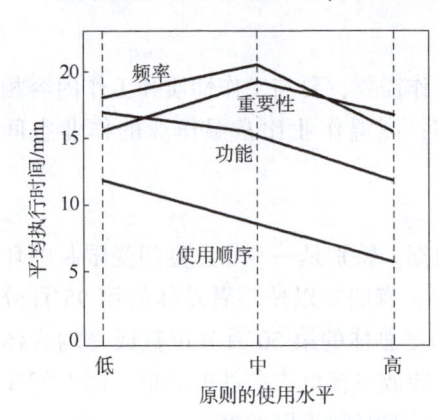

图 6.37 按照不同原则布置控制器和显示器的模拟作业时间的关系

3) 总体作业空间设计的依据

当多个作业者在一个总体作业空间工作时，作业空间的设计就不仅仅是个体作业场所内空间的物理设计与布置的问题，作业者不仅与机器设备发生联系，还和总体空间内其他人存在社会性联系。对生产企业来讲，总体作业空间设计与企业的生产方式直接相关。流水生产企业车间内设备按产品加工顺序逐次排列；成批生产企业同种设备和同种工人布置在一起。由此可见，企业的生产方式、工艺特点决定了总体作业空间内的设备布局，在此基础上，再根据人机关系，按照人的操作要求进行作业场所设计及其他设计。

总之，作业空间设计应以"人"为中心，首先考虑人的需求，为操作者提供舒适的作业条件，再把相关的设施进行合理的排列布置。作业空间设计内容比较多，本章主要介绍作业空间设计中的人体因素、不同性质作业场所的作业空间设计、不同作业姿势条件下的作业空间设计及座位设计。

6.3.4 作业空间设计一般步骤

一个好的作业空间应使作业者观察、操作都非常方便，且在长时间的工作过程中都不会感到单调、疲劳。对于简单的作业场所，这比较容易实现，但对复杂的作业空间，要设计一个舒适的作业空间并非易事。要得到一个完美的设计方案，须经过一系列不可少的设计步骤。其具体步骤如下。

1）作业场所及作业调查

要制定作业空间的设计目的和任务，对实际的调查研究是必不可少的，这一阶段工作的主要内容是：作业内容、作业过程、作业所需的工具和设备、作业的生产要求与环境要求等。作业者方面的调查有：工作人员群体的人体尺度、人体模型、培训要求等。

2）作业空间的初步设计方案

在完善作业空间的设计要求之后，进行初步方案设计，即空间的初步规划，依据生产作业程序进行人员及设备的布置。

3）空间模型

对于重要且复杂的作业空间设计（如电力调度中心控制室），作业空间设计模型是一种必要的辅助设计手段，它可以表现设计目的，也可以用于空间分析。

（1）比例模型

比例模型可以是二维的，也可以是三维的，用卡纸、胶合板等制作即可，模型评价的方法简单、经济、迅速。可被用来检验总体作业空间及场所布置是否合理，但不能对作业的动作、姿势、舒适性和宜人性等方面进行评价。

（2）模拟装置

较比例模型成本高且费时，但模拟装置更接近实际，作业者可以感受未来设备或场所的使用性能与舒适性。利用模拟装置，可以记录作业时各种空间尺度的实验结果，给合理的设计带来极大的便利。

（3）计算机辅助设计

通过计算机软硬件系统的虚拟仿真探讨作业空间的多种设计方案，可以避免人力物力的损耗，并可以从不同角度和位置评价作业空间或场所设计的合理性。

（4）设计论证与修改

对初步设计进行论证，对没体现设计要求的部分进行调整，对不足的地方进行补充，对空间的总体合理性进行验证。

（5）设计报告

设计报告是设计过程的全面描述，内容包括从作业空间设计概念的建立、问题的提出，到最终解决方法的表述，它也是设计的解释，用来表述设计师的设计思想及设计手段。

6.4 具体应用与挑战

6.4.1 在服装行业中的应用

随着信息化智能时代的到来,以及人体测量技术的发展与更新,服装业面临着新的挑战,对人体测量技术的准确把握,可以提高产品的核心竞争力,为服装智能化生产打下基础。

服装人体测量技术通常是采用不同测量方法来获取人体各部位的数值,服装人体测量技术主要包括接触式测量与非接触式测量两种,每种测量方法都有其相对应的应用领域,通过研究服装人体测量技术可以更加准确地把握人体形态特征,为制作合体服装提供参考。

1) 基于人体测量学的虚拟服装建模及试衣技术

在电子商务领域,服装销售公司可以利用现代网络技术实施新的营销策略,利用服装布料仿真技术方便消费者提前观看衣服试穿的三维效果,为消费者提供网络化的虚拟服装试穿与定制。在用户不用脱去自身衣服的情况下,实现个性化的服装试穿,并观察试穿效果,这种虚拟试衣的方式与普通试衣相比,不仅能够节约用户在商场排队等候试衣的时间,而且能够让用户在线上服装店中提前试穿衣服,进而降低退货率。而虚拟试衣技术的关键在于应用服装布料的仿真技术模拟出逼真形象的三维服装,这样才能更好地提高用户的虚拟试衣体验。

服装布料仿真是当今虚拟试衣系统中的关键技术,主要包括三维人体建模和三维服装布料仿真两个步骤。三维人体建模主要包括基于软件的人体建模、基于三维扫描的人体建模、基于人体照片信息的人体建模和基于人体测量学参数的人体建模四种建模方法。基于软件的人体建模是利用通用的建模软件来建立三维人体模型,将其存储为不同格式以便后期使用。基于三维扫描的人体建模是利用三维人体扫描设备获得人体表面点云数据,通过对点云数据处理建立三维人体模型。基于人体照片信息的人体建模是利用图像处理算法提取人体尺寸信息,生成人体模型。基于人体测量学参数的人体建模方法是利用人体的测量参数创建个性化的人体模型。三维服装布料仿真方法有多种,主要分为几何建模方法、物理建模方法和混合建模方法。几何建模方法是用几何方程表示布料的一些几何特性,使用数学方法来模拟复杂织物的形状和运动。物理建模方法把布料看作许多微小元素或粒子的合集,通过计算每个粒子相关的作用力来模拟三维服装布料。混合建模方法的主要思想是将几何建模方法和物理建模方法相结合。

虚拟试衣中服装布料仿真主要采用了将基于软件的人体建模方法与基于人体测量学参数的人体建模方法相结合创建个性化的人体模型,利用基于物理的建模方法仿真服装布料。

虚拟试衣系统的仿真过程如图 6.38 所示,仿真过程的实现步骤如下:

①读取 3DS 格式的三维人体模型,实现对人体模型的控制;

②根据 Spheres 碰撞包围盒的相关理论,参照人体模型的体型和体态,创建人体包围盒;

③应用基于物理建模法中的质点—弹簧模型和层次包围盒中的 Spheres 包围球相关理论,对布料进行碰撞检测与响应处理,根据布料初始化信息的不同可以利用人体包围盒生成不同款式的服装。

④将布料包裹到人体模型周围，仿真服装褶皱悬垂等物理特性，并多角度观察不同体型的人体模型虚拟试穿服装的三维效果。

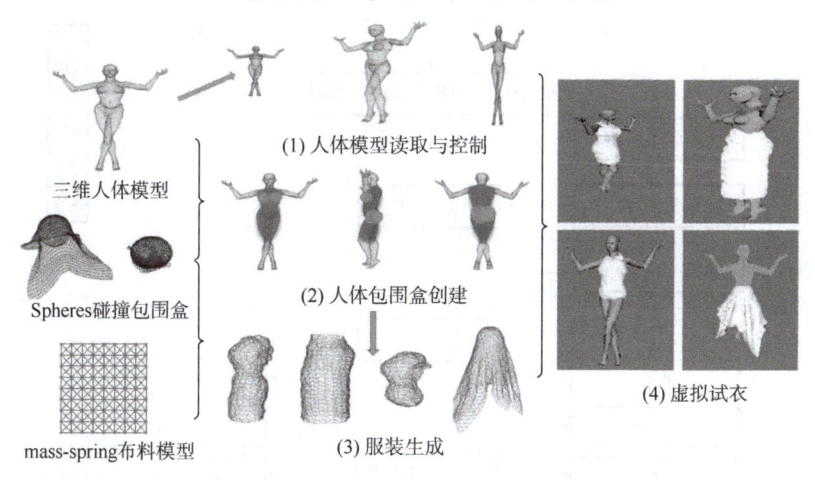

图 6.38　虚拟试衣系统的仿真过程

2) 基于人体二维图像的现代汉服规格自动设计

在中国电商行业发展日益成熟的大环境下，人们越来越倾向于网购汉服，而在网购汉服的过程中出现的"不合体"现象也屡见不鲜。对此，许多汉服品牌为满足消费者需求开展了网络汉服定制业务或尺码推荐业务，其中获取准确的人体数据是一大重要因素。手工测量以及当下大热的三维人体测量都存在相应弊端，并不适用于电子商务行业来改善这一问题。与此相比，二维非接触式测量技术较适用于该领域的发展，通过人体二维图像获取人体的三维尺寸，再进行各款汉服规格尺寸的输出，以此帮助消费者进行产品尺码的推荐或定制。

非接触式人体测量是目前现代化人体测量的常用技术之一，它在测量工具不直接接触被测者的条件下，对人体尺寸进行间接采集。非接触式人体测量技术结合了光电子学、计算机图形学、计算机视觉等前沿技术，使人体尺寸的获取更加快捷、方便，数据也更加准确。非接触式人体测量又分为非接触式三维人体测量和非接触式二维人体测量。

非接触式二维人体测量是指通过人体的二维图像，获得人体的相关二维特征尺寸（宽、厚方向），而后通过拟合等方法来获得人体的三围尺寸。国外基于非接触式二维测量技术所开发的系统主要有：德国 Tec Math 所研发的 Contour2dSystem，加拿大 VISMAGE SYSTEMS 有限公司设计生产的 BoSS-21 测量系统。近年来，国内在该领域内的研究与探索也逐步深入化，因而也衍生出了部分移动端系统，如易量体、智量体等 App。

非接触式二维人体测量技术目前的研究主要是在获取人体正面、侧面（或其他方向）的图像后，采用数字图像处理等相关技术提取人体各方向轮廓图，依据轮廓图来获取人体宽度、厚度等方向的二维尺寸，而后通过拟合等方法来获取围度尺寸。其一般实现路径主要总结为三步：

①基于人体图像提取人体轮廓；
②确定特征点并获取二维特征尺寸；
③基于二维特征尺寸拟合得到人体围度尺寸。

该系统的总体框架设计如图 6.39 所示。

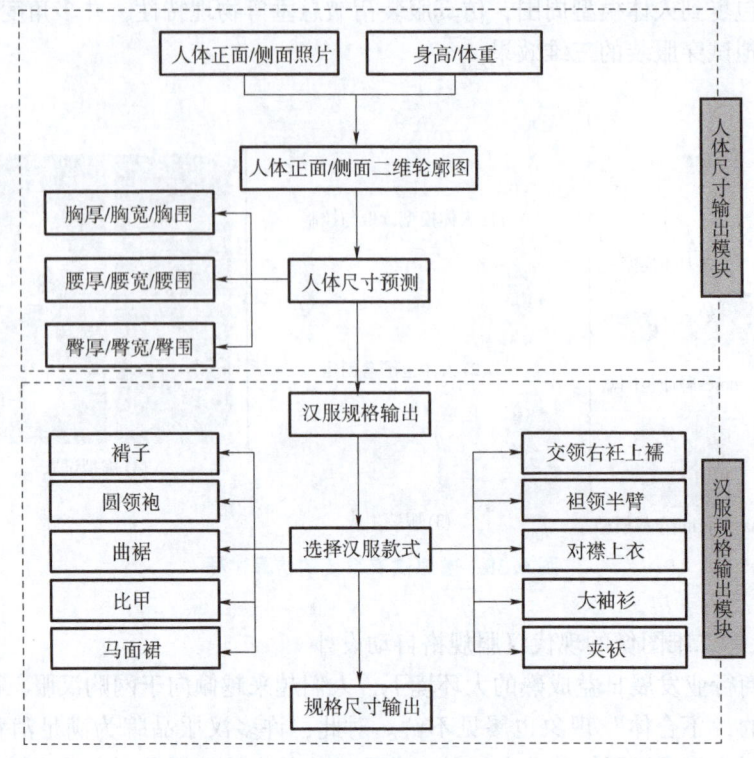

图 6.39　总体框架设计

6.4.2　在体育及其设施设计中的应用

1）基于人体测量学的广州市老年人社区运动健身设施研究

随着广州市的不断发展，传统的低密度西关大屋式居住模式逐渐减少，取而代之的是高密度的商品房和随之而来的城市社区，从而出现了越来越多的健身区域和健身设备，并受到越来越多人的喜爱，人们对社区运动健身设备的需求量也日益增加。然而，现有的运动健身设施设计尺寸标准都是以《中国成年人人体尺寸》（GB/T 10000—1998）为标准，不符合广州市老年人对健身设施的尺寸要求，无法为广州市老年人提供足够舒适的运动健身器材使用体验，无法让老年人得到有效的锻炼。图 6.40 所示为广州市老年人社区活动实拍。

图 6.40　广州市老年人社区活动实拍

(1) 人体尺寸测量

人体测量的方法主要有接触式人体测量、非接触式人体测量。其中接触式的测量方法就是传统的尺规测量，配合使用各种不同仪器对所需数据进行测量，所测即所得，能够直观有效地测得所需数据，但缺点是操作过程需要多次更换不同仪器测量不同项目。非接触式人体测量包括二维非接触人体测量、三维非接触人体测量技术，这类测量方法测量速度快，可以现场保存数据，后期再进行处理和验证。但是由于在测量过程中，人体姿势的改变会使人体某些部位轮廓发生变化，也存在扫描不到的地方，二维或三维测量法会有较大偏差，为数据采集带来不便。综合现有条件和对比上述几种测量方法后，本书选择传统的尺规测量。

(2) 人体关节活动度

关节活动度的测量方法同样有接触式和非接触式，本书选用接触式测量，即使用传统关节活动度测规仪和数码相机照相的测量方法。关节活动度测规仪由固定臂、活动臂和角度刻度盘组成，如图 6.41 所示。

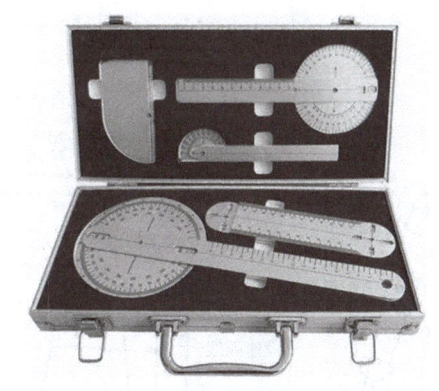

图 6.41 关节活动度测规仪

测量时，首先按照测量项目让被测老年人将肢体绕指定关节活动至最大角度，令固定臂保持与水平线或垂直线平行，然后将活动臂打开至与被测者弯曲或伸展后的肢体所平行的位置，读取角度刻度盘上的数值，即得到关节活动度。测量项目如表 6.27 所示。

表 6.27 关节活动度测量项目

身体部位	关节	活动
头至躯干	头部转动关节	低头、仰头 左歪、右歪 左转、右转
躯干	胸关节、腰关节	前弯、后弯 左弯、右弯 左转、右转
大腿至髋关节	髋关节	前弯、后弯 外拐、内拐
小腿至大腿	膝关节	前摆、后摆

续表

身体部位	关节	活动
脚至小腿	脚尖关节	上摆、下摆
脚至躯干	髋关节	外转、内转
上臂至躯干	肩关节	外摆、内摆 上摆、下摆 前摆、后摆
下臂至上臂	肘关节	弯曲、伸展
手至下臂	手腕关节	外摆、内摆 弯曲、伸展
手至躯干	肩关节、下臂	左转、右转

身体部位及关节名称可参考图 6.42。

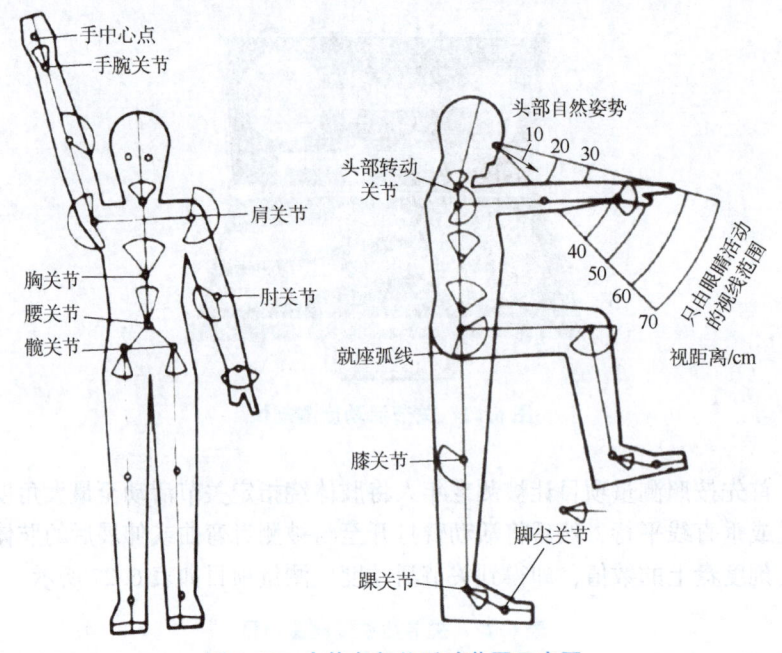

图 6.42 人体各部位活动范围示意图

(3) 人体尺寸百分位数应用准则

根据《在产品设计中应用人体尺寸百分位数的通则》(GB/T 12985—1991)，确定产品尺寸基本流程如图 6.43 所示。

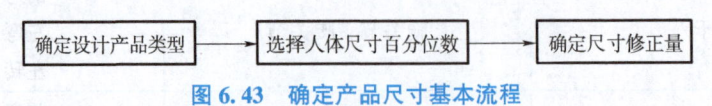

图 6.43 确定产品尺寸基本流程

《在产品设计中应用人体尺寸百分位数的通则》(GB/T 12985—1991) 根据所需人体尺寸百分位数作为上限或下限的个数，将产品尺寸设计分为Ⅰ型产品、Ⅱ型产品、ⅡA型产品、

ⅡB型产品、Ⅲ型产品。其设计分类如表6.28所示。

表6.28 产品尺寸设计分类

产品类型	产品类型定义	说明
Ⅰ型产品	需要两个人体尺寸百分位数作为尺寸上限值和下限值的依据	双限值设计
Ⅱ型产品	只需要一个人体尺寸百分位数作为尺寸上限值和下限值的依据	单限值设计
ⅡA型产品	只需要一个人体尺寸百分位数作为尺寸上限值的依据	大尺寸设计
ⅡB型产品	只需要一个人体尺寸百分位数作为尺寸下限值的依据	小尺寸设计
Ⅲ型产品	只需要第50百分位数作为尺寸设计的依据	平均尺寸设计

健身设施属于Ⅰ型产品，在确定产品类型后，要根据不同的满足度选择不同的人体尺寸百分位，选择标准如表6.29所示。

表6.29 人体尺寸百分位数的选择标准

产品类型	产品重要程度	百分位数选择	满足度
Ⅰ型产品	涉及人的健康、安全的产品一般工业产品	选用P_{99}和P_1作为尺寸上、下限的依据 选用P_{95}和P_5作为尺寸上、下限的依据	98% 90%
ⅡA型产品	涉及人的健康、安全的产品一般工业产品	选用P_{99}和P_{95}作为尺寸上限值的依据 选用P_{90}作为尺寸上限值的依据	99%或95% 90%
ⅡB型产品	涉及人的健康、安全的产品一般工业产品	选用P_1和P_5作为尺寸下限值的依据 选用P_{10}作为尺寸下限值的依据	99%或95% 90%
Ⅲ型产品	一般工业产品	选用P_{50}作为尺寸设计的依据	通用
成年男、女通用产品	一般工业产品	选用男性的P_{99}、P_{95}或P_{90}作为尺寸上限值的依据 选用女性的P_1、P_5或P_{10}作为尺寸下限值的依据	通用

在确定人体尺寸百分位数后，考虑到老年人实际体态、实际活动和健身功能实现的因素，要利用功能修正量和心理修正量对产品功能尺寸进行修正。

产品功能尺寸的设定计算方法如图6.44所示。

另外，还要根据保证使用者健康和安全的原则、降低生产成本以及简化加工制造的原则进行尺寸调整。

2）老年"再健康"设施中人机工程学理念的应用研究

人体数据是人机工程学中最基础的数据之一，同时人体数据也是老年人户外设施产品在

> 产品最小功能尺寸=人体尺寸百分位数+功能修正量
> 产品最佳功能尺寸=人体尺寸百分位数+功能修正量+心理修正量

图 6.44　产品功能尺寸的设定计算方法

设计中所必须符合的人体测量学标准。以英国为代表的欧美国家，早于 20 世纪 60 年代就开始对老年人人体尺寸进行具体统计，1969 年英国颁布了世界上第一部老年人人体尺寸标准。反观我国关于老年人人体测量的数据缺少系统的构建，人体尺寸数据库的时效性大概为 10 年一周期，而近期可查的我国老年人人体尺寸数据距现在时间较长，难以保证研究结果的严谨和准确性。为使此次研究有精确可靠的人机工程学数据作为设计依据参考，我们尝试查询关于 65 岁及以上老年人人体详细参数和数据。有幸找到胡海滔的《老年人的人体测量》论文中大量关于各年龄段老年人的各项人体测量数据。文中介绍了大量国外现有老年人人体尺寸方面的研究数据及结论。

（1）人体尺寸

参考国家标准 GB/T 5703—2023 关于人体尺寸测量的具体项目定义，我们从百项尺寸参数中摘选了与此次研究项目相关的 32 个参数，如表 6.30 和表 6.31 所示。

表 6.30　老年人站姿测量项目

项目	定义	测量仪器
体重	身体重量	身高体重仪
身高	头顶点到地面的垂直距离	身高体重仪
眼高	外眼角到地面的垂直距离	身高体重仪
肩高	肩最高点到地面的垂直距离	身高体重仪
腰节点高	腰节点到地面的垂直距离	身高体重仪
肘高	肘点到地面的垂直距离	身高体重仪
会阴高	会阴点到地面的垂直距离	身高体重仪
肩宽	左右两肩最外侧点连线直线距离	人体测量直角规
臀宽	臀部左右两侧最外突出点间的连线水平直线距离	人体测量直角规
腰节宽	左右两侧腰节点连线直线距离	人体测量直角规
腰节围	经过左右腰节点的腰部水平围长	软卷尺
腰围	经过脐点的腰部水平围长	软卷尺
臀围	经过左右臀部峰值点的臀部水平围长	软卷尺
大腿围	经过臀部股沟处的大腿部位水平围长	软卷尺
外踝高	从踝部外点到地面的垂直距离	三角平行规

表 6.31　老年人坐姿测量项目

项目	定义	测量仪器
坐高	头顶点到椅子表面的垂直距离	标准身高坐高计
颈椎点高	颈椎点到水平坐面的垂直距离	标准身高坐高计
坐姿眼高	眼内角到椅子表面的垂直距离	标准身高坐高计
坐姿肩高	肩部峰点到水平坐面的垂直距离	标准身高坐高计
坐姿大腿厚	大腿表面最高点到椅子表面的垂直距离	标准身高坐高计
坐姿肘高	前臂做水平屈肘运动时最下点与水平坐面的垂直距离	标准身高坐高计
腹厚	就座后，腹前腹后最突出点的连线水平直线距离	人体测量直角规
臀膝距	髌骨至臀部后缘处的水平直线距离	人体测量直角规
坐深	腘骨至臀部后缘处的水平直线距离	人体测量直角规
坐姿臀宽	臀部左右外侧最突出点的连线水平直线距离	人体测量直角规
坐姿膝高	髌骨上方处大腿上表面到地面的垂直距离	标准身高坐高计
小腿加足高	弯曲成直角的膝部的大腿下表面到地面的垂直距离	标准身高坐高计
头全高	头顶到颔下点的垂直距离	人体测量直角规
手最大宽	拇指指点到侧掌骨点的连线水平直线距离	人体测量直角规
手长	手指中指尖点到腕关节的连线水平直线距离	量足计
足长	足部后跟点到最长脚趾尖点的连线水平直线距离	量足计
足宽	足内侧与足外侧的最外点的连线水平直线距离	量足计

被测者均被要求采用标准站姿和标准坐姿，以保证所测数据的精确度和科学性。本书对最终测量结果进行了筛选和归纳，下面整理了每个尺寸数据的平均值（M）、数据最小值（min）、数据最大值（max），并以男性、女性分表来直观展示，如表 6.32 和表 6.33 所示。

表 6.32　男性老年人人体尺寸测量数据表　　　　　　　　　　　　mm

项目	平均值（M）	最小值（min）	最大值（max）
体重	68	48	96
身高	1 659	1 540	1 782
眼高	1 548	1 408	1 679
肩高	1 379	1 254	1 508
腰节点高	999	899	1 102
肘高	1026	929	1 150
会阴高	724	638	815
肩宽	330	264	381
臀宽	345	291	382
腰节宽	311	244	396
腰节围	901	690	1 118
腰围	916	690	1 168
臀围	969	800	1 140

续表

项目	平均值（M）	最小值（min）	最大值（max）
大腿围	514	430	604
外踝高	65	53	77
坐高	881	807	941
颈椎点高	644	573	715
坐姿眼高	774	716	833
坐姿肩高	606	537	695
坐姿大腿厚	126	95	164
坐姿肘高	254	178	314
腹厚	272	192	355
臀膝距	552	483	626
坐深	446	364	501
坐姿臀宽	368	299	430
坐姿膝高	485	430	540
小腿加足高	405	353	467
头全高	228	190	258
手最大宽	102	89	117
手长	179	163	197
足长	243	225	262
足宽	93	82	103

表 6.33 女性老年人人体尺寸测量数据表　　　　　　　　　　　　　　mm

项目	平均值（M）	最小值（min）	最大值（max）
体重	60	33	78
身高	1 531	1 375	1 645
眼高	1 420	1 237	1 532
肩高	1 264	1 109	1 399
腰节点高	938	800	1 032
肘高	943	801	1 041
会阴高	686	582	761
肩宽	287	232	338
臀宽	346	300	397
腰节宽	305	214	377
腰节围	886	705	1 056
腰围	946	683	1 133
臀围	984	855	1 085

续表

项目	平均值（M）	最小值（min）	最大值（max）
大腿围	527	450	625
外踝高	59	33	75
坐高	812	718	916
颈椎点高	590	524	665
坐姿眼高	701	592	795
坐姿肩高	550	460	610
坐姿大腿厚	124	101	152
坐姿肘高	229	178	296
腹厚	292	210	381
臀膝距	538	481	597
坐深	449	385	515
坐姿臀宽	370	313	410
坐姿膝高	457	370	511
小腿加足高	376	295	419
头全高	216	185	255
手长	95	87	108
手最大宽	168	156	187
足长	225	197	252
足宽	86	75	99

通过对比男女老年人人体数据，可以发现一些人体尺寸参数方面的差异性较大，如体重、身高、肩高、肘高等部位，而臀宽、腰厚、腰围、臀围等部位的尺寸并无显著差异。对老年人户外设施的设计而言，要设计一款老年人男女通用的设施产品，需要关注男女尺寸差异较大的项目，尽力使产品设计满足某部分尺寸特殊老年人使用。

同性别横向对比65~75岁、75岁以上各年龄段老年人的各项目数据很容易发现，男性在65岁后随着年龄的增长，体重逐渐下降，身高继续收缩。而女性在65岁后，各项目间尺寸变化并不大，有一定稳定性。

（2）关节活动数据

关节是骨块和人体骨骼之间的连接点，传输和执行肢体的伸展、内收、外旋、内旋、屈曲等动作。影响老年人运动的疾病分为两种情况：

①原发性的自然老化现象，造成老年人关节及其周围组织机能衰退。

②继发性的对外疾病抵御不足现象，可直接导致机体组织的活动功能下降。

对于老年人而言，这两种现象通常同时存在，考虑到老年人身体机能的特殊性，老年人关节的活动幅度应当被控制在合理安全的范围。

为对老年人关节活动范围有更好的研究参考值域，我们参考康宇华的《正常老年人关节活动范围的研究》中所统计数据。本书对200位中年人及老年人进行采样，参与者无以往关节病史、无关节外伤、无神经和肌肉等其他类病史，可保障生活自理且常规体检无异常，保证了所测量数据的准确性和科学性。200 位测量者所测数据被分为 50~59 岁、60~69 岁、70~79 岁、80~89 岁四组，我们只调用后三组的数据进行研究。此次老年人关节活动范围的测量所用器材为双臂量角器，并对肩部、肘部、前臂、腕部、髋部、膝部、踝部七个关节进行数据收集和整理，结果如表 6.34 所示。

表 6.34　关节活动正常范围值（平均值 M±变量 s，单位：°）

关节	活动方向	正常人	60~69 岁组	70~79 岁组	80~89 岁组
肩部	屈曲	180	153±26	150±22	143±14
	伸展	50	42±15	43±9	42±10
	外展	180	164±14	163±8	162±14
	内收	180	162±16	162±10	160±10
	内旋	90	80±21	74±12	73±11
	外旋	90	78±13	81±13	79±10
肘部	屈曲	145	140±13	136±7	141±14
	伸展	0	3±12	0±7	0±19
前臂	旋前	90	84±16	84±9	82±6
	旋后	90	84±11	78±15	76±12
腕部	屈曲	90	86±11	84±6	83±14
	伸展	70	62±11	63±11	60±10
	尺屈	55	45±10	41±9	37±6
	桡屈	25	16±9	17±10	15±10
髋部	屈曲	125	113±15	105±19	102±14
	伸展	15	12±12	12±8	11±10
	外展	45	35±19	35±13	37±6
	内收	20	15±7	12±5	10±9
	内旋	45	33±15	35±7	35±10
	外旋	45	38±9	34±11	27±14
膝部	屈曲	130	120±9	112±23	118±20
	伸展	0	4±8	6±8	3±4
踝部	跖屈	45	38±8	32±14	32±15
	背屈	20	16±11	16±6	17±11

　　在关节活动幅度方面，身体健康的老年人随着年龄的增长，关节活动幅度降低。从数据来看此类衰退迹象并不明显，不会影响日常生活所需。

6.4.3 在航空航天中的应用

1) 飞机驾驶舱可达性设计

驾驶舱的可达性不仅包含对各操纵器件的无障碍的可操作，还包括对内外部视界的可达。在进行操纵器件的可达性分析时，需要对可达方式进行定义，因为不同的可达方式，其可达包线不同，所需要的可达力也不同。而在对视界的可达性进行分析和设计时，则需要把重点放在对设计眼位的选择上。实际上，这两者又是相互关联、相互影响的。下面分别从两方面进行说明。

(1) 操纵器件的可达性分析

驾驶舱设计中需要用到手的可达方式主要是对按钮的按压、对开关的拨动、对旋钮的转动、对开关等的拉拔提、对油门杆等的推拉和对驾驶盘的推拉与旋转等。需要用到脚的可达方式主要是对脚蹬的踩踏。

同时，就同一种动作而言，也会因为距离人体上下、左右、前后的距离不同而使可达范围不同。可以在不同的尺寸位置分别对人体做横切和纵切来详细判断手的可达性，如图 6.45 所示（均为第 50 百分比人体尺寸的抓取动作）。这些曲线都是在对大量人体尺寸精确测量和统计的基础上得到的。如果将剖面进一步增加，则可以形成一只手对可操纵范围的包络体，这也是 CATIA 人机功效学模块中可达性分析的原理。

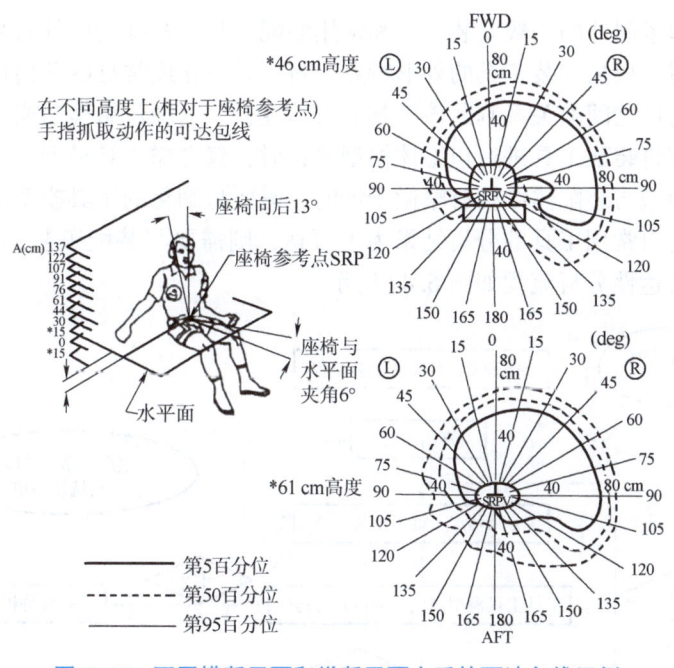

图 6.45 不同横断平面和纵断平面上手的可达包线示例

(2) 视界的可达性分析

驾驶舱的清晰视界主要是根据咨询通告 AC25.773-1 的要求进行设计得到的锥形区域，并将锥形区域与飞机外形相交得到驾驶舱风挡的最小区域。外部视界与人体测量学关系不大，而内部视界，则主要是针对操纵器件以及各面板上的仪表的可视性而言。在对内部视界进行分析时，仅仅通过头部的移动来改变视界，要求机组的躯干部分均保持直立，无转动或者弯曲，并由安全带束缚。头部的运动包括如下三种方式：左右转动、上下抬头、低头和左右偏转。

2) 民用飞机紧固件装配工具可达性设计

目前，在结构设计过程中会重点考虑结构维修可达性，主要包括是否给维修人员预留了相关的维修通道，需要操纵的部件是否可达、可操作，维修过程中是否会对维修人员产生危险等。一些紧固件装配工具存在可达性差的问题，如图6.46所示。这些"问题紧固件"的出现会给制造及装配带来极大困难，甚至会导致零件返工或报废的情况发生。需要采取行之有效的可达性分析方法，在结构详细设计阶段及时发现设计缺陷，减少因不合理设计导致的装配周期延长或零件返工报废等问题，对降低飞机制造成本、缩短飞机设计周期具有十分重要的意义。

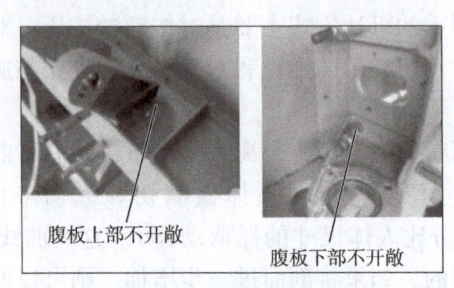

图 6.46　装配不开敞区

首先需要梳理紧固件的一般安装方法和常用装配工具，根据紧固件安装方法将安装工具引入虚拟装配环境。根据安装工具的外形特点，将工具简化成常见的几何包络体，通过分析包络体与周围结构件之间的关系判断该工具的可达性，但这种包络体的模拟是对工具相对保守的一种简化，在将装配工具进行包络体模型简化时，仅考虑工具模型的大体外轮廓。当简化后的装配工具模型与装配体结构有略微干涉时，需要将细化的工具模型引入虚拟装配环境中进一步判断。若对常用工具的分析结果为不可达，则需要与装配工艺协商讨论解决方法。紧固件装配工具可达性分析流程如图6.47所示。

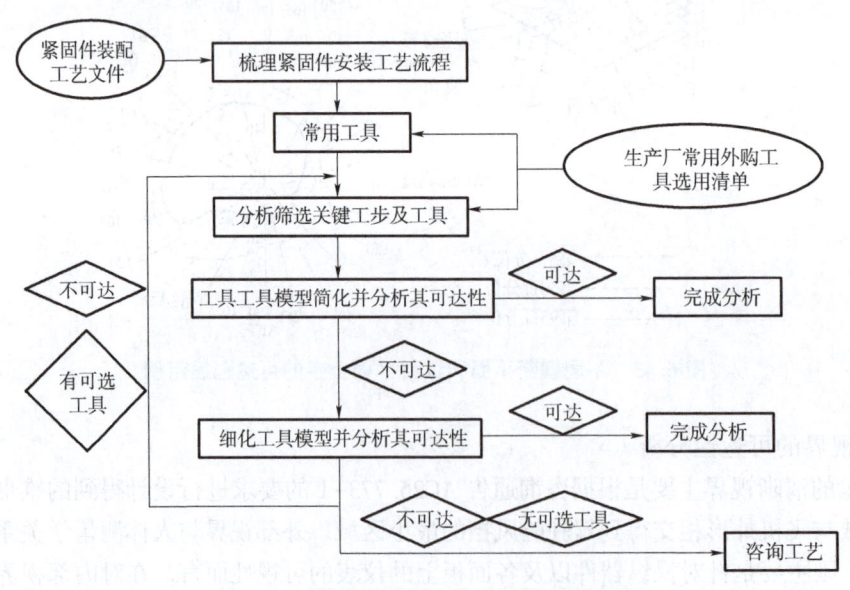

图 6.47　紧固件装配工具可达性分析流程

(1) 虚拟装配环境

为了实现紧固件装配工具可达性的分析与验证需要建立以设计为中心的虚拟装配体系，其中需要包括：虚拟人体建模、基于数字样机技术实现的装配对象、装配工具、装配场景、装配过程仿真模型等。

(2) 螺栓的一般安装工艺

螺栓和螺母的安装工艺流程如图 6.48 所示。螺栓安装过程中对应的装配工具如表 6.35 所示。钻孔、锪窝、测量过程可选择开敞一侧进行施工，去毛刺过程可以将组件拆解进行施工，螺栓的安装受制于螺栓的安装方向，只能在固定侧施工，容易出现工具不可达现象。认为影响可达性的关键工步为螺栓的安装。

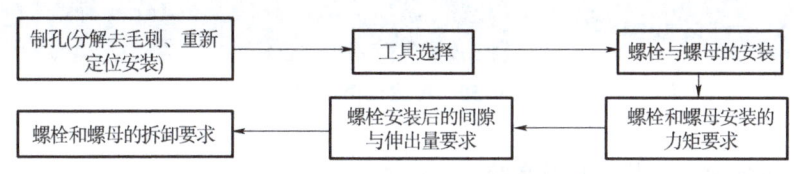

图 6.48　螺栓和螺母的安装工艺流程

表 6.35　普通螺栓安装的主要工艺

工步	钻孔	锪窝（按需）	去毛刺	测量	安装
工具	风钻、钻头、垂直钻孔器	锪窝钻、锪窝钻定深套	去毛刺工具	夹持长度量规、通止规	气动拧紧扳手、限力扳手等

(3) 可达性分析

①是否满足钉杆插入要求。

安装螺栓时需要先将紧固件放置到已制备孔中，确定钉杆末端是否与结构干涉。如果不满足要求则认为该紧固件不可安装，安装工具不可达。

②是否有可选气动安装工具及套筒。

紧固件周边结构需满足工具放置的空间要求，即以紧固件钉线为中心，以钉杆末端面为起始面，存在一个圆柱体空间以容纳安装工具。

以 EP6PTX32 HR10-AT 风动拧紧扳手为例。以紧固件轴线为中心，以螺栓杆末端面为起始面，沿螺栓安装方向依次模拟直径 17.5 mm 高 39 mm 和直径 44 mm 高 136.6 mm 的圆柱，如图 6.49 所示，大小柱体直径分别由工具枪头最大外径及套筒外径（D/d）最大值决定。模拟圆柱体与紧固件周围结构没有干涉，则认为该工具可达。

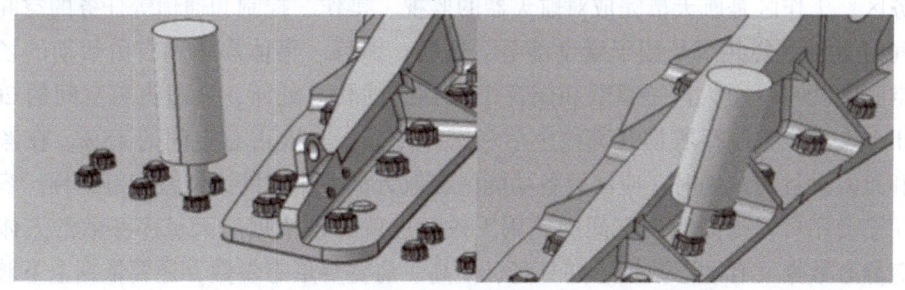

图 6.49　模拟柱体

上述建立的模拟柱体是快速初步判断安装工具是否可达的情况，所建立的模拟柱体选取了各工具尺寸外形最大包络体，如出现微小干涉，则需要通过 DELMIA 软件进行仿真，建立以设计为中心的虚拟装配环境，并进行可达性分析，如图 6.50 所示。

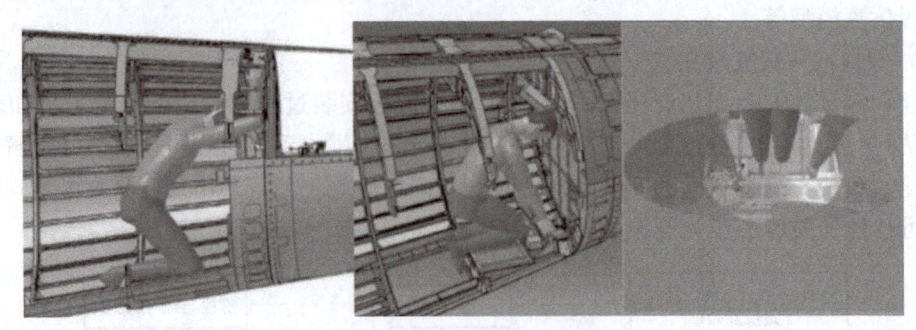

图 6.50 可达性模拟仿真

③是否有可选手动安装工具及套筒。

如果气动安装工具不能满足可达性的要求，则需要选择手动安装工具。以棘轮扳手 ATHR 500 为例，决定模拟柱体直径和高度的尺寸数据分别为棘轮扳手头部的宽度及棘轮扳手头部高度与套筒长度之和。沿着螺栓安装方向模拟如图 6.53 所示的柱体进行可达性分析。若手动安装工具仍然不能满足可达性要求，则需要咨询装配工艺寻找可行解决方法或进行结构设计优化。

3）航天员人体测量参数在载人航天中的应用

在载人航天器座舱结构布局和尺寸设计、人员选拔、航天服设计、航天员操作任务设计等领域均需要航天员的人体测量数据，以确保航天员在工作和生活过程中的人机适配性、相容性、可操作性和可靠性。随着载人航天国际合作的发展，航天领域应用航天员的人体测量数据的范围将越来越多，主要体现在以下几个方面：

（1）载人航天器设计

载人航天器一般是指载人飞船、航天飞机、空间实验室或空间站，其结构设计是一个非常重要的设计。结构是否合理，直接影响航天员的操作，从而影响工作效率。

①活动空间设计。

航天员在航天飞行中生活和工作所需的最小空间是一个关系到航天员生理和心理的十分重要的问题。从人的因素考虑，一般在航天器舱内分为 4 类功能区：工作区、公共区、个人区、服务区。工作区是航天员完成对航天器的监视、操作、控制和通信等任务的空间，一般占总空间的 40%。公共区是用于膳食准备、进餐、锻炼、集体娱乐和自由活动的场所，一般占总空间的 25%。个人区是睡眠和储存个人物品的私人处所，一般占总空间的 20%。服务区用于个人卫生、储存衣物及其他生活和医疗用品，一般占总空间的 15%。在考虑空间的使用和舱内设备的布局时，应注意各功能区在航天员使用时的方便性和舒适性。容积和空间的多用途使用可以提高舱内空间的使用工效。这就必须依据航天员多参数的人体测量数据，既有静态数据又有动态数据，如身高、坐高、肩宽等形态参数，还要依据上下肢可达范围等动态参数，只有综合考虑才能设计出合理的空间。

② 工作站的设计。

在航天器舱内一般有中心控制站和大小规模及复杂程度不一的各种工作站，它们是进行人机交互的硬件保证。在设计时要依据航天员的立姿眼高、立姿肘高等参数设计工作站的高度，依据航天员的肩宽、臀宽等数据设计工作站之间的距离，这样才能保证人机之间、人员之间以及与周围的设备之间的协调性和相容性。

③ 舱门及通道的设计。

载人航天器的舱门主要有压力舱门、应急舱门、内部门、出舱活动用舱门等，通道主要是指航天员从一舱进入另一舱，从这端到那端的行走空间。在设计时主要依据航天员通过时的体位、航天员及其携带的设备工具等的尺寸、航天员是否着航天服等因素，根据航天员人体测量肩宽、胸围等参数设计。

总之，在航天器设计中，要时时处处考虑到航天员的人体参数。例如，利用航天员的形态参数可以设计航天座椅角度和高度、舱门开启力的大小和尺寸、工作和生活空间的大小、容膝容脚空间的大小、通道的尺寸、扶手的安装高度和尺寸、脚限制器的安装位置及尺寸等。利用航天员的力学参数可以设计飞船总体的惯性矩和飞船总体质心，从而控制飞船的姿态。

(2) 航天服设计

无论是舱内活动应急时所需的舱内航天服还是出舱活动必须穿着的舱外航天服，均必须很好地保障航天员的工作能力，利用航天员人体测量学数据是设计、制作航天服，确保航天员操作的重要途径。无论哪种航天服均必须保证适人性和灵活性。适人性是指服装适合航天员，与航天员匹配。这就要依据航天员的形态参数，在设计制作时需要身高、胸围、上下肢长、手长等几百个参数。并且随着载人航天任务的发展，不可能像早期那样为每一个航天员单独制造，所以要对航天员的人体数据进行分析整理，分成几个型号，并且做成上下肢可调节，这样可有效地保证每名航天员均穿着适体。航天服的活动性设计必须依据航天员的活动性数据。例如，根据航天员各个关节的活动角度等数据，设计航天服的活动关节，使之尽可能与航天员人体关节相适应。戴航天手套时要有灵活性，这就要依据航天员手指关节活动性和对握碰触的数据设计。

只有很好地依据航天员的人体数据才能设计制作出好的航天服，才能保障航天员的操作能力。

(3) 航天员操作任务设计

无论是舱内操作任务还是舱外操作任务的设计，尤其是舱外操作任务，航天员必须穿着加压的舱外航天服工作，更要依据航天员的人体数据，将任务设计在航天员肢体可以达到的位置，方便航天员操作，节省航天员的体能，从而更好地完成出舱活动，保证航天员的安全。

4) 月球车驾驶空间设计

月球表面是一个无大气的真空环境，其温度波动极为剧烈，范围从 $-180 \sim 150\ ℃$，地形也极为崎岖不平。宇航员在月球上工作时，需要穿着宇航服才能开展相关任务，由于宇航服体积和质量很大，宇航员操控月球车的动作有许多约束，因此，载人月球车的人机交互设计必须充分考虑宇航员穿着宇航服后的人体尺寸以及月球表面特殊环境造成的复杂工况，以保障月球车的驾驶便利性和安全性。基于人因设计原则，对现有问题进行分析，结合人服数据与人的特点，完善月球车驾驶空间座椅显控人因设计方案，整体思路如图 6.51 所示。

图 6.51　基于人因设计原则与人服数据的月球车总体设计思路

在设计月球车内部驾驶空间时，通常需要参考宇航员在穿着宇航服后相应的人体尺寸来为其设计合适的容膝空间、活动空间等一系列必要的空间尺寸。宇航员穿着宇航服后的尺寸由基础人体尺寸、服装尺寸以及余量组成，以下列举部分为国标以及 NASA—3001 给出的宇航员着服后的上肢静态人体尺寸的相关标准（见表 6.36）以及上肢动态人体尺寸相关标准（见表 6.37~表6.39）。

表 6.36　宇航员着服后的部分上肢静态人体尺寸参考标准　　　　cm

部位	尺寸	
	最小值	最大值
坐姿肩高	52（国标）+服装+余量	64.4（国标）+服装+余量
坐姿眼高	69.7（国标）+服装+余量	85.1（国标）+服装+余量
坐姿肘高	20.2（国标）+服装+余量	30.0（国标）+服装+余量
前臂长度	19.4（国标）+服装+余量	26.0（国标）+服装+余量

表 6.37　宇航员着服后的部分上肢动态人体尺寸参考标准及其示意图（头部尺寸）

头部范围	尺寸		示意图
	最小值	最大值	
头部向前可活动角度（B）	34.5°+服装+余量	84.4°+服装+余量	颈部伸展(后仰)——[A] 颈部屈曲(前倾)——[B]
头部向后可活动角度（A）	4.9°+服装+余量	103°+服装+余量	

续表

头部范围	尺寸		示意图
	最小值	最大值	
头部向右可活动角度（A）	34.9°+服装+余量	63.5°+服装+余量	
头部向左可活动角度（B）	29.1°+服装+余量	77.2°+服装+余量	

表 6.38　宇航员着服后的部分上肢动态人体尺寸参考标准及示意图（肩部及肘部尺寸）

肩关节范围	尺寸最大值	示意图
外展	110°	
弯曲	115°	
延展	10°	
肘关节范围	尺寸最大值	示意图
弯曲	120°	

表 6.39　宇航员着服后的部分上肢动态人体尺寸参考标准及示意图（腕部尺寸）

腕部范围	尺寸最大值	示意图
弯曲	50°	
伸展	-60°	

续表

腕部范围	尺寸最大值	示意图
外展（径向偏差）	25°	
内收（尺骨偏差）	−25°	
使仰转	−80°	
使转朝下	80°	

第 7 章
工作中的生物力学与生理学

> **引 例**
>
> 肌肉是人体活动的主要推动力，它们通过产生张力来驱动骨骼，进而实现肢体的活动。随着科技进步、医疗条件的改善和生活水平的提升，我国的老年人口数量正逐年增加，老龄化问题越来越突出。特别是由于长期工作造成的累积损伤，许多老年人在不同程度上都会遭遇运动功能的障碍。在康复过程中，患者的恢复效果通常受限于治疗师的专业技能和经验，而且康复治疗经常缺乏基于科学的准确评估和指导。因此，寻找一种合适的评估方法极为关键。如何从肌肉骨骼系统的角度评估在工作中的身体损耗，是本章要重点介绍的内容。

7.1 肌肉骨骼系统

人体之所以能产生运动，是由于体内有一个复杂的肌肉和骨骼系统，称为肌骨系统。运动系统是人体完成各种动作和从事生产劳动的器官系统。它由骨、关节和肌肉三部分组成。全身的骨借关节连接构成骨骼。肌肉附着于骨，且跨过关节。由于肌肉的收缩与舒张牵动骨，通过关节的活动而能产生各种运动。所以，在运动过程中，骨是运动的杠杆，关节是运动的枢纽，肌肉是运动的动力。三者在神经系统的支配和调节下协调一致，随着人的意志，共同准确地完成各种动作。

7.1.1 肌肉系统

人体内有三种类型的肌肉：附着在骨头上的骨骼肌或横纹肌、心脏内的心肌以及组成内部器官和血管壁的平滑肌。这里只讨论与运动有关的骨骼肌（人体内大约有 500 块骨骼肌）。

骨骼肌是人体内最常见、分布最广泛的组织类型，通常在成年男性体重中占比约为 40%，而在女性中则约占 35%。这类肌肉的形态可以分为四种：长肌、短肌、阔肌和轮匝肌。长肌具有梭形（纺锤形）的外观，中间较粗，两端逐渐变细，它们起止于骨头上，主要分布在四肢上，能够执行较大范围的运动。短肌体积较小，收缩时产生的运动范围有限，主要位于躯干的深层部位。阔肌则是扁平而宽阔的，一般分布在胸部、腹部和背部的浅层，不仅参与躯体的运动，还有保护和支撑内脏的功能。轮匝肌形状像环，围绕着身体的孔洞（如嘴巴、眼睛等），它们的收缩可以关闭这些孔洞。

每块肌肉是由许多直径约 0.004 in（即 0.1 mm）、长度 0.2~5.5 in（即 5~140 mm）的

肌纤维组成的，具体取决于肌肉的大小。这些肌纤维通常由肌肉两端的结缔组织捆绑成束，并使肌肉和肌纤维稳固地黏附在骨头上，如图7.1所示。氧和营养物质通过毛细血管输送到肌纤维束，来自脊髓和大脑的电脉冲也经由微小的神经末梢传送给肌纤维束。

每块肌纤维还可以更进一步地细分成更小的肌原纤维，直到最后的提供收缩机制的蛋白质丝。这些蛋白质丝可以分为两类：一种是有分子头的粗长蛋白质丝，称为肌球蛋白；一种是有球状蛋白质的细长丝，称为肌动蛋白。

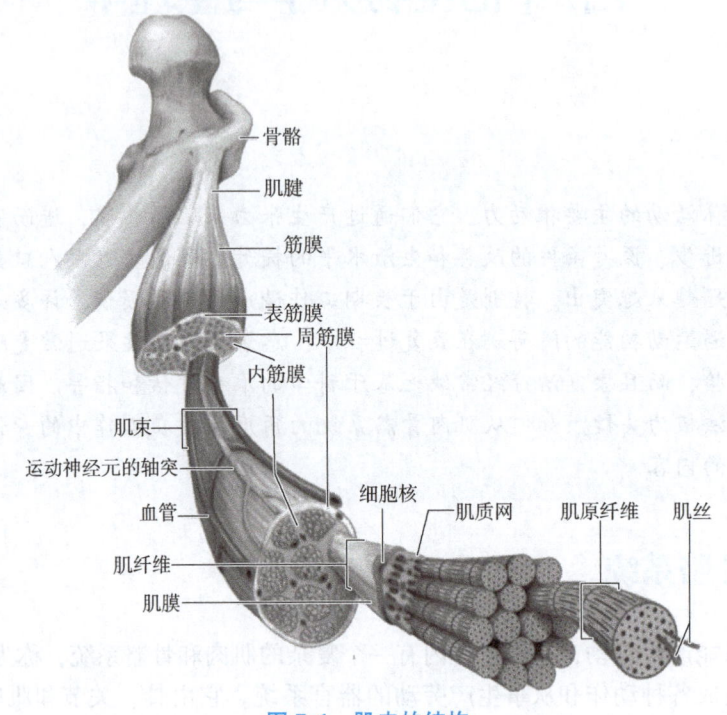

图7.1 肌肉的结构

7.1.2 骨杠杆系统

人体有206块骨头，它们组成坚实的骨骼框架，从而可以支撑和保护肌体。骨骼系统的组成使得它可以容纳人体的其他组成部分并将其连接在一起。有的骨骼主要负责保护内部器官，如头骨覆盖着大脑起保护大脑的作用，胸骨将肺和心脏与外界隔绝起来保护心肺。而有的骨头，如长骨的上下末端，可以和其连接的肌肉产生肌体运动和活动。

附着于骨的肌肉收缩时，牵动着骨绕关节运动，使人体形成各种活动姿势和操作动作。因此，骨是人体运动的杠杆。人机工程学中的动作分析都与这一功能密切相关。

肌肉的收缩是运动的基础，但是，单有肌肉的收缩并不能产生运动，必须借助于骨杠杆的作用，方能产生运动。人体骨杠杆的原理和参数与机械杠杆完全一样。在骨杠杆中，关节是支点，肌肉是动力源，肌肉与骨的附着点称为力点，而作用于骨上的阻力（如自重、操纵力等）的作用点称为重点（阻力点）。人体的活动，主要有下述三种骨杠杆的形式：

1）平衡杠杆

支点位于重点与力点之间，类似天平称的原理，例如通过寰枕关节调节头的姿势的运动，如图 7.2（a）所示。

2）省力杠杆

重点位于力点与支点之间，类似撬棒撬重物的原理，例如支撑腿起步抬足跟时踝关节的运动，如图 7.2（b）所示。

3）速度杠杆

力点在重点和支点之间，阻力臂大于力臂，例如手执重物时肘部的运动，如图 7.2（c）所示。此类杠杆的运动在人体中较为普遍，虽用力较大，但其运动速度较快。

由机械学中的等功原理可知，利用杠杆省力不省功，得之于力则失之于速度（或幅度），即产生的运动力量大而范围就小；反之，得之于速度（或幅度）则失之于力，即产生的运动力量小，但运动的范围大。因此，最大的力量和最大的运动范围两者是相矛盾的，在设计操纵动作时，必须考虑这一原理。

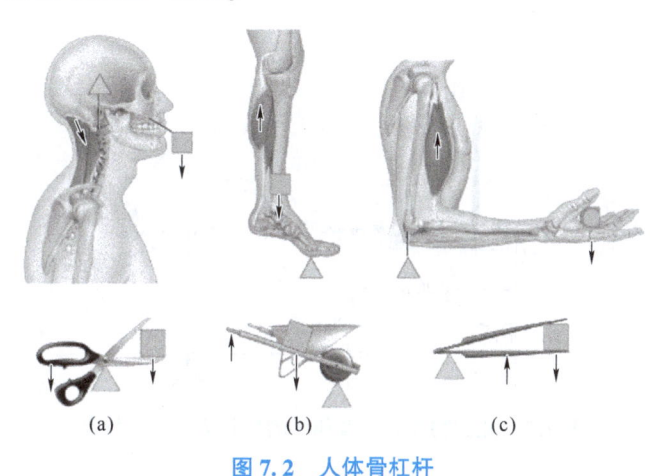

图 7.2　人体骨杠杆
(a) 平衡杠杆；(b) 省力杠杆；(c) 速度杠杆

7.2　生物力学模型

7.2.1　人体生物力学建模原理

生物力学模型是用数学表达式表示人体机械组成部分之间的关系。在这个模型中，肌肉骨骼系统被看作机械系统中的联结，骨骼和肌肉是一系列功能不同的杠杆。生物力学模型可以采用物理学和人体工程学的方法来计算人体肌肉和骨骼所受的力，通过这样的分析就能帮助设计者在设计时清楚工作环境中的危险并尽量避免这些危险。

生物力学模型的基本原理建立在牛顿的三大定律上：

①物体在无外力作用下会保持匀速直线运动或静止状态；

②物体的加速度与所受的合外力大小成正比；

③两个物体间的作用力和反作用力大小相等，方向相反，作用在一条直线上。

当身体及身体的各个部位没有运动时，可认为它们处于静止状态。处于静止状态的物体受力必须满足以下条件：作用在这个物体上的外力大小之和为零；作用在该物体上的外力的力矩之和为零。这两个条件在生物力学模型中起着至关重要的作用。

单一部位的静止平面模型（又称为二维模型），通常是指在一个平面上分析身体的受力情况。静止模型认为身体或身体的各个部分如果没有运动就处于静止状态。单一物体的静止平面模型是最基础的模型，它体现了生物力学模型最基本的研究方法。复杂的三维模型和全身模型都建立在这个基本模型上。

7.2.2 前臂和手的生物力学模型

单一部位模型根据机械学中的基本原理孤立地分析身体的各个部位，从而能分析出相关关节和肌肉的受力情况。举例来说，一个人前臂平举、双手拿起 20 kg 的物体，此时两手受力相等。

如图 7.3 所示，物体到肘部的距离为 40 cm。因为两手受力相同，图中只画出右手、右前臂和右肘的受力。

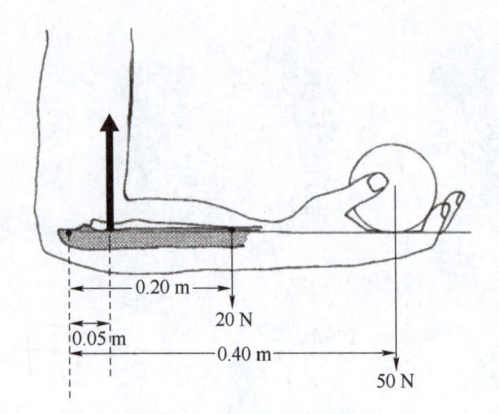

图 7.3　抓握物体时前臂和手的生物力学简化模型

可以根据机械原理分析肘部的力和转矩。

在这里，物体的重力是：

$$W = 50 \text{ N}$$

如果物体的重心在两手之间，那么两手受力相等，每只手承受该物体一半的重力，故：

$$W_{每只手} = 25 \text{ N}$$

另外，通常情况下，一个成年工人的前臂重力为 20 N，前臂的重心到肘部的距离为 0.20 m，如图 7.3 所示。

肘部所用的力 $R_{肘部用力}$ 可通过以下公式计算。该公式意味着 $R_{肘部用力}$ 必须是垂直方向并且大小足以对抗重物向下的力和前臂的重力。

$$\sum (肘部受力) = 0 \tag{7-1}$$

$$-20 \text{ N} - 50 \text{ N} + R_{肘部用力} = 0$$

$$R_{肘部用力} = 70 \text{ N}$$

肘部力矩可用以下公式计算，即肘部产生的逆时针力矩要和物体及前臂在肘部产生的顺时针的力矩相等。

$$\sum (肘部总力矩) = 0 \tag{7-2}$$

$$(-20 \text{ N}) \times (0.20 \text{ m}) + (-50 \text{ N}) \times (0.40 \text{ m}) + M_{肘部力矩} = 0$$

$$M_{肘部力矩} = 24 \ (\text{N·m})$$

肩部受力是不同于肘部的。如果要比较这两部分的受力,必须采用双部位模型。

7.2.3 举物时腰部生物力学模型

有研究者估计因为职业原因及其他不明原因,腰部疼痛问题可能会影响 50%~60% 的人口。

引起腰部疼痛的主要原因是用手进行的一些操作,如抬起重物、折弯物体、拧转物体等,这些动作造成的疾病也是最严重的。除此之外,长时间保持一个静止的姿势也是引起腰部问题的主要原因。因此,生物力学模型应该详细分析这两个问题的原因。

如图 7.4 所示,腰部距离双手最远,因而成为人体中最薄弱的杠杆。躯干的体重和货物重量都会对腰部产生明显的压力,尤其是第五腰椎和第一骶椎之间的椎间盘(又称 L5/S1 腰骶间盘)。

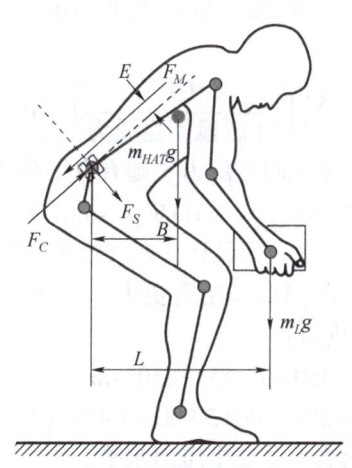

图 7.4 举物时腰部的生物力学静止平面模型

如果想对 L5/S1 腰骶间盘的反作用力和力矩进行精确的分析,需要采用多维模型,这种分析可参见肩部的反作用力和力矩的分析。同时还应该考虑横膈膜和腹腔壁对腰部的作用力。不过可以用单部位模型简单快速地估计腰部的受力情况。

如果某人的躯干重力为 $W_{躯干}$,抬起的重物重力为 $W_{重物}$,这两个重力结合起来产生的顺时针力矩为:

$$M_{货物和躯干重力} = W_{重物} \times L + W_{躯干} \times B \tag{7-3}$$

式中,L 是重物到 L5/S1 腰骶间盘的水平上的距离;B 是躯干重心到 L5/S1 腰骶间盘的水平上的距离。

这个顺时针力矩必须由相应的逆时针力矩来平衡。这个逆时针力矩是由背部肌肉 F_M 产生的,其力臂通常为 5 cm。这样,

$$M_{背部肌肉} = F_M \times 5 \ (\text{N·cm})$$

因为要达到静力平衡,所以:

$$\sum \left(\frac{L5}{S1 \text{ 腰骶间盘力矩}} \right) = 0 \tag{7-4}$$

即：

$$F_M \times 5 = W_{重物} \times L + W_{躯干} \times B$$
$$F_M = W_{重物} \times L/5 + W_{躯干} \times B/5$$

因为 L 和 B 通常都大于 5，所以 F_M 都远远大于 $W_{重物}$ 与 $W_{躯干}$ 之和。比如，假设 $L=40$ cm，$B=20$ cm，则有：

$$F_M = W_{重物} \times 40/5 + W_{躯干} \times 20/5$$
$$= W_{重物} \times 8 + W_{躯干} \times 4$$

这个公式意味着在这个典型的举重情境中，背部受力是重物重力的 8 倍和躯干重力的 4 倍之和。假设某人躯干重力为 350 N，抬起 300 N 的重物，根据上述的公式可以计算出背部的作用力为 3 800 N，这个力可能会大于人们可以承受的力。同样，如果这个人抬起 450 N 的重物，则背部的作用力会达到 5 000 N，这个力是人们能承受的上限。Farfan（1973）估计正常人腰部的竖立肌可承受的力为 2 200~5 500 N。

除了考虑背部受力之外，还必须考虑 L5/S1 腰骶间盘的受力。它的作用力和反作用力之和也必须为零，即：

$$\sum \left(\frac{L5}{S1 \text{ 腰骶间盘受力}} \right) = 0 \qquad (7-5)$$

将实际受力进行简化，如不考虑腹腔的力，则有以下公式：

$$F_C = W_{重物} \cos \alpha + W_{躯干} \sin \alpha + F_M \qquad (7-6)$$

式中，α 是水平线和骶骨切线的夹角，骶骨切线和腰骶间盘所受的压力互相垂直。这个公式表明腰骶间盘所受的压力可能比肌肉的作用力更大。例如，假设 $\alpha = 55°$，某人的躯干重力为 350 N，抬起 450 N 的重物，则有：

$$F_C = 450 \times \cos 55° + 350 \times \sin 55° + 5\ 000$$
$$= 258 + 200 + 5\ 000 = 5\ 458 \text{（N）}$$

大多数工人的腰骶间盘都无法承受这个压力水平。

在举起重物这个工作中，脊柱的作用力大小受很多因素的影响。分析主要考虑最显著的两个影响因素——货物的重力和货物的位置到脊柱重心的距离。其他比较重要的因素还有躯体扭转的角度、货物的大小和形状、货物移动的距离等。对腰部受力情况建立比较全面和精确的生物力学模型，应该考虑到所有这些因素。

7.3 肌肉特性和能量消耗

7.3.1 肌肉收缩

1）肌肉收缩的机理和形式

（1）肌肉收缩的机理

肌肉的基本机能是将生物化学能转变为机械位能或动能。这种转变是靠骨骼肌所具有的生理特性——收缩性实现的。人体的每一块骨骼肌都受一定的神经支配。当来自中枢神经系统的神经冲动，由分布于肌肉中的运动神经末梢通过运动终板传递给所支配的肌纤维并引起肌纤维兴奋时，肌纤维的机械状态即发生变化。肌纤维在刺激作用下所发生的这种机械状态的变化称为肌肉收缩。

人体的任何一种运动，包括最简单的动作在内，都是众肌肉群共同收缩的结果。在肌肉共同活动中，作用相同者称为协同肌，作用相反者，则称为拮抗肌。如肱二头肌和肱肌、肱桡肌都有屈肘的作用，属于协同肌；而肱二头肌和肱三头肌，对肘关节是一屈一伸，故二者属于拮抗肌。屈肘时，既要有屈肌组的协同收缩，又要有伸肌组的舒张相配合，才能完成屈肘动作。协同肌与拮抗肌的收缩，都是在神经系统的调节下进行的，是高度协调的。

当兴奋冲动传至肌纤维的肌膜时，肌肉中的三磷酸腺苷分解所释放的能量通过横突使肌原纤维中呈平行穿插排列的肌球蛋白微丝与肌动蛋白微丝彼此之间滑行，即肌动蛋白微丝的两端向肌球蛋白微丝之间滑入，从而使整个肌纤维的长度缩短，如图 7.5 所示。这就是目前具有权威意义的肌肉收缩机理理论——肌微丝滑动学说。

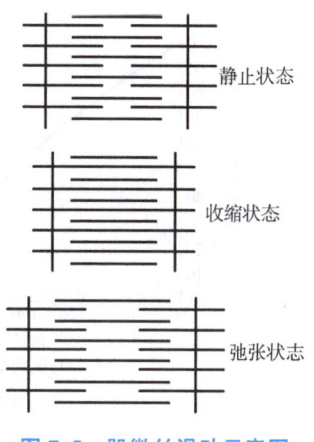

图 7.5　肌微丝滑动示意图

（2）肌肉收缩的形式

①等长收缩。肌肉收缩所产生的拉力等于外界阻力时，肌肉的长度不变，这种收缩形式称为等长收缩。等长收缩所产生的力主要用以维持身体一定的姿势。如人体直立不动时，许多组肌肉都处于收缩状态，正是由于肌肉收缩所产生的静态性力量，才维持了正常的直立姿势。肌肉等长收缩，未使物体产生位移，故肌肉未做外功。

②非等长收缩。肌肉收缩所产生的拉力不等于外界阻力时，肌肉的长度发生改变，这种收缩形式称为非等长收缩。非等长收缩所产生的动态性力量是人体实现各种运动的基础。它包括两种形式：

a. 当肌肉拉力大于外界阻力时，肌肉长度缩短，称为向心收缩（肌肉的克制性工作），如伸手取物、举起重物等，此时，肌肉收缩所产生的动态性力量使物体发生了位移，因而肌肉做了外功；

b. 当肌肉拉力小于外界阻力时，肌肉虽然积极收缩，但还是被拉长了，这种收缩形式称为离心收缩（肌肉的退让性工作），此时，肌肉收缩所产生的能量转化为热能。

2）肌肉收缩的力学特征

肌肉收缩时的力学特征的不同表现，主要取决于负荷（阻力、重量）的大小。

（1）潜伏期

负荷增大时，从肌肉受到刺激到肌肉开始缩短的时间间隔变长，即潜伏期延长，如图 7.6 所示。

（2）缩短程度

图 7.7 所示为人体右胸大肌负荷与肌肉缩短程度、速度的关系。当负荷较大时，肌肉的缩短程度较小。

（3）缩短速度

人体右胸大肌在负荷较大时，肌肉缩短速度较慢。

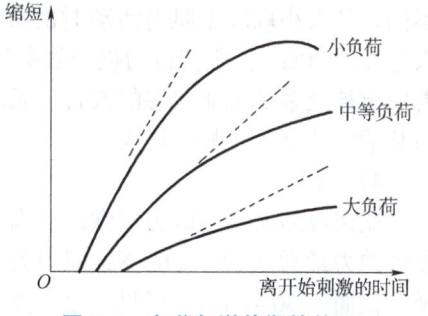

图 7.6　负荷与潜伏期的关系

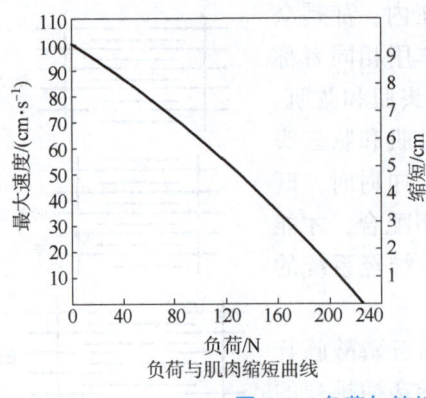

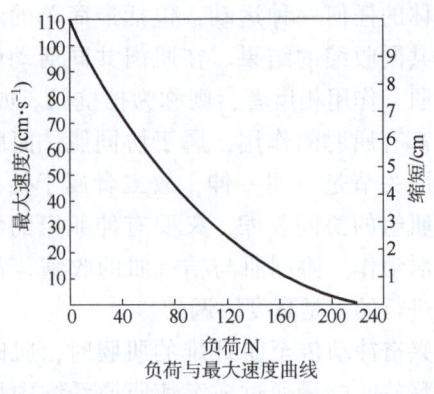

图 7.7　负荷与缩短程度以及缩短速度的关系

肌肉收缩速度与待收缩量成正比。在某一负荷下，肌肉收缩时，最初缩短速度较快，随着肌肉的缩短，缩短速度渐慢，到最大缩短值时，缩短速度为零。这一关系可用下式表示：

$$\frac{ds}{dt}=B(S_T-S) \tag{7-7}$$

式中，$\frac{ds}{dt}$ 为观察瞬时的收缩速度；S_T 为可完成的收缩总量；S 为已完成的收缩量；B 为常数。

常数 B 决定整个收缩过程的快慢，其值主要由施于肌肉的负荷决定，即负荷增大 B 值减小。因此，负荷很小时肌肉收缩得快，反之则慢。

3）肌肉收缩的机械效率

肌肉收缩所产生的能量，一部分用于克服外界阻力，完成外功，即将肌肉中的生物化学能转变为机械位能或身体运动的动能；另一部分则用于克服肌肉内部所特有的内阻力，做了内功，即将生物化学能转变为热能。因此，肌肉做功时所消耗的总能量 E 为：

$$E=A+Q \tag{7-8}$$

式中，A 为完成外功消耗的能量；Q 为做内功所消耗的能量。

肌肉收缩的机械效率 η 为：

$$\eta=\frac{A}{E}=\frac{A}{A+Q} \tag{7-9}$$

人的机械效率一般为 25%~30%。人的机械效率不是常数，它随肌肉活动条件的不同而不同。其大小取决于肌肉活动时的负荷和收缩速度。适宜的负荷和适宜的速度下（约为最大速度的 20%），所获得的机械效率最高。适宜的负荷和适宜的速度，也并非固定不变，随着中枢神经系统机能状态的改善、肌肉力量的增长、神经—肌肉机能活动性的提高，适宜负荷和适宜速度也将相应增大。

4）肌力

肌肉收缩所产生的力通常以肌肉收缩时对外用力所测定的数值表示。人的一条肌纤维所发挥的力量为 0.01~0.02 N，肌力为许多肌纤维的收缩力之和。肌肉的最大肌力为每平方厘米横截面上 30~40 N。可见一个人能产生多大的肌力取决于其肌肉横截面面积的大小。肌力大小还与收缩肌肉的长度有关，当肌肉长度为静息状态长度时，肌肉产生的力量最大，随着肌肉长度的缩短，肌肉产生力量的能力也逐渐下降。

影响肌肉力量的因素很多，如遗传、营养、体重、年龄、性别、训练状况，等等。年龄对肌力的影响是十分明显的，一般 10 岁以内，肌肉力量迅速增长；20~30 岁时达到峰值，这一水平可保持 5~10 年；40~50 岁时肌力则下降到峰值的 75%~85%。肌力与性别的关系，一般是在年龄与训练状况基本相同的情况下，女性比男性的肌力约小 30%。训练可使肌纤维增粗，从而增大了肌肉的横截面面积，肌力也随之增大。通常通过训练可提高原肌力的 30%~50%。

表 7.1 列出了中等体力、20~30 岁的男性和女性身体主要部位肌肉所产生的力。

表 7.1　身体主要部位肌肉所产生的力　　　　　　　　　　　　　　　　N

肌肉的部位			手臂肌肉	上臂肌中的肱二头肌	手臂弯曲时的肌肉	手臂伸直时的肌肉	拇指肌肉	背部肌肉（躯干屈伸肌）
力的数值	男	右	382	284	284	225	118	1 196
		左	363	274	274	206	98	
	女	右	216	127	206	176	88	696
		左	196	127	196	167	78	

7.3.2　肌肉施力

1) 主要关节的活动范围

骨与骨之间除了由关节相连外，还由肌肉和韧带联结在一起。因为韧带除了有连接两骨、增加关节的稳固性的作用以外，还有限制关节运动的作用。因此，人体各关节的活动有一定的限度，超过限度，将会造成损伤。另外，人体处于各种舒适姿势时，关节必然处在一定的舒适调节范围内。表 7.2 所示为人体重要活动范围和身体各部舒适姿势调节范围，该表中的身体部位及关节名称可参考相应的示意图，如图 7.8 所示。

表 7.2　重要活动范围和身体和部舒适姿势的调节范围

身体部位	关节	活动	最大角度/(°)	最大范围/(°)	舒适调节范围/(°)
头至躯干	颈关节	低头，仰头	+40，-35①	75	+12~-25
		左歪，右歪	+55，-55①	110	0
		左转，右转	+55，-55①	110	0
头颈部	颈关节	伸颈	+55，-55①	110	0
头颈部	颈关节	旋颈	+55，-55①	110	0
躯干	胸关节 腰关节	前弯，后弯	+100，-50①	150	0
		左弯，右弯	+50，-50①	100	0
		左转，右转	+50，-50①	100	0
大腿至髋关节	髋关节	前弯，后弯	+120，-15	135	0 (+85~+100)②
		外拐，内拐	+30，-15	45	0
小腿对大腿	膝关节	前摆，后摆	+0，-135	135	0 (-95~-120)②

续表

身体部位	关节	活动	最大角度/(°)	最大范围/(°)	舒适调节范围/(°)
脚至小腿	脚关节	上摆，下摆	+110，+55	55	+85~+95
脚至躯干	髋关节 小腿关节 脚关节	外转，内转	+110，-70①	180	+0~+15
上臂至躯干	肩关节 （锁骨）	外摆，内摆 上摆，下摆 前摆，后摆	+180，-30① +180，-45① +140，-40①	210 225 180	0 （+15~+35）③ +40~+90
下臂至上臂	肘关节	弯曲，伸展	+145，0	145	+85~+110
手至下臂	腕关节	外摆，内摆 弯曲，伸展	+30，-20 +75，-60	50 135	0③ 0
手至躯干	肩关节，下臂	左转，右转	+130，-120①④	250	-30~-60

注：给出的最大角度适于一般情况，年纪较大的人大多低于此值。此外，在穿厚衣服时角度要小一些。有多个关节的一串骨骼中，若干角度相叠加产生更大的活动范围（如低头、弯腰）
① 给出关节活动的叠加值
② 括号内为坐姿值
③ 括号内为在身体前方的操作
④ 开始的姿势为手与躯干侧面平行

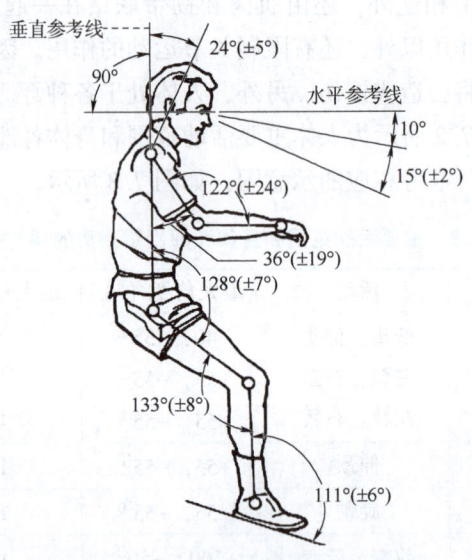

图 7.8 人体各部位活动范围示意图

2）肢体的出力范围

肢体的力量来自肌肉收缩，肌肉收缩时所产生的力称为肌力。肌力的大小取决于以下几个生理因素：单个肌纤维的收缩力；肌肉中肌纤维的数量与体积；肌肉收缩前的初长度；中枢神经系统的机能状态；肌肉对骨骼发生作用的机械条件。研究表明，一条肌纤维能产生

$10^{-3} \sim 2 \times 10^{-3}$ N 的力量，因而有些肌肉群产生的肌力可达上千牛顿。表 7.3 为中等体力的 20~30 岁青年男女工作时身体主要部位肌肉所产生的力。

表 7.3　身体主要部位肌肉所产生的力　　　　　　　　　　　　　　　　　N

肌肉的部位		力的大小	
		男	女
手臂肌肉	左	370	200
	右	390	220
肱二头肌	左	280	130
	右	290	130
手臂弯曲时的肌肉	左	280	200
	右	290	210
手臂伸直时的肌肉	左	210	170
	右	230	180
拇指肌肉	左	100	80
	右	120	90
背部肌肉（躯干屈伸的肌肉）		1 220	710

在操作活动中，肢体所能发挥的力量大小除了取决于上述人体肌肉的生理特征外，还与施力姿势、施力部位、施力方式和施力方向有着密切关系。只有在这些综合条件下的肌肉出力的能力和限度才是操纵力设计的依据。

在直立姿势下弯臂时，不同角度时的力量分布如图 7.9 所示。可知大约在 70° 处可达最大值，即产生相当于体重的力量。这正是许多操纵机构（如方向盘）置于人体正前上方的原因所在。

在直立姿势下臂伸直时，不同角度位置上拉力和推力的分布如图 7.10 所示。可见最大拉力产生在 180° 位置上，而最大推力产生在 0° 位置上。

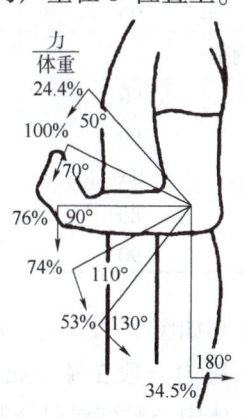

图 7.9　立姿弯臂时的力量分布

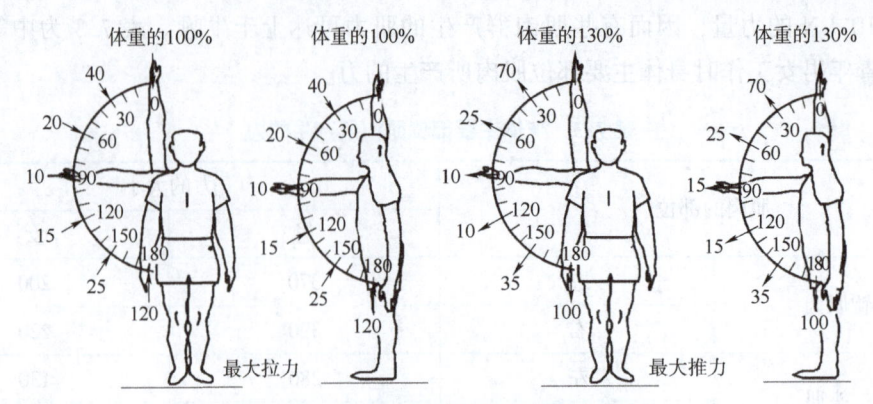

图 7.10 立姿直臂时的拉力与推力分布

在坐姿下手臂在不同角度和方向上的推力和拉力如表 7.4 所示。该表中的数据表明，左手弱于右手；向上用力大于向下用力；向内用力大于向外用力。

表 7.4 在坐姿下手臂在不同角度和方向上的推力和拉力

手臂的角度/(°)	拉力/N		推力/N	
	左手	右手	左手	右手
	向后		向前	
180（向前平伸臂）	230	240	190	230
150	190	250	140	190
120	160	190	120	160
90（垂臂）	150	170	100	160
60	110	120	100	160
	向上		向下	
180	40	60	60	80
150	70	80	80	90
120	80	110	100	120
90	80	90	100	120
60	70	90	80	90
	向内侧		向外侧	
180	60	90	40	60
150	70	90	40	70
120	90	100	50	70
90	70	80	50	70
60	80	90	60	80

坐姿时下肢不同位置上的蹬力大小如图 7.11（a）所示，图中的外围曲线就是足蹬力的界限，箭头表示用力方向。可知最大蹬力一般在膝部屈曲 160°时产生。脚产生的蹬力也与体位有关，蹬力的大小与下肢离开人体中心对称线向外偏转的角度大小有关，下肢向外偏转约 10°时的蹬力最大，如图 7.11（b）所示。

(a)

(b)

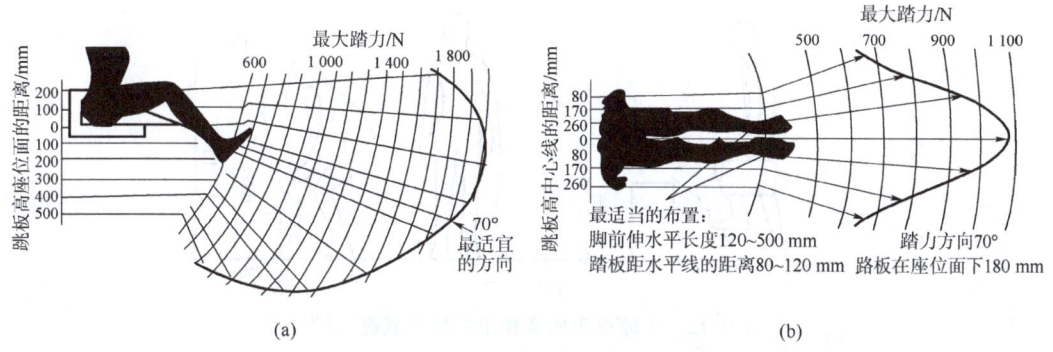

图 7.11　不同体位下的蹬力

应该注意的是，肢体所有力量的大小，都与持续时间有关。随着持续时间的延长，人的力量很快衰减。例如，拉力由最大值衰减到 1/4 数值时，只需要 4 min。而且任何人劳动到力量衰减到一半的持续时间是差不多的。

3）人体不同姿势的施力

肌力的大小因人而异，男性的力量比女性平均大 30%~35%。年龄是影响肌力的显著因素，男性的力量在 20 岁之前是不断增长的，20 岁左右达到顶峰，这种最佳状态大约可以保持 10~15 年，随后开始下降，40 岁时下降 5%~10%，50 岁时下降 15%，60 岁时下降 20%，65 岁时下降 25%。腿部肌力下降比上肢更明显，60 岁的人手的力量下降 16%，而胳膊和腿的力量下降高达 50%。

此外，人体所处的姿势是影响施力的重要因素，作业姿势设计时必须考虑这一要素。图 7.12 表示人体在不同姿势下的施力状态，图 7.12（a）为常见的操作姿态，其对应的施力数值如表 7.5 所示，施力时对应的移动距离如表 7.6 所示；图 7.12（b）为常见的活动姿态，其对应的施力大小如表 7.7 所示，施力时相应的移动距离已标在该图中。

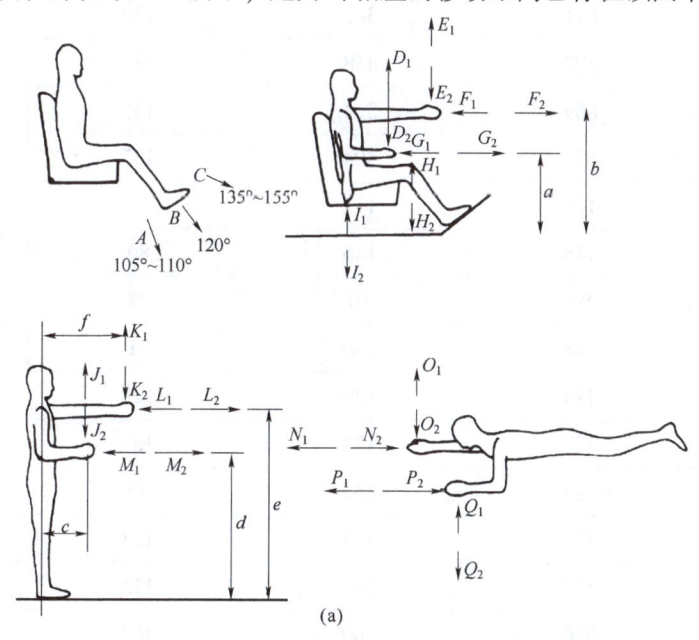

图 7.12　人体在不同姿势下的施力状态

（a）操作姿态

(b)

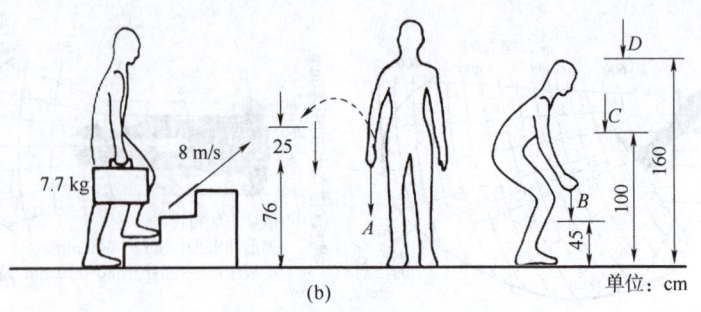

图 7.12　人体在不同姿势下的施力状态（续）
（b）活动姿态

表 7.5　人体在各种状态时的力量　　　　　　　　　　　　　　　　　　N

施力	强壮男性	强壮女性	瘦弱男性	瘦弱女性
A	1 494	969	591	382
B	1 868	1 214	778	502
C	1 997	1 298	800	520
D_1	502	324	53	35
D_2	422	275	80	53
F_1	418	249	32	21
F_2	373	244	71	44
G_1	814	529	173	111
G_2	1 000	649	151	97
H_1	641	382	120	75
H_2	707	458	137	97
I_1	809	524	155	102
I_2	676	404	137	89
J_1	177	177	53	35
J_2	146	146	80	53
K_1	80	80	32	21
K_2	146	146	71	44
L_1	129	129	129	71
L_2	177	177	151	97
M_1	133	133	75	48
M_2	133	133	133	88
N_1	564	369	115	75
N_2	556	360	102	66

续表

施力	强壮男性	强壮女性	瘦弱男性	瘦弱女性
O_1	222	142	20	13
O_2	218	142	44	30
P_1	484	315	84	53
P_2	578	373	62	42
Q_1	435	280	44	31
Q_2	280	182	53	36

表 7.6 人体发力时所移动的距离　　　　　　　　　　cm

距离	强壮男性	强壮女性	瘦弱男性	瘦弱女性
a	64	62	58	57
b	94	90	83	81
c	36	33	30	28
d	122	113	104	95
e	151	141	131	119
f	65	61	57	53

表 7.7 人体在各种状态时的力量　　　　　　　　　　N

施力	强壮男性	强壮女性	瘦弱男性	瘦弱女性
A	42	27	19	12
B	134	87	57	37
C	67	43	23	14
D	40	25	11	7

7.3.3 能量消耗

1) 人体能量的产生机理

由于骨骼肌约占人体重的 40%，故体力劳动的能量消耗较大。骨骼肌活动的能量来自细胞中的贮能元——三磷酸腺苷（ATP）。肌肉活动时，肌细胞中的三磷酸腺苷与水结合，生成二磷酸腺苷（ADP）和磷酸根（Pi），同时释放出 29.3 kJ 的能量，即：

$$ATP+H_2O \longrightarrow ADP+Pi+29.3 \text{ kJ/mol}$$

在肌细胞中的 ATP 储量有限，因此能量释放过程中，必须及时补充肌细胞中的 ATP。补充 ATP 的过程称为产能。产能一般通过三种途径完成。

（1）ATP—CP 系列

在要求能量释放速度很快的情况下，肌细胞中的 ATP 由磷酸肌酸（CP）与二磷酸腺苷合成予以补充：

$$CP+ADP \rightleftharpoons Cr（肌酸）+ATP$$

该过程简称为 ATP—CP 系列。ATP—CP 系列提供能量的速度极快，但由于 CP 在人体内的贮量有限，其产能过程只能维持肌肉进行大强度活动几秒钟。

（2）需氧系列

在中等劳动强度下，ATP 以中等速度分解，又通过糖和脂肪的氧化磷酸化合成得到补充，即：

$$葡萄糖或脂肪+氧 \xrightarrow{氧化磷酸化} ATP$$

由于这一过程需要氧参与合成 ATP，故称为需氧系列。在合成的开始阶段，以糖的氧化磷酸化为主，随着持续活动时间的延长，脂肪的氧化磷酸化转为主要过程。

（3）乳酸系列

在大强度劳动时，能量需求速度较快，相应 ATP 的分解也必须加快，但受到供氧能力的限制。此时，则靠无氧糖酵解产生乳酸的方式提供能量，故称为乳酸系列：

$$葡萄糖（糖原）\xrightarrow{糖酵解} ATP+乳酸$$

乳酸逐渐扩散到血液，一部分排出体外，一部分在肝、肾内部又合成为糖原。在食物营养充足的合理条件下，经过休息，可以较快地合成为糖原。

虽然糖酵解时 1 g 分子葡萄糖只能合成 2 g 分子 ATP，但糖酵解的速度比氧化磷酸化的速度快 32 倍，所以是高速提供能量的重要途径。乳酸系列需耗用大量葡萄糖才能合成少量的 ATP，在体内糖原含量有限的条件下，这种产能方式不经济。此外，目前还认为乳酸是一种致疲劳性物质，所以乳酸系列提供能量的过程不可能持续较长时间。

三种产能过程可概括于图 7.13 中，其一般特性列于表 7.8 中。

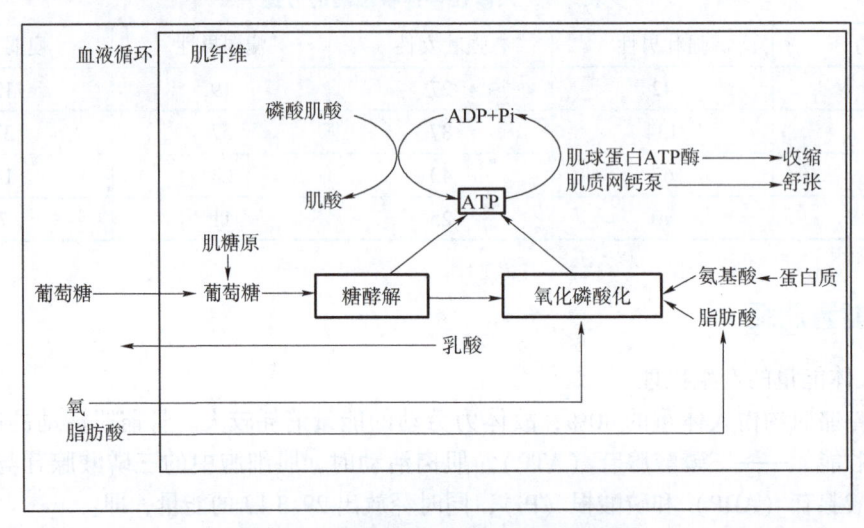

图 7.13 肌肉活动时能量的来源示意图

表 7.8 三种产能过程的一般特性

名称	代谢需氧情况	功能速度	能源物质	产生 ATP 的量	体力劳动类型
ATP—CP 系列	无氧代谢	非常迅速	CP	很少	劳动之初和极短时间内的极强体力劳动的供能

续表

名称	代谢需氧情况	功能速度	能源物质	产生 ATP 的量	体力劳动类型
乳酸系列	无氧代谢	迅速	糖原	有限	短时间内的强度大的体力劳动的供能
需氧系列	有氧代谢	较慢	糖原、脂肪、蛋白质	几乎不受限制	持续时间长、强度小的各种劳动的供能

肌肉活动的时间愈长,强度愈大,恢复原有贮备所需的时间也愈长。在食物营养充足合理的条件下,一般在 24 h 内便可得到完全恢复。肌肉转换化学能做功的效率约为 40%,若包括恢复期所需的能量,其总效率为 10%~30%,其余 70%~90% 的能量以热的形式释放。

2) 能量代谢和能量代谢率

人体为维持生命,进行工作和运动所需的能量都是来源于体内物质的分解代谢。营养物质在体内分解所放出的能量,一部分用于对体内、体外做功,其余部分直接转化为热能,用于维持体温。体内能量的产生、转移和消耗称为能量代谢。能量代谢按机体所处状态,可以分为三种,即基础代谢量、安静代谢量和能量代谢量。

(1) 基础代谢量

基础代谢量是人在绝对安静下(平卧状态)维持生命所必须消耗的能量。人体能量代谢的速率,随人所处的条件不同而不同。为了进行比较,生理学上规定了人所处的一定的条件称为基础条件,即人清醒而极安静(卧床)、空腹(食后 10 h 以上)、室温在 20 ℃ 左右。之所以这样规定,是因为肌肉活动、精神活动、进食以后、室温低于 20 ℃ 或高于 20 ℃ 等都可引起能量代谢的加速。而睡眠时,能量代谢减弱。在上述基础条件下的能量代谢称为基础代谢,用单位时间消耗的能量表示。它反映人体在基础条件下心搏、呼吸和维持正常体温等基本活动的需要,以及人体新陈代谢的水平。

为了表示方便,将单位时间、单位面积的耗能记为代谢率,它的单位是 $kJ/(m^2 \cdot h)$。基础代谢率的符号记为 B。

实际测定结果表明,基础代谢率随着年龄、性别等生理条件不同而有差异。通常,男性的基础代谢率高于同龄的女性。幼年比成年高,年龄越大,代谢率越低。我国正常人基础代谢率的平均值如表 7.9 所示。

表 7.9　我国正常人基础代谢率的平均值　　　　$kJ/(m^2 \cdot h)$

性别	年龄/岁						
	11~15	16~17	18~19	20~30	31~40	41~50	51 以上
男性	195.5	193.4	164.9	157.8	158.7	154.1	149.0
女性	172	181.7	154.1	146.5	146.9	142.3	138.6

正常人的基础代谢率比较稳定,一般不超过平均值的 15%。我国正常人体表面积的计算公式为:

$$体表面积(m^2) = 0.006\ 1 \times 身高(cm) + 0.012\ 8 \times 体重(kg) - 0.152\ 9 \quad (7-10)$$

基础代谢量可由下式计算:

$$\text{基础代谢量} = \text{基础代谢率平均值} \times \text{人体表面积}(S) \times \text{持续时间}(t) \quad (7-11)$$

（2）安静代谢量

安静代谢量是指机体为了保持各部位的平衡及某种姿势所消耗的能量。一般测定安静代谢量时，是在工作前或工作后，被检查者安静地坐在椅子上进行。由于各种活动都会引起代谢量的变化，所以测定时必须保持安静状态，可通过呼吸数或脉搏数来判断是否处于安静状态。安静代谢量包括基础代谢量和为维持体位平衡及某种姿势所增加的代谢量两部分。通常以基础代谢量的 20% 作为维持体位平衡及某种姿势所增加的代谢量，因此，安静代谢量应为基础代谢量的 120%。安静代谢率记为 R，$R = 1.2B$。安静代谢量的计算公式为

$$\text{安静代谢量} = RSt = 1.2BSt \quad (7-12)$$

式中，R 是安静代谢率 $[kJ/(m^2 \cdot h)]$；S 是人体表面积（m^2）；t 是持续时间（h）。

（3）能量代谢量

人体进行作业或运动时所消耗的总能量称为能量代谢量。能量代谢量包括基础代谢量、维持体位增加的代谢量和作业时增加的代谢量三部分。也可以表示为安静代谢量与作业时增加的代谢量之和。能量代谢率记为 M。对于确定的个体，能量代谢量的大小与劳动强度直接相关。能量代谢量是计算作业者一天的能量消耗和需要补给热量的依据，也是评价作业负荷的重要指标。能量代谢量的计算公式为：

$$\text{能量代谢量} = MSt \quad (7-13)$$

式中，M 是安静代谢率 $[kJ/(m^2 \cdot h)]$；S 是人体表面积（m^2）；t 是测定时间（h）。

（4）相对代谢率

体力劳动强度不同，所消耗的能量也不同。但由于作业者的体质差异，即使同样的劳动强度，不同作业者的能量代谢也不同。为了消除作业者之间的差异因素，常用相对代谢率这一相对指标衡量劳动强度。相对代谢率记为 RMR，RMR 可由以下两个公式求出：

$$\text{RMR} = \frac{\text{能量代谢量} - \text{安静代谢量}}{\text{基础代谢量}} \quad (7-14)$$

或

$$\text{RMR} = \frac{\text{能量代谢率} - \text{安静代谢率}}{\text{基础代谢率}} = \frac{M-R}{B} \quad (7-15)$$

则

$$\text{能量代谢量} = \text{RMR} \times \text{基础代谢量} + 1.2 \times \text{基础代谢量} \quad (7-16)$$
$$= (\text{RMR} + 1.2) \times \text{基础代谢量}$$

$$M = B \times \text{RMR} + R = B \times \text{RMR} + 1.2B = (\text{RMR} + 1.2)B \quad (7-17)$$

能量代谢量的测定方法可分为直接法和间接法。直接法是通过热量计测定在绝热室内流过人体周围的冷却水升温情况，再换算成代谢量；间接法是通过测定人体消耗的氧量，再乘以氧热价求出能量代谢量。某种物质氧热价是指该物质氧化时，每消耗 1L 的氧产生的热量。此外，也可通过 RMR 间接计算作业时的能量消耗。

5）相对代谢率资料

计算能量代谢量时，首先必须准备必要的相对代谢率资料，可以利用专家们已经积累的

大量的系统的相对代谢率数据。对研究的某项具体作业,通过观察分析作业者的动作、负荷和疲劳等方面的特征,然后与现有的资料加以对照比较,即可以判断确定该项作业的 RMR 值。有关生产作业活动的 RMR 值资料如表 7.10 所示。日常作业活动的 RMR 值参考资料如表 7.11 所示。

表 7.10　生产作业活动的 RMR 值资料

动作部位	动作细分	RMR 值	被检查者感觉	调查者观察	工作举例
手指动作	非意识的机械性动作	0~0.5	手腕感到疲劳,但习惯后不感到疲劳	完全看不出疲劳感	拍电报为 0.3 记录为 0.5
手指动作	有意识的动作	0.5~1	工作时间长后有疲劳感	看不出有疲劳	拨电话号码 0.7 盖章为 0.9
手指动作连带上肢	手指动作连带到小臂	1.0~2.0	认为工作很轻,不太疲劳	看不出有疲劳感	操作计算机为 1:3 电钻(静作业)为 1.8
手指动作连带上肢	手指动作连带到大臂	2.0~3.0	常想休息	有明显工作感,是较小的体力劳动	抹光混凝土为 2.0
上肢动作	一般动作方式	3.0~4.0	开始不习惯时劳累,习惯后不太困难	摆动虽大些,但用力不大	轻筛为 3.0 电焊为 3.0
上肢动作	稍用力动作方式	4.0~5.5	局部疲劳,不能长时间连续动作	使用整个上肢,用力明显	装汽车轮胎为 4.5 粗锯木料为 5.0
全身动作	一般动作方式	5.5~6.5	要求工作 30~40 min 后休息	作业者呼吸急促	拉锯为 5.8 和泥为 6.0
全身动作	动作较大,用力均匀	6.5~8.0	连续工作 20 min 感到胸中难受,但再干轻的工作能继续	作业者呼吸急促、脸变色、出汗	锯硬木为 7.5
全身动作	短时间内集中全身力量	8.0~9.5	工作 5~6 min 后,什么工作也不能做了	作业者呼吸急促、流汗、脸色难看、不爱说话	用尖镐劳动为 8.5 推 200 kg 三轮车为 9.5
全身动作	繁重作业	10.0~12.0	工作不能持续 5 min 以上	急喘、脸变色、流汗	用全力推车为 10.0 挖坑为 12.4
全身动作	极繁重作业	12.0 以上	用全力只能忍耐 1 min,实在没有力气了	屏住呼吸作业,急喘,有明显的疲劳感	推倒物料为 17.0

表 7.11 日常作业的 RMR 值参考资料

作业或活动内容	RMR 值
睡眠	基础代谢量的 80%~90%
安静坐姿	0
坐姿：灯泡钨丝的组装	0.1
念、写、读、听	0.2
拍电报	0.3
电话交换台的交换员	0.4
打字	1.4
谈话：坐着（有活动时 0.4）	0.2
站着（腿或身体弯曲时 0.5）	0.3
打电话（站）	0.4
用饭、休息	0.4
洗脸、穿衣、脱衣	0.5
乘小汽车	0.5~0.6
乘汽车、电车（坐）	1.0
乘汽车、电车（站）、扫地，洗手	2.2
使用计算器	0.6
洗澡	0.7
邮局盖戳	0.9
使用缝纫机	1.0
在桌上移物	1.0~1.2
用洗衣机	1.2
使用计算机	1.3
步行选购	1.6
准备、做饭及收拾	1.6
邮局小包检验工作	2.4
骑车（平地 180 m/min）	2.9
做广播体操	3.0
擦地	3.5
整理被褥	4.3~5.3
下楼（50 m/min）	2.6
上楼（45 m/min）	6.9
慢步（40 m/min）	1.3
（50 m/min）	1.5
散步（60 m/min）	1.8
（70 m/min）	2.1
步行（80 m/min）	2.7

续表

作业或活动内容	RMR 值
（90 m/min）	3.3
（100 m/min）	4.2
（120 m/min）	7.0
跑步（150 m/min）	8.0~8.5
马拉松	14.5
万米跑比赛	16.7

7.4 作业能力和作业疲劳

7.4.1 体力劳动强度分级

劳动强度是指作业者在生产过程中体力消耗及紧张程度。劳动强度不同，单位时间人体所消耗的能量也不同。从劳动生理学方面来看，以能量代谢为标准进行分级是比较合适的。这种分级法可以把千差万别的作业，从能量代谢角度进行统一的定义。

目前，国内外对劳动强度分级的能量消耗指标主要有两种：一种是相对指标，即相对代谢率（Relative Metabolic Rate，RMR）。该指标在国外应用比较普遍，我国也开始使用。另一种是绝对指标，如 8 h 的能量消耗量、劳动强度指数等。

1) 以相对代谢率指标分级

依作业时的相对代谢率 RMR 指标评价劳动强度标准的典型代表是日本能率协会的划分标准，它将劳动强度划分为五个等级，如表 7.12 所示。

表 7.12 劳动强度分级

劳动强度分级	RMR 值	作业的特点	工种举例
极轻劳动	0~1.0	（1）手指作业 （2）精神作业 （3）坐位姿势多变，立位时身体重心不移动 （4）疲劳属于精神或位姿方面的疲劳	电话交换员 电报员 修理仪表 制图
轻劳动	1.0~2.0	（1）手指作业为主以及上肢作业 （2）以一定的速度可以长时间连续工作 （3）局部产生疲劳	司机 在桌上修理器具 打字员
中劳动	2.0~4.0	（1）几乎立位，身体水平移动为主，速度相当于普通步行 （2）上肢作业用力 （3）可持续几个小时	油漆工、车工 木工 电焊工

续表

劳动强度分级	RMR 值	作业的特点	工种举例
重劳动	4.0~7.0	（1）全身作业为主，全身用力 （2）全身疲劳，工作 10~20 min 就想休息	炼钢、炼铁工 土建工
极重劳动	7.0 以上	（1）短时间内全身用强力快速作业 （2）呼吸困难，工作 2~5 min 就想休息	伐木工 大锤工

作业的 RMR 越高，规定的作业率应越低。一般来说，RMR 不超过 2.7 为适宜的作业；RMR 小于 4 的作业可以持续工作，但考虑精神疲劳也应适当安排休息；RMR 大于 4 的作业不能连续进行；RMR 大于 7 的作业应实行机械化。

为了使劳动持久，减少体力疲劳，人们从事的大部分作业氧需都应低于氧上限。极轻作业氧需约为氧上限的 25%；轻作业为氧上限的 25%~50%；中作业为 50%~75%；重作业大于 75%；极重作业接近氧上限，RMR 大于 10 的作业，氧需超过了氧上限。作业最多只能维持 20 min。完全在无氧状态下作业，一般不超过 2 min。

2）以能耗量指标分级

不同劳动强度的能耗量与相对代谢率指标对照资料如表 7.13 所示。该资料是由日本科学劳动研究所发表的。

表 7.13 劳动强度与能耗量

性别	等级	主作业的 RMR 值	8 h 劳动能耗量/kJ	一天能耗量/kJ
男	A	0~1	2 303~3 852	7 746~9 211
	B	1~2	3 852~5 234	9 211~10 676
	C	2~4	5 234~7 327	10 676~12 770
	D	4~7	7 327~9 085	12 770~14 654
	E	7~11	9 085~10 844	14 654~16 329
女	A	0~1	1 926~3 014	6 908~8 039
	B	1~2	3 014~4 270	8 039~9 295
	C	2~4	4 270~5 945	9 295~10 970
	D	4~7	5 945~7 453	10 970~12 477
	E	7~11	7 453~8 918	12 477~13 942

3）以劳动强度指数分级

我国于 2007 年实施的国家标准《工作场所物理因素测量第 10 部分：体力劳动强度分级》（GBZ/T 189.10—2007）中规定了工作场所体力作业时劳动强度的分级测量方法，是劳动安全卫生和管理的依据。该项标准中以计算劳动强度指数的方式进行劳动强度分级。

表 7.14 列出了体力劳动强度分级标准。体力劳动强度分为四个等级。根据计算的劳动强度指数分布的区间可查相应的劳动强度对应的级别，劳动强度指越大，反映体力劳动强度越大。

表 7.14 体力劳动强度分级

体力劳动强度级别	体力劳动强度指数
Ⅰ	≤15
Ⅱ	>15~20
Ⅲ	>20~25
Ⅳ	>25

4) 以氧耗、心率等指标分级

据研究表明，以能量消耗为指标划分劳动强度时，耗氧量、心率、直肠温度、排汗率、乳酸浓度和相对代谢率等具有相同意义。典型代表是国际劳工局 1983 年的划分标准，它将工农业生产的劳动强度划分为六个等级，如表 7.15 所示。

表 7.15 用于评价劳动强度的指标和分级标准

劳动强度等级	很轻	轻	中等	重	很重	极重
耗氧量/(L·min^{-1})	≤0.5	0.5~1.0	1.0~1.5	1.5~2.0	2.0~2.5	>2.5
能量消耗/(kJ·min^{-1})	≤10.5	10.5~20.9	20.9~31.4	13.4~41.9	41.9~52.3	>52.3
心率/(beats·min^{-1})		75~100	100~125	125~150	150~175	>175
直肠温度/℃			37.5~38	38~38.5	38.5~39	>39
排汗率/(mL·h^{-1})			200~400	400~600	600~800	>800

对每个作业的劳动强度进行评价时，应该从体力和脑力两方面考虑，能量消耗指标主要用来划分体力劳动强度的大小。反映脑力方面的劳动强度，将在后面加以介绍。

最大能量消耗界限。

单位时间内人体承受的体力劳动量（体力工作负荷）必须处在一定的范围之内。负荷过小，不利于劳动者工作潜能的发挥和作业效率的提高，将造成人力的浪费；但负荷过大，超过了人的生理负荷能力和供能能力的限度，又会损害劳动者的健康，导致安全事故的发生。

一般来说，人体的最佳工作负荷是指在正常情境中，人体工作 8 h 不产生过度疲劳的最大工作负荷值。最大工作负荷值通常以能量消耗界限、心率界限以及最大摄氧量的百分数表示。国外一般认为，能量消耗 20.93 kJ/min、心率为 110~115 beats/min、吸氧量为最大摄氧量的 33% 左右时的工作负荷为最佳负荷。中国医学科学院卫生研究所也曾对我国具有代表性行业中的 262 个工种的劳动时间和能量代谢进行了调查研究，提出了如下能量消耗界限，即一个工作日（8 h）的总能量消耗应为 5 860.4~6 697.6 kJ，最多不超过 8 372 kJ。若在不良劳动环境中进行作业，上述能耗量还应降低 20%。根据我国目前食物摄入水平，这一能耗界限是比较合理的。日本学者斋藤一和入江俊二对作业中的最佳能耗范围也进行了研究，他们认为，8 h 工作适宜能耗应为 5 860.4~6 279 kJ，不宜超过 7 534.8 kJ。对于重强度劳动和极重（很重）强度劳动，只有增加工间休息时间，即通过劳动时间率来调整工作日中的总能耗，使 8 h 的能耗量不超过最佳能耗界限。

7.4.2 作业时人体的耗氧动态

作业时人体所需要的氧量的大小，主要取决于劳动强度和作业时间。劳动强度越大，持续时间越长，需氧量也越多。人体在作业过程中，每分钟所需要的氧量即氧需能否得到满足，主要取决于循环系统的机能，其次取决于呼吸器官的功能。血液每分钟能供应的最大氧量称为最大摄氧量，正常成年人一般不超过 3 L/min，常锻炼者可达 4 L/min 以上，老年人只有 1~2 L/min。

从事体力作业的过程中，需氧量随着劳动强度的加大而增加，但人的摄氧能力却有一定的限度。因此，当需氧量超过最大摄氧量时，人体能量的供应依赖于能源物质的无氧糖酵解，造成体内的氧亏负，这种状态称为氧债。氧债与劳动负荷的关系如图 7.14 所示。

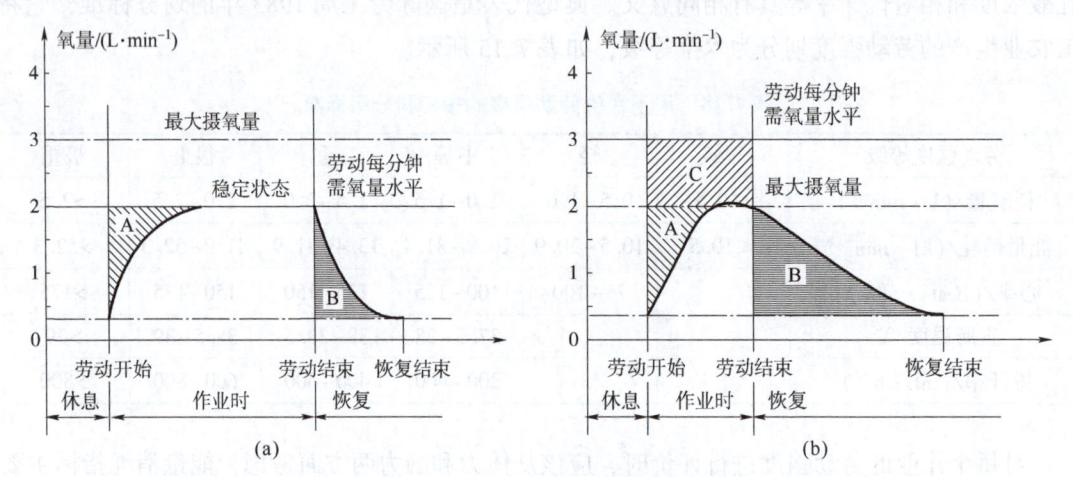

图 7.14　作业中的氧债示意图
（a）需氧量小于最大摄氧量；（b）需氧量大于最大摄氧量

当作业中需氧量小于最大摄氧量时，在作业开始的 2~3 min 内，由于心肺功能的生理惰性，不能与肌肉的收缩活动同步进入工作状态，因此肌肉暂时在缺氧状态下工作，略有氧债产生，如图 7.14（a）中的 A 区。此后，随着心肺功能惰性的逐渐克服，呼吸、循环系统的活动逐渐加强，氧的供应得到满足，机体处于摄氧量与需氧量保持动态平衡的稳定状态，在这种状态下，作业可以持续较长时间。稳定状态工作结束后，恢复期所需偿还的氧债，仅为图 7.14（a）中的 B 区。在理论上，A 区应等于 B 区。

当作业中劳动强度过大，心肺功能的生理惰性通过调节机能逐渐克服后，需氧量仍超过最大摄氧量时，稳定状态即被破坏。此时，机体在缺氧状态下工作，持续时间仅仅局限在人的氧债能力范围之内。一般人的氧债能力约为 10 L。如果劳动强度使劳动者每分钟的供氧量平均为 3 L，而劳动者的最大摄氧量仅为 2 L/min，这样体内每分钟将以产生 7 g 乳酸作为代价来透支 1 L 氧，即劳动每坚持 1 min 必然增加 1 L 氧债，如图 7.14（b）中的 C 区，直到氧债能力衰竭为止。在这种情况下，即使劳动初期心肺功能处于惰性状态时的氧债（图中的 A 区）忽略不计，劳动者的作业时间最多也只能持续 10 min 即达到氧债的衰竭状态。恢复期需要偿还的氧债应为 A 区和 C 区之和。

体力作业若使劳动者氧债衰竭，可导致血液中的乳酸急剧上升，pH 下降。这对肌肉、心脏、肾脏以及神经系统都将产生不良影响。因此，合理安排作业间的休息，对于重体力劳动是至关重要的。

7.4.3 作业能力的动态分析

能力是指一个人顺利完成一定活动所表现出的稳定的心理生理特征。它直接影响活动的效率。

能力总是与活动联系在一起并在活动中表现出来。完成活动通常需要多种能力的结合。能力可分为一般能力和特殊能力。一般能力主要是指认识活动能力，也称智力，它包括观察力、记忆力、注意力、思维力、想象力等，是人们从事各种活动都需要的能力。特殊能力是从事某种专业活动所需要的能力，如写作能力、管理能力、作业能力等。一般能力是特殊能力的基础，而特殊能力的发展又会促进一般能力的发展。通常人在进行某种活动时，一般能力与特殊能力是相互结合、相互渗透、相互促进的。

人的能力以先天素质为前提和基础，但又在后天环境和教育影响下发展。在此过程中，人的实践活动具有特殊意义。纵有良好的天赋而无实践活动，能力也是不可能得到长足发展的。人的能力是有个体差异的，这种差异可以表现在能力发展水平上，也可以表现在能力类型上或者年龄差异上。

1) 作业能力的动态变化规律

作业能力是指作业者完成某种作业所具备的生理、心理特征，综合体现个体所蕴藏的内部潜力。这些心理、生理特征，可以从作业者单位作业时间内生产的产品产量和质量间接地体现出来。但在实际生产过程中，生产的成果（产量和质量）除受作业能力的影响外，还受作业动机等因素的影响，所以

$$生产成果 = f(作业能力 \times 作业动机) \tag{7-18}$$

当作业动机一定时，生产成果的波动主要反映了作业能力的变化。一般情况下，作业者一天内的作业动机相对不变。因此作业者单位作业时间所生产的产品产量的变动，反映了其作业能力的动态变化。典型的动态变化规律一般呈现三个阶段，如图7.15所示。以白班轻或中等强度的作业为例，工作日开始时，工作效率一般较低，这是由于神经调节系统在作业中"一时性协调功能"尚未完全恢复和建立，造成呼吸循环器官及四肢的调节迟缓所致。其后，作业者动作逐渐加快并趋于准确，效率增加，表明"一时性协调功能"加强，所做工作的动力定型得到巩固。这一阶段称为入门期（Induction Period），一般可持续1~2 h。在入门期，劳动生产率逐渐提高，不良品率降低。当作业能力达到最高水平时，即进入稳定期（Steady Period），一般可维持1h左右。此阶段劳动生产率以及其他指标变动不大。稳定期之后，作业者开始感到劳累，作业速度和准确性开始降低，不良品开始增加，即转入疲劳期（Fatigue Period）。午休后，又重复午前的三个阶段，但第一、二阶段的持续时间比午前短，疲劳期提前出现。有时在工作日快结束时，也可能出现工作效率提高的现象，这与赶任务和争取完成或超额完成任务的情绪激发有关。这种现象叫终末激发（Terminal Motivation），终末激发所能维持的时间很短。

以脑力劳动和神经紧张型为主的作业，其作业能力动态特性的差异极大，作业能力动态变化情况取决于神经紧张的类型和紧张程度。这种作业能力，在开始阶段提高很快，但持续时间很短，作业能力就开始下降。为了提高作业能力，对以脑力劳动和神经紧张型为主的作业，应在每一周期之间安排一段短暂的休息时间。

图 7.15　劳动生产率动态变化典型曲线

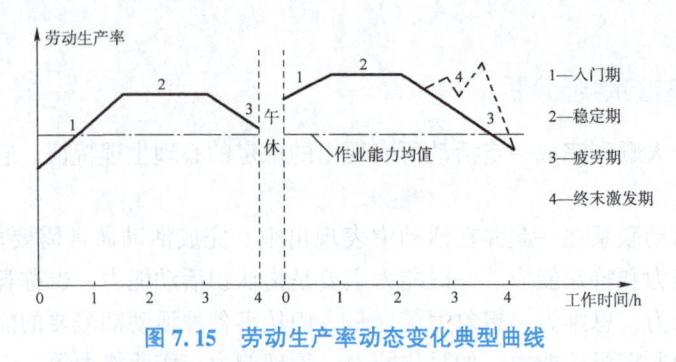

2) 影响作业能力的主要因素

影响作业能力的因素多而复杂，除了作业者个体差异之外，还受环境条件、劳动强度等因素的影响，其大致可归纳为生理因素、环境因素、工作条件和性质、锻炼与熟练效应等四种。

（1）生理因素

体力劳动的作业能力随作业者的身材、年龄、性别、健康和营养状况的不同而异。对体力劳动者，在 25 岁以后，心血管功能和肺活量下降，氧上限逐渐降低，作业能力也相应减弱。但在同一年龄段内，身材大小与作业能力的关系远比实际年龄更为重要。对脑力劳动者，智力发育似乎要到 20 岁左右才能达到完善程度，而 20~30（或 40）岁可能是脑力劳动效率最高的阶段，其后则逐渐减退，且与身材无关。

性别对体力劳动作业能力也有影响。由于生理差异较大，一般男性的心脏每搏最大输出量、肺的最大通气量都较女性大，故男性的作业能力也较同年龄段的女性强。但对脑力劳动，智力的高低和效率却与性别关系不大。

（2）环境因素

环境因素通常是指工作场所范围内的空气状况、噪声、照明、色彩和微气候等。它们对体力劳动和脑力劳动的作业能力均有较大影响，这种影响或是直接的，或是间接的，影响的程度视环境因素呈现的状况，以及该状况维持时间的长短而异。如空气被长期污染，可导致呼吸系统障碍或病变。由此，肺通气量下降会直接影响体力劳动的作业能力，而使机体健康水平下降，间接影响作业能力。

（3）工作条件和性质

生产设备与工具的好坏对作业能力的影响较大，这主要看它在提高工效的同时，是否能减轻劳动强度，减少静态作业成分，减少作业的紧张程度等。

劳动强度大的作业不能持久。许多研究结果指出，对 8 h 工作制的体力劳动，能量消耗量的最高水平以不超过作业最大能量消耗量的 1/3 为宜，在此水平以下即使连续工作 480 min 也不致引起过度疲劳。对轻和中等劳动强度的作业，作业时间过短，不能发挥作业者作业能力的最高水平；而作业时间过长，又会导致疲劳，不仅作业能力下降，还会影响作业者的健康水平。因此，必须针对不同性质的作业，制定出既能发挥作业者最高作业能力又不致损害其健康的合理作业时间。

现代工业企业生产过程具有专业化水平高、加工过程连续性强、各生产环节均衡协调和一定的适应性等特点。因此，劳动组织与劳动制度的科学与合理性，对作业能力的发挥有很大的影响。例如,作业轮班不仅会对作业者正常的生物节律、身体健康、社会和家庭生活等产生较大的影响,而且会对作业者的作业能力产生明显影响。

(4) 锻炼与熟练效应

锻炼能使机体形成巩固的动力定型,可使参加运动的肌肉数量减少,动作更加协调、敏捷和准确,大脑皮层的负担减轻,故不易发生疲劳。体力锻炼还能使肌体的肌纤维变粗,糖原含量增多,生化代谢也发生适应性改变。此外,经常参加锻炼者,心脏每搏输出量增大,心跳次数却增加不多;呼吸加深,肺活量增大,呼吸次数也增加不多。这就使得机体在参与作业活动时有很好的适应性和持久性。

锻炼对脑力劳动所起的作用更大、更重要。这是因为人类的智力发展并不像体力那样受生理条件的高度限制。熟练效应是指经常反复执行某一作业而产生的全身适应性变化,使机体器官各个系统之间更为协调,不易产生疲劳,使作业能力得到提高的现象。典型的熟练效应曲线如图7.16所示。曲线表明随着产品数量增加,作业者作业的熟练程度越高,单位产品劳动时间也越少。反复进行同一作业是一种锻炼过程,是形成熟练效应的原因。

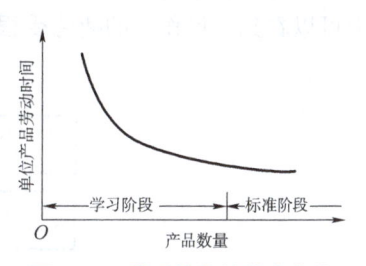

图 7.16 典型的熟练效应曲线

7.4.4 作业疲劳

1) 体力疲劳及其分类

体力疲劳是指劳动者在劳动过程中,出现的劳动机能衰退,作业能力下降,有时伴有疲倦感等自觉症状的现象。高强度作业或长时间持续作业,容易引起人的疲劳和工作能力下降,如出现肌肉及关节酸疼、疲乏、不愿动、头晕、头痛、注意力涣散、视觉不能追踪、工作效率降低等症状。疲劳不仅是人的生理反应,还包含大量的心理因素、环境因素等。

体力疲劳根据身体使用部位可分为局部疲劳和全身疲劳;根据活动时间长短和活动强度的高低,可分为短时间剧烈活动后产生的疲劳和长时间中等强度作业后产生的疲劳两种类型,后一种疲劳在人机系统中比较普遍。

2) 疲劳的产生与积累

体力疲劳是随工作过程的推进逐渐产生和发展的。按照疲劳的积累状况,工作过程一般分为以下四个阶段:

(1) 工作适应期

工作开始时,由于神经调节系统在作业中"一时性协调功能"尚未完全恢复和建立,造成呼吸循环器官及四肢的调节迟缓,人的工作能力还没有完全被激发出来,处于克服人体惰性的状态。这时,人体的活动水平不高,不会产生疲劳。

(2) 最佳工作期

经过短暂的第一阶段后,人体各机构逐渐适应工作环境的要求。这时,人体操作活动效率达到最佳状态并能持续较长的时间。只要活动强度不是太大,这一阶段不会产生疲劳。

(3) 疲劳期

最佳工作期之后,作业者开始感到疲劳,工作动机下降和兴奋性降低等特征出现。作业速度和准确性开始降低，工作效率和质量下降。在这一阶段中，疲劳将不断积累。进入疲劳期的时间与活动强度和环境条件有关。操作强度大、环境条件恶劣时，人体保持最佳工作效率的时间就短；反之，则操作者维持最佳工作时间就会大大延长。

(4) 疲劳过度积累期

操作者产生疲劳后，应采取相应措施加以控制，或者进行适当的休息，或者调整活动强度；否则，操作者就会因疲劳的过度积累，暂时丧失活动能力，工作被迫停止。许多事故的发生，大都是由疲劳过度积累造成的，疲劳的积累还会逐渐演化为器质性病变。

疲劳的积累过程可用"容器"模型来说明，图 7.17 所示为"容器"模型示意图。从图中可以看到，操作者的疲劳受很多因素影响，最典型的有五个方面。

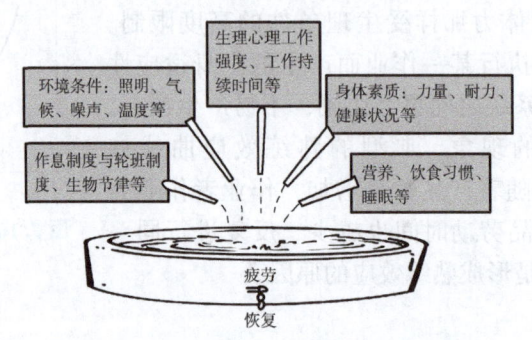

图 7.17 疲劳积累的"容器"模型示意图

① 劳动强度与工作持续时间。

劳动强度是决定疲劳出现时间以及疲劳积累程度的主要因素。劳动强度越大，疲劳出现越早。例如，大强度作业只需工作几分钟，人体就出现疲劳。因此，降低劳动强度有利于延缓疲劳的出现。另外，工作持续时间越长，疲劳积累的程度越高。相关研究表明，若工作时间以等差级数递增，则恢复疲劳所需的休息时间就以等比级数递增。所以，应科学地确定工作时间。

② 作业环境条件。

环境条件包括许多方面，如照明、噪声、振动、微气候、空气污染、色彩布置等。照明环境中照度与亮度分布不均匀，高噪声、高污染的环境，不良的微气候条件等，都会对人的生理及心理产生影响，随着时间的推移，不断积累将引发疲劳。

另外，机器设备和各种工具设计或布置是否合理，也影响操作者的疲劳程度，如控制器、显示器的设计不符合人的生理、心理要求，也会加剧人的疲劳。

③ 作息制度与轮班制度。

不合理的作息制度与轮班制度不利于人体保持最佳工作能力，如不合理的工作时间及休息时间（作业时间过久、恢复疲劳时间较短）、作业速度过快、轮班频率过高等易使疲劳提早出现，长时间重复性的单调作业等使操作者兴奋性降低，而趋向于一种压抑状态。

④ 身体素质。

不同的作业者身体素质不同，如力量素质的差异、耐力素质的差异、主要系统生理指标的差异、身体健康状况的差异等，使作业者表现为体力作业能力上的差异，会对操作者的疲劳产生和积累过程产生不同的影响。身体较弱的个体较易疲劳。

⑤营养、睡眠等。

营养和睡眠是影响操作者疲劳状况的另一类因素，生活条件差、营养不良、长期睡眠不足的个体，其工作能力受到明显的影响，容易产生疲劳。常用的睡眠评价方法有匹兹堡睡眠质量指数量表、Epworth 嗜睡量表和斯坦福嗜睡量表等。匹兹堡睡眠质量指数（Pittsburgh Sleep Quality Index，PSQI）量表是美国匹兹堡大学精神科医生贝塞（Buysse）等人于 1989 年编制的，适用于睡眠障碍患者、精神障碍患者的睡眠质量评价，同时也适用于一般人睡眠质量的评估。PSQI 一般用于评定患者最近 1 个月的睡眠质量，量表由 19 个自评和 5 个他评条目构成，自评条目中参与计分的 18 个条目组成 7 个成分（睡眠质量、入睡时间、睡眠时间、睡眠效率、睡眠障碍、催眠药物与日间功能障碍），每个成分按 0~3 分计分，累积各成分得分为 PSQI 总分，总分范围为 0~21 分，得分越高表示睡眠质量越差。Epworth 嗜睡量表（Epworth Sleepiness Scale，ESS）是由澳大利亚 Epworth 医院的医生约翰斯（Murray Johns）于 1991 年设计出来的，常用于评价患者白天的嗜睡程度。该量表给出了日常生活中经常遇到的 8 个情境，患者按照自己的情况对每个情境进行打分（0~3 分，"0" 代表不会打瞌睡，"1" 代表打瞌睡的可能性很小，"2" 代表打瞌睡的可能性中等，"3" 代表很可能打瞌睡），如表 7.16 所示。将 8 项得分累加得到一个总分，分值越高则越嗜睡，正常人的评分分值应在 9 分以内。斯坦福嗜睡量表（Stanford Sleepiness Scale，SSS）也是实验研究和临床诊断中常用的一种量表，主要用于患者在某一特定时间的嗜睡程度评估；该量表将患者从"沉睡"到"充满生机与活力"之间可能的状态分为七种，患者依据自身情况选择一种来表示当前自己所处的状态。

表 7.16　Epworth 嗜睡量值

编号	情境	得分
1	坐着阅读书刊时	0　1　2　3
2	看电视时	0　1　2　3
3	在沉闷公共场所坐着不动时（如剧场、开会）	0　1　2　3
4	连续乘坐汽车 1 h，中间无休息时	0　1　2　3
5	条件允许情况下，下午躺下休息时	0　1　2　3
6	坐着与人谈话时	0　1　2　3
7	未饮酒午餐后安静地坐着时	0　1　2　3
8	遇到堵车，在停车的几分钟里	0　1　2　3

此外，其他作业者本身的因素，如熟练程度、操作技巧、对工作的适应性、年龄以及劳动情绪等影响因素也都会带来生理疲劳。但是机体疲劳与主观疲劳感未必同时发生，有时机体尚未进入疲劳状态，却出现了疲劳感，如对工作缺乏兴趣时常常这样。有时机体早已疲劳却无疲劳感，如处于对工作具有高度责任感、特殊爱好等情境。

"容器"模型把操作者的疲劳看作容器内的液体，液面水平越高，表示疲劳程度越大。容器排放开关的功能相当于人体在疲劳后的休息——如果没有将排出开关打开，液面水平将持续上升，最终液体溢出容器。随着时间延续，疲劳程度不断加大，犹如各疲劳源向容器内不断地倾倒液体一样。液体的增多导致液面水平的升高，升高到一定程度，必须打开容器的排放开关，让液体从开关处流出以使液面下降。容器大小类似于人体的活动极限，"溢出"意味着疲劳程度超出人体极限，从而给人体造成严重危害。只有不断地、适时地进行休息，人体疲劳的积累才不至于对身体构成危害。

3）疲劳产生的机理与累积损伤疾病

（1）疲劳的产生机理

疲劳的类型不同，产生的机理也不同。对于疲劳现象的解释在学术界未能达成共识，目前主要有下述几种论点：

①物质累积理论。

短时间大强度作业产生的疲劳，主要是肌肉疲劳。大量研究表明，短时间大强度作业后，肌肉中的 ATP、CP 含量明显下降。如前所述，ATP、CP 是肌肉收缩的直接能源。ATP、CP 浓度下降至一定水平时必定导致肌肉进行糖酵解以再合成 ATP。糖酵解伴随乳酸的产生和积累。这种物质在肌肉和血液中大量累积，使人的体力衰竭，不能再进行有效的作业。奥博尼（D. J. Oborne）基于生物力学的理论对这一假说又做了进一步的分析：由于乳酸分解后会产生液体，滞留在肌肉组织中未被血液带走，于是肌肉肿胀，进而压迫肌肉间血管，这使得肌肉供血越发不足。倘若在紧张活动之后，能够及时休息，液体就会被带走；若休息不充分，继续活动又会促使液体增加。若在一段时间内持续使用某一块肌肉，肌肉间液体积累过多而使肌肉肿胀严重，后果是促使肌肉内纤维物质的形成，这会影响肌肉的正常收缩，甚至造成永久性损伤。

②力源消耗理论。

较长时间从事轻或中等强度劳动引起的疲劳，既有局部疲劳，又有全身疲劳。随着劳动过程的进行，能量不断消耗，人体内的 ATP、CP 浓度和肌糖原含量下降。人体的能量供应是有限的，当可以转化为能量的能源物质肌糖原储备耗竭或来不及加以补充时，人体就产生了疲劳。

③中枢系统变化理论。

作业过程中，除了 ATP、CP 浓度和肌糖原含量不断下降以外，同时还伴随着血糖的降低和大脑神经抑制性递质含量的上升。由于血糖是大脑活动的能量供应源，它的降低将引起大脑活动水平的降低，即引起中枢神经疲劳。另外，疲劳后，大脑内的抑制性神经递质含量增加，会引起大脑兴奋性降低，处于抑制状态。所以，一般认为长时间活动引起的疲劳是一种中枢和外周相结合的全身疲劳。

④生化变化理论。

美国和英国学者认为，全身性体力疲劳是由于作业及环境引起的体内平衡状态紊乱。人体在长时间活动过程中必会出汗，出汗导致体液丢失。一旦体液减少到一定程度，则循环的血量也将减少，从而引起活动能力下降。同时，汗液排出时还伴随着盐的丢失，这会影响血液的渗透压和神经肌肉的兴奋性，结果导致疲劳。

⑤局部血流阻断理论。

静态作业（如持重、把握工具等）时，肌肉等长收缩来维持一定的体位，虽然能耗不多，但易发生局部疲劳。这是因为肌肉收缩的同时产生肌肉膨胀，且变得十分坚硬，内压很大，将会全部或部分阻滞通过收缩肌肉的血流，于是形成了局部血流阻断。人体经过休整、恢复，血液循环正常，疲劳消除。

事实上，疲劳产生的机理，可能会是如上五种理论的综合影响所致。人的中枢神经系统具有注意、思考、判断等功能。不论脑力劳动还是体力劳动，最先、最敏感地反映出来的是中枢神经的疲劳，继之反射运动神经系统也相应出现疲劳，表现为血液循环的阻滞、肌肉能量的耗竭、乳酸的产生、动力定型的破坏等。

（2）累积损伤疾病的形成及其原因

虽然生产系统机械化及自动化程度不断提高，但仍有大量的工作涉及体力劳动。挖掘、建筑和制造等行业经常要求工人以较高的体力消耗去完成工作；由于过度伸展而导致的背部疾病在很多职业中都很普遍，占所有职业损伤的25%（美国劳动统计部，1982年）。甚至一些与重体力劳动没有直接关系的职业，如专业技术人员、管理人员和行政人员等也同样会有职业损伤。调查结果表明，计算机操作者会比从事其他职业的人遭受更多的颈部和腕部损伤。因此，有必要探讨累积损伤疾病的成因及预防措施。

累积损伤疾病是指由于不断重复使用身体某部位而导致的肌肉骨骼的疾病。其症状可表现为手指、手腕、前臂、大臂、肩部等部位的腱和神经的软组织损伤，也可表现为关节发炎或肌肉酸痛。

当前，各种职业病越来越引起人们的广泛关注，有些国家还成立了专业的组织研究探讨如何预防累积损伤疾病，并通过互联网分享各种经验及如何使工具设计更合理。虽然不同的作业会导致不同表现形式的累积损伤，但各种累积损伤都与下列因素密切相关：

①受力。

人体某部位的受力是造成累积损伤的必要因素，外力的不断挤压会使软组织、肌肉或关节的运动无法保持在舒适的状态。一般来说，重负荷的工作使肌肉很快产生疲劳，而且需要较长的时间来恢复。骨骼肌需要重新恢复弹力，缺乏足够的恢复休息时间会造成软组织的损伤。

②重复。

人体某部位的重复受力是造成累积损伤的关键因素，任务重复得越多，则肌肉收缩得越快、越频繁。这是因为高速收缩的肌肉比低速收缩的肌肉产生的力量要小，因此重复率高的工作要求更多的肌肉施力，也就需要更多的休息恢复时间。在这种情况下，缺乏足够的休息时间就会引起组织的紧张。人体的累积损伤都是由于重复施力造成的。

③姿势。

不正确的作业姿势也是造成累积损伤的重要因素，作业姿势决定了关节的位置是否舒适。使关节保持非正常位置的姿势会延长对相关组织的机械压力。作业姿势应满足人的用力原则：动作有节律，关节保持协调，可减轻疲劳；各关节的协同肌群与拮抗肌群的活动保持平衡，能使动作获得最大的准确性；瞬时用力要充分利用人体的质量做尽可能快的运动；大而稳定的力量取决于肌体的稳定性，而不是肌肉的收缩；任何动作必须符合解剖学、生理学和力学的原理。

④休息。

没有足够的休息时间意味着肌肉缺乏充足的恢复时间，结果会引起乳酸的积聚和能量的过度消耗，从而使肌肉疲劳，力量变小，反应变慢。疲劳肌肉的持续工作增加了软组织损伤的可能性。充分的休息可以使肌肉恢复自然状态。

（3）典型的累积损伤疾病

人手是由骨、动脉、神经、韧带和肌腱等组成的复杂结构，当使用设计不当的手握式工具时，会导致多种累积损伤疾病，如腱鞘炎、腕管综合征、滑囊炎、滑膜炎、痛性腱鞘炎、狭窄性腱鞘炎和网球肘等。

腱鞘炎是由初次使用或过久使用设计不良的工具引起的。如果工具设计不恰当，引起尺偏和腕外转动作，会增加其出现的机会，重复性动作和冲击震动使之加剧。当手腕处于尺偏、掌屈和腕外转状态时，腕肌腱受弯曲，如时间长，则导致肌腱及鞘处发炎。

腕管综合征是一种由于腕道内中位神经损伤所引起的不适。手腕的过度屈曲或伸展造成腕管内腱鞘发炎、肿大，从而压迫中位神经，使中位神经受损。它表征为手指局部神经功能损伤或丧失，引起麻木、刺痛、无抓握感觉，肌肉萎缩失去灵活性。其发病率女性是男性的3~10倍。因此，工具必须设计适当，避免非顺直的手腕状态。

网球肘是一种肘部组织炎症，由手腕的过度挠偏引起。尤其是当挠偏与掌内转和背屈状态同时出现时，肘部桡骨头与肱骨小头之间的压力增加，导致网球肘。

狭窄性腱鞘炎（俗称扳机指），是由手指反复弯曲动作引起的。在类似扳机动作的操作中，食指或其他手指的顶部指骨需克服阻力弯曲，而中部或根部指骨这时还没有弯曲。腱在鞘中滑动进入弯曲状态的位置时，施加的过量力在腱上压出一沟槽。当欲伸直手指时，伸肌不能起作用，而必须向外将它扳直，此时一般会发出响声。为了避免扳机指，应使用拇指或采用指压板控制。

（1）疲劳测定方法应满足的条件

为了测定疲劳，必须有一系列能够表征疲劳的指标。作为测定疲劳的方法应满足：

①测定结果应当是客观的表达，而不能只依赖于作业者的主观解释；

②测定的结果应当定量化表示疲劳的程度；

③测定方法不能导致附加疲劳，或使被测者分神；

④测定疲劳时，不能导致被测者不愉快或造成心理负担或病态感觉。

（2）疲劳特征及测定方法

许多研究者认为，疲劳可以从三种特征上表露出来：

①身体的生理状态发生特殊变化。例如，心率、血压、呼吸及血液中的乳酸含量等发生变化。

②进行特定作业时的作业能力下降。例如，对特定信号的反应速度、正确率、感受能力下降，工作绩效下降等。

③疲劳的自我体验感知与评价。

鉴于疲劳的上述特征，疲劳测定方法包括五类，即生化法、工作绩效测定法、反应时间测定法、生理心理测试法和疲劳症状调查法。表7.17比较详细地列出了疲劳测定的内容。

表7.17 疲劳的测定

测定项目	测定内容
呼吸机能	呼吸数、呼吸量、呼吸速度、呼吸变化曲线、呼气中 O_2 和 CO_2 浓度、能量代谢等
循环机能	心率数、心电图、血压等
感觉机能	触二点辨别阈值、平衡机能、视力、听力、皮肤感等
神经机能	反应时间、闪光融合值、皮肤电反射、色名呼叫、脑电图、眼球运动、注意力检查等

续表

测定项目	测定内容
运动机能	握力、背力、肌电图、膝腱反射阈值等
生化检测	血液成分、尿量及成分、发汗量、体温等
综合机能	自觉疲劳症状、身体动摇度、手指震颤度、体重等
其他	单位时间工作量、作业频度与强度、作业周期、作业宽裕、动作轨迹、姿势、错误率、废品率、态度、表情、休息效果、问卷调查等

①生化法。

通过检查作业者的血、尿、汗及唾液等体液中乳酸、蛋白质、血糖等成分含量的变化来判断疲劳程度。该方法的不足之处是测定时需要中断作业活动，并容易给作业者带来不安。

②工作绩效测定法。

随着疲劳程度的加深，操作者的工作能力明显下降。这样，操作者的工作绩效，包括完成产品的数量、质量以及出现错误或发生事故的概率等，都可作为疲劳评定的指标。操作者处理意外事件的能力，对光、声等外界刺激的反应也可归入这一类测定方法中。典型的有勾销符号数目测定法，它就是将五种符号（共200个）随机排列，在规定的时间内只勾掉其中一种符号，要求正确无误。这是一个辨识、选择、判断的过程，敏锐快捷程度受制于体力、脑力状态。因此，从勾销掉符号数目的多少可以判别疲劳程度。

③反应时间测定法。

反应时间是指从呈现刺激到感知，直至做出反应动作的时间间隔。其长短受许多因素影响，如刺激信号的性质、被试的机体状态等。因此，反应时间的变化，可反映被试中枢神经系统机能的钝化和机体疲劳程度。当作业者疲劳时，大脑细胞的活动处于抑制状态，对刺激不十分敏感，反应时间就长。利用反应时间测定装置可测定简单反应时间和选择反应时间。

色名呼叫时间测定法，就是通过检查作业者识别颜色并能正确呼出色名的能力，来判断作业者疲劳程度的方法。测试者准备100张不同颜色的纸板，在每个纸板上随机写上红、黄、蓝、白、黑五个表示颜色的汉字中的一个，让被试按照纸板排列的顺序进行辨认并迅速呼出纸板的颜色，记录被试呼出全部色名所需要的时间和错误率，以此来判断疲劳程度。

在这项测试中，反应时间的长短受神经系统支配，当疲劳时精神和神经感觉处于抑制状态，感官对于刺激不十分敏感，于是反应时间长、错误次数多。

④生理心理测试法。

该方法包括膝腱反射机能测定法、触二点辨别阈值测定法、皮肤划痕消退时间测定法、皮肤电流反应测定法、心率值测定法、色名呼叫时间测定法、勾销符号数目测定法、反应时间测定法、闪光融合值测定法以及脑电图、心电图、肌电图测定法等。

a. 膝腱反射机能测定法。

膝腱反射机能测定法是通过测定由疲劳造成的反射机能钝化程度来判断疲劳程度的方法。它不仅适用于体力疲劳测定，也适用于判断精神疲劳。

让被试坐在椅子上，用医用小硬橡胶锤，按照规定的冲击力敲击被试膝部，测定时观察落锤（轴长15 cm，重150 g）落下使膝腱反射的最小落下角度（称为膝腱反射阈值）。当人体疲劳时，膝腱反射阈值（即落锤落下角度）增大，一般强度疲劳时，作业前后阈值差

5°~10°；中度疲劳时为10°~15°；重度疲劳时可达15°~30°。

b. 触二点辨别阈值测定法。

用两个短距离的针状物同时刺激作业者皮肤上两点，当刺激的两点接近某种距离时，被试仅感到是一点，似乎只有一根针在刺激。这个敏感距离称为触二点辨别阈或两点阈。随着疲劳程度的增加，感觉机能钝化，皮肤的敏感距离也增大，根据两点阈限的变化可以判别疲劳程度。

测定皮肤的敏感距离，常用一种叫作双脚规的触觉计，可以调节双脚间距，并从标识的刻度读出数据。身体的部位不同，两点阈也不同。

c. 皮肤划痕消退时间测定法。

用类似于粗圆笔尖的尖锐物在皮肤上划痕，即刻显现一道白色痕迹，测量痕迹慢慢消退的时间，疲劳程度越大，消退得越慢。

d. 皮肤电流反应测定法。

测定时把电极任意安在人体皮肤的两处，以微弱电流通过皮肤，用电流计测定作业前后皮肤电流的变化情况，可以判断人体的疲劳程度。人体疲劳时皮肤电传导性增高，皮肤电流增加。

e. 心率值测定法。

心率，即心脏每分钟跳动的次数。心率随人体的负担程度而变化，因此可以根据心率变化来测定疲劳程度。采用无线生理信号测定仪中的心电模块可以使测试与作业过程同步进行。正常的心率是安静时的心率。一般成年男性平均心率水平为60~70 beats/min，女性为70~80 beats/min，生理变动范围在60~100 beats/min。吸气时心率加快，呼气时减慢；站立比静坐时快。在作业过程中，作业者承受的体力负荷和由于紧张产生的精神负荷均会导致心率增加。甚至有时体力负荷与精神负荷是同时发生的，因此心率可以作为疲劳研究的量化尺度，反映劳动负荷的大小及人体疲劳程度。

可以用下述三种指标判断疲劳程度：作业时的平均心率，作业中的最高心率，从作业结束时起到心率恢复为安静时止的恢复时间。德国的勃朗克研究所提出：作业时，心率变化值最好在30次以内，增加率在22%以下。

f. 闪光融合值测定法（频闪融合阈限检查法）。

闪光融合值是用以表示人的大脑意识水平的间接测定指标。人对低频的闪光有闪烁感，当闪光频率增加到一定程度时，人就不再感到闪烁，这种现象称为融合。开始产生融合时的频率称为融合值；反之，光源从融合状态降低闪光频率，使人感到光源开始闪烁，这种现象称为闪光。开始产生闪光时的频率称为闪光值。

融合值与闪光值的平均值称为闪光融合值，也称为临界闪光融合值（Critical Flicker Fusion, CFF）。闪光融合值的单位为Hz，大小一般为30~55 Hz。人的视觉系统的灵敏度与人的大脑兴奋水平有关。疲劳后，兴奋水平降低，即中枢神经系统机能钝化，视觉灵敏度降低。虽然CFF值因人因时而异，不可能有一个统一的判断准则，但人在疲劳或困倦时，CFF值下降，在紧张或不疲倦时则上升。一般采用闪光融合值的如下两项指标来表征疲劳程度：

$$日间变化率 = \frac{休息日后第一天作业后值}{休息日后第一天作业前值} \times 100\% - 100\% \qquad (7\text{-}19)$$

$$周间变化率 = \frac{周末作业前值}{休息日后第一天作业前值} \times 100\% - 100\% \qquad (7\text{-}20)$$

日本的大岛正光认为，在正常作业条件下，CFF 值应符合表 7.18 所列的标准。

表 7.18 闪光融合值评价标准

作业种类	日间变化率/%		周间变化率/%	
	理想值	允许值	理想值	允许值
体力劳动	−10	−20	−3	−13
脑体结合	−7	−13	−3	−13
脑力劳动	−5	−10	−3	−13

在较重的体力作业中，闪光融合值一天内最好降低 10% 左右。若降低率超过了 20%，就会发生显著疲劳。在较轻的体力作业或脑力作业中，一天内最好只降低 5% 左右。无论何种作业，周间降低率最好在 3% 左右。

格兰德等人于 1970—1971 年，利用闪光融合值等方法曾对瑞士苏黎世航空港的 68 名机场调度员进行疲劳测定，平均每间隔 2.5 h 测一次（24 h 测 9 次），延续 3 周。结果表明，各项指标在工作 4 h 后有中度下降，7 h 后明显下降。这种下降与中枢神经活动水平低下引起疲劳有关。因此，对那些要求时刻保持高度警惕的作业，必须合理安排操作者的休息时间，以保证操作者的疲劳程度不足以引起事故危险性的增加。

g. 心电图测定法。

心电图（Electrocardiogram，ECG）记录了心脏在每个心动周期中，由起搏点、心房、心室相继兴奋而引起的生物电位变化。在体力活动的过程中，心血管神经系统和体液会做出相应的调节，交感神经和副交感神经活动性也会随之发生显著改变，因此常将心电指标作为体力负荷以及体力疲劳的评判方法之一。常用于表征疲劳的心电指标有心率（HR）、心率变异性（HRV）、RR 间期标准差（SDNN）、交感神经活性（LF）、副交感神经活性（HF）等。研究表明，随着疲劳的产生与积累，心率、RR 间期标准差、交感神经活性均呈现出上升趋势，心率变异性、副交感神经活性则逐渐下降。图 7.18 所示为心电图的一个完整周期。

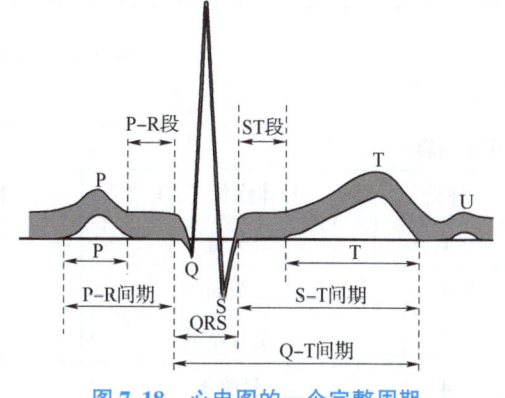

图 7.18 心电图的一个完整周期

h. 肌电图测定法。

肌电（Electromyogram，EMG）信号是神经肌肉系统活动时的生物电变化经电极引导、放大、显示和记录所获得的一维电压时间序列信号，而表面肌电（Surface Electromyogram，sEMG）检测具有非损伤性、实时性、多靶点测量等优点，常用于身体局部肌肉负荷以及疲劳程度的评估。大量的实验研究表明，肌肉活动时，随着肌肉疲劳程度的增加，sEMG 时域指标平均振幅（AEMG）、积分肌电值（iEMG）和均方根振幅（RMS）逐渐上升；而频域指标中位频率（MF）和平均功率频率（MPF）则逐渐下降。图 7.19 所示为法国 NOTOCORD 公司生产的多导生理记录仪和其测得的竖脊肌肌电信号（左）与心电信号（右）。

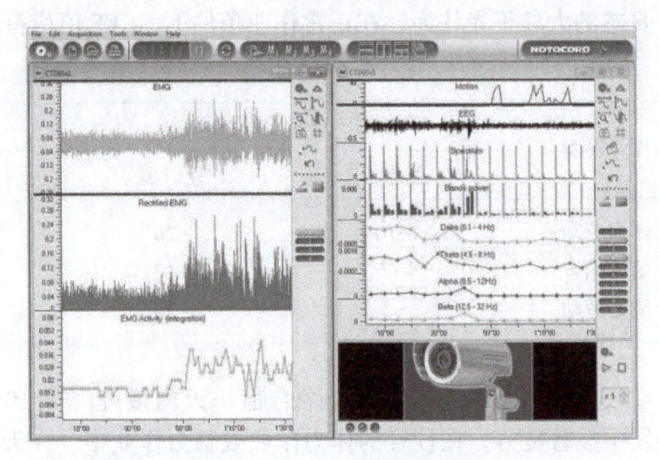

图 7.19 NOTOCORD 多导生理记录仪与肌电、心电信号

⑤疲劳症状调查法。

该法通过对作业者本人的主观感受即自觉症状的调查统计，来判断作业者的疲劳程度。该方法简易、省时，不仅切实可行，且具有较高的精确性。值得强调的是，调查的症状应真实，有代表性，尽可能调查全作业组人员。另外，选择量表时应注意量表的信度和效度。

日本产业卫生学会提出的疲劳自觉症状的调查内容如表 7.19 所示。疲劳症状分为身体、精神和神经感觉三项，每一项又分为 10 种。调查表可预先发给作业者，对作业前、作业中和作业后分别记述，最后计算分析 A、B、C 各项有自觉症状者所占的比例。

表 7.19 疲劳自觉症状的调查

姓名：		年龄：		记录　年　月　日
作业内容：				
种类	身体症状（A）		精神症状（B）	神经感觉症状（C）
1	头重		头脑不清	眼睛疲倦
2	头痛		思想不集中	眼睛发干、发滞
3	全身不适		不爱说话	动作不灵活、失误
4	打哈欠		焦躁	站立不稳
5	腿软		精神涣散	味觉变化
6	身体某处不适		对事物冷淡	眩晕
7	出冷汗		常忘事	眼皮或肌肉发抖
8	口干		易出错	耳鸣，听力下降
9	呼吸困难		对事不放心	手脚打颤
10	肩痛		困倦	动作不准确

在调查疲劳自觉症状的基础上，还应根据行业和作业的特点，结合其他指标的测定，对疲劳状况和疲劳程度进行综合分析判断。

7.4.5　提高作业能力与降低疲劳的措施

1）疲劳的一般规律

疲劳的产生与消除是人体正常生理过程。作业产生疲劳和休息恢复体力，这两者多次交替重复，使人体的机能和适应能力日趋完善，作业能力不断提高。疲劳的一般规律如下：

（1）疲劳可以通过休息恢复

人在作业时消耗的体力，不仅在休息时能得到恢复，在作业的同时也能逐步恢复。但这种恢复不彻底，补偿不了体力的整个消耗，对精神上的消耗同步恢复很困难。因此，在体力劳动后，必须保证适当的、合理的休息。从年龄看，青年人比老年人疲劳恢复得快，因为青年人机体供血、供氧机能强，在作业过程中较老年人产生的疲劳要轻。体力疲劳比精神疲劳恢复得快，心理上造成的疲劳常与心理状态同步存在和消失。

（2）疲劳有累积效应

未消除的疲劳能延续到次日。当人们在重度劳累后，次日仍有疲劳症状，这就是疲劳积累效应的表现。

（3）疲劳程度与生理周期有关

在生理周期中机能下降时发生疲劳较重，而在机能上升时发生疲劳较轻。

（4）人对疲劳有一定的适应能力

机体疲劳后，仍能保持原有的工作能力，连续进行作业，这是体力上和精神上对疲劳的适应性。工作中有意识地留有余地，可以减轻作业疲劳。

2）降低疲劳的途径

（1）改善工作条件

①合理设计工作环境。

工作环境条件直接影响操作者的疲劳。照明、色彩、噪声、振动、微气候条件、粉尘及有害气体等环境条件不良，都会增加肉体和精神负担，容易引起疲劳，使作业能力降低。因此，要创造合适的工作环境，做好安全管理和劳动保护工作。

②改进设备和工具。

采用先进的生产技术和工艺，提高设备的机械化、自动化水平，是提高劳动生产率，减轻工人劳动强度，彻底改善劳动条件的根本措施。

工具和辅助设备的改进，可以减少静态作业，减轻工人劳动强度，提高工作效率。例如，机器、作业台、工作椅等的高度及其他尺寸，如果符合操作者的操作要求，可减少静态作业成分。采用进口机器设备时也应注意这一点。此外，椅子应有舒适的靠背和扶手，以减少静态紧张。机器的各种操纵装置，如手把、踏板、旋钮等的形状、高低和远近，应考虑到人体生理解剖结构，以使操纵便利、省力；仪表等显示装置的大小、样式及排列顺序等也应考虑人体的功能，以免引起疲劳和误读。

手握式工具设计原则。合理的工具设计有助于预防人体的累积损伤；事实上，不合理的工具往往使操作姿势不符合人因工程的原理。下面探讨手握式工具设计时应遵循的原则：

a. 避免静肌负荷。当使用工具时，臂部上举或长时间抓握，会使肩、臂及手部肌肉承受静负荷，导致疲劳，降低作业效率。例如，对于直列式扭矩螺丝刀，垂直向下使用时需要将手腕和前臂扭到尴尬的位置，不利于操作，改进方案是使用手枪式握把扭矩螺丝刀，如

图7.20所示。使用手枪式握把扭矩螺丝刀操作时手臂就可以处于较自然的水平状态，减少抬臂产生的静肌负荷。

图 7.20　直列式扭矩螺丝刀和手枪式握把扭矩螺丝刀

b. 保持手腕伸直。一般情况下，手腕的中立位置是最佳的，而且保持手腕的伸直状态时，手心的力量也要大一些。所以在设计工具时，如果要用到手腕的力量，尽量使工具弯曲而不要使手腕弯曲，避免手腕的侧偏。例如，钳子的设计有两种方案，如图7.21所示。在使用第一种直柄钳子时，手在用力时需要手腕的弯曲来配合；而在使用第二种有一定弧度的钳子时，可借助手柄的弧度，保持手腕的水平。结果表明，使用第一种钳子的工人比使用第二种钳子的工人患腱鞘炎的比例要大得多。

图 7.21　两种钳子方案的比较

c. 使组织压迫最小。手在操作工具时，有时需要用力较大。所以，在工作时要尽量分散力量，如增大手和工具的接触面积，以减小对血管和神经的压力。例如，传统门把手的手柄是直的，在手握紧门把手时，对尺骨动脉造成了一定的压力，如果对手柄稍做改进，做成弯曲的门把手，人就会舒适得多，如图7.22所示。

图 7.22　避免掌部压力的把手设计

d. 减少手指的重复活动。拇指的活动是由局部肌肉控制的，所以重复拇指的动作，其危害性比重复食指的动作要小，过多重复食指的动作会引起手指的腱鞘炎。所以，在设计工具时要尽量减少食指的重复作业，对拇指要尽量避免过度伸展。因此，多个手指操作的控制器显然比只用拇指操作的控制器要优越，如图 7.23 所示，可分散手指用力，又可利用拇指握紧并引导工具。

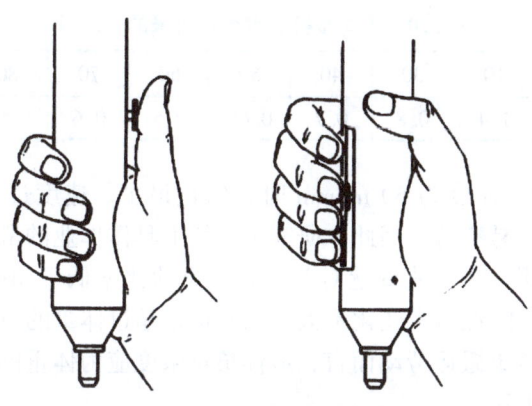

图 7.23 避免单指操作的设计

此外，工具的设计还要考虑其他因素，如安全性。工具的设计必须避免尖锐的边角，对于动力设备要安装制动装置；设计中还要防止对工具的错误使用，如强化功能的标识，减少按钮的误操作等；另外，工具的设计必须满足不同人群的需要，操作者可能是男性也可能是女性，可能习惯于使用右手也可能习惯于使用左手等。女性的手较男性的手握力要小一些，所以，工具的设计要考虑女性的生理特点。目前，左撇子已接近世界总人口的 8%～10%，工具的设计也要考虑到这一因素。

（2）改进工作方法

改进工作方法包括工作姿势、作业速度、作业方法和操作的合理化等方面。

①采用合适的工作姿势。

工作姿势影响动作的圆滑度和稳定度。工作场地狭窄，往往妨碍身体自由、正常地活动，束缚身体平衡姿势，造成工作姿势不合理，使人容易疲劳。因此，需要设计合理的工作场地和工作位置，研究合理的工作姿势。目前还没有统一评价工作姿势的指标，通常以工作面高度，椅子高度，所使用的机器、工具、材料的形状和距离是否合适作为判断指标。

设备、工具的安置要合理，如设备、机器等的安置要适合人的操作，消除不良姿势和操作不便。需要作业者来回走动的作业，固定设备的配置应考虑如何缩短行程。放置各种手工工具及被加工物应有一定顺序，存放地点方便。

在改进操作方法和工作场地布置时，应当尽量避免下列不良体位：

a. 静止不动；

b. 长期或反复弯腰；

c. 身体左右扭曲；

d. 负荷不平衡，单侧肢体承重；

e. 长时间双手或单手前伸等。

②采用经济作业速度。

体力作业时，对于不同的作业速度，人的能量消耗不同。这就存在经济作业速度。所谓经济作业速度，就是进行某项作业时消耗最小能量的作业速度。在这个速度下，作业者不易疲劳，持续工作时间最长。例如，负重步行的劳动者，测定其以不同速度步行百米的耗氧量，如表 7.20 所示。

表 7.20　不同步行速度步行百米的耗氧量

步行速度/(m·min^{-1})	10	30	40	50	60	70	80	90	110	130
步行百米耗氧量/L	1.4	0.8	0.7	0.65	0.5	0.6	0.67	0.8	1.25	1.75

由表 7.20 可见，步行速度为 60 m/min 时耗氧量最少。速度过快，不易持久；速度过慢，肌肉收缩时间变长，易疲劳。因此，研究生产线上具体作业的最佳速度很有实际意义。

负重行走研究还证明，当负荷重量对劳动者体重的比率低于 40% 时，单位劳动量（步行 1 m，搬运 1 kg 重物）的耗氧量变化不大，只有负重超过体重的 40% 时，单位劳动量的氧耗量才急剧上升。对于负重搬运劳动而言，最佳负重限度应为体重的 40%。

③选择最佳的作业方法。

应根据方法研究技术，对现有的操作方法进行分析改善，去掉无效、多余动作，使人的动作经济、合理，减轻操作者的疲劳。

搬运作业是企业经常进行的作业，如果由人进行搬运，则是很重的体力劳动。合理的搬运方式能减轻人疲劳。例如，同样重的物体，如果用肩扛，耗氧量为 100%，用手提为 144%，双手抱则为 116%。用车搬运可以比徒手搬运更重的物体。

④操作的合理化。

操作者作业过程中的用力原则，是将力投入完成某种动作的有用功上，这样可以延缓疲劳的到来或者在某种程度上减少疲劳。例如，向下用力地作业，立位优于坐位，可以利用头与躯干的重量及伸直的上肢协调动作获得较大的力量。另外操作者要注意使动作自然、对称而有节奏，不断改进动作，降低动作等级。

(3) 合理确定休息时间和休息方式

①疲劳后身体的恢复。

人的活动一停止，恢复过程就开始了。疲劳恢复过程包括体内产能物质及体液等其他成分的恢复；疲劳物质的消除等。研究表明：恢复过程是渐进的，恢复时间长短与劳动强度及恢复期环境条件是否适宜有关；不同的个体恢复过程存在差异，同等强度作业，身体素质好、营养水平较高及进行锻炼者，恢复时间短，反之，恢复时间较长；另外，恢复过程存在"超量恢复"现象。即经过恢复后，人体的能量储备水平在某一时期内可能达到比活动期更高的水平。因此，安排休息时间对恢复疲劳具有重要作用。

②休息时间的确定。

工作时间与休息时间安排得是否合理，直接影响工人的疲劳程度及作业能力。休息制度的确定一直是人因工程学研究人员探索的问题。本部分介绍两种确定方法：

a. 以能耗指标确定。

德国学者 E. A. 米勒对一个工作日中，劳动时间与休息时间各为多少以及两者如何配置进行了研究。他认为，一般人连续劳动 480 min 而中间不休息的最大能量消耗界限为

16.75 kJ/min，该能量消耗水平被称为耐力水平。如果作业时的能耗超过这一界限，劳动者就必须使用体内的能量储备。为了补充体内的能量储备，就必须在作业过程中，安排必要的休息时间。米勒假定标准能量储备为 100.47 kJ，要避免疲劳积累，则工作时间加上休息时间的平均能量消耗不能超过 16.75 kJ/min。据此，能量消耗水平与劳动持续时间以及休息时间的关系如下：

设作业时实际能耗量为 M，工作日总工时为 T，其中实际劳动时间为 $T_劳$，休息时间为 $T_休$，则

$$T = T_劳 + T_休 \tag{7-21}$$

$$T_r = \frac{T_休}{T_劳}, \quad T_w = \frac{T_劳}{T} \tag{7-22}$$

式中，T_r 是休息率；T_w 是实际劳动率。

因为在一个周期中，实际劳动时间为 100.47 kJ 能量储备被耗尽的时间，所以

$$T_劳 = \frac{100.47}{M - 16.75}$$

由于要求总的能量消耗满足平均能量消耗不超过 16.75 kJ/min，所以

$$T_休 = \left(\frac{M}{16.75} - 1\right) T_劳$$

$$T_r = \frac{T_休}{T_劳} = \frac{M}{16.75} - 1$$

$$T_w = \frac{T_劳}{T} = \frac{1}{1 + T_r}$$

计算出一个工作周期的劳动时间与休息时间后，就可确定工作日内的休息时间及休息次数。该种方式的休息时刻就是 100.47 kJ 的能量被消耗尽的时刻。按照此方式工作，不会产生疲劳积累。

目前有许多重体力作业，其能量消耗均已超过最大能耗界限，如铲煤作业，能量消耗为 41.86 kJ/min；拉钢锭工，能量消耗为 36.42 kJ/min。对于此类作业，必须根据作业时的能量代谢率，合理安排工间休息，以保证 8 h 的总能耗不超过最佳能耗界限。

b. 综合各因素考虑确定。

上述方法是以能耗指标（劳动强度）为基准确定时间的，除此之外，休息时间的长短、次数和时刻，还与作业性质、紧张程度、作业环境等因素相关。如果劳动强度大，工作环境差，则需要休息的时间长，休息的次数多；若体力劳动强度不大（低于 16.75 kJ/min，上述计算则应不给休息时间），而神经或运动器官特别紧张的作业，应实行多次短时间休息；一般轻体力劳动只需在上、下午各安排一次工间休息即可。在高温或强热辐射环境下的重体力劳动，需要多次的长时间休息，每次 20~30 min；精神集中的作业持续时间因人而异，一般，可以集中精神的时间只有 2 h 左右。之后人的身体产生疲劳，精神便涣散，必须休息 10~15 min。

一般情况下，工作日开始阶段的休息时间应比前半日的中间阶段多一些，以消除开始积累的轻度疲劳，保证后一段时间作业能力的发挥。工作日的后半日特别是结束阶段休息次数应多一些。另外，在设计强制节拍流水线时，应适当使作业者在每一节拍的劳动中，有一个

工间暂歇，即在作业时各动作间的暂时停顿，形成作业宽放。这样可以保证大脑皮层细胞的兴奋与抑制、耗损与恢复以及肌细胞能量的补充。

③休息方式。

休息方式可分为积极休息和消极休息。

a. 积极休息。

积极休息也称为交替休息。例如，脑力劳动疲劳后，可以做些轻便的体力活动或劳动，以使过度紧张的神经得到调节；久坐后，站立起慢走，可解除坐位疲劳；长时间低头弯腰，颈部前屈，流入脑部的血液减少，便产生疲劳。伸腰活动可改变血液循环的现状，得到更多的养料和氧气，使废物及时排除，腰部肌肉也能得到锻炼。上述种种交替作业或活动，其原理都是共同的，可使机体功能得以恢复，解除疲劳。生理学认为，积极休息可比消极休息使工作效率恢复提高60%~70%。

积极休息可以运用在企业现场的作业设计中，如作业单元不宜过细划分；要使各动作之间、各操作之间、各作业之间留有适当的间歇；可使双手或双脚交替活动；在劳动组织中进行作业更换。譬如脑体更换及脑力劳动难易程度的更换，使作业扩大化，工作内容丰富化，以免作业者对简单、紧张、周而复始的作业产生单调感。适时的工间休息、做工间操也会缓解疲劳。工间操应按各种不同作业的特点来编排。另外，还要适当配合作业进行短暂休息，如动作与动作、操作与操作、作业与作业间的暂时停顿，要注意工作中的节律。

b. 消极休息。

消极休息也称为安静休息。重体力劳动一般采取这种休息方式。例如，静坐、静卧或适宜的文娱活动，令人轻松愉悦。可以根据具体情况划分为：以恢复体力为主要目的者，可进行音乐调节；弯腰作业者，可做伸展活动；局部肌肉疲劳者，多做放松性活动；视、听力紧张的作业及脑力劳动者，要加强全身性活动，转移大脑皮层的优势兴奋中心。

(4) 改进生产组织与劳动制度

①休息日制度。

休息日制度直接影响劳动者的休息质量与疲劳的消除。在历史上，休息日制度经历了一定的变革。第一次世界大战以后，许多国家都实行每周工作56 h。第二次世界大战初期，英国将56 h/周延长至69.5 h/周，由于人们的爱国热情，生产在初始阶段上升10%，但不久又从原水平降低了12%，随之缺勤、发病、事故也频频增加。第二次世界大战后，许多国家实行40 h/周的工作制度。目前，发达国家休息日制度的发展趋势多样化和灵活化，有些国家的周工作时间缩短到40 h以下。我国目前采用每周工作5天（40 h/周）、休息2天的制度。

②轮班制度。

轮班制作业是指在一天24 h内职工分成几个班次连续进行生产劳动。根据我国《国务院关于职工工作时间的规定》，从1995年5月1日起实行每天工作8 h、每周工作40 h的新标准工作制，但同时也有补充法律条文。《中华人民共和国劳动法》第三十九条规定："企业因生产特点不能实行每日8 h工作时间的，经劳动行政部门批准，可以实行其他工作和休息办法。"但从机体的生理学角度考虑，在制定轮班制度时应遵循以下五条原则：a. 连续性的夜班天数不宜过多。b. 早班开始时间不宜太早。c. 一班时间的长短应取决于脑力和体力负荷状况。d. 从一种班更换到另一种班的中间间隔时间不宜太短（至少相隔24 h以上）。

e. 更换的班种应遵循早、中、夜班的顺序。

对于日夜轮班制度的研究，必须同时考虑工作效率和劳动者的身心健康。研究表明，夜班工作效率比白班约降低8%，夜班作业者的生理机能水平只有白班的70%，表现为体温、血压、脉搏降低，反应机能也降低，从而工作效率下降。图7.24所示为日本学者根据各国研究人员的研究成果绘制出的人在一天24 h中身体机能的变化。从图7.24可以看出，24点到早晨6点之间人体机能较差，凌晨2—4点之间机能最差，失误率较高。图7.24所示为根据某燃气公司10年中对三班制工人检查煤气表的差错率所做的统计，并经整理、绘制而成。从图7.24与图7.25的比较中可以明显看出，错误的发生率与1天之内24 h人体机能的变化非常一致，当身体机能上升时错误就减少，当身体机能下降时错误就增加；到凌晨3点时，身体机能到达最低点，出错率则相应地到达最大值。这是因为人的生理内部环境不易逆转。夜班破坏了作业者的生物节律，作业者疲劳自觉症状多，人体的负担程度大，连续3~4天夜班作业，就可以发现有疲劳累积的现象，甚至连上几周夜班，也难以完全习惯。另一原因是夜班作业者在白天得不到充分的休息。这种疲劳，长此以往将损害作业者的身心健康。

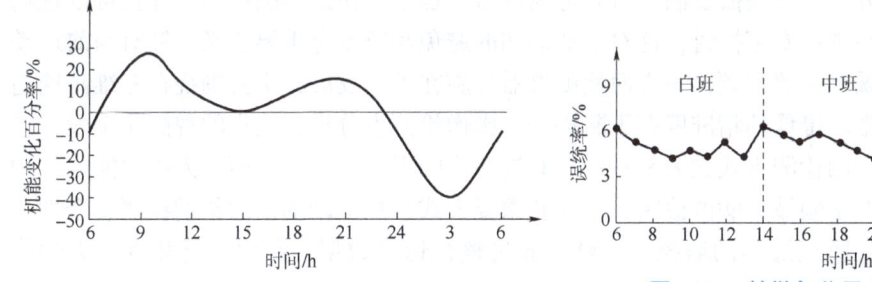

图7.24　人在一天24 h中身体机能的变化

图7.25　某燃气公司查表的错误率统计（按1天中出错的时间）

为了使生物节律与休息时间相一致，可以通过环境的明暗、喧闹与安静的交替来实现。环境的变化（如强制性的颠倒），人的生理机制会通过新的适应，改变原节律，但这种适应却要经过很长一段时间。体温节律的改变要5天；脑电波节律的改变要5天；呼吸功能节律的改变要11天；钾的排泄节律的改变要25天。因此，工作轮班制的确定必须考虑合理性、可行性，尽量减少对生物节律的干扰，无可奈何时，也要改善夜班作业的场所及其劳动、生活条件。

现在我国许多企业在劳动强度大、劳动条件差的生产岗位，都实行"四班三运转制"。工人作业时精神和体力都处于良好状态，工效高。这是因为8天中分为2天早班、2天中班、2天夜班，又有2天休息。变化是延续而渐进的，减轻了机体不适应性疲劳。

7.5　研究难点

1）研究内容的增加

研究内容开始从过去的单方面只为奥运战略提供指导性作用改为向竞技体育上进行开拓。随着我国医疗科学与康复科技的迅速发展，相应的骨科生物力学、临床生物力学、康复生物力学与生物工程项目上的生物力学等，都会得到快速的提升，且已经慢慢开始成为国际运动生物力学的重点探讨范围。探讨层面上的扩张，在人体上的探讨，已经从关于人体整体运动的探讨，慢慢地延伸到对不同环节与层次的进一步探讨；从关于人体运动的描述性探讨，延伸扩展到探讨运动过程中神经肌肉的把控和运动体系与感受体系的融合。

2) 运动创伤的生物力学探讨

运动生物力学未来的发展方向必定会从过去简单的关于人体行为动作技巧性的探究进一步延伸到关于内在机制的研究。有关运动员创伤层面的论文尽管不是很多，但是对运动创伤的探讨会是生物力学新型的研究范围。成都一所体育院校的知名教授曾经就关于运动性急性创伤和慢性创伤的手腕关节，使用 NSTRON8874 生物力学检测体系开展了人体手腕关节软骨盘"压缩—扭动"测试分析，研究其组织结构的变动，这有利于掌握创伤的原理，从而能够采取正确有效的防范措施。南京一所体育院校的教授所写的《股骨颈承受压力的电脑模拟和它的骨折的生物力学原理探讨》就是利用电脑模拟方式探讨在不一样的颈干角位置有着一样的骨质构造、一样的承受压力下，股骨颈的应力变动规律，分析了颈干角、骨质密度和股骨颈骨折三者之间的联系。这种探讨会给其预防与康复带来理论上的参考。

(1) 技术检测探讨方式

技术检测探讨方式的发展需要满足所有运动项目对运动损伤的准确检测，并且可以现场实时反馈检测结果并进行专家探讨，这对运动创伤的避免和康复有重要意义。针对当前运动损伤组织检测存在误差大等问题，一方面检测仪器设施在不断发展，主要围绕在三维高速追踪技术的推行，摄影、摄像的精准度在不断提升，影像检测点分辨、收集的智能化手段，包括遥测与肌肉动力学的检测方式在未来一定会有进一步的提升。另一方面，人工智能的应用正迅速改变着运动医学领域疾病的诊断、治疗和康复方式。从运动损伤的早期检测、个性化治疗方案的制定，到康复过程的监控和调整，通过整合运动数据、影像分析和生物力学模型，智能化的检测探讨方式，能够帮助运动员和患者实现更科学的训练和康复，减少损伤风险，提高运动表现。总体来说，技术检测探讨方式的发展总体向着遥测、无线数据的收发设备集成化、检测结果快速化智能化的方向不断进行创新迭代。

(2) 传统力学探究和力学建模分析

根据传统力学的根本理论，加上人体的自身惯性变量，在指定的条件下为了描绘人体简单运动的数学建模，使用拉格朗日方程式、动量矩等概论力学求解，然后描绘或者解释人体运动的成因、机制，或者分析人体神经体系操控运动规律与运动过程中人体重要部位的承载情况。这些探究能够给对人体的进一步分析带来概论层面的依据。创建人体运动的模型最开始是在 20 世纪 80 年代开始的生物力学概论探究。它主要是依据不一样的人体运动创建出不同的人体模型，然后利用数学方面的语言整体性描绘运动目标、运动方法与运动动作的操控，同时根据测试测验创建人体运动的方程式与相对应的边界因素，再利用电脑对这个烦琐复杂的方程式进行解答，从中得到的结果会对人体运动实现理论上的量化表达，这是一类很有创造性的探究领域。

第 8 章
虚实融合产线的人因验证

8.1 虚实融合产线人因验证必要性及意义

8.1.1 白车身产线与人因验证必要性及意义

随着"中国制造2025"战略的提出,制造业向智能制造转型升级。汽车产业作为制造业的标杆,是推动新一轮科技革命和产业变革的重要力量。新时代我国汽车产业发展迅速,定制化与智能化的消费需求使得汽车设计的迭代速度加快,对制造系统的快速响应,特别是汽车设计在生产端的制造工艺验证提出了新的要求。

白车身(Body in White,BIW)是车身结构件及覆盖件的焊接总成,其制造成本可占汽车总成本的30%~60%;而概念设计阶段的决策又决定了产品总成本的70%。为满足用户个性化需求并实现生产,企业需要在生产白车身前对其设计及生产的可行性进行验证以适应不断变化的车型生产。因此,在设计阶段对白车身实施准确可靠的生产工艺验证尤为重要。白车身生产线如图8.1所示。

图 8.1 白车身生产线

由于白车身装配过程工艺复杂,装配零部件尺寸、外形各异,数量庞杂,在白车身涂装、装配等环节中仍存在大量手工作业场景,尤其是在总装车间,部分装配工作仍然依赖于手工操作,这给装配过程中自动化水平的提升带来了巨大挑战。由于生产过程中存在单调且高频率的重复性作业,工人需要每天重复成百上千次的标准动作,因此容易出现操作人员体力、脑力疲劳的情况。体力疲劳会造成肌肉肿胀、酸痛、僵硬、乏力和功能丧失等，脑力疲劳会导致工人注意力涣散、生产积极性降低等。这些症状可能会导致工人受伤或者无法继续工作，从而降低生产效率。同时，工伤也会给企业和社会带来巨大的经济损失。考虑到"以人为本"的理念，应当对白车身生产线中手工操作的环节进行充分的人因验证，通过调整使工人工作强度降低、减少疲劳，将工人从繁重的工作中解放出来，保证工人的安全与健康；同时也可以降低工人生产失误率，降低生产成本。

8.1.2　引入"人—机—环"理念与虚实融合技术必要性及意义

白车身产线验证涉及车体与产线的两种因素，而人因验证则涉及对车体与人的两种因素。因此，基于人因工程中的"人—机—环"系统理念，将白车身的产线验证与人因验证相结合，综合考虑验证过程中的人、车、产线三因素，最终使得白车身产线验证达到人、车、产线三维的高效协同，最大化"人—机—环"系统优势。

白车身生产过程十分复杂，一方面，考虑到制造成本，新车身的设计应充分考虑现有设备的适配性，其中典型设备包括柔性生产线和机器人。车企大多配备了柔性生产线，为了实现在同一生产线共线生产多种车型，有必要在白车身设计阶段验证其与现有产线的适配性；机器人作为汽车生产过程中必不可少的设备之一，不合理的设计会导致机器人辅助装配、涂胶、喷漆等环节中路径规划困难，导致实际生产环节中车身或机械臂损坏风险增加，严重影响生产效率、增加生产成本，因此有必要在白车身设计阶段对机器人路径规划进行验证。另一方面，设计过程中需要了解装配工人作业疲劳程度，从而更合理地安排生产任务，保障工人身体健康并减少因工作疲劳而导致的产品质量等问题。同时考虑到手工装配环节，如线束卡接作业等，其中很多作业需要验证手部的通过性和可达性、工人全身操作的可达性与安全性，避免因设计不合理导致手工作业无法进行。因此对手工作业场景的工人可达性、疲劳性等人机工效验证同样需要在白车身设计阶段加以考虑。

现阶段，企业对产线进行验证的两种常见方法是实体模型验证与虚拟仿真技术验证。实体模型验证方法的优势是在真实环境内最大限度上重现了所需验证过程的整体流程，方便及时发现流程中存在的问题，且保证了"人在环内"的要求。但整个实体模型验证周期太长，并且无法针对产线或实体车模型的改动进行快速响应，缺乏实时自动化的可视化结果反馈。此外使用实体车模型做碰撞检测验证很有可能对车模造成碰撞损伤，造成财产损失。虚拟仿真技术方法的优势是能够将人、机器甚至作业环境在仿真软件中进行完整的建模模拟，提高了验证过程的安全性；并依据实体验证流程，通过键鼠定义虚拟模型与虚拟产线，模拟验证过程。但该方法需要额外学习软件操作，且工人自己并未置身于真实环境中，临场感较低，并未考虑到人在验证过程中的亲身感受。此外机器与环境建模时间成本极大，而实际上仿真的机器与环境无法完全代替真实的机器与环境，后期仍需要进行真实模型的模拟验证。对于白车身产线的人—机—环系统中人、车、产线这三种因素，这两种方法均无法达到三者兼顾的效果。

增强现实技术作为将虚拟信息和真实世界融合的先进技术，在跟踪注册、可视化、多模态交互等技术领域都有大量研究，将计算机生成的虚拟信息添加到真实世界，实现两者的互补和对真实世界的"增强"。数字孪生模型作为典型的虚拟数字信息，将其叠加至制造业的真实物理环境是目前制造业实现虚实融合的一大研究重点。作为一个技术核心，跟踪注册的精度和准确度与虚实融合系统的最终效果密不可分。从当前真实空间场景中获得实时数据，并根据观察者的位置、角度、方向、视场等因素构建虚拟空间坐标系和真实空间坐标系的转换关系，结合标记物、自然特征信息等，最终将三维模型、动画、文本注释等虚拟信息完美叠加至真实环境，从而提高装配、运维等过程的操作效率。因此，通过引入虚实融合技术，将实体车转化为虚拟车模型，与实体产线进行各项验证，同时进行人因验证，可以更好地解决上述提出的白车身产线验证环节中存在的问题，优化白车身产线验证过程，降低白车身设计成本与人工成本，最终实现人、车、产线三者的优势兼顾。

8.2 白车身产线与人因验证的研究对象和常见问题

下面，详细讨论白车身产线验证中的研究对象，以及需要考虑的常见问题。

8.2.1 人的问题

在这个系统中"人"就是工人，当仅考虑单独的人时其一般具有以下问题。

1) 疲劳问题

疲劳通常发生在人经历高强度或长时间持续性活动后，一般会导致工作能力减弱，工作效率降低，差错率增加。疲劳又可分为体力疲劳与脑力疲劳。体力疲劳会导致工人人身乏力，工作能力减弱，工作效率降低，注意力涣散，操作速度变慢，动作协调性和灵活性降低。脑力疲劳一般则指工作中紧张感或重复性工作导致的疲劳，这会导致工人感觉体力不支，注意力不能集中，思维迟钝，情绪低落。体力问题与疲劳问题均会导致产线效率变慢、产线任务无法按时完成、产品质量无法保证等问题。

2) 工作姿态问题

任何一种作业都应该选择适宜的姿势和体位，用以维持身体的平衡与稳定，避免把体力浪费在身体内耗和不合理的动作上。长时间保持不良姿势作业，承受静态负荷会造成工人颈痛、背痛、腰痛等疲劳症状，不及时改善则会演变成身体上的职业性损伤，导致身体问题进一步严重，产生无法挽回的后果。

8.2.2 人—机问题

在这个系统中，"机"指汽车生产线的产品——汽车。一般人—车系统需要考虑人的通过性与可达性问题，即在工人对白车身实体模型进行手工装配环节（如线束卡接作业、内饰安装等）时需要验证手部的通过性和可达性、工人全身操作的可达性与安全性，在白车身上游设计阶段消除潜在的装配冲突与缺陷。

8.2.3 人—机—环问题

在这个系统中，"环"就是产线与产线设备。当分析产线验证的"人—机—环"系统时一般需要考虑如下问题。

1) 交互性问题

人与产线设备的交互过程应当以人为中心，产线设备设计应当满足工人的身体条件，合理安排作业空间；应当使操作过程尽量方便，尽量减少工人了解并掌握设备使用方法的难度；应当使工人在设备使用过程中的体力、脑力消耗尽量减少。

2）显示与反馈问题

产线设备信息的显示与传递应当选择合适的通道，对工人输出的结果应当便于观察与判断。反馈结果的速度应尽量迅速，使工人能在第一时间内针对反馈结果进行自身或设备加工过程的调整，缩短等待时间并减少可能的财产损失。

3）安全性问题

除了需要注意工人在操控产线设备进行加工时的安全事故问题，设备的可靠性问题，包括超负荷问题、维护问题、突发事故保护问题等以外，还应考虑到人、车与产线设备之间的碰撞安全问题，包括生产过程中是否会发生干涉、碰撞问题与人机协同作业的安全距离问题等。

4）操作空间问题

操作空间的布置应以高效、安全、舒适为目标，科学合理地布置产线设备的位置，为工人提供满足生理、心理特性的操作空间。具体而言，就是综合考虑生产现场、操作机器设备与工具，按照生产任务、工艺流程的特点与人的操作要求进行合理的空间布局，确定人、物等最佳的流通路线和占有区域，提高系统总体可靠性和经济性。

8.3 虚实融合产线的人因验证实例

下面以一个针对 B 企业白车身产线验证的实际例子来具体说明虚实融合产线人因验证中的传统验证方法问题分析和新验证方法构建过程与验证效果。目前，该企业对白车身设计验证主要考虑四方面：白车身与产线适配性；机器人路径规划验证；手工装配可达性评估；手工作业人机工效分析。

8.3.1 白车身适配性验证

1）现状分析

目前，白车身可制造性验证的方法大多基于物理原型和计算机辅助设计软件。B 企业受限于产线创建时间过久，没有准确数字化模型，一直采用物理样机的方式进行白车身与产线适配性验证，验证方式如图 8.2 所示，即在实体产线上验证白车身与产线干涉情况、安全距离等。传统的物理样机验证方法具有较高的精度以及可靠性，但存在如下缺陷：第一，物理样机方式需要预先生产出实体模型，验证周期太长；此外，原有产线因验证以及调试过程一般需要停产两周，而整车模型从设计、验证到最终确定需要经历多次迭代，因此传统产线无法对迭代设计进行快速响应，时间成本较大。第二，验证结果对设计阶段的反馈作用差。第三，物理样机验证方式的检测结果完全依赖于产线工人经验化判断，缺乏实时清楚的自动化碰撞检测结果及可视化反馈，验证过程直观性较差。此外，在实体验证过程中，测定实体车模型与产线设备间距离时通常需要在测定位置粘贴测点，目前测点的粘贴与更改完全依赖产线工人手动完成，这造成了人工成本的增加。

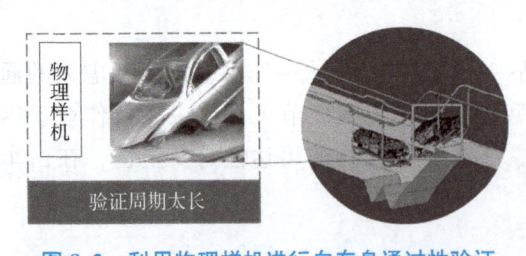

图 8.2 利用物理样机进行白车身通过性验证

2) 技术介绍

在白车身与产线适配性验证过程的解决方案中，考虑到在验证白车身的通过性时需要囊括多种因素，比如白车身在生产线上的可通过性、白车身的安全范围以及周边设备。本例设计了表 8.1 进行需求和技术要求的分析。

表 8.1 白车身与产线适配性验证过程需求分析

	需求	技术要求
验证结果	周边设备的安全工作范围	距离测量
	产线跟白车身是否发生碰撞	碰撞检测
验证过程	白车身随产线动态移动	白车身沿设定路径移动
	虚实融合验证环境构建	产线的实时建模

在验证过程中，需要构建基于增强现实的虚实融合环境，实现对实体产线的建模；并且为了确保白车身能够跟随产线动态移动，需要采用基于标记或视觉的跟踪注册技术来实现。为此，构建如图 8.3 所示的验证框架，输出最终的距离测量和碰撞检测结果。

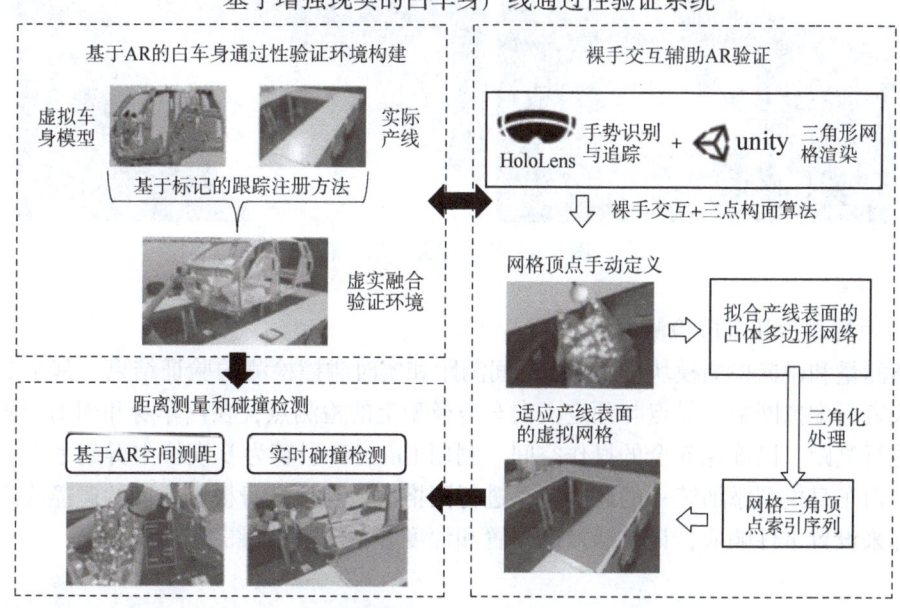

图 8.3 基于增强现实的白车身产线通过性验证框架

该系统的硬件平台基于微软公司发布的 AR 全息眼镜 Hololens2 开发。HoLolens2 可以将现实中的图像和相关虚拟图像混合现实在显示设备上，给用户带来强烈的即视感。此外，HoloLens2 传感器还支持对手部关节位置和姿势的实时跟踪，可以自然地触摸、抓握和移动全息图像，实现人与虚拟环境的交互。

（1）基于 AR 的白车身通过性验证环境构建

该模块主要实现对产线的实时建模。在实际生产过程中，白车身通过吊具与生产线的滑轨固定连接，保证白车身与吊具在验证过程中的相对静止。通过虚拟白车身模型和真实吊具的绑定实现虚拟白车身和真实生产线的虚实结合。考虑到 HoloLens2 的运算限制以及精确跟踪和注册的需要，系统采用了基于标记的跟踪注册方法：向系统中导入一张静态平面图像（二维码）作为标记对象，根据标记坐标系确定虚拟白车身模型的位置。最后，白车身相对于生产线的位置由模型相对于标记的位置和吊具上的标记排列决定，从而实现白车身跟随产线动态移动，构建了虚实融合的验证环境。操作者能够看到整个虚拟现实融合场景，在 AR 设备上对生产现场的白车身的通行性进行视觉验证，基于创建的准确虚实融合验证环境进行距离测量和碰撞检测。

（2）裸手交互辅助 AR 验证

该模块实现测距取点及产线建模的裸手交互功能。该模块基于 AR 设备 HoloLens2 的手势识别与跟踪功能以及 Unity3D 开发。生产线建模采用手势定义顶点的方式，通过手动定义球形网格顶点即时创建一个覆盖产线表面的拟合凸体多边形网络。再对凸体多边形进行三角化处理后得到三角顶点索引集，通过图形学算法生成三角形的组合，生成适应实际生产线表面的虚拟网格。手动定义网格顶点如图 8.4 所示。

图 8.4 手动定义网格顶点

（3）距离测量和碰撞检测

距离测量和碰撞检测模块输出 AR 空间测距和实时碰撞检测的验证结果。基于 b 模块得到的产线表面虚拟网格边界点与预定义白车身模型上的检测点，在白车身和周围产线环境的风险点进行测距，以确保安全的操作空间。利用 Unity3D 引擎为 b 模块中得到生产线拟合网格模型与白车身模型添加统一的碰撞器，进行网格模型与白车身模型之间的碰撞检测，并结合触发器来设置事件响应，记录碰撞的位置和深度。AR 测距如图 8.5 所示。

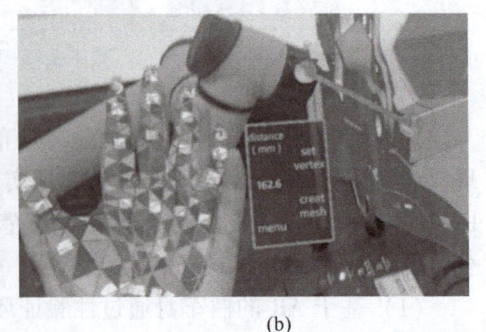

(a)   (b)

图 8.5 AR 测距

(a) 产线与白车身检测点的定义；(b) 测距 UI

3）验证过程与效果

利用该方法进行产线适配性验证的过程如图 8.6 所示。基于碰撞检测与 AR 测距算法，利用裸手交互与空间可视化反馈实现自然直观的操作，确保白车身与产线的适配性。该改进方法在保证人与产线两要素优势不变的同时，应用虚拟车模型参与实体产线验证，避免了实车模型参与验证而引发的安全性问题与成本问题，同时设计了可视化 UI，从而能够快速获取验证结果。此外，该验证过程中不再需要工人在实体车模型与产线上对安全距离的测点位置进行手动粘贴及更改。

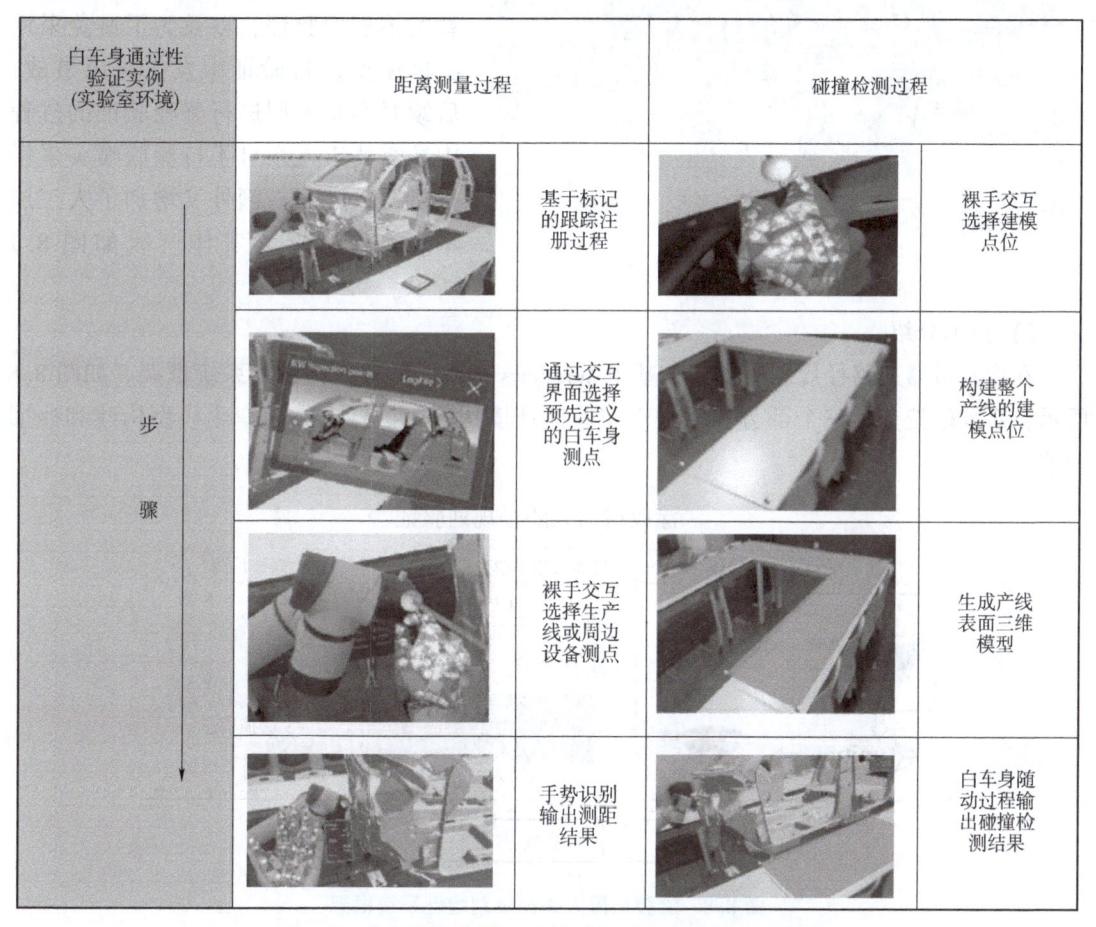

白车身通过性验证实例(实验室环境)	距离测量过程		碰撞检测过程	
步骤		基于标记的跟踪注册过程		裸手交互选择建模点位
		通过交互界面选择预先定义的白车身测点		构建整个产线的建模点位
		裸手交互选择生产线或周边设备测点		生成产线表面三维模型
		手势识别输出测距结果		白车身随动过程输出碰撞检测结果

图 8.6　白车身与产线适配性验证过程（实验室环境）

8.3.2　机器人路径规划验证

1）现状分析

工业机器人在汽车生产中占据着重要地位，因为其能自主运作，使用方便快捷，被广泛应用于汽车的不同生产环节。机器人路径规划则是其投入大规模使用前的重要环节。本实例重点关注该企业涂胶机器人的路径规划验证问题。目前 B 企业一直采用虚拟仿真技术的方法进行涂胶机器人路径规划验证。该方法存在以下问题：第一，受制于制造公差等因素，部分仿真结果不能做到完全精确，仍会出现不可达等风险区域，后期仍需结合实际状态进行分析。第二，仿真环境的建立要通过三维坐标测量技术确定机器人的位置，通过视觉系统确定车身的位置，从而保证虚拟环境与真实环境的高复合度。但由于每款车型的坐标不同，对于全新车型，有实车之前并无方法确定其车身坐标。第三，虚拟仿真并不能完全代替实车验证，一旦因误差产生车与机器人的碰撞，就会造成时间与财产的双损失，因此后续仍需与实车验证结合，验证周期较长。第四，考虑到仿真软件的路径规划无法完全代替实体模型验证，以及为了避免采用实体模型进行验证中发生碰撞事故，后续对实车模型进行路径验证的过程中还需要工人亲自手持涂胶喷头来模拟机器人路径，额外又增加了人工成本。涂胶机器人实体产线如图8.7所示。

图 8.7 涂胶机器人实体产线

2）技术介绍

在涂胶机器人路径规划验证中，基于 Windows 中的 Unity3D 构建了系统框架。如图 8.8 所示，系统框架分为三个部分：增强现实验证环境构建、机器人数字孪生模型构建和碰撞检测。

图 8.8 涂胶机器人路径规划验证系统框架

（1）增强现实验证环境构建

第一部分是在 Unity3D 中构建增强现实环境，并将其部署到 HoloLens2 中。利用 Unity3D 支持的 Vuforia 平台进行跟踪注册，将虚拟车模型和涂胶机器人模型固定在加工现场的相应位置，进行初始定位，强调了"人在环中"的概念。该系统内设计了一个控制面板，并添加了 MRTK 相关组件，以供操作者调整机器人孪生体位置与涂胶机器人进行进一步定位。此外，还可以通过手势拖动控制面板，并设置了眼部追踪按钮，利用眼睛注视就可以确定模型定位。

（2）机器人数字孪生模型构建

第二部分是通过 TCP/IP 通信构建数字孪生模型，将服务器部署于涂胶机器人中，客户端部署于孪生体中，使机器人孪生体和涂胶机器人执行相同的行为。选择可以唯一确定六自由度机器人运动状态的六个关节角度作为传输数据，并选择轴运动作为机器人运动类型。为机器人的每个关节添加轴旋转脚本以驱动机器人数字孪生体，脚本中设置的旋转轴需要跟随前一个关节的运动以实现整体运动。此外还需设置最大速度、最大加速度和运动范围等。

（3）碰撞检测

第三部分是碰撞检测。在该涂胶路径验证方法中，除了操作者可以直观地检查涂胶过程是否存在干扰外，系统本身也会通过虚拟车模型与机器人孪生体之间的碰撞检测，并通过面板向操作者直观展示出碰撞信息。通过虚拟与现实的结合，可以将真实环境中的物理层面碰撞转化为 AR 环境中几何层面的碰撞，即模型之间的碰撞，且无须对整条生产线进行建模。为模拟喷嘴，在机器人孪生体末端添加三个半径为 1 cm、长 6 cm 的圆柱体，每个圆柱体又分为 6 段，使用 MRTK 软件包中的特定材料，并用颜色变化表示干涉状态的变化。未碰撞时小圆柱体保持绿色，发生碰撞时变为红色，碰撞结束时变为白色表示该部位曾经发生过碰撞。此外在检测到碰撞时，系统会将圆柱体序列号与其实时坐标通过可视化形式表示出来，以更方便地分析路径。

这种验证方法与传统方法相比有许多不同之处，如表 8.2 所示。除此之外，相较于传统方法，该方法还具有低成本、高效率、适应性强等优势。

表 8.2 传统方法与解决方案的比较

方案	车辆模型	机器人	操作者佩戴设备	碰撞类型
传统方法	真实	真实	—	真实碰撞
解决方案	虚拟	虚拟	HoloLens2	虚拟模型间碰撞

3）验证过程与效果

利用该方法对机器人路径规划进行验证的过程如图 8.9 所示，基于增强现实设备和物理引擎构建涂胶机器人路径规划验证环境，通过传感器设备构建涂胶机器人的孪生模型，基于跟踪注册技术将虚拟白车身与机器人数字孪生模型叠加于验证环境，基于碰撞检测算法验证机器人路径规划合理性，确保白车身与机器人的适配性。该验证方法将虚拟车体模型与实体产线结合，消除了使用虚拟环境带来的弊端；同时将工人从验证过程中解放出来，降低了人工成本，提高了整个验证系统效能。

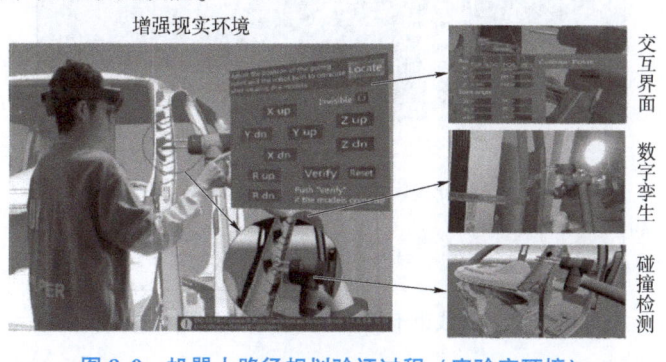

图 8.9 机器人路径规划验证过程（实验室环境）

8.3.3 手工装配可达性验证

1) 现状分析

手工装配可达性验证是指验证白车身线束卡接组装以及座椅装配过程的人体可达性，借助装配仿真软件，在白车身上游设计阶段消除潜在的装配冲突与缺陷，其流程如图 8.10 所示。传统的可达性验证主要由专家在物理原型上进行实验来完成，但由于模型孔洞需要反复设计裁剪，这种方法严重依赖物理原型，验证周期过长，无法针对不同原型做出快速反应。

分析结论：线束卡接过程，手部与过孔干涉严重，不满人机工程要求。
工艺要求：线束安装过孔要求在80(X向)×90(Z向)mm以上。

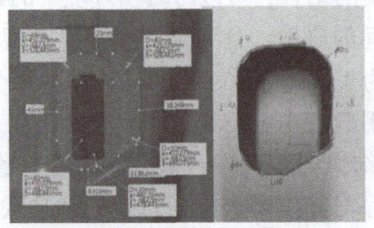

第一步：按照数模制作装配模型　　第二步：手持插件，摆正位置　　第三步：手持插件，进行卡接

图 8.10　白车身线束卡接组装的人手通过可达性验证流程

基于手工装配验证仿真软件进行可达性验证的方法存在以下缺点：第一，虚拟数字人的动作定义过程烦琐而且准确性不足。第二，纯虚拟环境的验证只能给予用户有限的"现实"体验，用户临场感低。第三，整个过程必须对验证环境进行完全建模，建模工作量巨大，时间及成本过高。在以人为中心的智能制造体系中，纯数字化、信息化的建模仿真和评估过程并不能合理地模拟操作工人在本环节实操过程中所遇到的真实情况，因此无法合理地预测最适用和真实的装配可达性，显示模拟的非真实性使仿真软件的预测性下降。白车身线束卡接组装的人手通过可达性验证仿真如图 8.11 所示。

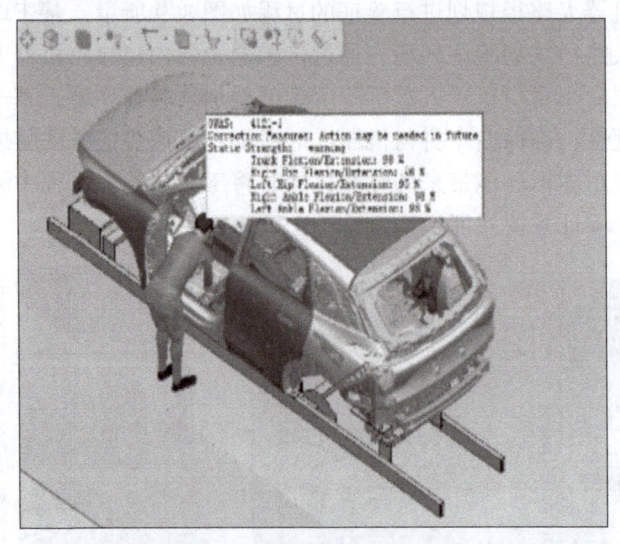

图 8.11　白车身线束卡接组装的人手通过可达性验证仿真

2）技术介绍

验证框架如图 8.12 所示。系统由三个模块组成，包括增强现实环境构建模块、数字人叠加模块和碰撞检测模块。增强现实环境构建模块主要是为无障碍验证构建基础环境；数字人叠加模块则将虚拟数字人叠加到 AR 环境中的操作者身上；碰撞检测模块基于分层碰撞检测算法开发，如果产品的 3D 模型受到干扰，该模块会向操作者发出警报。在整个装配或线束卡接过程中，虚拟数字人模型始终叠加在操作者身上，基于碰撞检测和距离测量算法，最终输出碰撞部位和碰撞发生的时间。

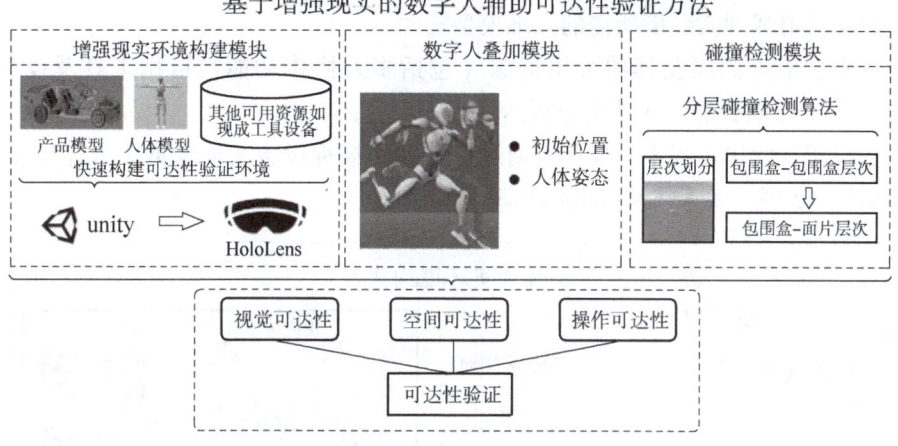

图 8.12　基于增强现实的可达性验证框架

（1）增强现实环境构建模块

增强现实环境构建模块主要用于构建验证的基础环境。根据测量的人体数据建立虚拟数字人体模型，并使用动作捕捉设备 PN3 来驱动数字人体模型的运动，在 HoloLens2 中实现真实人体动作的同步映射。

增强现实环境构建包括两个部分：数字人体模型的构建和产品模型的导入。首先，如何建立准确可靠的人体模型是一个关键问题。许多软件中都有预设好的人体模型，例如常用的人因分析软件 JACK 中的人体模型主要来源于美国陆军人体测量数据（ANSUR88），这是业界最精确的生物力学人体模型之一。本实例根据《中国成年人人体尺寸》GB/T 10000—2023，定义了百分位数分别为 99、95、50、05 和 01 的五个人体模型，形成人体模型库。利用人体模型库，操作者可以根据需要快速选择和创建虚拟数字人模型。具体数据如表 8.3 所示，本例选择的人体模型是第 95 百分位数的人体尺寸。其次，Unity 支持多种三维模型格式，包括 FBX、OBJ 和 STL 等，这些格式的文件都可以从常用三维建模软件中导出，保证了该系统良好的通用性。

表 8.3　人体模型数据（男性）

百分比/%	高度/cm	重量/kg
99	186.0	100
95	180.0	88

续表

百分比/%	高度/cm	重量/kg
50	168.7	68
05	157.8	52
01	152.8	47

图 8.13 显示了增强现实环境构建的基本流程，整个流程如下：

①根据测量得到的人体数据建立虚拟数字人体模型（共五种），构建人体模型数据库，与产品模型组成增强现实环境所需的三维模型资源；

②将三维模型资源以及其他可用资源（包括多人协作功能与可用工具及设备）通过 Hololens2 与现实环境叠加，快速构建可达性验证环境；

③在系统实际使用过程中，操作者通过穿戴动作捕捉设备来驱动数字人体模型的运动，在 HoloLens2 中实现真实人体动作的同步映射。

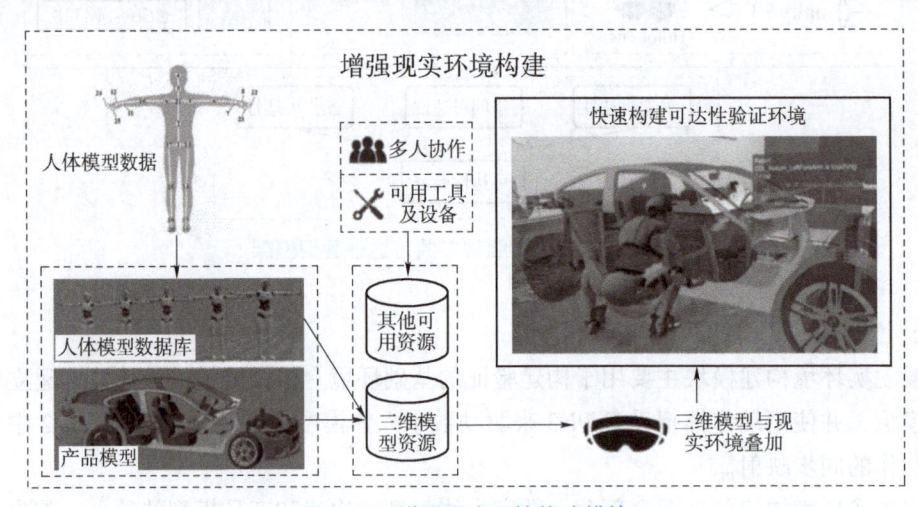

图 8.13　增强现实环境构建模块

（2）数字人叠加模块

数字人叠加模块将虚拟数字人叠加到 AR 环境中的操作者身上。数字人体模型准确叠加到实际人体上的关键是要实现初始位置以及人体姿态的拟合，需要在实验前精确校准人体和数字人的初始位置，并在操作者的后续动作中添加合理的位置补偿。

本例中使用 Vuforia 插件摄像头识别预设图像，并在距预设图像一定距离的位置生成虚拟模型。开始时，操作者站在预定位置，通过 HoloLens2 扫描图像，在预定位置生成数字人，并校准数字人与操作者的初始位置，如图 8.14 所示。随后对动捕设备进行运动校准，确定姿态和初始坐标系并进行拟合。拟合成功后即可单击"连接"按钮开始人体数据的传输。此外，为解决操作者与数字人在运动过程中的位置偏差问题，该模块中添加了位置补偿机制。在实验前的调试过程中通过不断调整操作者的步长以控制数字人和操作者的运动相一致。最后，在操作者验证过程中，数字人始终叠加在操作者身上。

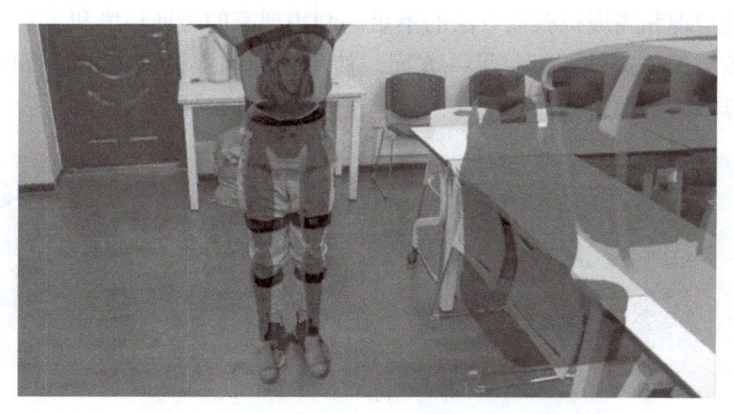

图 8.14　数字人与实际人体的初始位置叠加

（3）碰撞检测模块

碰撞检测模块用于评估虚拟模型在操作过程中是否会干扰操作者。碰撞检测算法是检测操作过程中是否发生干扰的重要部分。为了确保碰撞检测的实时性和高精度，首先要对人体模型进行分割，并根据各部分的轮廓创建边界框。整个人体模型包含 51 个边界框，涵盖了人体的大部分细节，甚至包括每根手指。之后将待检测产品的三维模型导入 Unity3D，划分待检测区域，并标注每个区域的名称，这样在检测过程中就能实时输出人体和产品的碰撞部位及对应名称。人体模型与车体模型如图 8.15 所示。

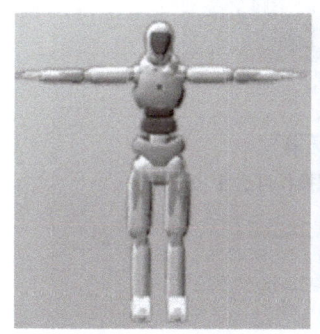

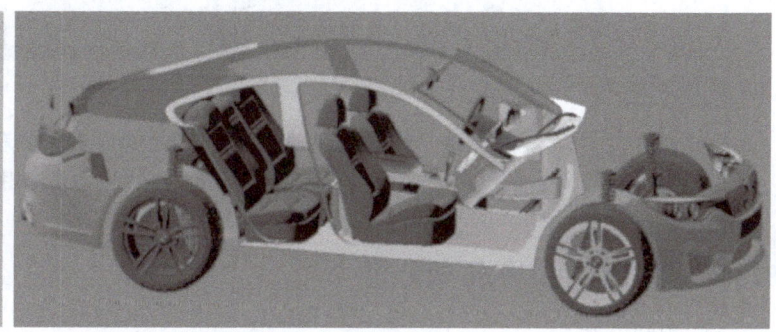

图 8.15　人体模型与车体模型

3）验证过程与效果

手工装配可达性评估验证效果如图 8.16 所示，采用模糊评价算法，操作者分别从视觉可达性、空间可达性和操作可达性角度依次给出评分值来评估装配过程的可达性。在座椅装配空间、操作可达性验证过程中，系统检测操作者的干涉情况及座椅是否放置正确，并在空间可视化检测面板上输出碰撞检测和座椅装配结果。在手工穿孔线束卡接装配操作可达性验证过程中，操作者可以自行选择白车身场景和定位方式以及需要验证的零件。系统检测操作者在通过性验证过程中发生的干涉情况，并在提示面板中实时反馈发生碰撞的人体部位。

与传统的验证方法相比，这种验证方法缩短了验证周期，提供了更好的交互式验证环境。一方面，增强现实环境的构建融合了虚拟世界和物理世界，突出了"人在环中"的重要性，弥补了纯物理和纯虚拟验证方法的不足。利用现有的验证环境和工具，可以更加灵活地构建验证环境，无须额外建模。另一方面，使用动作捕捉设备可以更合理地呈现人体姿态，并利用边界框紧密覆盖人体模型，确保验证过程的准确性。

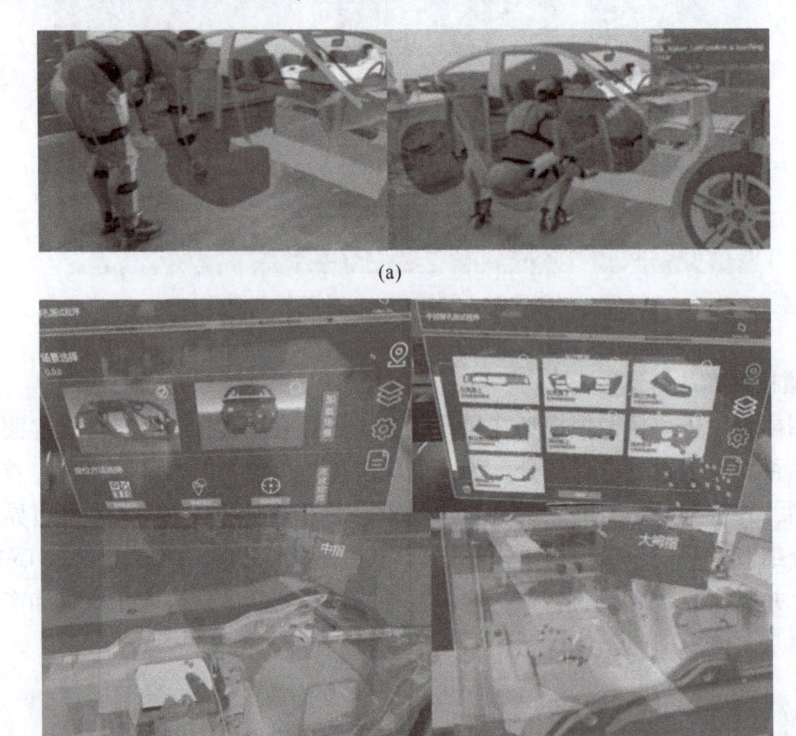

图 8.16　手工装配可达性评估验证效果（实验室环境）
(a) 座椅装配空间、操作可达性；(b) 手工穿孔线束卡接装配操作可达性

8.3.4　手工作业人机工效分析

1）现状分析

由于汽车制造过程工艺极其复杂，汽车零件庞杂、形态各异，当前汽车制造行业还未实现全自动化，尤其目前部分汽车零部件生产与装配作业仍然依赖于工人手工操作以达到精准装配的效果。在装配作业中，手工作业工人通常要进行高负荷、高频率、重复性的操作。这将使工人容易出现体力疲劳的情况，严重情况下则会导致工人出现上肢、腰部、颈部酸痛等职业性损伤，既影响工人身心健康，又影响手工作业的效率和产品质量，从而给企业带来巨大的经济损失。

目前 B 企业选择采用人因分析软件 JACK 以及 CATIA，通过键鼠定义手工作业工人的装配动作，从而进行人机工效分析。但虚拟仿真软件中人体模型十分复杂、自由度高、精准性低，且人体建模所需时间过长；此外，该类软件无法真实反映操作者的实际行为。因此，选择基于虚拟仿真软件进行人机工效验证评估的过程十分烦琐、效率低下且无法满足准确性要求。在 CATIA 中做人机功效学验证如图 8.17 所示。

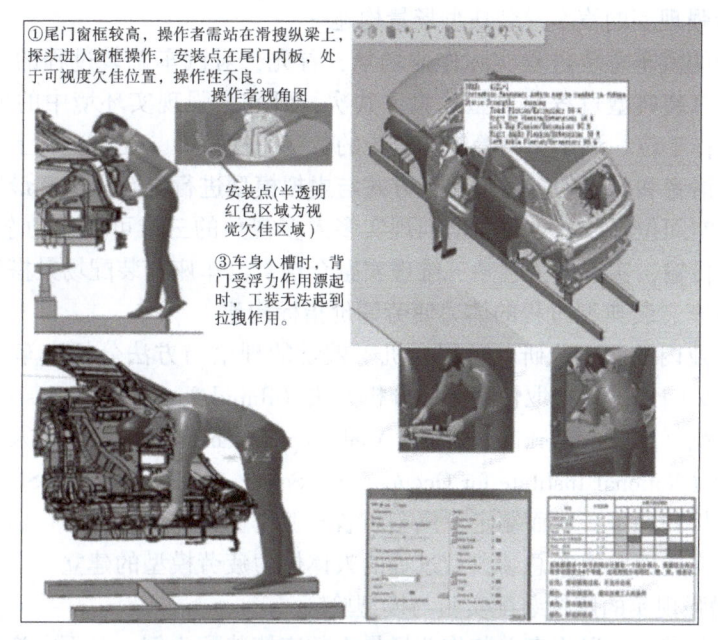

图 8.17　在 CATIA 中做人机功效学验证

2）技术介绍

本实例使用动作捕捉设备收集人体数据，驱动数字人模型表征操作者的作业姿势；基于增强现实环境，构建了以人为中心的虚实融合作业环境。在白车身生产完成后的座椅装配过程中，从场景交互、数据驱动、功效评估三个维度出发，构建了如图 8.18 所示的操作者疲劳综合评估框架。

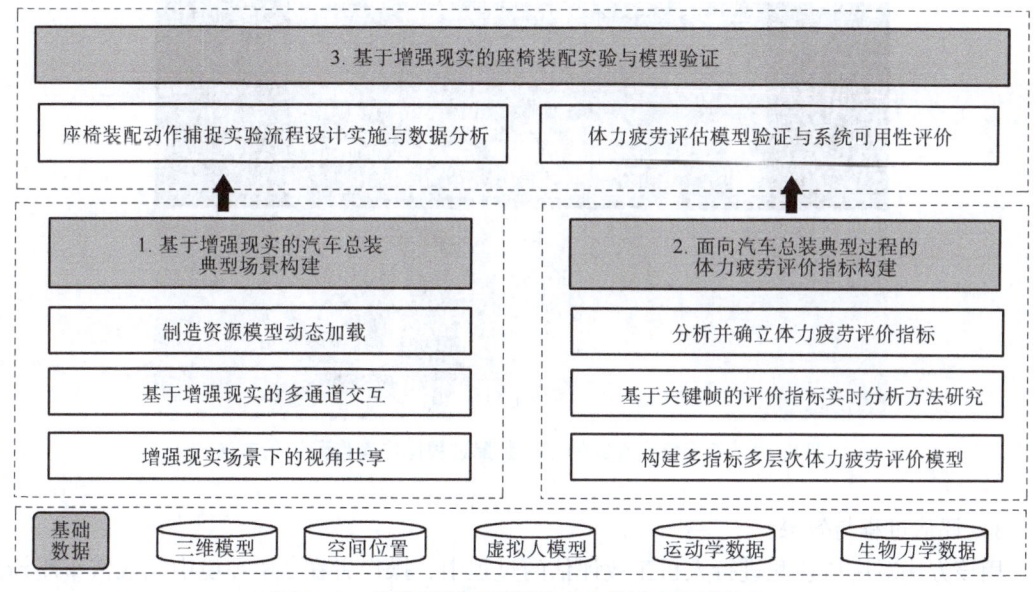

图 8.18　座椅装配过程操作者疲劳综合评估框架

(1) 基于增强现实的汽车总装典型场景构建

基于 B 企业的汽车总装过程实际作业场景，首先，对汽车总装过程的主要工况进行总结，提炼出汽车总装典型过程与典型场景。其次，研究增强现实环境中的模型动态加载方法，构建包含操作工位、汽车车身等制造资源的数字化模型库。在此基础上，在增强现实环境中采用手势、语音和凝视的多通道交互方式与虚拟模型进行交互操作。最后，采用跨平台网络构建方法与空间位置校准，建立增强现实多人多视角的三维可视化动态交互系统架构，结合视频编码与传输，实现多人视角三维虚实融合仿真汽车座椅装配场景搭建。

(2) 面向汽车总装典型过程的体力疲劳评价指标构建

基于在 B 企业内的深入调研，运用人机工效学的理论与方法分析汽车总装典型作业中影响操作者的疲劳因素，并选取快速上肢分析方法（Rapid Upper Limb Assessment，RULA）、作业姿势分析系统（Ovako Working Posture Analysing System，OWAS），以及由美国国家职业安全卫生研究所（National Institute for Occupational Safety and Health，NIOSH）提出的提举方程分析法进行分析和评价，从而制定了汽车总装典型作业人体疲劳度多指标评价体系，用熵权法和时间权重完成面向汽车总装典型过程的人体体力疲劳模型的建立。

(3) 基于增强现实的座椅装配实验与模型验证

在前两步的基础上，以汽车总装作业场景中的座椅装配为例，对面向汽车总装典型过程的体力疲劳评价模型进行实验验证，从而判断该体力疲劳模型是否可以在一定程度上表征人体的体力疲劳程度。

为了进一步评估操作者的作业疲劳度，在深入研究各种疲劳分析方法之后，选择采用 RULA 对座椅装配过程进行评估。整个评估过程如图 8.19 所示。用户佩戴动作捕捉系统进行增强现实装配作业，与此同时，可以在服务器上观察执行相同动作的虚拟人以及 RULA 评级和建议。

图 8.19 基于增强现实的座椅装配过程操作者疲劳评估方法

3) 评估过程与效果

用该方法对座椅装配进行人机工效评估的过程中，操作者在 AR 环境中完成汽车座椅的装配操作。观察者在电脑前实时查看操作者当前动作的作业风险评估分数，验证过程如图 8.20 所示。与传统的评估方法相比，该方法能够避免复杂烦琐的软件建模工作，且利用动捕设备可以实时收集并分析人体动作数据，解决了仿真软件中虚拟人体模型精度不高的问题。

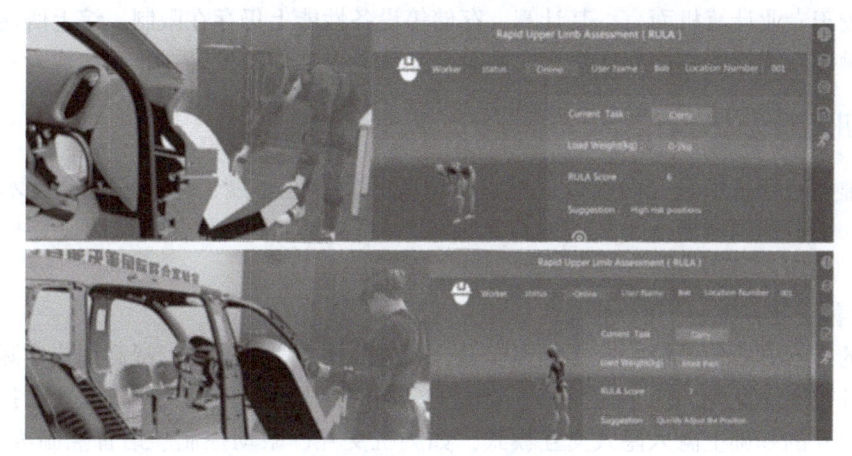

图 8.20　座椅装配人机工效验证过程

8.4　虚实融合研究难点与趋势总结

8.4.1　研究难点

随着信息技术的飞速发展，虚实融合技术已成为当今科技领域的研究热点。然而，虚实融合技术的研究与系统开发过程中也面临诸多难点与挑战。

1）模型定位

在本章提到的实例中，白车身适配性验证中白车身与产线的绑定、机器人路径规划中白车身与涂胶机器人的相互位置确定、手工装配可达性中数字人与实体人的叠加等都涉及了虚实结合系统下的定位问题，与定位功能相关的算法性能直接决定着系统最后的使用效果。为了实现这种虚拟场景与真实场景的无缝叠加需求，要求虚拟信息与真实环境在三维空间位置中利用跟踪注册技术进行配准。其中，"跟踪"指的是系统在真实场景中根据目标位置的变化来实时获取传感器位姿，并按照使用者的当前视角重新建立空间坐标系并将虚拟场景渲染到真实环境中准确位置的过程；"注册"指的是将虚拟场景准确定位到真实环境中的过程。目前，如何提高跟踪注册技术的精度、实时性与鲁棒性已经成为虚实结合系统开发中的热门问题。

2）数据传输

虚实结合系统内各项功能的顺利实现依赖于实时高效的数据传输。不同设备间的实时数据传输通常需要考虑传输数据流过大是否会影响到系统响应速度，处于不同网络环境下是否足够支持数据稳定传输，设备之间通信是否存在兼容性问题等。总之，为了保证虚实融合系统的实时性以及良好的用户体验，如何保证数据传输实时性与稳定性成为系统开发的难题。

3）系统轻量化

第一，虚实融合系统需要处理大量的实时数据，包括图像、声音、位置等信息，以便于实现虚拟世界与现实世界的无缝融合。第二，虚实融合系统内置功能实现依赖于先进算法，如三维建模、图像识别、场景渲染等，这需要大量的计算资源和存储空间。第三，针对移动设备，相较于专业计算机而言，其计算、存储等设备性能上仍存在限制。综上所述，为了在保证虚实融合系统性能的同时增强用户实时交互体验，如何开发轻量化系统成为一大难点。

8.4.2 研究趋势

虽然虚实融合技术研究面临以上难点且系统开发存在难度，但虚实融合技术已经在医疗、教育、工业等领域展现出广阔的应用前景。目前针对虚实融合技术的研究呈现出以下趋势：

1) 改善交互方式

自然的交互方式便于第一次接触虚实融合系统的用户学习接受，提高用户实际体验，加快完成任务效率。此外，为了使用户更专注于交互内容本身而不被交互设备所干扰，需要在显式人机交互的基础上融入隐式交互模式，如脑机交互、眼动控制、语音控制等。事实上，这种无缝、直观的隐式交互模式已经成为目前虚实融合领域的研究热点。

2) 优化软件性能

在虚实融合系统应用中，用户界面和交互体验是决定用户满意度的重要因素。此外，虚实结合应用程序的功能越来越丰富，涉及的数据处理、图形渲染、人机交互等任务也越来越复杂。提高交互界面的易用性与直观性可以改善用户体验，而针对系统算法优化能够有效地提升系统应用的效率与稳定性，使其在运行速度、响应时间上达到更高标准。

3) 轻量化硬件设备

目前，虚实融合的呈现方式仍局限于显示屏、手持移动设备或 AR 眼镜等显示终端。其中显示屏会限制用户视角，导致低沉浸感且便携性差；手持移动设备因受限于硬件设备而性能无法保障；而 AR 眼镜仍然有体积和重量较大、处理器性能欠佳等问题，用户长时间佩戴容易感到不适，无法适用于长期工作。因此，无论是工业场景下的虚实融合产线验证，还是其他专业场景下甚至包括日常的使用，虚实融合设备的便携性和可移动性仍有待提高，硬件设施仍亟待优化。

第 9 章
组织人因工程

> **引 例**
>
> 相信大家都听过三个和尚的故事,有三个和尚共同居住在一座寺庙里。当只有一个和尚时,他独自挑水喝,虽辛苦但也能自给自足;当有两个和尚时,他们开始合作抬水喝;然而,当有三个和尚时,却出现了互相推诿、无人愿挑水的尴尬局面,最终导致无水可喝。这个寓言故事不仅揭示了团队合作和责任分担的重要性,更深刻地触及了组织人因研究的核心议题。当我们深入剖析这个问题时,会发现它涉及组织人因的多个方面。通过深入研究组织人因,我们可以更好地理解人类行为与组织、技术、环境等因素之间的相互作用关系,从而为我们提供解决这类问题的有效方法和策略。接下来,我们将从组织行为、激励理论与应用、宏观工效学等多个方面,深入探讨组织人因的相关知识和应用。希望读者能够通过这些内容,更加深入地理解组织人因的精髓和魅力,为未来的组织管理和优化提供有益的参考和借鉴。

9.1 组织人因与组织行为学

9.1.1 组织行为

组织行为是组织内部要素的相互作用以及组织与外部环境相互作用过程中形成的行动和作为。一方面,组织作为社会的创造物或发明物,影响其成员的思想、感情和行为;另一方面,组织的各个成员的行为方式及其绩效又会影响组织的绩效。

1) 组织行为的特征

(1) 目标性

组织行为都具有明确而具体的目标性。一切社会组织都有其特定的目标,组织的所有行为都是围绕着这一目标展开的。组织目标是组织奋斗的目的,是组织一切行为的总导向,是组织存在的价值体现,是衡量组织有效性的基本依据之一。组织目标的实现靠组织成员的努力。组织成员对组织目标的影响主要通过对组织目标的认同、完成组织目标的技能、敬业和努力来实现。

(2) 秩序性

任何组织都有其特定的秩序,这种秩序是围绕某一特定目标精心设计的。首先,组织有一个复杂而正式的结构,以保证组织内部分工有序、职责分明,各成员、各部门得以协调一致地行动;其次,在一定的组织结构基础上,社会组织内部通常被划分为不同的层次和部门；最后，为了保证组织秩序行为的形成和正常持续，组织必须制定一系列的规章制度、行为规范。组织形成秩序的中心是权力核心。组织权力核心用以指挥组织成员的行为，以促进组织目标的实现，这些权力核心还要考核组织的绩效，必要时调整组织秩序以提高效率。

(3) 高效率性

社会组织不同于初级社会群体，它是人类为了追求高效率而创造出来的一种工具，因此社会组织的行为具有高效率性。首先，社会组织中一切以组织整体功能的合理高效为基础，组织成员间的行为多以对事不对人的原则进行；其次，组织成员是可以代替的，组织管理中可以实行成员的淘汰，对不胜任的成员通过轮训、降职撤职的方式加以更换。

随着管理实践的不断发展，社会组织行为有向事本性和人本性统一发展的倾向，既强调高效率行为，又注重以人为本。

2) 组织行为的层次

组织行为的层次（见图9.1）有四个：个体、群体、组织、社会环境。

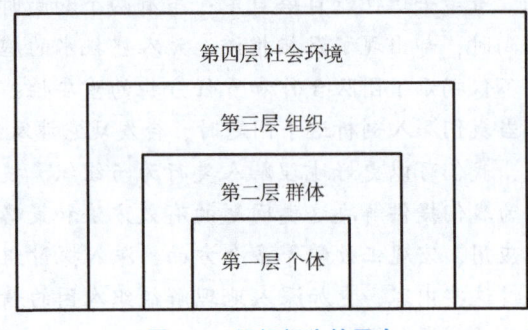

图 9.1 组织行为的层次

(1) 个体

个体是构成组织的最基本单位，是组织行为学研究的基础和出发点。探讨组织行为的一种有效方法是从单个组织成员的角度出发。

(2) 群体

如果要完成组织目标，组织成员就必须在工作中合作并协调他们的活动，从而形成群体和团队。合作的常规方式包括小组、部门、委员会等组织形式。

(3) 组织

组织作为一个整体的特征（如组织文化），对个体和群体的行为有重要影响，从而对组织效率和气氛有重要的影响。把整个组织作为一个层面来研究的宏观方法是建立在社会学的理论和概念之上的。

(4) 社会环境

社会环境是组织存在的前提，没有以社会化大生产为技术前提的商品经济运行，就无组织可言。社会外部环境对组织具有决定性作用，具体的要素环境直接决定组织的生存与发展。

从不同角度对组织行为所进行的研究并不矛盾，它们相互补充。对组织本质、组织效率影响因素有全面而充分的理解，要求我们综合运用多方面的知识。

3) 组织

组织与我们的生活有广泛的联系，人的经济活动、政治活动、社会活动等都会以组织的形式出现。作为组织的一员而存在的我们,需要与各种形式的组织打交道,这些组织影响我们日常生活的性质和质量。人类社会中的组织是互动的个人或团体为实现一定的目标,依据一定职权关系,通过一定结构所形成的具有明确界线的实体,并与周围社会环境发生相互作用。

(1) 组织的作用

组织的作用主要有以下几个方面:

①组织能满足人的生产和生活需求。

组织得以产生、存在和发展,最重要的原因是组织能满足人的生产生活需求。组织的形成强化了分工和协作,提高了生产效率,同时满足了人的生活需要。

②组织能满足人的心理需求。

个人加入组织,除了满足生产生活需求外,也是为了满足心理上的种种需求。个人为避免恐惧、孤独和失望而加入组织,可以获得某种安全感,得到心理上的平衡。人在组织中也可以达到与人联系交往的目的,获得友谊、支持和帮助。

③组织能满足个人价值实现的需求。

无论是独立还是合作性的工作,都离不开组织的支撑。一个人可以通过自己的奋斗取得某一项成果,但作为终身的事业发展,最终还是要汇入组织的总体目标中。个人价值要通过组织的经济价值和社会价值的实现来实现。

(2) 组织的结构

组织的正式结构是指组织内部不同职位、不同部门之间的关系组合模式。每一个社会组织根据自身需要都会选择一个适合自身的正式结构。一般来说,基本的组织结构可以分为直线制、职能制、网络制三种类型,具体的组织中更多为三种基本类型的有机组合,如直线职能制等。

①直线制组织结构。

直线制组织结构又称单线制或军队式组织结构,如图 9.2 所示。这是一种早期的组织结构形式。其特点是组织的各级行政单位从上到下垂直领导,各级领导者直接行使对下级的指挥与管理职能。这种组织结构的特点是简单灵活,职责明确,决策迅速,指挥统一,适用于组织规模小、产品单一、技术简单的企业。但其结构比较脆弱,如果组织规模扩大,管理任务复杂,这种结构将无法适应。

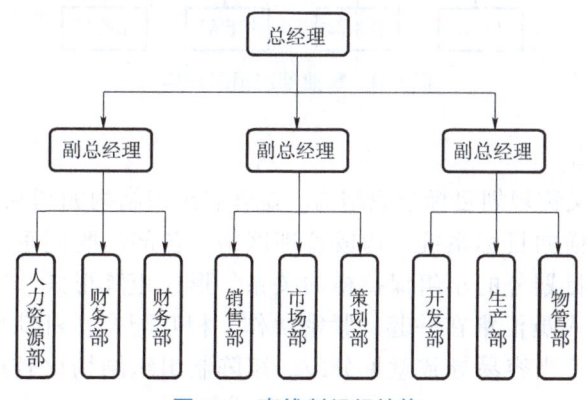

图 9.2 直线制组织结构

②直线职能制组织结构。

直线职能制组织结构设置两套系统，一套是按命令统一原则组成的指挥系统，即直线领导；另一套是按专业化原则组成的职能系统，职能管理人员是直线领导的参谋，可以对下级机构进行业务指导，但无直接指挥权和决策权。直线职能制组织结构如图 9.3 所示，这种结构既能保证集中统一指挥，又能充分发挥专业人员的才能、智慧和积极性，比较适应现代化工业生产的特点，因此国内外许多中小企业都采用此类组织结构。其缺点是过于正规化，权力集中于高层，机构不够灵活，横向协调比较差。

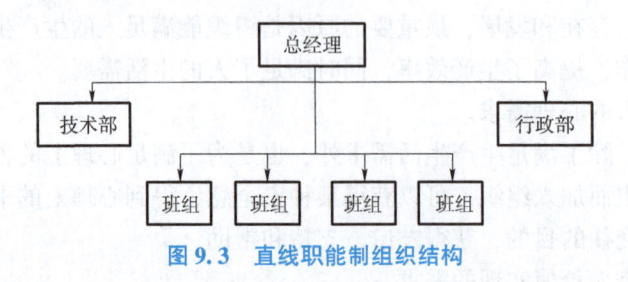

图 9.3　直线职能制组织结构

③事业部制组织结构。

事业部制组织结构又称分权制或部门化组织结构，其特点是"集中决策，分散经营"。事业部制组织结构如图 9.4 所示，一般是按产品类别、地区或经营部门分别成立若干事业部。这些事业部有相对独立的市场、利益和自主权，在公司统一领导下实行独立经营、单独核算、自负盈亏。事业部制组织结构的优点是各事业部职权分明，相互竞争，能适应市场变化，积极灵活地开展生产经营活动；其缺点是事业部权力较大，易产生本位主义，影响协作，同时机构重复设置，增加管理费用。事业部制一般只适用于经营规模大、产品间工艺差别大且市场变化快、要求适应性强的企业组织。

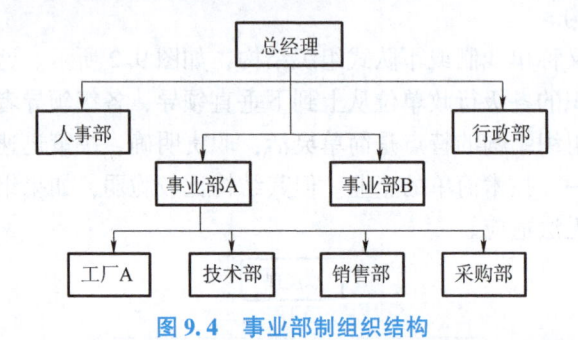

图 9.4　事业部制组织结构

④矩阵制组织结构。

矩阵制组织结构又称规划目标组织结构。矩阵制组织结构如图 9.5 所示，它在纵向职能系统基础上，增加横向目标系统，构成管理网络，各部门既同垂直的指挥系统保持联系，又与按产品或项目划分的小组保持横向关系，形成矩阵形式。这种组织结构的优点是把不同部门专业的人员汇集在一起，紧密协作，相互配合，机动性与适应性强；其缺点是纵横向关系处理不当容易导致意见分歧。矩阵制组织结构比较适用于设计研发等创新性工作。

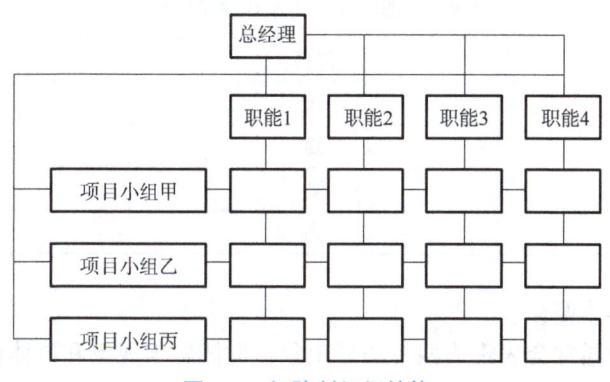

图 9.5　矩阵制组织结构

4）群体

群体是指为了实现某个特定的目标，由两个或更多的相互影响、相互作用、相互依赖的个体组成的人群集合体。

（1）群体间互动行为特征

群体间互动行为是指发生在不同群体之间的互相影响和作用。群体互动过程实质上就是群体社会化的过程。

①群体互动。

群体互动行为集中反映出组织中群体与群体之间互动作用的行为特点。群体互动以某种群体关系为基础，是连接两个不同组织群体的桥梁。群体之间的关系既有横向的联系，也有纵向的联系；既有组织内部的联系，也有组织外部的联系。

群体间互动行为表现为两种方式：建设性和破坏性。建设性表现为群体之间呈合作状态时，其结果是积极的；破坏性表现为群体之间面临利益冲突时，其结果是消极的。

②群体压力。

群体压力是指由于群体规范的形成而对其成员在心理上产生的压力。群体对个体行为的影响主要通过群体规范所形成的群体压力而起作用。群体压力一般有信息压力和规范压力两种，信息压力又分为个人的和社会的信息压力。个人信息是来自环境中直接获得的物理现实。社会信息则是由其他人或其他群体提供的。

群体成员的行为在受群体压力的影响下，会出现行为的趋同性改变，产生从众行为。从众行为是个体在群体压力的作用下，在知觉、判断、信仰和行为上表现出来的与群体相一致的现象。

（2）群体决策

决策在现代组织行为中占有重要的地位。决策的有效性往往关系到管理活动的成效，关系到组织的成败。过去凭借个人经验进行决策已不适应社会经济发展的需要，群体决策越来越受到重视。群体决策就是为充分发挥集体的智慧，由多人共同参与决策分析并制定决策的整体过程。其中，参与决策的人组成决策群体。

如表 9.1 所示，从长远看，群体决策的效率高于个体决策。积极的群体决策可以提高工作效益，使群体成员充分参与群体活动，对共同的计划和目标形成较高的责任感和义务感。

表 9.1 群体决策与个体决策的比较

项目	群体	个体
时间	长	短
精度	高	低
创造性	高	低
接受度	高	低

① 群体思维与群体偏移。

进行群体决策时通常会表现为两种心理现象：群体思维现象和群体偏移现象。

群体思维是指高凝聚力的群体在进行决策时，思维会高度倾向于寻求一致，以致对其他变通路线的现实性评估受到压制的倾向性思维方式。群体思维的表现与决策缺陷如表 9.2 所示。

表 9.2 群体思维的表现与决策缺陷

群体思维的表现	决策缺陷
无懈可击的错觉	几乎没有备选方案
对群体道义深信不疑	不对偏爱的方案进行再检查
集体合理化	未重新检验被拒绝的方案
对对手的刻板印象	拒绝专家意见
从众压力	对新信息的选择性偏见
自我审查压力	没有权变的计划
一致同意错觉	
心理防御	

克服群体思维的方法如表 9.3 所示。

表 9.3 克服群体思维的方法

领导法	过程法
①让每个人成为批判性评估者 ②无偏见，不说出偏好 ③指定一名群体成员担任辩护人 ④聘请外部专家对群体进行批评	①在讨论问题时定期打散群体，以更小单位进行讨论 ②花时间研究外部因素 ③举行"二次机会"会议，在决策前进行思考
个人法	组织法
①批判性思维 ②请可信的外部人士讨论群体方案并向群体报告	①组建相互独立的群体，研究同样的问题 ②指导管理者和群体领导者预防群体思维

群体偏移是指在群体决策过程中，群体成员倾向于夸大自己最初的立场或观点。有时，谨慎态度占上风，形成保守转移，更多情况下，群体容易向冒险转移。

② 群体决策技术。

群体决策是群体成员相互作用的产物，在组织实践中，人们设计出多种决策技术，以降低群体决策的不利因素，提高决策的有效性。

a. 头脑风暴法。

头脑风暴法又叫头脑振荡法，是奥斯本（A. F. Osborn）于20世纪50年代提出的，原意指精神病人的胡言乱语。在群体决策中是一种能让人敞开思想、畅所欲言的方法。它不做结论，鼓励大胆自由地思考问题，思路越广，意见越多，则越受欢迎。允许协商后联合提出意见。在实施过程中，应针对单一明确的问题。如问题涉及面广，涉及因素多，应把复杂问题分解为单一性的小问题。

b. 德尔菲法。

德尔菲法是一种集中各方面专家的意见来预测未来事件的方法，由兰德公司和道格拉斯公司共同提出。德尔菲法的程序如图9.6所示。德尔菲法要求征求意见的问题应明确具体，问题不可过多，应如实反映专家意见，问题不能带有编拟者的主观倾向性。

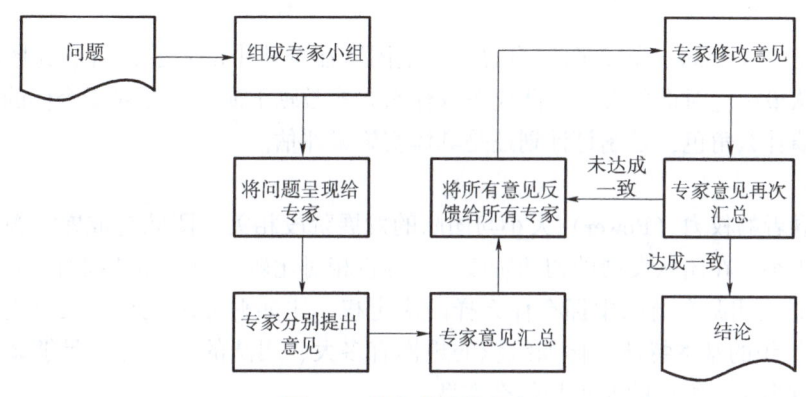

图 9.6　德尔菲法的程序

c. 提喻法。

提喻法由哥顿（W. J. Gordon）提出，又称哥顿法。这种方法是邀请5~7人参加会议进行讨论，但讨论的问题与即将进行的决策没有直接关系，运用类比的方式进行讨论，摆脱条条框框的束缚，发挥想象，开拓新思路。

d. 电子会议法。

50人左右围坐在马蹄形的桌子旁，面前除了一台计算机终端之外，一无所有。问题通过大屏幕呈现给参与者，要求他们把自己的意见输入计算机终端屏幕上。个人的意见和投票都显示在会议室中的投影屏幕上。

5）团队

麦肯锡顾问卡曾巴赫认为，团队就是由少数有互补技能，愿意为了共同的业绩目标而相互承担责任的人们组成的群体；著名心理学家海伊斯认为，团队是一群人以任务为中心，互相合作，每个人都把个人的智慧、能力和力量贡献给自己正在从事的工作，它是组织中的一分子，其显著特征是团结、合作，有共同目标，以任务为导向；美国著名管理学家斯蒂芬·罗宾斯认为，团队是指一种为了实现某一目标而由相互协作的个体所组成的正式群体。

本书将团队定义如下：因某项相关工作而使具有互补技能的人们组成的特殊类型的群体。团队通过成员的共同努力能够产生积极的协同作用，团队成员努力的结果是团队的绩效水平远远大于个体成员绩效水平的总和。

(1) 构成要素

团队有 5 个重要的构成要素，简称 5P。

① 目标。

团队应该有一个既定的目标（Purpose），为团队成员导航，知道要往何处去；没有目标，这个团队就没有存在的价值。团队的目标必须跟组织的目标一致，此外还可以把大目标分成小目标，然后具体分到各个团队成员身上，大家合力实现这个共同的目标。

② 人。

人（People）是构成团队的核心力量，两个或两个以上的人就可以构成团队。目标是通过人员来实现的，所以人员的选择是团队中非常重要的一个部分。不同的人通过分工来共同完成团队的目标，在人员选择方面要考虑人员的能力如何、技能是否互补，人员的经验如何。

③ 定位。

团队的定位（Place）包含两层意思：一是团队在企业中的定位，由谁选择和决定团队的成员，团队最终应对谁负责，团队应采取什么方式激励下属；二是对于个体的定位，成员在团队中扮演什么角色，是制订计划还是具体实施或评估。

④ 权力。

团队领导者的权力（Power）大小与团队的发展阶段相关。团队越成熟，领导者所拥有的权力相应越小。在团队发展的初期阶段，领导权相对比较集中。团队权力关系包括以下两个方面：a. 整个团队在组织中拥有什么样的决定权，比如财务决定权、人事决定权、信息决定权；b. 组织的基本特征，比如组织的规模有多大、团队的数量是否足够多、组织对于团队的授权有多大、组织的业务是什么类型。

⑤ 计划。

计划（Plan）包括以下两层含义：a. 目标的最终实现，需要一系列具体的行动方案，可以把计划理解成实现目标的具体程序；b. 按计划运作可以保证团队活动的顺利进行。只有在计划的操作下团队才会一步一步地贴近目标，从而最终实现目标。

(2) 群体与团队的差别

群体是指相互联系、彼此顾及且具有显著共性的多个人的集合，是个体有条件的特殊组合；团队则是具有互补技能的人组成的群体，他们相互承诺，具有明确的团队目标且共同承担团队责任。团队和群体容易被混为一谈，但它们之间有根本性的区别，可汇总为以下六点：

① 领导方面：群体有明确的领导者，团队则不一定，尤其当团队发展到成熟阶段时，成员共享决策权。

② 目标方面：群体的目标必须跟组织保持一致，但团队中除了这点之外，还可以产生自己的目标。

③ 协作方面：协作性是群体和团队最根本的差异，群体的协作性可能是中等程度的，有时成员还有些消极，有些对立，但团队中是一种齐心协力的气氛。

④ 责任方面：群体的领导者要负很大责任，而团队中除了领导者要负责之外，团队中的每一个成员也要负责，甚至要相互作用、共同负责。

⑤ 技能方面：群体成员的技能可能是不同的，也可能是相同的，而团队成员的技能是相

互补充的，把具有不同知识、技能和经验的人综合在一起，形成角色互补，从而达到整个团队的有效组合。

⑥结果方面：群体的绩效是每一个个体的绩效相加之和，团队的结果或绩效是由大家共同合作完成的。

如图9.7所示，群体绩效依赖于个人贡献；团队绩效不但取决于个人贡献，还应该产生团队共同的工作成果。在群体中，个人只为个人的工作结果承担责任；在团队中，与工作结果相关的责任则被视为团队共同的责任。组成群体时，关于群体的技能要求是随机的；而在团队中，团队成员的技能要求是互补的，他们各自发挥自己的特长，共同实现团队绩效增长。

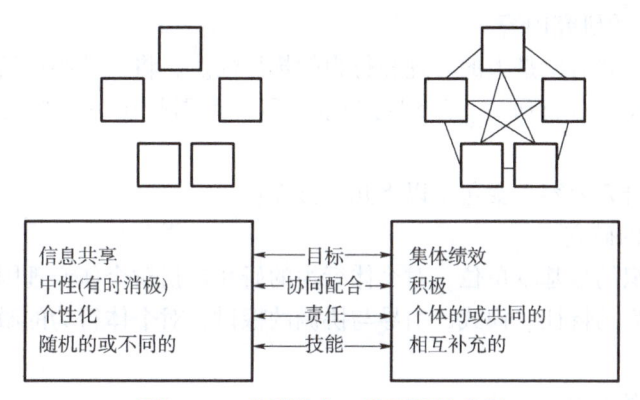

信息共享	目标	集体绩效
中性(有时消极)	协同配合	积极
个性化	责任	个体的或共同的
随机的或不同的	技能	相互补充的

图9.7　工作群体与工作团队的差别

(3) 团队的建设

①明确的目标：明确的目标可以让团队凝结成一个强有力的整体。

②适度的规模：为了使团队成员之间都能够充分了解并且互相发生影响，保证团队结构的简单化和组织目标的纯正，应当严格控制团队成员数目，一般不要超过12人。适当的团队规模，容易形成较强的团队凝聚力、忠诚感和相互信赖感。

③适宜的团队结构：团队应选择合适的领导和结构来协调团队成员的不同意见并解决团队中的日常问题。

④合理的激励机制：团队应建立公正、明晰的评价标准，让每个成员的贡献都可以衡量，以防止不公平现象，避免团队内由此引发的冲突。

⑤团队培训：通过培训来保证团队成员价值观与团队价值观相一致，矫正团队成员的个人行为，保证团队成员工作的高效率。

⑥团队文化建设：增强成员对团队的认同感，使团队成员为自己是团队的一员而感到自豪，同时让每个团队成员认识到他们之间的协作以及贡献对于团队的成功是至关重要的。

(4) 团队面临的挑战

①社会惰化：社会惰化是团队成员在从事趋向共同目标活动中出现的努力程度和平均贡献随着群体成员增加而减少的现象。社会惰化普遍存在于各种类型的群体、团队和组织中，它会降低群体凝聚力，影响工作效率，甚至会阻碍群体目标的实现。

②搭便车问题：搭便车问题是指在团队运作中，由于团队成员的个人贡献与所得报酬间

没有明确的对应关系，或者由于其他激励措施不力，而造成每个成员都有减少自己的成本支出而坐享他人劳动成果的机会主义倾向，所以团队成员缺乏努力工作的积极性，团队工作无效率或低产出。

9.1.2 组织行为学

组织行为学是研究社会组织中人的行为表现及其规律，提高管理者预测、引导和控制组织中人的行为的能力，以实现组织目标的科学。

组织行为学是管理学理论体系中的一个基础学科，其目的在于提高组织及其成员的行为效能，以达到组织目标，使抽象的管理理论具体化和实用化。

1）组织行为学的研究内容

组织行为学的研究对象是人的心理和行为的规律性。它将人的心理活动和行为活动的规律性作为一个统一体来进行研究。组织行为学的研究范围是在一定组织中人的心理与行为规律。

组织行为学的研究内容主要包括以下几个方面：

（1）个体行为的研究

个体是构成组织的最基本单位，对个体行为的研究包括对个体心理因素中的知觉和个性的认识，对个体行为的特征、模式、引导与协调的探讨，对个体行为的激励与激励理论的研究等。

（2）群体行为的研究

群体是组织的基层单位，群体行为的研究主要包括群体的类型与结构，群体行为的特征，影响群体行为的主要因素，群体决策，影响群体之间行为的主要因素，群体冲突及其管理，群体一致及其管理，以及非正式群体的特点、成因、类型、作用和非正式群体的管理等。

（3）组织行为的研究

组织行为学对组织行为的研究，主要是在研究个体行为、群体行为的基础上，对组织行为的组织架构、组织运行机制、工作设计、组织发展以及组织变革等内容进行系统、全面的研究。

（4）领导行为的研究

领导行为是组织行为学的重要研究内容。对领导行为的研究主要包括领导者素质、领导能力、领导行为理论、决策行为、领导者的选拔与培训等方面。

2）组织行为学的研究原则

组织行为学的研究应遵循以下基本原则：

（1）客观性原则

客观性原则是一切科学研究所必须遵循的一项基本原则。在组织行为学研究中，对人的行为和心理的研究必须结合客观的刺激、周围的环境来进行。在研究过程中，必须将被试心理的主观报告同客观的刺激、周围的环境、被试的行为动作反应相互对照，反复检验，才能得出科学的结论。

（2）发展性原则

人的行为与心理是不断发展和变化的，任何行为表现的形成都有其历史和现实原因，而任何现有的行为特征也不是一成不变的。这就要求我们在探讨人的行为和心理时，不要用孤立的、静止的观点来看问题，而必须考虑行为和心理的发展变化，并根据组织行为学原理对其将来的发展做出预测。

（3）联系性原则

人的行为与心理活动会受到自然和社会许多因素的影响和制约。我们在研究人的行为与心理现象时，要充分考虑人的行为与心理现象之间、行为及心理现象与外界条件之间的相互影响、相互制约。不仅要考虑引起行为与心理现象的原因、条件，也要考虑与其相联系的其他因素的影响，从它们的联系中探讨人的行为和心理的规律。

3）组织行为学的研究过程

组织行为学的研究从系统的过程来看，可以分为四个步骤，如图9.8所示。

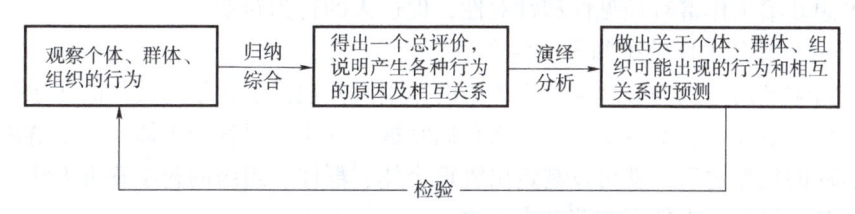

图 9.8 组织行为学研究的系统过程

①观察和实验阶段：收集有关个体、群体、组织行为和环境的情况，如实地记录各种数据资料。

②系统分析阶段：分析说明个体、群体、组织行为和环境情况产生的原因，以及相互关系。

③预测阶段：做出关于个体、群体、组织行为及其相互关系的预测。

④检验阶段：通过系统和控制性的研究来检验所做出结论的正确性。

4）组织行为学的研究意义

组织行为学的主要任务和目的是调动人的积极性和创造性，开发人力资源。学习、研究及应用组织行为学，对于提升管理的现代化水平、增强劳动者的工作热情、提高劳动生产效率，有着十分重要的理论和现实意义。

（1）有助于加强以人为中心的管理，增强劳动者的主动性、积极性和创造性

现代管理认为，人是组织的主体，最重要的管理是对人的管理。越是高级的脑力劳动者，就越需要实行具有人情味的管理，充分发挥其主动性和自觉性，而不能主要靠监督。因此，目前要实现管理的目标，就要实行既有人性化，又有效率的管理，要建立以人为中心的而不是以工作任务为中心的管理制度。而这些需要组织行为学的配合与协调。

（2）有助于知人善任，合理地使用人才

组织中的每一个员工都有着他们各自的个性特征，有不同的能力、性格和兴趣。组织行为学的个体行为研究，通过对个性理论及其测定方法的分析，为组织管理中员工个体行为管理提供了有针对性的指导，使组织领导者能够全面地了解每个人的性格特点和能力专长，从而安排与之相适应的工作岗位和职务，真正做到人尽其才、才尽其用、扬长避短，从而取得最佳的用人效益。

(3) 有助于改善人际关系，增强群体的凝聚力和向心力

社会组织是以分工协作为基础的。组织行为学对群体行为规律的研究，为改善人际关系、发挥群体的功能、提高群体绩效提供了依据。

(4) 有助于改善管理者和被管理者的关系

组织的管理者同时也是生产和工作任务的协调者和指挥员，他们与职工之间除了有一般意义上的生产关系，还有社会关系。西方组织行为学中关于领导者应具备的素质、领导艺术和如何根据不同情况采用不同的领导方式等原理原则，对于提高领导者水平很有借鉴意义。

(5) 有助于提高现代化管理水平

组织行为学研究的管理和领导过程中心理与行为以及激励的各种方式，可以提高领导水平、领导艺术和领导者的素质；组织行为学研究的人们心理变化的各种因素，可以预测人的行为，使思想政治工作富有预见性和针对性，促进人的行为转变。

(6) 有助于提高工作效率和劳动生产率

组织行为学是研究人的心理与行为产生的原因及其规律的科学，其目的在于调动人们工作的积极性和创造性。在实际工作中，当我们掌握了在生产过程中个体及处于群体、组织中人和心理活动的规律之后，就可以制定出管理个体、群体、组织的科学管理方法。这些科学管理方法有利于提高工作效率和劳动生产率。

(7) 有助于促进社会主义精神文明的建设

组织行为学研究人们的心理和行为特征，有助于组织成员培养良好的个性品质，建立良好的人际关系，培养群体意识，增强团结，提高集体的士气，建立良好的集体风尚。这些对于促进职业道德、社会道德的进步，推动社会主义精神文明建设的开展，有着重要的不可缺少的作用。

9.1.3 组织人因

组织人因（Organizational Human Factors）是一个跨学科领域，研究人类行为如何影响并与组织、技术、环境等因素相互作用，以提升系统效能、安全性和人类福祉，其应用范围涵盖企业组织、公共领域等多个场景。组织人因，作为一个跨学科的研究领域，正是致力于探索如何在复杂多变的组织环境中，通过优化人类行为与系统其他组成部分（如组织结构、技术设备、环境条件等）的相互作用，来提升系统的整体效能和人类福祉。在本章引例中，三个和尚所面临的问题，实际上就是一个典型的组织行为问题，人数的增加不仅没有解决挑水这一日常任务，却陷入了无水可喝的困境。可以看出，他们因缺乏有效的协作机制、责任划分不明确、沟通不畅，导致任务无法顺利完成。从组织行为的角度来看，需要建立合理的激励机制和责任分担机制，激发和尚们的积极性和责任感；从组织设计的角度来看，需要优化组织结构，明确职责和权限，确保任务能够得到有效分配和执行；从组织文化的角度来看，需要营造一种团结协作、互相尊重的氛围，增强和尚们的归属感和凝聚力。因此，组织人因不仅仅是一个理论概念，更是一个实践工具。它能够帮助我们识别和解决组织中的各种问题，提升组织的整体效能和竞争力。

与组织行为学相比，组织人因更加注重从工程管理的视角出发，将心理学、行为学等原理应用于实际工作场景，解决实际问题。它不仅仅关注个体和群体的心理与行为，还关注这些心理与行为如何与组织结构、工作流程和技术系统相互作用，共同影响组织的整体绩效。

1) 组织人因的研究层次

组织人因的研究有三个层次：对个体行为的研究、对群体行为的研究、对组织系统行为的研究。

（1）个体层次

个体层次的研究主要关注组织中的单个成员。这一层次的研究通过心理学的方法来分析、解释组织中个体的行为和反应，以及个体的能力、性格、动机、需求、价值观等因素如何影响其在组织中的表现。具体研究内容包括以下几方面：

①个体能力评估：了解员工的能力范围、技能水平以及潜在的发展空间。

②个体行为分析：研究员工在工作中的行为模式，如决策过程、沟通方式、协作习惯等。

③个体认知过程：探讨员工如何理解和处理信息，以及他们的决策制定过程。

④个体情感管理：关注员工的情感状态，如工作满意度、压力水平、工作投入度等，并探索如何通过情感管理来提升员工满意度和忠诚度。

（2）群体层次

群体层次的研究以工作群体为研究对象，探讨一个工作群体的功能、团队管理、群体决策过程等。在群体中，个体之间的相互作用、群体规范、群体凝聚力等因素都会对群体绩效产生影响。具体研究内容包括以下几方面：

①群体动力学：研究群体中个体之间的相互作用和影响，以及这些作用如何影响群体行为和绩效。

②团队管理：探讨如何有效管理团队，包括团队领导、团队沟通、团队冲突解决等方面。

③群体决策过程：分析群体如何做出决策，以及决策过程中的影响因素和决策结果的质量。

（3）组织系统层次

组织系统层次的研究把整个组织作为研究对象，探讨组织结构、组织设计、组织文化、组织变革等因素如何影响组织绩效和员工行为。具体研究内容包括以下几方面：

①组织结构设计：研究如何设计合理的组织结构，以提高组织效率和员工满意度。

②组织文化塑造：探讨组织文化的形成、发展和影响，以及如何通过塑造积极的组织文化来提升员工凝聚力和组织绩效。

③组织变革管理：分析组织变革的原因、过程、影响和应对策略，以及如何有效管理组织变革过程中的员工行为和反应。

总之，组织人因的研究层次从个体、群体到组织系统，形成了一个全面而深入的理解框架。通过这三个层次的研究，可以更加全面地了解人类因素在组织环境中的表现和影响，从而为优化组织绩效和提升员工满意度提供科学依据。

2) 组织人因侧重点

（1）整体性

组织人因研究通常关注整个工作系统或组织环境，而不仅仅是单个员工或个体行为。它强调从组织的整体角度出发，理解员工行为、工作系统以及它们之间的相互作用。通过整体性视角，组织人因研究旨在识别并解决整个工作系统中的瓶颈和问题，以实现整体效能的提升。

(2) 系统性

组织人因研究考虑工作环境和工作系统的多个方面，包括组织结构、技术、文化和政策等。这些因素相互交织，共同影响组织效能和员工行为。系统性研究关注这些因素如何相互作用，以及它们对组织效能和员工行为的潜在影响。通过深入理解这些相互作用机制，可以制定更有效的改进措施。

(3) 实用性

组织人因研究旨在解决实际工作场所的问题，如提高生产效率、降低员工流失率、改善工作环境等。它强调以问题为导向，提出具体的改进措施。不仅关注理论探讨，还注重将研究成果转化为实际行动。通过制定和实施改进措施，可以显著提高组织效能和员工满意度。

(4) 多学科性

组织人因研究涉及多个学科领域，如工业工程、心理学、社会学等。这些学科提供了不同的理论和方法，有助于全面理解和改进工作系统。多学科性使得组织人因研究能够从一个综合的视角出发，考虑各种因素之间的复杂关系。这种综合视角有助于制定更全面、更有效的改进措施。

(5) 动态性与适应性

组织人因研究还强调对外部环境的适应性和自身的动态性。随着市场环境、技术进步和员工需求的变化，组织需要不断调整和优化其工作系统。通过持续监测和评估工作系统的性能，组织可以及时发现并解决问题，保持其竞争力和适应性。

3) 组织人因的研究方法

研究方法是揭示研究对象的手段。组织人因与其他学科一样，也具有揭示客观规律性的科学的研究方法。组织人因的研究方法可以按研究的性质、研究的深度和研究变量的可控程度三种情况进行分类。

(1) 按研究的性质分类

①理论性研究：这种研究主要是为了积累组织行为学的学科知识，并不直接着眼于应用，例如对人性的探索，对激励的心理规律的研究等。

②应用性研究：这种研究方法侧重于对观察结果的证明，以及如何把新发现的研究成果用于解决实际问题。

③服务性研究：这种研究主要是指咨询人员或顾问人员所做的研究。

④工作性研究：这种研究是指针对具体情况进行的研究性调查。

(2) 按研究的深度分类

①描述性研究：描述性研究主要是为了了解客观事物及行为的特点和出现频率。组织中经常采用的人员基本情况调查、职工态度调查、心理挫折的表现分析等都属于此类。

②预测性研究：预测性研究主要是管理人员提前考虑今后可能发生的情况并提出应对方法的研究。这种研究对有计划地控制人的行为和绩效具有重要意义。

③因果性研究：因果性研究要求弄清楚行为中各个变量之间的相互关系及发展趋势，如研究工作绩效与满意感的关系。

(3) 按研究变量的可控程度分类

①观察法：观察法是借助人的感官和各种测量仪器直接对研究对象进行观测，并将观察

结果记录下来的方法。观察法有预定的研究目的、系统的程序与设计和文字记录,可分为参与观察与非参与观察两种形式。观察法的优点是简便易行,所获得的材料比较真实;缺点是耗时长,获得的材料也难以量化统计,难以说明刺激条件与行为变化之间的精确关系。

②实验法:实验法是严格控制条件,主动引起所要考察的对象的心理现象和行为,然后对其结果做出数量分析的方法。实验法具有重复性,可以对实验结果反复验证。实验法分为实验室实验法、现场实验法及自然实验法三种形式。

③调查法:调查法是就一些问题对某些个体群体进行访问并发放调查表要求被调查者回答,收集所需要的各种资料和数据,并以此来分析、推测其行为与心理趋向的研究方法。调查法根据收集资料面向的人员比例分为普查和抽查两种;根据收集资料的方式不同主要分为问卷法和访谈法。

④测验法:测验法是采用标准化的心理测验量表或精密的测量仪器测量被研究者的有关行为特征和心理品质的方法。测验法通常被用来确定被试者某些行为特征和心理品质的存在水平,为组织中的人员选拔、安置和提升等提供依据。

⑤个案分析法:个案分析法是研究人员通过查阅原始记录、访问、发调查表和实地观察收集有关某人或某个群体的情况,用文字记录并写出分析意见的方法。这种研究方法往往对某一个体、群体或组织在较长时间里连续进行调查,研究其行为发展变化的全过程。

⑥统计分析法:在对组织行为问题进行研究的过程中,通过观察、调查、实验等方法收集了大量的数据和资料之后,运用数理统计的方法,对数据资料进行统计分析,以便了解数据的特征和变量之间的关系,从而预测未来的发展趋势。下面简要介绍几种统计分析方法:

a. 集中趋势分析。

为了使人们对一组测量数据有一个概括的了解,需要用一个数来表示整组数据的集中情况。度量集中趋势的常用指标有算术平均数和中位数两种。

算术平均数:算术平均数常用的符号是$\overline{X}$,它代表一组测量结果的平均值。它分为简单算术平均数和加权算术平均数两种。

简单算术平均数的计算公式为:

$$\overline{X} = \frac{\sum_{i=1}^{n} X_i}{n} \tag{9-1}$$

式中,X_i 为每次测量所得值;n 为测量总次数。

加权算术平均数的计算公式为:

$$\overline{X} = \frac{\sum_{i=1}^{n} jX_i}{n} \tag{9-2}$$

式中,j 为同一数值出现的次数。

中位数:中位数常用的代表符号为 M,它是指把全部测量数值按大小次序排列后,最中间的点的数值。实际计算时,常有两种情况:第一种 n 为奇数;第二种 n 为偶数。当 n 为奇数时,第 $\left(\frac{n+1}{2}\right)$ 项的数为中位数;当 n 为偶数时,须将数列最中间两项数据相加,以 2 除之，即为中位数。

　　b. 离中趋势分析。

　　为了了解一组测量结果靠近算术平均数或中位数的分布状况，需要分析它们的离中趋势。度量离中趋势的常用指标是标准差。标准差的计算公式为：

$$d = \sqrt{\frac{\sum_{i=1}^{n}(X-\bar{X})^2}{n}} \tag{9-3}$$

式中，d 为标准差；$X-\bar{X}$ 为每次测得值与平均数之差。

　　c. 相关分析。

　　这种方法用于揭示两组变量或几组变量之间的关系。一般用相关系数作为度量的具体指标。相关系数的范围是从 -1 到 1。同样数值的正相关系数与负相关系数表示同样大小的相关，只是方向相反。相关系数的绝对值越大，说明变量之间的关系越密切。

　　d. 因素分析。

　　因素分析方法一般应用于分析受多种因素影响的现象。因素分析的目的是要确定受多变量影响的心理现象的总变动中，各个因素的影响方向和影响程度。

9.2　激励理论与应用

9.2.1　激励的概述

　　1）激励及其功能

　　激励一般是指有机体在追求某些既定目标时的意愿程度，它具有激发动机、鼓励行为、形成动力的含义。国外的心理学家们认为，一个人要是没有受到激励，工作中仅能发挥其自身能力的 20%～30%；若受到了正确而充分的激励，则能发挥其自身能力的 80%～90%。具体来说，激励的作用主要表现在以下几个方面：

　　首先，激励可以培养员工，提高员工的自信心。任何一个人在从事任何一项工作时，都需要一个从不熟练到熟练的过程。在这个过程中难免会出现错误，这时最需要领导的指导和帮助。领导一个温暖的言行、一束期待的目光、一句激励的评语都能激发员工的上进心，迅速帮助员工克服困难，唤起员工乐于工作的激情，这可能会改变员工对工作和人生的态度。相反，如果领导只会训斥，将会造成员工心理反感，情绪消沉，对组织和个人都会产生不利影响。

　　其次，激励可以促进员工工作的顺利完成，保证工作质量。作为领导，合适的言语激励就像一支强心剂，可以从内心中激发员工斗志，缩短领导与员工的距离，增强员工与领导的关系，能使员工心情舒畅，精神焕发，有效促进员工积极完成工作。相反，如果领导经常用刻薄的言语奚落、讽刺、挖苦、训斥员工，表面上看起来员工是在听领导的，按领导说的去做，但实际上员工心情是极不愉快的。久而久之，员工不仅对领导产生厌烦，对工作也会失去兴趣。精神上的打击可直接破坏员工的创造力，长此以往，员工的自尊被摧毁，自信被打击，智慧被扼杀，压抑的情绪只会使工作更加糟糕。

最后，激励员工可以创造良好的企业文化。领导激励员工，可以在组织中形成激励积极行为的和谐氛围，可以最大限度地体现现代管理"以人为本"的管理理念，构建和谐团队，最大化发挥员工的积极性。

因此，要构建和谐环境，激发人的聪明才智，就必须认真研究能够激励人的各种内外因素。

2) 激励的类型

不同的激励类型对行为过程会产生不同程度的影响，所以激励类型的选择是做好激励工作的一项先决条件。

(1) 物质激励与精神激励

物质激励就是从满足人的物质需要出发，对物质利益关系进行调节，从而激发人们的积极性并控制其行为的趋向。精神激励就是从满足人的精神需要出发，对人的心理施加必要的影响，从而产生激发力，影响人的行为。两种类型是相辅相成、缺一不可的。在实际工作中，只强调物质激励而忽视精神激励或只强调精神激励而忽视物质激励都是片面和错误的。为了避免以上两种片面性的发生，在激励中一定要坚持物质激励与精神激励相结合的方针。

(2) 正激励与负激励

正激励就是对个体符合组织目标的期望行为进行奖励，以使这种行为重复发生，提高个体的积极性。负激励则是企业一般设有的行为准则、管理制度等，起到了控制员工行为的作用。正激励是主动性的激励，它通过满足人们尚未满足的需求调动其积极性，使其变被动为主动。负激励是被动性的激励，它是通过对人的错误动机和行为进行压抑和制止，促使其幡然悔悟，改弦易辙。通过树立正面的榜样和反面的典型，形成一种良好的风气，使整个群体的行为导向更积极、更富有生气，最终使企业管理尽善尽美。

(3) 内激励与外激励

内激励是指由内酬引发的、源自工作人员内心的激励。外激励是指由外酬引发的、与工作任务本身无直接关系的激励。内酬是指工作任务本身的刺激，即在工作进行过程中所获得的满足感，它与工作任务是同步的。内酬所引发的内激励，会产生一种持久性的作用。外酬是指工作任务完成之后或在工作场所以外所获得的满足感，它与工作任务不是同步的。如果一个人当别人都已下班回家而他甘愿留下来加班时，他所得到的激励可能多源于外酬的刺激，即他留下来纯粹是为了完成这些任务后，能得到一定的外酬——加班费、奖金及其他额外补贴。一旦外酬消失，积极性也就荡然无存。所以说，由外酬引发的外激励是难以持久的。

3) 激励理论的概述

关于激励理论的研究，大致可以划分为四种类型。

(1) 内容型激励理论

它着重研究激发动机的因素，研究内容都围绕着如何满足人的需要进行，故又称需要理论。该种激励理论认为人的需要和激励之间存在着内在的联系，需要激励行为，行为满足目标并产生新的需要，以此循环往复。内容型激励理论强调应针对个体的需要采取激励措施，达到激励个体行为的目的。内容型激励理论主要包括马斯洛的"需要层次论"、奥尔德弗的"ERG理论"、赫茨伯格的"双因素理论"和麦克利兰的"成就需要激励理论"等。

(2) 过程型激励理论

该理论着重研究从动机的产生到采取具体行为的心理过程。这个过程一般包括三个环节：付出劳动以取得成绩；取得成绩以获得奖赏；获得奖赏以满足需要或达到目的。强调领导者要根据这三个环节来采取具体的激励措施，以使激励过程保持下去，其中哪个环节出了问题，激励过程就将中断，激励的作用也就随之消失。过程型激励理论主要有弗洛姆的期望理论和亚当斯的公平理论。

(3) 行为改造型激励理论

它以操作性条件反射论为基础，着重研究个体外在行为的表现，强调人的行为结果对其行为的反作用。即当行为的结果有利于个体时，这种行为就可能重复出现；反之，则会消退和终止。这种现象在心理学中称为"强化"。强化激励在管理中的运用，强调以奖惩的手段来激发人的行为，并使之符合组织的要求。行为改造型激励理论主要有强化理论和挫折理论。

(4) 综合型激励理论

它是上述三种理论的概括与改进，较全面地反映了人在激励过程中的心理活动，强调在领导活动过程中要灵活使用各种激励方法。这对于我们理解和使用上述三种理论具有启发意义。

9.2.2 激励的理论

1) 内容型激励理论

(1) 马斯洛的需求层次理论

亚伯拉罕·马斯洛（Abraham Harold Maslow，1908—1970），美国社会心理学家、人格理论家和比较心理学家，人本主义心理学的主要发起者和理论家，心理学第三势力的领导人。马斯洛理论的主要观点是，人人都是有需要的，只有没有满足的需要才能产生动机，满足的需要是不能形成动机的；人的需要是有层次的，把人的需要划分为五个层次，如图 9.9 所示。

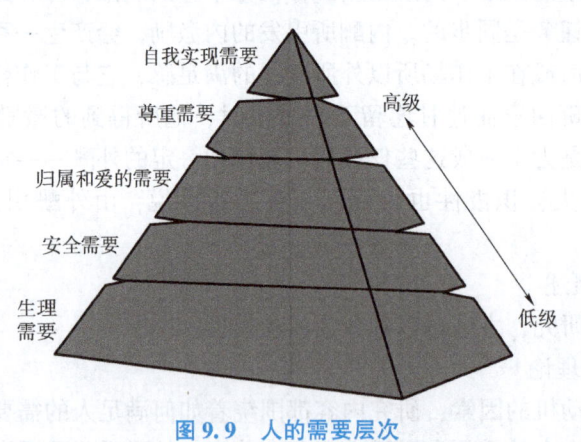

图 9.9 人的需要层次

① 生理需要。

这是人类维持自身生存的最基本要求，即由于饥渴冷暖而对吃、穿、住产生需要，它保证一个人作为生物体而存活下来。如果这些需要得不到满足，人类的生存就成了问题。从这个意义上说，生理需要是推动人们行动最强大的动力。马斯洛认为，只有最基本的需要满足到维持生存所必需的程度后，其他的需要才能成为新的激励因素，而到了此时，这些已相对满足的需要也就不再成为激励因素了。

②安全需要。

这是人类要求保障自身安全、摆脱失业和丧失财产威胁、避免职业病侵袭等方面的需要。例如，为了人身安全和财产安全而对防盗设备、保安用品、人寿保险和财产保险产生需要；为了维护健康而对医药和保健用品产生需要等。马斯洛认为，整个有机体是一个追求安全的机制，人的感受器官、效应器官、智能和其他能量主要是寻求安全的工具，甚至可以把科学和人生观都看成满足安全需要的一部分。当然，当这种需要一旦相对满足后，也不再成为激励因素了。

③归属和爱的需要。

这是人类参与社会交往，取得社会承认和归属感的需要。这一层次的需要包括两个方面的内容：一是友爱的需要，即人人都需要伙伴之间、同事之间的关系融洽或保持友谊和忠诚；人人都希望得到爱情，希望爱别人，也渴望接受别人的爱。二是归属的需要，即人都有一种归属于一个群体的感情，希望成为群体中的一员，并相互关心和照顾。感情上的需要比生理上的需要更细致，它和一个人的生理特性、经历、教育、宗教信仰都有关系。

④尊重需要。

这是人类在社交活动中受人尊敬，取得一定社会地位、荣誉和权力的需要。尊重的需要又可分为内部尊重和外部尊重。内部尊重是指一个人希望在各种不同情境中有实力，能胜任、充满信心、独立自主，即内部尊重就是人的自尊。外部尊重是指一个人希望有地位、有威信，希望受到别人的尊重、信赖和高度评价。马斯洛认为，尊重需要得到满足，能使人对自己充满信心，对社会满腔热情，体验到自己的用处和价值。

⑤自我实现需要。

这是人类最高层次的需要，是指发挥个人的最大能力，实现理想与抱负的需要。也就是说，人只有从事称职的工作，才会感受到最大的快乐。马斯洛提出，为满足自我实现需要所采取的途径是因人而异的。自我实现的需要是努力实现自己的潜力，使自己越来越成为自己所期望的人物。满足这种需要的产品主要是思想产品，如教育与知识等。

(2) 奥尔德弗的 ERG 理论

美国耶鲁大学的克雷顿·奥尔德弗（Clayton Alderfer）在马斯洛提出的需要层次理论的基础上，进行了更接近实际经验的研究，提出了一种新的人本主义需要理论。奥尔德弗认为，人们共存在三种核心的需要，即生存（Existence）的需要、相互关系（Relatedness）的需要和成长发展（Growth）的需要，因而这一理论被称为 ERG 理论。生存的需要与人们基本的物质生存需要有关，它包括马斯洛提出的生理和安全需要。第二种需要是相互关系的需要，即指人们对于保持重要的人际关系的要求。这种社会和地位的需要的满足是在与其他需要相互作用中达成的，它们与马斯洛的社会需要和自尊需要分类中的外在部分是相对应的。最后，奥尔德弗把成长发展的需要独立出来，它表示个人谋求发展的内在愿望，包括马斯洛的自尊需要分类中的内在部分和自我实现层次中所包含的特征。总的来说，ERG 理论的特点有以下几方面：

①ERG 理论并不强调需要层次的顺序，认为某种需要在一定时间内对行为起作用，而当这种需要得到满足后，可能去追求更高层次的需要，也可能没有这种上升趋势。

②ERG 理论认为，当较高级需要受到挫折时，可能会降而求其次。

③ERG 理论还认为，某种需要在得到基本满足后，其强烈程度不仅不会减弱，还可能会增强，这就与马斯洛的观点不一致了。

(3) 赫茨伯格的双因素理论

双因素理论是美国心理学家赫茨伯格最主要的成就，在工作丰富化方面，他也进行了开创性的研究。赫茨伯格的双因素理论来自他在匹兹堡地区对 9 个工业企业中 203 名工程师和会计师的调查。最初，赫茨伯格设计了许多问卷，如"什么时候你对工作特别满意""什么时候你对工作特别不满意""原因何在"等。访问主要围绕两个问题：在工作中，哪些事项是让他们感到满意的，并估计这种积极情绪持续多长时间；哪些事项是让他们感到不满意的，并估计这种消极情绪持续多长时间。所得资料分析表明：使员工不满意的因素与使员工感到非常满意的因素是不同的。前者往往由误解工作环境引起，后者则通常由工作本身所产生。经整理资料后，赫茨伯格断言：工作的满意因素与工作内容有关，称为激励因素；工作的不满意因素与工作的周围事物有关，称为保健因素。

从 1 844 个案例中，赫茨伯格发现，造成员工非常不满的因素有以下十种：

①公司的政策和制度；

②技术监督；

③与上级之间的人事关系；

④与同事之间的人事关系；

⑤与下级之间的人事关系；

⑥工资；

⑦职务保障；

⑧个人生活；

⑨工作条件；

⑩职位。

这些因素改善了，虽不能使员工变得非常满意，从而真正激发员工的积极性，却能解除员工的不满意，故称为保健因素。

从另外 1 753 个案例中，赫茨伯格发现，使员工感到满意的因素有以下六种：成就；认可；提升；工作本身；发展前途；责任。

这些因素的满足能极大地激发员工的热情，对于员工的行为动机具有积极作用，它常常是管理者调动员工积极性、提供劳动生产率的好办法。如果这类因素解决不好，也会引起员工的不满，虽无关大局，却能严重影响工作效率，因此，赫茨伯格把这些因素称为激励因素。

保健因素和激励因素不是一成不变的，而是可以转化的。例如，员工的工资、奖金，如果同其个人的工作绩效挂钩，就会产生激励作用，变为激励因素。如果两者没有联系，奖金发得再多，也构不成激励。一旦减少或停发，还会造成员工的不满意。因此，有效的管理者，既要注意保健因素，以消除员工的不满意，又要善于把保健因素转变为激励因素。

2）过程型激励理论

（1）弗鲁姆的期望理论

期望理论是美国心理学家维克托·弗鲁姆（Victor H. Vroom）于1964年在《工作与激励》一书中提出来的。它是一种通过考察人们的努力行为与其所获得的最终奖酬之间的因果关系来说明激励过程，并以选择合适的行为达到最终的奖酬目标的理论。这种理论认为，当人们有需要，又有达到目标的可能时，积极性才能高。激励水平取决于期望值和效价的乘积：

$$激励水平高低(M) = 期望值(E) \times 效价(V) \qquad (9-4)$$

激励是指激励水平的高低。它表明动机的强烈程度和被激发的工作动机的大小，即为达到高绩效而努力的程度。这种激励又被分为外加性激励和内在性激励两类。期望值是指人们对自己的行为能否导致所想得到的工作绩效和目标（奖酬）的主观概率，即主观上估计达到目标、得到奖酬的可能性。目标价值大小直接反映人的需要动机强弱，期望概率反映人实现需要和动机的信心强弱。弗鲁姆认为，人总是渴求满足一定的需要并设法达到一定的目标。这个目标在尚未实现时，表现为一种期望。期望就是指一个人根据以往的能力和经验，在一定的时间里希望达到目标或满足需要的一种心理活动。

效价是指人们对某一目标（奖酬）的重视程度与评价高低，即人们在主观上认为这个奖酬的价值大小，即达到目标对于满足人们需要的价值。同一目标，由于各个人所处的环境不同，需求不同，其需要的目标价值也就不同。同一个目标对每一个人可能有三种效价：正、零、负。如果个人喜欢其可得的结果，则为正效价；如果个人漠视其结果，则为零值；如果不喜欢其可得的结果，则为负效价。效价越高，激励力量就越大。

期望理论的贡献主要体现在两个方面：一是期望理论提出了目标设置与个人需求相统一的理论。期望理论假定，个体是有思想、有理性的人，对于他们生活和事业的发展，他们有既定的信仰和基本的预测。因此，在分析激励员工的因素时，我们必须考察人们希望从组织中获得什么以及他们如何能够实现自己的愿望。二是期望理论也是激励理论中为数极少的量化分析理论。这一理论并不满足于对问题的定性说明，还非常重视定量分析。它通过对各种权变因素的分析，说明了人们在多种可能性中所做出的选择。也就是说，人们的行为选择通常是效用最大化的，或者说人们的现实行为是其激励力量最大的行为选择。这不仅是激励理论的重要发展，同时在实践中也更具操作性。

（2）亚当斯的公平理论

公平理论又称社会比较理论，它是美国行为科学家约翰·斯塔希·亚当斯（John Stacey Adams）提出来的一种激励理论。该理论侧重于研究工资报酬分配的合理性、公平性及其对员工生产积极性的影响。该理论的基本要点是：人的工作积极性不仅与个人实际报酬多少有关，而且与人们对报酬的分配是否感到公平更为密切。人们总会自觉或不自觉地将自己付出的劳动代价及其所得到的报酬与他人进行比较，并对公平与否做出判断。公平感直接影响员工的工作动机和行为。因此，从某种意义来讲，动机的激发过程实际上是人与人进行比较，做出公平与否的判断，并据以指导行为的过程。

公平理论可以用公平关系式来表示。设当事人 a 和被比较对象 b，则当 a 感觉到公平时有下式成立：

$$\frac{OP}{IP} = \frac{OC}{IC} \qquad (9-5)$$

式中，OP 为自己对所获报酬的感觉；OC 为自己对他人所获报酬的感觉；IP 为自己对个人所做投入的感觉；IC 为自己对他人所做投入的感觉。

当上式为不等式时，可能出现以下两种情况：

$$\frac{OP}{IP} < \frac{OC}{IC} \qquad (9-6)$$

在这种情况下，他可能要求增加自己的收入或减小自己今后的努力程度，以便使左方增大，趋于相等；第二种办法是他可能要求组织减少比较对象的收入或者让其今后加大努力程度以便使右方减小，趋于相等。此外，他还可能另外找人作为比较对象，以便达到心理上的平衡。

$$\frac{OP}{IP} > \frac{OC}{IC} \qquad (9-7)$$

在这种情况下，他可能要求减少自己的报酬或在开始时自动多做些工作，但久而久之，他会重新估计自己的技术和工作情况，当觉得他确实应当得到那么高的待遇，于是产量便又会回到过去的水平了。

除了横向比较之外，人们也经常做纵向比较，即把自己目前投入的努力与目前所获得报偿的比值同自己过去投入的努力与过去所获报偿的比值进行比较。只有相等时才认为公平，如下式所示：

$$\frac{OP}{IP} = \frac{OH}{IH} \qquad (9-8)$$

式中，OP 为自己对所获报酬的感觉；OH 为自己对过去所获报酬的感觉；IP 为自己对个人所做投入的感觉；IH 为自己对个人过去投入的感觉。

当上式为不等式时，也可能出现以下两种情况：

$$\frac{OP}{IP} < \frac{OH}{IH} \qquad (9-9)$$

当出现这种情况时，人也会有不公平的感觉，这可能导致工作积极性下降。

$$\frac{OP}{IP} > \frac{OH}{IH} \qquad (9-10)$$

当出现这种情况时，人不会因此产生不公平的感觉，但也不会觉得自己多拿了报偿，从而主动多做些工作。

公平理论认为，当员工感到不公平时，可以预计他们会采取以下六种选择中的一种：

①改变自己的投入；

②改变自己的产出；

③歪曲对自我的认知；

④歪曲对他人的认知；

⑤选择其他参照对象；

⑥离开该领域。

3) 行为改造型激励理论

(1) 强化理论

强化理论是美国心理学家和行为科学家斯金纳（Burrhus Frederic Skinner）、赫西、布兰查德等人提出的一种理论，也称为行为修正理论或行为矫正理论。斯金纳认为，人们做出某种行为，不做出某种行为，只取决于一个影响因素，那就是行为的后果。他提出了一种"操作条件反射"理论，认为人或动物为了达到某种目的，会采取一定的行为作用于环境。当这种行为的后果对他有利时，这种行为就会在以后重复出现；不利时，这种行为就减弱或消失。人们可以用这种办法来影响行为的后果，从而修正其行为。强化的具体方式有三种：

①正强化。

正强化，又称积极强化，是指当人们采取某种行为时，能从他人那里得到某种令其感到愉快的结果，这种结果反过来又成为推进人们趋向或重复此种行为的力量。例如，企业用某种具有吸引力的结果，如奖金、休假、晋级、认可、表扬等，以表示对职工努力进行安全生产的行为的肯定，从而增强职工进一步遵守安全规程，进行安全生产的行为。

②负强化。

负强化，又称消极强化，是指通过某种不符合要求的行为所引起的不愉快的后果，对该行为予以否定。若职工能按所要求的方式行动，就可减少或消除令人不愉快的处境，从而也增大了职工符合要求的行为重复出现的可能性。例如，管理人员告知职工如果不遵守安全规程，就要受到批评，甚至得不到安全奖励。于是职工为了避免此种不期望的结果，而认真按操作规程进行安全作业。惩罚是负强化的一种典型方式，在消极行为发生后，以某种带有强制性、威慑性的手段，如批评、行政处分、经济处罚等，给人带来不愉快的结果，或者取消现有的令人愉快和满意的条件，以表示对某种不符合要求的行为的否定。

③自然消退。

自然消退是指对原先可接受的某种行为强化的撤销。由于在一定时间内不予强化，行为将自然下降并逐渐消退。例如，企业对职工加班加点完成生产定额给予奖酬，经研究认为这样不利于职工的身体健康和企业的长远利益，因此不再发给奖酬，而使加班加点的职工逐渐减少。

(2) 挫折理论

挫折理论是由美国的心理学家亚当斯提出的。挫折是指人类个体在从事有目的的活动过程中，指向目标的行为受到障碍或干扰，致使其动机不能实现，需要无法满足时所产生的情绪状态。挫折理论主要揭示人的动机行为受阻而未能满足需要时的心理状态，并由此而导致的行为表现，力求采取措施将消极性行为转化为积极性、建设性行为。

引起挫折的原因既有主观的，也有客观的。主观原因主要是个人因素，如身体素质不佳、个人能力有限、认识事物有偏差、性格缺陷、个人动机冲突等；客观原因主要是社会因素，如企业组织管理方式引起的冲突、人际关系不协调、工作条件不良、工作安排不当等。人是否受到挫折与许多随机因素有关，也因人而异。归根结底，挫折的形成是由于人的认知与外界刺激因素相互作用失调所致。

挫折对人的影响具有两面性：一方面，挫折可增加个体的心理承受能力，使人猛醒，汲取教训，改变目标或策略，从逆境中重新奋起；另一方面，挫折也可使人们处于不良的心理状态中，出现负向情绪反应，并采取消极的防卫方式来对付挫折情境，从而导致不安全的行为反应，如不安、焦虑、愤怒、攻击、幻想、偏执等。在企业管理中，有的人由于安全生产中的某些失误，受到领导批评或扣发奖金，由于其挫折容忍力小，可能就会发泄不满情绪，甚至采取攻击性行为，在攻击无效时，又可能暂时压抑愤怒情绪，对安全生产采取冷漠的态度，得过且过。人受到挫折后可产生一些远期影响，如丧失自尊心、自信心、自暴自弃，精神颓废，一蹶不振等。

4）综合型激励理论

（1）波特和劳勒的综合激励模式

波特和劳勒的综合激励模式是在期望理论和公平理论等的基础上形成的，可以用图9.10来表示。

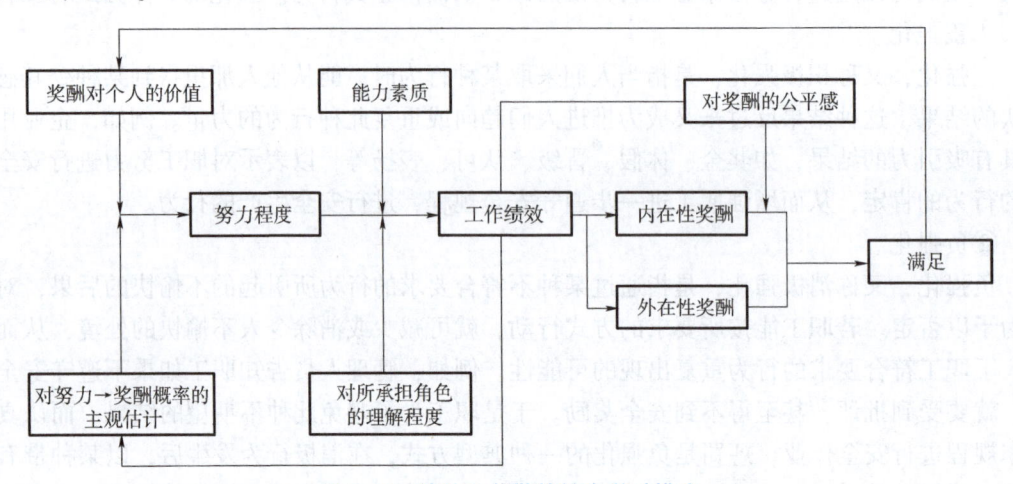

图 9.10 波特和劳勒的综合激励模式

波特和劳勒的综合激励模式主要包括以下变量：

①努力程度。

指的是个体所受到的激励强度和所发挥出来的能力。它与佛隆模式中所使用的"激发力量"一词相当。如图9.10所示，个人所做出的努力的综合程度取决于个人对某项奖酬（如工资、奖金、晋升、认可、友谊、荣誉等）的价值的主观看法以及对个人努力将导致这一奖酬（即概率）的主观估计。

②工作绩效。

指的是工作表现和实际成果。如图9.10所示，工作绩效不仅仅取决于个人所做出的努力程度，而且有赖于一个人的能力和素质（如必要的业务知识，技能等），以及对自己所承担角色应起作用的理解程度（对组织的目标、所要求的活动、与任务有关的种种因素的认知程度等）。

③奖酬。

指的是绩效所导致的奖励和报酬。最初，波特和劳勒在他们的模式中仅包括了一个奖酬变量，后来扩大为如图9.10所示的内在性奖酬和外在性奖酬。内在性奖酬和外在性奖酬与主观上所感受到的奖酬的公平感糅合到一起，影响着个人最后的满足感。波特和劳勒认为，内在性奖酬更能带来真正的满足，并与工作绩效密切相关，此外，公平感也会受到个人对工作绩效自我评价的影响。

④满足。

指的是个人在实现某项预期目标时所体验到的满意感觉。它和激励是两个不同的概念：

满足是一种态度，一种内在的知觉状态；激励则是动机激发的心理过程。在各种内容型模式中，工作满足被看作各种各样的内在因素（如潜在的责任感、胜任感、成就感等）的总和，而在波特和劳勒的模式里，满足则被认为仅是诸变量之一。

（2）罗宾斯的综合激励模型

美国管理学家罗宾斯曾在《管理学》一书中指出："孤立地看待各种理论的做法是错误的。事实上许多理论都是相互补充的，只有将各种理论融会贯通，才会加深对如何激励个体的理解。"他在整合了诸多激励理论之后，提出了如图9.11所示的综合激励模型。

从这个模型可以看出，罗宾斯的综合激励模型是以期望理论作为主线的。如果一个员工能够感受到个人努力与个人绩效、个人绩效与组织奖赏，组织奖赏与个人目标之间存在密切联系，他就会付出高度努力。其中，每一项关系之间还存在其他的影响因素。要实现好的个人绩效，不仅需要依靠个体的努力，还需要具备必要的能力和素质。同时，绩效评估系统必须是客观和公正的，这样的结果才能更好地反映个人的努力程度。在绩效和组织奖赏之间，强化理论也包括在其中。如果员工认为组织奖赏是由于自身良好的个人绩效（而不是其他因素）导致，这种奖赏就会就进一步促使员工保持较高的绩效水平。这里，绩效评估的标准就很重要了，它是连接个人绩效和组织奖赏的关键。员工的需求是多方面的，如果员工由于个体绩效而获得的奖励能满足与个体目标一致的主导需求，员工就会表现出很高的动机水平和积极性。

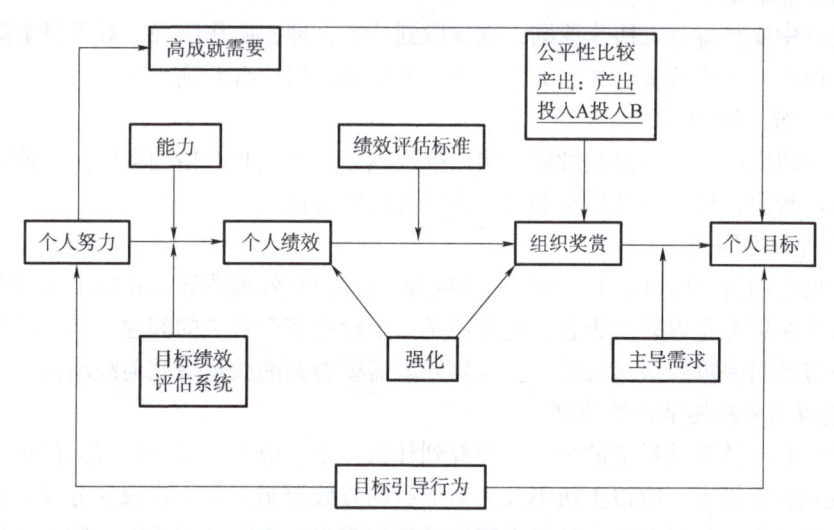

图 9.11　罗宾斯的综合激励模型

9.3　宏观工效学

9.3.1　组织设计

1）组织设计的概念

组织设计是指对一个组织的结构进行规划、设计、创新或再造，以便从组织结构上保证组织目标的有效实现。或者说，组织设计就是将组织的有关要素，如战略任务、责任与职权、工作流程等合理组合并加以制度化的动态设计过程。它包含以下要素：

①组织设计是根据组织需要，即根据组织的目标和任务，规划出必须完成的全部任务，然后

分配到组织的群体和个体，并与职责权限、工作流程合理地配置起来，建立有效的相互关系。

②组织设计既要考虑组织内部各个要素的协调，又要考虑外部环境的影响，并随环境的发展变化而变化，这样，组织才有生命力。

③组织设计的结果，主要是形成组织结构，并同组织的信息沟通、控制系统、激励制度等密切联系。

总之，组织结构设计必须根据组织的复杂性、规范性和集权性程度，必须根据组织的目标、任务、组织的规律以及组织内外部环境因素的变化来进行规划或再造。只有这样，组织结构的功能和协调才能达到最优化。否则，组织内的各层级机构就无法有效运转，也就无法保证组织任务和目标的有效完成。

2) 组织设计的原则

在进行组织设计时，应注意以下基本原则：

(1) 任务目标原则

任何组织都有其特定的任务和目标，每个组织及其每个部分，都应当与其特定的任务目标相关联；组织的调整、增加、合并或取消都应以是否对实现目标有利为衡量标准；没有任务目标的组织是没有存在价值的。

(2) 分工协作原则

组织设计中要坚持分工协作原则，就要做到分工合理，协作明确。对于每个部门和每个员工的工作内容、工作范围、相互关系，协作方法等，都应有明确规定。

(3) 命令统一原则

命令统一原则的实质就是在管理中实行统一领导，建立起严格的责任制，消除多头领导和无人负责的现象，保证全部活动的有效领导和正常进行。

(4) 管理幅度原则

管理幅度也叫管理跨度，它是指一个领导者直接而有效地领导与指挥下属的人数。一个领导者的管理幅度究竟以多大为宜，至今还是一个没有完全解决的问题。从理论上说，当直接指挥的下级数目呈算数级增长时，主要领导者需要协调的关系呈几何级增长。

(5) 集权与分权相结合的原则

集权与分权的关系是辩证的统一。集权到什么程度，应以不妨碍基层人员积极性的发挥为限；分权到什么程度，应以上级不失去对下级的有效控制为限。集权和分权是相对的，应根据不同情况的需要加以调整。从当今国内外组织管理的实际情况来看，侧重于分权管理是组织发展的主要趋势。

(6) 责权利相对应的原则

有了分工，就意味着明确了职务，承担了责任，就要有与职务和责任相对等的权力，并享有相应的利益。这就是职、责、权、利相对应的原则。

(7) 精干高效的原则

精干高效既是组织设计的原则，又是组织联系和运转的要求。精干高效原则，要求人人有事干，事事有人管，保质又保量，负荷都饱满。

(8) 稳定性与适应性相结合的原则

组织是保证企业各方面工作正常运行的重要机制，应当保持相对的稳定性。同时，组织也是企业实现经营战略的工具，企业战略要随着内部和外部条件的变化而发展，因此组织也需要与经营战略保持协调一致的适应性。

(9) 执行和监督分设的原则

这一原则要求组织中的执行性机构与监督性机构分开设置，不应合并为一个机构。必要的监督和制约，有利于暴露问题和解决问题。

3) 组织设计的程序与内容

组织设计是一项系统工程，需要遵循一定的程序，整体包括三个阶段。

(1) 准备阶段

准备工作首先是收集分析有关内部和外部资料。准备工作最主要的目的是明确组织要实现的目标，同时对内部情况（如人员、资金、技术、现行结构等）及外部环境（如经济、社会、政策、技术、市场等）有一定的了解。其次，还可以分析借鉴其他组织的特点和经验以供参考。最后，也需要征求本单位员工的意见，掌握组织内部信息，有利于组织内部平衡。

(2) 设计阶段

组织的具体设计阶段，即组织设计的内容，包括个体工作设计、群体设计和组织结构设计。

①个体工作设计。

个体工作设计是指对组织成员个人工作和职务的设计。这主要从两方面考虑，即专业化和自主性。所谓专业化，是指分工精细，每人承担的任务很明确，包括经理、其他管理人员和工人都知道自己处在什么位置，应该做什么，以及总体任务是什么。所谓自主性，是指每个人在履行职务时，有自行决定自己工作的自由。完成工作内容的设计后，需要对员工的工作量进行评估，最终定岗定编。

②群体设计。

在个人职务确定之后，就面临着如何结合成群体的问题，即确定部门和基层单位。有些工作任务设计成个人职务能较好地实施，有些工作任务只有组成群体才能够顺利执行，究竟设计成个人职务还是群体职务，需考虑三个因素，即工作流程、技术或业务性质和人的需要。

③组织结构设计。

组织结构设计是指正式组织结构设计，即自觉地制定并确定下来的组织稳定的关系。传统的组织结构设计是按照最有效的分配和协调各种活动的要求进行的。直线组织主要行使指挥职能；参谋机构支持和协助直线组织的活动，不直接指挥，以保证统一指挥。随着社会的发展和环境的变化，组织也日益复杂化，组织结构的设计也需要有新的发展。现代管理学派提出系统的、权变的组织结构设计原则。如劳伦斯和洛希最早用权变方法研究组织结构，最后得出结论：不同部门应当根据面对的组织环境的确定性或不确定性来考虑不同的设计。

④部门设计。

部门是指组织中主管人员为完成规定的任务有权管辖的一个特定的领域。部门划分又称部门设计。部门划分的目的，在于明确组织中各项任务的分配和责任归属，以求分工合理、职责明确，有效达到组织的目标。正如法约尔所指出的，部门划分是指"用同样多的努力生产更多和更好的产品的一种分工"。大量实证研究表明，部门划分的标志与方法具有普遍的适用性，主要根据人数、时间、职能、地区、产品、服务对象和设备划分。

⑤建立规章制度和监控手段。

规章制度包括制定各种工作制度和作业方法。工作制度包括规定工作的起点，应经过的中间部门以及工作的终点等。监控手段包括信息反馈和矫正偏差,具体表现为建立检查制度考察职权运用的效果,建立评价体系向各部门发出反馈信息和偏差信号。这样有助于保障组织体系的有效运转,同时能及时发现问题,以便优化组织结构。

(3) 落实和总结阶段

在上述具体设计工作完成后,就要具体落实设置管理和工作机构,配置岗位人员。以文字形式记录各岗位的输入、输出情况和活动过程。绘制组织图,使人一目了然。

9.3.2 组织文化

1) 组织文化的概念

组织文化热潮中一个奇特的现象是它至今还没有一个被广泛接受的定义。在这里,我们引用格里芬(Griffin)概括出来的定义:组织文化是一组通常被视为理所当然的共享的价值观,它帮助成员理解哪些行为是被接受的,这些价值观通过故事和其他符号传播。组织文化将本组织与其他组织区分开来。以下七项主要特征体现了组织文化的本质:

①创新与冒险:员工在多大程度上受到鼓励进行创新和冒险。

②关注细节:员工在多大程度上被期望做事缜密,仔细分析和注重细节。

③结果导向:管理层在多大程度上重视的是结果和效果,而不是为了实现这些结果所使用的技术和过程。

④员工导向:管理决策在多大程度上考虑到决策结果对组织成员的影响。

⑤团队导向:工作活动在多大程度上围绕团队而不是个体进行组织。

⑥进取心:组织成员的进取心和竞争性(而不是随和性)如何。

⑦稳定性:组织活动在多大程度上强调维持现状不变而不是成长和发展。

组织文化的结构可以分为三个层次。由表及里可分为表层文化、中介文化和深层文化,如图9.12所示。

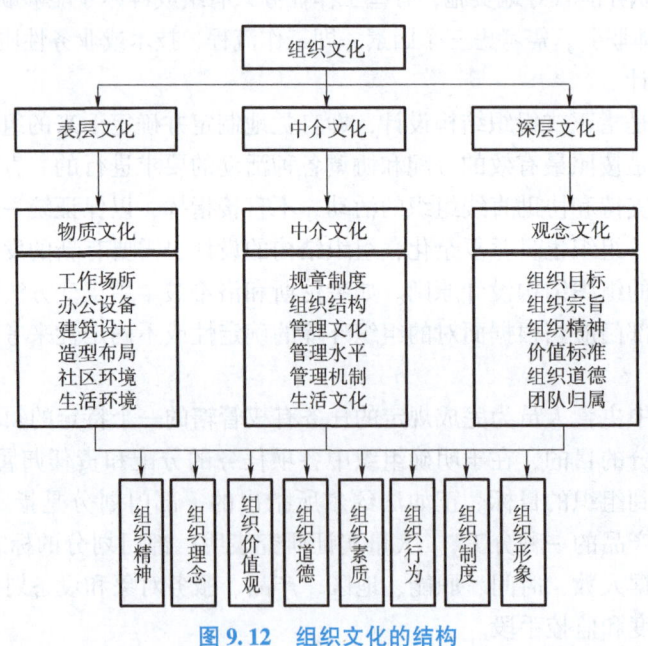

图 9.12 组织文化的结构

组织文化的特点包括无形性、软约束性、相对稳定性和相对连续性、个性。无形性是指良好的组织文化是一种信念，是道德和心理力量的相互融通和促进，是一种强化的无形力量。软约束性是指组织文化通过长期熏陶、感染和诱导，使职工对组织的目标、行为准则和价值观念有一种认同感，不是完全的强制性，但有强烈的规范与约束作用。相对稳定性和相对连续性是指组织文化及其特色应保持适当稳定性，同时随环境的变化不断充实和完善。个性是指组织文化在共性中孕育着组织特有的个性。

2）组织文化的影响

（1）文化的功能

文化在组织中具有多种功能。第一，它起着界定边界的作用。也就是说，它使得一个组织和其他组织区别开来。第二，它表达了组织成员的一种身份感。第三，它促使组织成员认同和致力于比个体的自身利益更高层次的事物。第四，它增强了社会系统的稳定性。文化是一种社会黏合剂，它通过为组织成员提供言行举止的恰当标准，将整个组织凝聚起来。第五，文化作为一种意识形态和控制机制，能够引导和塑造员工的态度和行为。

（2）文化创建组织氛围

如果你和一个持积极态度并且曾激发你达到较好状态的人共事过，或者和一个缺乏激情并使你毫无动力的团队合作过，那么你就已经体会到氛围的影响了。组织氛围（Organizational Climate）指的是组织成员对其所在组织和工作环境的普遍认知。组织文化的这个方面就像是组织中的团队精神。当每个成员对于什么是重要事项或事情进展如何具有大致相同的感受时，这种总体态度的影响会大于个体态度的简单加总。对于组织来说同样如此，一项元分析发现，在几十个不同的样本中，心理氛围与成员个体的工作满意度、工作投入、组织承诺和动机都显著相关。在工作场所中，一种积极的整体氛围通常会带来更高的顾客满意度和财务绩效。

（3）文化成为一种束缚

组织文化会增强组织承诺，增加员工行为的一致性。显然，这对企业是不无裨益的。从员工角度来说，组织文化也很重要，因为它减少了模糊性，它能告诉员工应该怎样做事情，以及哪些事情很重要。但是，我们也不应该忽视组织文化对组织效力可能造成的不利影响。科尔尼咨询公司的一项调查显示，58%的并购都没有达到公司高层所拟定的价值目标。失败的主要原因是组织文化的冲突。一位专家指出："并购的失败率特别高，这都是因为人的问题。"例如，2001年美国在线和时代华纳的并购是公司史上较大的一起并购。这起并购也是一场巨大的灾难；仅两年时间，公司股价暴跌了90%。文化冲突被普遍认为是导致美国在线与时代华纳并购产生各种问题的原因之一。

3）组织文化的创建与维系

（1）组织文化的形成

组织文化的形成有三种途径。第一，创始人仅仅聘用和留住那些与自己的想法和感受一致的人员；第二，他们把自己的思维方式和感受方式灌输给员工并使其社会化；第三，创始人的行为会鼓励员工认同这些信念、价值观和假设，并进一步内化为自己的想法和感受。当组织获得成功时，创始人的人格特点会根植于组织文化中。

（2）组织文化的维系

组织文化一旦建立，组织内的实践活动就会通过为员工提供一系列类似的体验来把这种文化维系下去。组织中的很多人力资源管理活动都会进一步强化组织文化，组织的员工甄选程序、绩效评估标准、培训和开发活动以及晋升程序可以确保组织雇用的是符合这种文化的员工。

（3）甄选

组织的甄选过程有着明确的目标：识别并雇用那些有知识、技能来开展工作的人。通常，能够满足某个工作需要的求职者肯定不止一位。决策者对求职者与本组织的匹配程度的判断会显著影响那位求职者最终是否会被雇用。这种试图确保员工与组织相匹配的努力，不管是处于有意还是无意，都会导致受聘员工的价值观与组织价值观大体一致，或者至少与组织价值观中的相当一部分保持一致。另外，甄选也为求职者提供了一些有关本组织的信息。如果求职者发现自己的价值观与组织价值观存在冲突，他们就会自动退出候选人之列。因此，甄选成为一种双向选择的过程，使得雇主和求职者可以避免错误匹配。通过这种方式，甄选过程筛选掉了那些可能对组织的核心价值观构成攻击或威胁的人，从而维持组织文化。

①高层管理者。

高层管理者的活动也对组织文化有着重要影响。高层管理者通过自己的言行举止建立起规范，并使其渗透到各个组织层级中。其中一些规范涉及：组织是否鼓励冒险？管理者应该给自己的下属多大自由度？什么样的着装是得体的？什么样的行为可以得到加薪、晋升或其他奖励？

②社会化。

不管组织在人员的甄选和选拔录用方面做得多好，新员工都不可能完全适应组织文化的要求。由于新员工对组织文化尚不熟悉，所以他们可能会干扰组织中已有的观念和习惯。因此，组织需要帮助新员工适应组织文化，这个适应过程称为社会化。

社会化可以被视为包括三个阶段——原有状态阶段，碰撞阶段和调整阶段的过程，如图 9.13 所示。这个三阶段会影响新员工的生产率、对组织目标的认同以及员工的最终去留。

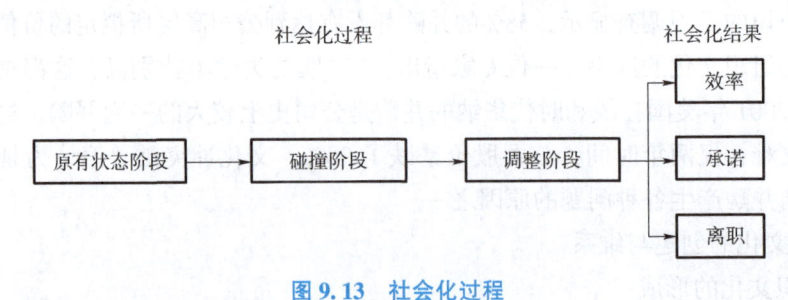

图 9.13 社会化过程

在原有状态阶段，可以清晰地看到每一个体所带来的那套价值观、态度和期望，包括对这份工作及组织所持的态度和期望。无论管理者认为自己能够使新员工的社会化过程多么有效，预测新员工未来行为最重要的依据仍然是他们过去的行为。研究表明，人们在加入组织之前的经验和知识，以及他们具有多少积极主动的性格，是预测他们对新文化适应情况的重要因素。

新员工一旦进入组织，就开始进入碰撞阶段。在这一时期，员工可能会遇到自己的期望（对工作、同事、上司以及整个组织的期望）与现实不符的情况。如果员工的期望大体上比较准确，那么碰撞阶段主要是进一步验证先前认知的过程。但实际情况常常并非如此。在极端情况下，新员工可能对他的工作现实彻底失望，并且会辞职离开。有效的员工甄选过程应该是显著降低这种情况的发生概率。而且，组织可以通过鼓励员工在组织中建立友谊来帮助新员工完成社会化。

最后，新员工必须解决在碰撞阶段发现的问题，这可能意味着要经历变化，因此将它称为调整阶段。当新员工觉得在组织和工作中如鱼得水时，就可以说，包含这三个阶段的入职社会化过程完成了。新员工已经内化和接受了本组织及自己所属的工作群体的规范。此时，新员工对自己的能力抱有信心，觉得自己受到了同事们的信任和重视。此外，新员工能够理解整个系统，不仅仅是自己的工作任务，而且包括组织的规章制度、工作程序以及被认可的非正式行为。

9.3.3 组织变革

1）组织变革的概念

组织变革是指运用行为科学和相关管理方法，对组织的权利结构、组织规模、沟通渠道、角色设定、其他组织之间的关系，以及对组织成员的观念、态度和行为、合作精神等进行有目的的、系统的调整和革新，以适应组织的内外环境、技术特征和组织任务等方面的变化，提高组织效能。根据变革层次、变革内容特征和推进方式的不同，可以将组织变革划分为不同的类型。

（1）根据变革层次划分

根据变革层次可将组织变革划分为改善企业战略绩效的组织变革、提高企业运作绩效的组织变革、创造企业持续再生能力的组织变革。

（2）根据变革内容特征划分

根据变革内容特征可以将组织变革划分为物理环境的变革、组织结构的变革、技术变革、人员变革。

物理环境的变革是指工作空间的结构和设备的更新、设备装置的改变。组织结构的变革可以是对工作专门化、部门化、命令链、控制跨度、集权与分权、正规化等组织设计的关键因素进行改变。

技术变革分为两种：一种是直接工作技术的改变，即由引进一种机器或引进一种人—机系统所引起的变革；另一种是改革管理技术，包括采用现代化的信息收集和处理系统、现代化的监控处理系统、现代化的办公系统及文件（文字）处理系统、工程管理或程序管理的方法等。

人员变革是指通过沟通、决策和问题解决过程来改变组织成员的知识、技能、态度和行为。

(3) 根据推进方式划分

根据推进方式，可将组织变革划分为激进式变革和渐进式变革。其主要区别如表 9.4 所示。

表 9.4 激进式变革与渐进式变革的区别

组织描述	组织是有惰性的，变革是不常发生的、非连续的、有目的的	组织变革是自然发生的，变革是不间断的、展开的、渐进的
分析框架	变革是一种间隔性中断或偏离平衡，它倾向于外部驱动，被视为组织的深层结构对不断变化的环境的适应 前景：整体化 重点：短期适应能力	变革是对工作过程和实践的不断改变。它由组织的不稳定和日常偶发事件的灵敏反应所引起。大量的小调节不断集聚和增加。 前景：小规模 重点：长期适应能力
干预理论	变革由目标引起，表现为惰性的、渐进的、进步的，寻求目标，不是平衡促动，要求外部干预。变革是勒温式的 • 解冻：了解焦虑，提供心理安全 • 改变 • 再冻结：强调建立支持性社会标准，与个性一致	变革是对正在发生的事件的重新安排。表现为循环的、有序的，没有完结状态，寻求平衡 • 冻结：使序列清晰可见并借助层次来说明模式 • 再平衡：重新解释和归类，重定模式，减少障碍 • 解冻：以细心的方式进行再学习
变革代理	角色：变革的主要促进者	角色：重新指导变革者
人的角色	过程：克服惰性，寻找变革手段；提供不同的见解、选择性方案，重新解释变革引发的事件	过程：辨认、跳跃，重新界定当前模式。在结合处进行有目的的变革，排除学习障碍

2) 组织变革的阻力

(1) 阻力的来源

员工常常将变革视为威胁。最近一项调查发现，即使向员工提供相关数据表明他们需要实施变革，他们也会设法寻找各种数据来证明他们一切顺利，不需要进行变革。对变革持消极态度的员工通过不考虑变革、多请病假以及离职来应对变革。这些反应会大量消耗组织最需要的关键能量。

表 9.5 概括了主要的变革阻力，并根据它们的来源进行了分类。个体阻力来自基本的人类特征，如知觉、个性和需要。组织阻力来自组织自身的结构。

表 9.5 变革阻力的来源

项目	内容
个体来源和例证	工作安全——变更任务或报告关系 经济因素——报酬或福利改变 对未知的恐惧——新工作，新老板 缺乏注意——孤立的群体，没有得到通知 社会因素——群体规范

续表

项目	内容
组织来源和例证	过分坚持——聘用系统、工作描述、评估和奖励系统以及组织文化变革 狭隘视角——单纯的结构变革，对其他问题缺少关心 群体惰性——群体规范 专长受威胁——成员离开擅长的领域 权力受威胁——决策权分化 资源配置——增加使用兼职员工

需要指出，并不是所有的变革都是有益的。追求速度往往会产生很糟糕的决策。有时，发起变革的人无法充分、全面地认识到变革所导致的影响或者变革的真正成本。快速、彻底的变革有很大风险，有的组织就是由于这个原因垮掉的。变革的推动者需要仔细、全面地考虑变革的影响。

(2) 克服变革阻力

以下几种策略可以帮助变革推动者克服变革阻力。

①教育和沟通。

通过与员工进行沟通，帮助他们了解变革的逻辑缘由，会使变革的阻力得以减少。沟通可以从两个层面来减少变革的阻力。首先，它可以减少信息失真和沟通不良的影响；如果员工了解全部事实并消除误解，阻力就会减弱。其次，沟通有助于利用适当的包装来推销变革的必要性。一项针对德国公司的研究显示，如果公司向员工传达一种能够平衡各种利益相关者（股东、员工、社区、客户）的利益而不是只关注股东利益的改革逻辑，变革就会取得最大成效。

②参与。

个体很难抵制他们参与制定的变革决策。如果参与者能够为决策做出有意义的贡献，那么通过他们的参与可以减少变革阻力，使员工获得认同感并提高变革决策的质量。但是，这种策略也有不足之处，它可能会产生糟糕的决策，并且很耗时间。

③提供支持和做出承诺。

当员工感到恐惧和忧虑时，给员工提供咨询和心理辅导、新技术培训、短期带薪休假等，有利于他们进行调整。当管理者和员工对变革的情感承诺很低时，他们会维持现状，抵制变革。只有帮助他们增强对变革的情感承诺，员工才会不甘于维持现状。

④发展积极的关系。

如果人们相信实施变革的管理者，他们就更愿意接受变革。一项研究调查了荷兰一家正在实施兼并的大型房地产公司的235名员工。该研究发现，那些与主管保持一种更积极关系的员工，以及那些认为工作环境为自己的事业发展提供了支持的员工，对变革所持的态度要积极得多。这表明良好的上下级关系确实有助于管理者推进变革。

⑤公正地实施变革。

组织可以将负面影响最小化的一种方式就是确保变革的实施过程是公正的。当员工将一种结果视为消极结果时，程序公平尤为重要。因此，最重要的事情就是使员工了解变革的理由，并以为变革的实施过程是一视同仁且公正的。

⑥选择接受变革的人。

研究表明，接受和适应变革的能力与人格相关。有些人会比其他人更加积极地对待变革。这样的个体能广泛吸取经验，对变化持积极态度，愿意冒险，行为灵活。对美洲、欧洲和亚洲的管理者进行的一项研究发现，那些具有积极的自我概念和高风险承受能力的人能够更好地应对组织的变革。大量证据表明，组织可以通过选择接受变革的人来促进变革的顺利实施。

⑦强制。

最后一项策略是强制，即直接对抵制者给予威胁或压力。如果员工不同意削减工资，而企业管理者真的下决心要关闭工厂，那么这种变革策略就带有强制色彩。其他例子还有威胁调职、不予提拔、消极的绩效评估、不好的推荐信等。强制策略的优缺点与操纵和收买策略相似。

3）组织变革的管理方法

关于组织变革的管理方法，管理学家、行为科学家通过实践进行总结和概括，形成不同的观点和理论，下面介绍几种。

（1）克利的组织变革模型

克利把组织变革分解为三个阶段、九个步骤，如表9.6所示。

表9.6 克利的变革程序

阶段	步骤
诊断	确定问题
	进行诊断
	列出可行性方案
执行	制定决策准则
	选取解决方案
	计划变革
	采取变革行动
评估	评估效果
	进行反馈

（2）勒温的组织变革模型

勒温认为组织变革应包括三个步骤：解冻、改变、再冻结（见图9.14）。他特别重视变革过程中人的心理机制。这三个步骤是他专门针对职工的态度和行为提出来的。

解冻 → 改变 → 再冻结

图9.14 勒温的三步骤变革模型

①解冻。

这一步骤中应激发要求变革的动机。首先使员工认识到，照老办法做下去不能达到期望的结果。为此，一方面不能对旧的态度和行为进行强化和肯定；另一方面要使职工感到变革的迫切性。只有职工自己认识到旧态度、旧行为实在不行，迫切要求变革，愿意接受新东西，变革才有可能实行。此外，还要创造一种心理上的安全感，扫除害怕失败、不愿变革的心理障碍，使之感到有能力变革。

②改变。

指明改变的方向，实施变革，使员工形成新的态度和行为。这一步骤要注意职工的心理过程。首先，是对角色模范的认同；其次，从客观情况出发，对多种信息加以选择，并筛选出与自己有关的特殊信息。勒温认为，变革是个认知过程，上述过程完成的前提条件是员工有真正愿意变革的动机。

③再冻结。

利用必要的强化方法使新的行为方式固定下来，使之持久化。为确保变革的稳定性，首先，要使职工有机会来检验新的态度和新的行为是否符合自己的情况。应用鼓励的办法使之保持下去，不能操之过急，求全责备。其次，员工应有机会检验与他有重要关系的其他人是否接受和肯定新的行为方式。因为群体成员彼此强化新的态度和行为，个体的新态度和新行为可以巩固。

(3) 科特的八步骤计划

哈佛商学院的约翰·科特（J. Kotter）在勒温的三步骤模型的基础上，创建了一种更详细的变革实施方法。科特首先罗列了管理者在发起变革时常犯的错误。他们可能没有需要变革的紧迫感，没有创建一个联盟来管理变革过程，没有形成一种变革愿景和对愿景的有效宣传，没有扫除阻止愿景实现的障碍，没有提供可实现的短期目标，或者没有将变革融入组织文化中。此外，他们还有可能过早地宣布胜利。

于是，科特创建了八个连续步骤来解决这些问题：

①通过提出组织需要迫切变革的有说服力的理由来建立一种紧迫感；

②与拥有足够权力的人形成联盟来领导这次变革；

③创建一个新的愿景来指导变革，并制定相关战略来实现该愿景；

④在整个组织中宣传该愿景；

⑤扫除变革的障碍，鼓励冒险和创造性的问题解决方式，向员工授权，以使他们积极投身于愿景的实现；

⑥规划、实现和奖励短期胜利，这些胜利会推动组织不断迈向新的愿景；

⑦巩固成果，重新评估变革，在新的计划中做出必要的调整；

⑧通过证明新行为与组织成功之间的关系来强化变革。

请注意科特的前四个步骤如何对应勒温的"解冻"阶段，第五至第七个步骤如何体现"改变"，以及最后一个步骤如何对应"再冻结"。科特的贡献在于为管理者和变革推动者提供了用来成功推行变革的更具体的指导。

9.4 研究难点与研究趋势

9.4.1 研究难点

1）复杂性和动态性的深入理解

组织人因研究的核心在于探讨人类行为与组织、技术、环境等复杂系统之间的相互作用。然而，这些系统本身具有高度的复杂性和动态性，使得研究过程充满挑战。例如，组织内部的人员流动、技术更新、环境变化等因素都可能对研究结果产生显著影响。因此，如何在复杂多变的环境中准确捕捉和解读人类行为，成为组织人因研究的一大难点。

2）个体差异和多样性的精确刻画

每个个体都具有独特的性格、能力、价值观和行为方式，这种个体差异和多样性在组织环境中尤为显著。组织人因研究需要精确刻画这些差异，以更好地理解员工在不同情境下的行为反应。然而，由于个体差异的复杂性和多样性，研究过程中往往难以找到统一的衡量标准和解释框架，这使得研究结果的可比性和普适性受到一定限制。

3）数据收集和分析的困难

组织人因研究依赖于大量的数据支持，包括问卷调查、访谈记录、行为观察等。然而，在实际操作中，数据收集往往受到多种因素的制约，如时间限制、资源约束、隐私保护等。此外，数据分析方法的选择和应用也直接影响研究结果的准确性和可靠性。如何在保证数据质量和隐私安全的前提下，高效地进行数据收集和分析，是组织人因研究面临的又一难题。

4）智能技术与组织人因的融合挑战

智能技术，如人工智能、大数据、物联网等，正在深刻改变着组织人因的研究和实践。然而，智能技术与组织人因的融合并非易事。一方面，智能技术的应用需要考虑到人类行为的复杂性和多样性，以确保技术的有效性和可接受性；另一方面，组织人因研究也需要不断适应智能技术的发展，探索新的研究方法和应用场景。这种融合挑战要求研究者具备跨学科的知识和技能，以应对技术变革带来的新挑战。

5）跨文化背景下的比较研究

在全球化背景下，组织人因研究需要关注不同文化背景下的员工行为和组织模式。然而，跨文化比较研究面临着诸多困难，如文化差异的理解、语言障碍的克服、数据收集和分析的标准化等。此外，不同文化背景下的员工行为和组织模式可能具有独有的特征和规律，这使得研究结果难以直接应用于其他文化环境。因此，如何在跨文化背景下进行有效的比较研究，是组织人因研究面临的又一重要挑战。

9.4.2 研究趋势

组织人因的研究趋势正逐步向智能化、跨学科交叉等方向蓬勃发展。随着人工智能、大数据等智能技术的不断进步，研究者们正积极探索这些技术在组织人因领域的应用，以期通过智能化手段更深入地理解人类行为与组织、技术、环境等复杂系统之间的相互作用。同时，跨学科交叉也成为组织人因研究的重要趋势，心理学、社会学、计算机科学、工程学等多个学科的知识和方法正在被融合到研究中，以提供更全面、更深入的分析和见解。这些研究趋势不仅有助于推动组织人因研究的理论创新，也为解决实际问题提供了更有效的方法和策略。

第 10 章

环境因素与人因工程

引 例

由于影响人体的环境参数众多，效果存在耦合作用，关系复杂，在建筑设计、工作环境设计等领域，环境都是影响人的舒适度及工作效率的一大因素。以热舒适研究为例，经典的人体热舒适研究需要将这些参数解耦，逐个进行解析，才能得出可靠、定量的结论。通常研究环境因素对人的影响，采用的方法是在环境参数被严格控制的人工气候室内进行受试者实验。每次实验都需要控制绝大部分的环境参数不变，仅对所要研究的一个环境参数进行改变，将这个环境参数的变化效果与人的主观感受相联结。在对大量受试者的实验数据进行统计分析后，获得热环境参数与人体热感觉之间的定量关系。本章主要介绍不同环境因素的测量与人因工程的相关研究应用。

10.1 照明

10.1.1 光的物理性质

光的波动性理论认为，光是一种电磁辐射波。电磁波的波谱范围极其广泛，其中人眼所能感受到的电磁波长范围为 380~780 nm，这个范围的光称为可见光。在可见光中，不同波长的光所呈现的色彩，按波长从高到低的顺序依次是：红、橙、黄、绿、青、蓝、紫。只含单一波长成分的光称为单色光，包含两种以上成分的光称为复合光。复合光给人眼的刺激呈混合色，所有可见波长的光混合起来则产生白光。

发光物体，由其自身所辐射的一定光谱成分的光引起眼睛的色彩视觉；不发光物体，在一定光谱成分的光源照射下会反射其中某些成分的光谱并吸收其余部分的光谱，被反射的光谱引起眼睛的色彩视觉。自然界中的不同景物，在日光照射下，由于自身发光或反射了可见光谱中的不同成分并吸收其余部分，从而引起眼睛的不同色彩视觉。可见，色彩视觉既取决于眼睛对不同颜色的可见光不同的视觉功能，又取决于光源所含的光谱成分。总之，眼睛的色彩视觉是在主观（眼睛的视觉功能）和客观（物体属性与照明条件的综合效果）相结合的系统中所发生的生理物理过程。

10.1.2 光的度量

1）光通量

光通量（Luminous Flux）指人眼所能感觉到的辐射功率，它等于单位时间内某一波段的辐射能量和该波段的相对视见率的乘积。由于人眼对不同波长光的相对视见率不同,所以不同波长光的辐射功率相等时,其光通量并不相等。

2)发光强度

发光强度(Luminous Intensity),在光度学中简称光强或光度,用于表示光源给定方向上单位立体角内光通量的物理量,国际单位为坎德拉。发光强度的定义考虑人的视觉因素和光学特点,是在人的视觉基础上建立起来的。容易混淆的是,在光学中,光强往往指单位面积的辐射功率,由于人眼对不同波长光的相对视见率不同,所以不同波长光的辐射功率相等时,其光通量并不相等。

发光体在给定方向上的发光强度是该发光体在该方向的立体角元 $d\Omega$ 内传输的光通量 $d\Phi$ 除以该立体角元所得之商,即单位立体角的光通量。其公式为:

$$I = \frac{d\Phi}{d\Omega} \tag{10-1}$$

式中,I 是光强(坎德拉,cd);Φ 是光通量(lm);Ω 是立体角(弧度,rad)。

3)亮度

亮度是指发光面在指定方向的发光强度与发光面在垂直于所取方向的平面上的投影面积之比,亮度的定义式为:

$$L = \frac{I}{S\cos\theta} \tag{10-2}$$

式中,L 是亮度(cd/m²);S 是发光面面积(m²);I 是取定方向光强(cd);θ 是取定方向与发光面法线方向的夹角。

亮度表示发光面的明亮程度。在取定方向上的发光强度越大,同时在该方向看到的发光面积越小,则看到的明亮程度越高,即亮度越大。这里的发光面可以是直接辐射的面光源,也可以是被光照射的反射面或透射面。亮度可用亮度计直接测量。

4)照度

照度是指单位面积上所接受可见光的光通量。单位为勒克司(lx)。照度的定义式为:

$$E = \frac{\Phi}{S} \tag{10-3}$$

式中,E 是照度(lx);Φ 是光通量(lm);S 是受照物体表面面积(m²)。当一点光源照射到某一物体表面时,该表面的照度可用下式计算:

$$E = \frac{I\cos\theta}{r^2} \tag{10-4}$$

式中,E 是照度(lx);θ 是受照物体表面法线与点光源照明方向的夹角;r 是受照面与点光源之间的距离(m);I 是点光源发光强度(cd)。

由上式可以看出,受点光源照明的物体垂直面上的照度与光源和受照面之间的距离的平方成反比,与光源的发光强度成正比。由此可知,增加或减少点光源的光强度、改变受照物体与光源的距离、调整光源与受照体之间的夹角,均是改善受照物体表面照度的有效途径。

测定工作场所的照度,可以使用光电池照度计。工作场所内部空间的照度受人工照明、自然采光以及设备布置、反射系数等多方面因素的影响,因此应该考虑选择合适的地点作为测定位置。一般来说,对于站立工作的场所应取地面上方 85 cm 处作为测定地点,而对于坐位工作场所取地面上方 40 cm 处作为测定地点为宜。

为了了解照度的分布情况，应求等照度曲线，即表示照度相等处的连线。等照度曲线的测定方法有两种：一是连续移动照度计，测定出某一照度值的等照度点，然后将其连线；二是随机选择大量位置进行测定，由其照度求出等照度曲线。无论哪种方法，都必须将测定时存在的环境因素纳入考虑范围，例如天气、场所内物品摆放等。

10.1.3 视觉特性

1）明暗视觉与色彩视觉

人的眼睛具有明暗视觉和色彩视觉。其中色彩视觉是明视觉过程，它产生于锥状细胞的红敏细胞、绿敏细胞和蓝敏细胞，大脑根据这三种光敏细胞所具有的光通量的比例来产生人眼的色彩视觉。当处在很暗的环境下时，锥状细胞失去活性，杆状细胞起感光功能，这时的视觉叫作暗视觉。其特点是只能分辨明暗，而没有颜色感觉。

2）明适应与暗适应

适应是人的视觉适应周围环境变化后的光线条件的能力。当外界光线亮度发生变化时，人眼的感受性也随之发生变化，这种感受性对刺激发生顺应性的变化称为适应。适应分为暗适应和明适应两种。

人从明亮环境进入黑暗环境时，视觉逐步适应黑暗环境的过程称为暗适应。在这种情况下，人眼的感受性是随时间慢慢增高的。在黑暗中停留近 10 min，适应能力能达到一个稳定水平，停留 25 min 后，能达到完全适应的 80%；完全适应需要经过 35~50 min。当完全适应时，人在黑暗环境中的视觉敏锐度有极大的增强。

明适应发生在由黑暗环境进入明亮环境时。明适应刚开始时人眼不能辨识物体，要经过几十秒的时间才能看清物体。明适应的过程是人眼感受性随时间慢慢降低的过程。在明适应开始几秒钟内，人眼的感受性会迅速降低，大约 30 s 以后降低速度放缓，大约需经过 60 s 以后完全适应。

图 10.1 所示为受试者用白色试标在短时间内达到能看清程度所需的最低亮度界限曲线，即引起人眼光感觉的最小亮度随暗适应时间而变化的曲线。暗适应曲线主要表示人眼视网膜上参加工作的视锥细胞与视杆细胞数量的转变过程，也就是转入工作的视杆细胞逐渐增加的过程。由于视杆细胞转入工作状态的过程较慢，因而整个暗适应过程大约需要 30 min 才能趋于完成。而明适应时，视杆细胞退出工作，视锥细胞数量迅速增加。由于视锥细胞的转换较快，因而明适应时间较短，大约 1 min 即趋于完成。

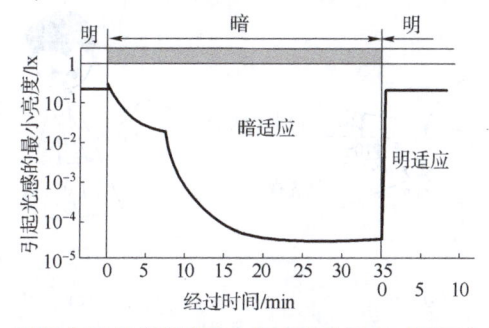

图 10.1 引起人眼光感觉的最小亮度随暗适应时间而变化的曲线

急剧和频繁的适应会增加眼睛的疲劳，使视力迅速下降，故室内照明要求均匀而稳定。最常见的照度不均匀现象是工厂的机床工作面和它的周围环境。由于机床上附设的小灯在工作面上形成高照度，而在其他地方仅由车间上空的照明灯做一般照明，两者在照度上相差悬殊，工作时操作者不仅要注视加工零件，还需转视他处，这就出现了适应现象。工作面和它周围环境的照度差越大，影响视力越厉害，越易造成视疲劳，并影响到工作效率、工作质量和安全。因此，在改善照明时必须考虑这一视觉特性。此外，出入口的照明和道路的照明管理，也必须注意到视觉的适应性。

3) 调节

调节是视觉适应观察距离的能力。眼睛不动时，若平视的物体在眼前 1~2 m 处，此时由物体发出而进入眼球的光束大体处于视网膜的中央部位。当观察距离更近的物体时，要求睫状肌收缩，使晶状体有更大曲率。而在对准很远的某一点时，要求睫状肌舒展，使晶状体的曲率变小。从远处向近处瞄准目标时，睫状肌需 0.5~1.5 s 的时间调节晶状体以适应距离的变化。

对频繁改变观察距离、不断变换瞄准目标的作业，改善照明条件有助于扩大调节范围，提高调节的准确性，增加照明能够提高不同距离上的辨认速度，使作业者减少疲劳。对于视觉较为紧张的作业，让作业者常从近处向远处瞄准，也会减轻视疲劳。由于晶状体曲率可以在一定范围内调节，在看得清楚的目标不断向近处移动时，开始感到不清楚的位置称为调节近点。注视目标越接近这一点，越易引起视疲劳。因此，视觉工作距离不应小于 3/2 调节近点。

4) 视野

视野是指头部和眼球不动时，眼睛观看正前方所能看到的空间范围。常以视角来表示。眼睛观看物体时可分为静视野、注视野和动视野三种状态。静视野是在头部固定、眼球静止不动的状态下自然可见的范围；注视野是指头部固定而转动眼球注视某中心点时所见的范围；动视野是头部固定而自由转动眼球时的可见范围。

图 10.2 所示为正常人的双眼静视野范围，正常人双眼的综合视野在垂直方向约为 130°（视水平线上方 60°，下方 70°），在水平方向约为 180°（两眼内侧视野重合约 60°，外侧各 90°），在垂直方向 6° 和水平方向 8° 范围物体，映像将落在视网膜的最敏感部分——黄斑上，而在垂直和水平方向均为 1.5° 范围内的物体，映像将落在黄斑中央——中央凹部分，映像落在黄斑上的物体，看得最清晰，因此，该区域称为最优视野。尽管最优视野范围很小，但实际观看大的物体时，由于眼球和头部都可转动，因而被看对象的各部分能轮流处于最优视野区，快速转动的眼球将使人得以看清整个物体的形象。

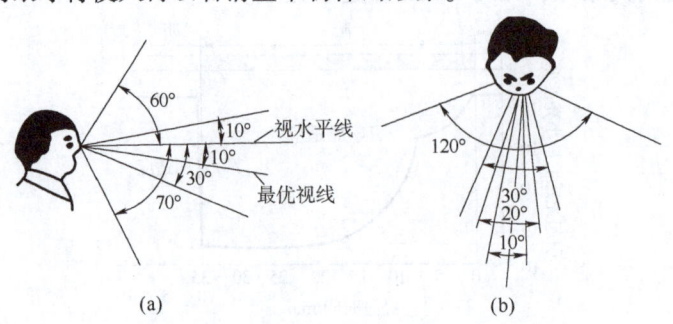

图 10.2 正常人的双眼静视野范围

静视野、注视野和动视野的数值范围，以注视野为最小，静视野和动视野则比较接近。视野范围狭小会直接影响工作效率甚至发生安全事故。许多作业要求保证作业者的视野范围，如各类驾驶员的选拔就应检查视野范围。照明条件与视野范围有密切关系，照明充分，周边视网膜才能辨认清楚物体，从而能够扩大视野。光线微弱，则视野变得狭小。在人因工程学中，通常以人眼的静视野为依据设计有关部件，以减轻人眼的疲劳。不同颜色对人眼的刺激有所不同，所以视野也不同。

图 10.3 所示为垂直和水平方向的几种色觉视野范围。由图 10.3 可知，白色视野最大，其次为黄、蓝色，绿色视野最小。色觉视野大小还同被看物体的颜色与其背景衬色的对比情况有关。表 10.1 列出了黑色背景上的色觉视野。

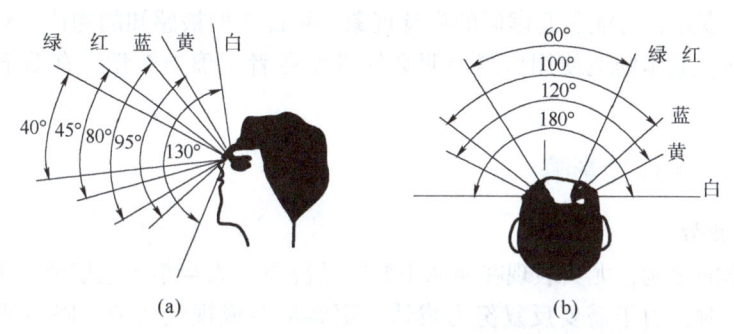

图 10.3 垂直和水平方向的几种色觉视野范围

表 10.1 黑色背景上的色觉视野

视野方向	视野/(°)			
	白色	蓝色	红色	绿色
从中心向外侧（水平方向）	90	80	65	48
从中心向内侧（水平方向）	60	50	35	25
从中心向下方（垂直方向）	75	60	42	28
从中心向上方（垂直方向）	50	40	25	15

5）视度

具有一定的亮度的物体，才能在人的视网膜上成像，引起视觉感觉。这种视觉感觉的清楚程度称为视度。为了改善视觉条件，我们需要考虑影响视度的因素。

（1）适当的亮度

具有一定亮度，是物体在视网膜上成像引起视觉的基本条件。人眼感觉到的主观亮度与刺激物亮度的对数成正比，故物体亮度越大，视网膜上像的照度越高，就感到物体越亮，看得越清楚，视物带来的疲劳感就越少。实验表明，当物体亮度为 $1/\pi \times 10^{-5}$ cd/m² 时，人眼就能感觉到；当亮度增加到 $1/\pi \times 10^4$ cd/m² 时，人眼达到最大灵敏度，即可看到最小的东西。亮度超过 $1/\pi \times 10^4$ cd/m² 时，由于亮度过高，刺激眼睛，灵敏度反而下降。

（2）物体的尺寸

视力是评价眼睛分辨细小物体的能力。同样大小的物体，距眼睛近时容易看得清楚。距离眼睛同样远时，物体越大看得就越清楚。人们用视角来代表物体的大小和远近。物体的视角越大，看得越清楚，这是因为此物体在视网膜上所形成的像越大。能够分辨两点的最小视角的倒数称为视力，即这就是日常衡量眼睛视力的标准。若要求人们能在一定距离上看清某一目标，一定要保证必要的目标尺寸。

(3) 物体和背景的亮度对比

若想让眼睛能够辨别背景上的对象，就必须要求对象与背景颜色不同，或有一定的亮度对比。人能辨别对象与背景的最小亮度差称为临界亮度差，它与背景亮度之比称为临界对比，视力较好的人临界对比约为 0.01。临界对比的倒数称为对比灵敏度。对比灵敏度大的人能辨别越小的亮度对比。对象与背景的对比与临界对比相差越大，视度越高。例如，物体较亮，背景稍暗，视力最好；反之，若背景比物体亮，则视力会显著下降。照明很差，尤其是缺乏阴影或亮度差，可能引起虚假的视觉现象，可能歪曲被感知的物体，对于判断重要信息产生不良影响。工作场地使用恰当照明会促进作业者正确的知觉，有助于避免工作中的错误。

10.1.4 照明对作业的影响

1) 视觉与疲劳

照明对工作的影响，尤其表现在照明不好的情况下，人会很快地疲劳，工作效率低、效果差。照明不好时，由于需要反复努力辨认，更容易造成视觉疲劳。眼睛疲劳的自觉症状有：眼睛乏累、怕光、眼痛、视力模糊、眼充血、出眼屎、流泪等。眼睛疲劳还会引起视力下降、眼胀、头疼以及其他疾病，影响健康。视觉疲劳可以通过闪光融合值、光反应时间、视力和眨眼次数等方法间接测定。不同照度下，看书后眼睛疲劳程度可以通过眨眼次数的变化来说明，如图 10.4 所示。不同照度下，看书过程中的眨眼次数统计如表 10.2 所示。

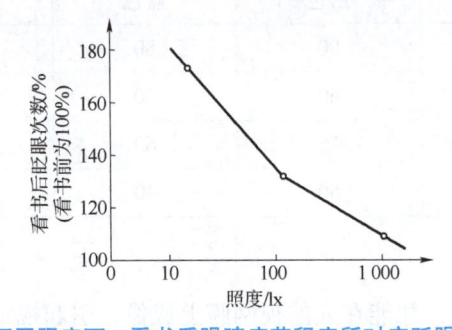

图 10.4 不同照度下，看书后眼睛疲劳程度所对应眨眼次数的变化

表 10.2 不同照度下，看书过程中的眨眼次数统计

照度/lx	10	100	1 000
最初 5 min 阅读眨眼次数	35	35	36
最后 5 min 阅读眨眼次数	60	46	39
最后 5 min 眨眼次数增加百分数/%	71.5	31.4	8.3

如图 10.5 所示，眨眼频次和闭眼时间平均变化率随光照时间的增加呈上升趋势，说明视疲劳越来越严重；光照开始的 0.5~1.0 h 内，各指标变化率较低，视疲劳并不明显；1.5~2.0 h 内，各指标变化率有所提高，视疲劳开始加重；2.0 h 以后，平均变化率急剧增加，

视疲劳现象严重；以视疲劳为评价指标，光照时间的最优水平为 0.5~1.0 h，不宜超过 1.5 h。

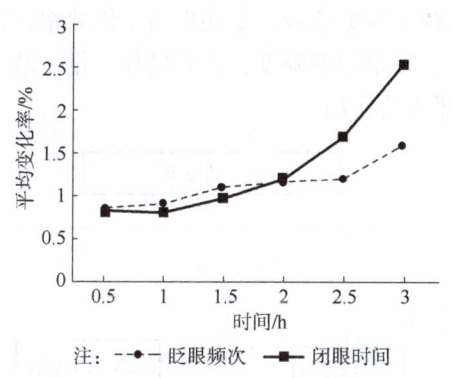

图 10.5　眨眼频次和闭眼时间平均变化率随光照时间的变化

不同照度水平对眨眼频次和闭眼时间的变化率影响显著，随着照度提高，各指标变化率总体呈现先降低后上升的趋势（见图 10.6）。1 500 lx 照度下闭眼时间的平均变化率有所突变，可能与实验误差有关，具体原因有待进一步分析。以视疲劳为评价指标，照度的最优水平为 1 000~2 000 lx，超过 2 000 lx 后，照度越高，视疲劳越严重。

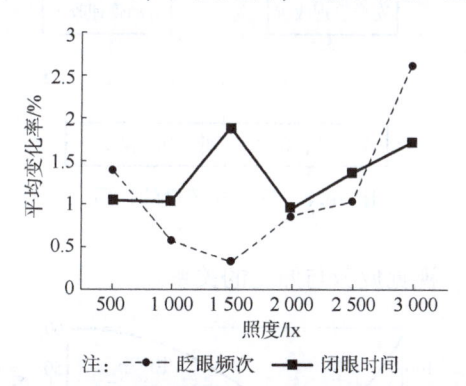

图 10.6　眨眼频次和闭眼时间平均变化率随照度的变化

如图 10.7 所示，不同的色温对眨眼频次和闭眼时间的变化率影响显著。4 000 K 条件下，眨眼频次和闭眼时间平均变化率最低，视疲劳程度最轻；6 500 K 时视疲劳较严重；5 000 K 时，视疲劳程度最高。以视疲劳为评价指标，色温的最优水平为 4 000 K。

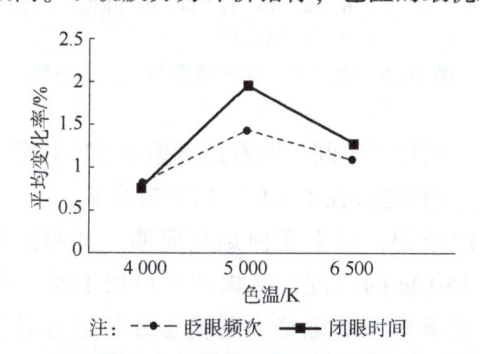

图 10.7　眨眼频次和闭眼时间平均变化率随色温的变化

2）照明与工作效率

改善照明条件不仅可以减少视觉疲劳，也能提高工作效率。提高照度值可以提高识别速度和主体视觉，从而提高工作效率和准确度，达到增加产量、减少差错、提高产品质量的效果。图 10.8 所示为良好光环境的作用。

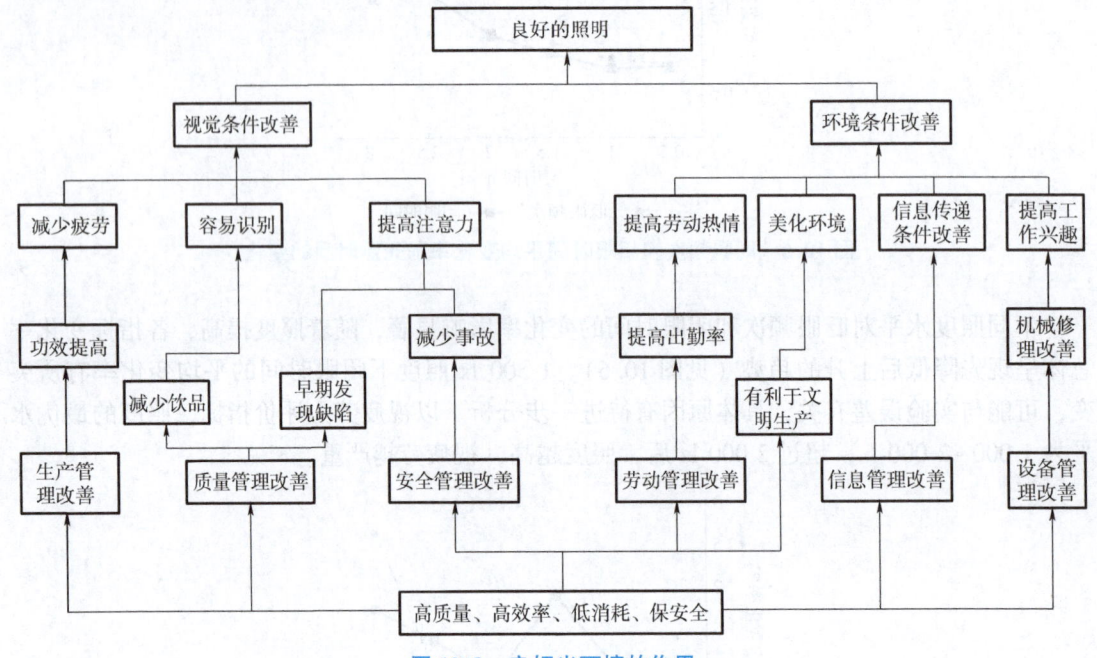

图 10.8　良好光环境的作用

图 10.9 展示了生产率、视觉疲劳与照度的关系。

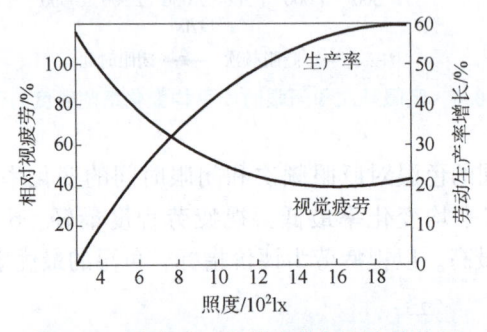

图 10.9　生产率、视觉疲劳与照度的关系

图 10.8 中数据来自一精密加工车间，随着照度值由 370 lx 逐渐增加，劳动生产率随之增长，视觉疲劳逐渐下降，这种趋势在 1 200 lx 以下较明显。

例如，日本的一家纺织公司，原来用白炽灯照明，其照度为 60 lx，改为荧光灯后，在耗电相同的情况下获得 150 lx 的照度，结果产量增加 10%。创造舒适的光线条件，对于从事手工劳动和在从事要求紧张的记忆、逻辑思维的脑力劳动，都能够提高从业者的工作效率。有人研究了不同年龄组的人在不同照度下注意力的集中情况，结果表明，随着照明的改进，各年龄组劳动生产率的提高都是相同的。如果从事视觉特别紧张的工作，年纪越大的人，其工作效率比年纪较小的人更依赖于照明。工作越是依赖于视觉，对照明提出的要求就越高。

关于照明对工作的影响有过许多研究，一般认为在临界照度值以下，随着照度值增加，工作效率迅速提高；在临界照度值以上，增加照度对工作效率的提高影响很小，或根本无所改善；当照度值提高到使人产生眩光时，则会降低工作效率。图10.10所示为不同的被试对各种照度的满意程度分布。

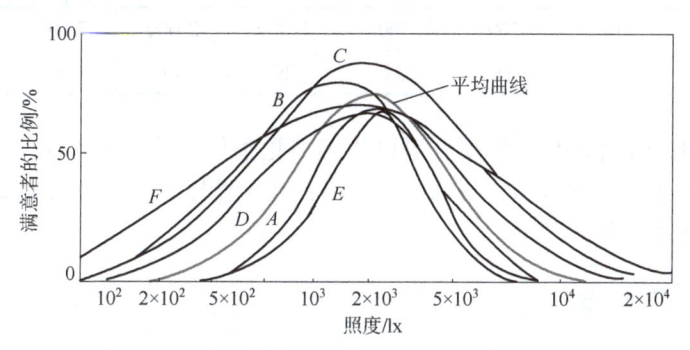

图10.10 不同的被试对各种照度的满意程度分布

由图10.10可知，2 000 lx是较理想的照度，当照度提高到5 000 lx时，因过分明亮导致满意程度下降。美国许多工厂照明水平改变前后的记录表明，随着照度更加接近2 000 lx时，工厂的产量和质量都有明显的改善。当然，必须慎重地对待这类数据，因为影响工作效率的因素是复杂的。

3）照明与事故

事故的数量与工作环境的照明条件有关。在适当的照度下，可以增加眼睛的辨色能力，从而降低识别物体色彩的错误率；可以增强物体的轮廓立体视觉，有利于辨认物体的高低、深浅、前后、远近及相对位置，使工作失误率降低；还可以扩大视野，防止错误和工伤事故的发生。但照度不足是诱发事故的主要原因之一。图10.11所示为事故次数与季节的关系。

由图10.11可知，由于11月、12月、1月的白天很短，工作场所人工照明时间增加，和天然光相比，人工照明的照度值较低，故在冬季事故次数最高。据英国调查，在机械、造船、铸造、建筑、纺织等工业部门，人工照明的事故比天然采光情况下增加25%，其中由于跌倒引起的事故增加74%。根据美国统计，照明差是大约5%的企业发生人身事故的直接原因，而且是20%人身事故的间接原因。

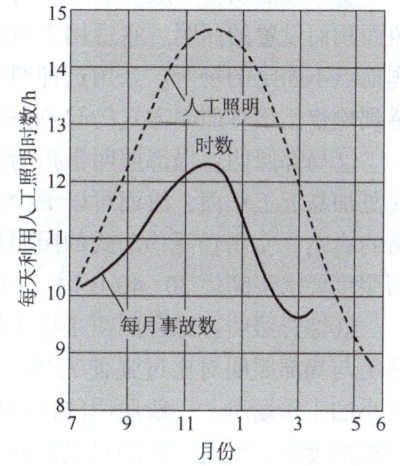

图10.11 事故次数与季节的关系

4）照明与情绪

据生理和心理方面的研究表明，照明会影响人的情绪，影响人的一般兴奋性和积极性，从而也影响工作效率。例如，昼夜光线条件的变化，在很大程度上决定着从业者24 h内的生物周期。一般认为，明亮的房间是令人愉快的，在一项实验中，被试被要求在不同照度的房间中选择工作场所，结果大部分的被试都选择了比较明亮的地方。在做无须很大视觉效应的工作时，改善照明也可以提高劳动生产率。炫目的光线使人感到不愉快，实验中的被试都表现出来了尽量避免眩光和反射光的行为。表10.3列出了人们对阅读行为中照度的选择。

表10.3 人们对阅读行为中照度的选择

照度/lx	100	200	500	1 000	2 000	5 000	10 000
人数百分比/%	11	18	32	20	17	1	1

综上所述，改善工作环境的照明，可以改善视觉条件，节省工作时间；提高工作质量，减少废品；保护视力，减轻疲劳，提高工作效率；减少差错，避免或减少事故，有助于提高工作兴趣，改进工作环境。

10.1.5 工作场所照明

1）照明方式

环境照明设计，在任何时候都应遵循工效学原则。自然光是任何人工光源所不能比拟的，在设计时应最大限度地利用自然光，尽量防止眩光，增加照度的稳定性和分布的均匀性、协调性等。

工业企业的建筑物照明，通常采用三种形式，即自然照明、人工照明和两者混合照明。人工照明按灯光照射范围和效果，又分为一般照明、局部照明、综合照明和特殊照明。照明方式影响照明质量，且关系到投资及费用支出。选用何种照明方式，与工作性质及工作点分布疏密有关。

①一般照明：一般照明又称为全面照明，它是指不考虑特殊的局部需要，为照亮整个被照面积而设置的照明。它适用于对光线投射方向没有特殊要求、工作点较密集或者作业时工作地点不固定的场所。采用这种照明方式，使作业者的视野亮度一样，视力条件好，工作时感到愉快。该种照明方式的缺点是耗电量较大。

②局部照明：局部照明是指为增加某一指定地点的照度而设置的照明。由于此种照明方式更加靠近工作面，故而可以更少的耗电，获得较高的照度。但要注意直接眩光和使周围变暗的影响。使用轻便移动式的照明器具，可以随时将其调整到最有效果的位置。一般对工作面照度要求不超过30~40 lx时，可不必采用局部照明。

③综合照明：综合照明是指工作面上照度由一般照明和局部照明共同构成的照明。一般照明与局部照明对比过强使人感到不舒适，对作业效率有影响，一般以比例为1∶5为宜。较小的工作场所，一般照明的比例可适当提高。综合照明是一种最经济的照明方式，常用于要求照度高，或有一定的投光方向，或固定工作点分布较稀疏的场所。

④特殊照明：特殊照明是指应用于特殊用途，有特殊效果的各种照明，例如，方向照明、透过照明、不可见光照明、对微细对象检查照明、运动对象检查照明、色彩检查照明、彩色照明等。照明配光方式按照光源发光方向可分为直接、半直接、全面扩散、半间接、间接照明五种，如表10.4所示。

表 10.4　照明配光方式

配光	国际分类		直接照明	半直接照明	全面扩散照明	半间接照明	间接照明	
	光线比例 /%	向上	0	10	40	60	90	100
		向下	100	90	60	40	10	0
	配光曲线							
电灯或汞灯			埋入式　金属反射伞　金属伞	玻璃灯罩	玻璃灯罩	半透明反射	不透明反射	
荧光灯			埋入反射伞　金属反射伞		玻璃灯罩		间接遮光式	

2) 光源选择

室内自然照明大多通过天窗和侧窗接受户外的光线。作为光源，自然光最理想。因为自然光明亮柔和，人眼感到舒适，而且光谱中的紫外线对人体生理机能有良好影响。因此在设计照明时，应始终考虑最大限度地利用自然光。但是自然照明受不同时间、不同季节和不同条件的影响，因此在作业环境内常常要用人工光源作为补充照明。采用人工照明可使工作场所保持稳定光量。

人工照明应选择接近自然光的人工光源。在人工照明中荧光灯优于白炽灯，因其光谱近似太阳光，发热量小，发光效率高，光线柔和，可使视野的照度均匀，且较为经济。通常同一个颜色样品在不同的光源下可能使人眼产生不同的色彩感觉，而在日光下物体显现的颜色是最准确的。因此，可以用日光标准（参照光源），将白炽灯、荧光灯、钠灯等人工光源（待测光源）与其比较，观察不同光源的显色能力。光源的显色性是指由光源所表现的物体的性质。国家标准 GB/T5702—2019《光源显色性评价方法》中规定当被测光源色温低于 5 000 K 时，采用普朗克辐射体作为参考光源，当被测光源温度高于 5 000 K 时，采用组合昼光作为参考光源。为了检验物体在待测光源下所显现的颜色与在参照光源下所显现的颜色相符的程度，采用"一般显色性指数"作为定量评价指标。

一般显色指数 R_a 是从光谱分布计算求出来的。在显色性的比较中，因日光或接近日光的人工光源显色性最优，故通常将其作为标准光源，将其一般显色指数 R_a 用 100 表示，其余光源的一般显色指数均小于 100。

显色指数表示物体在待测光源下"变色"和"失真"的程度。例如，在日光下观察一幅画，然后拿到高压汞灯下观察，就会发现某些颜色发生改变，如粉色变成了紫色，蓝色变成了蓝紫色。因此，在高压汞灯下，物体失去了"真实"颜色，如果在黄色光的低压钠灯底下来观察，则蓝色会变成黑色，颜色失真更严重，显色指数更低。光源的显色性是由光源的光谱能量分布决定的。日光、白炽灯具有连续光谱，连续光谱的光源均有较好的显色性。

所以照明不宜使用有色光源。在有色光照射下，视力效能降低，白光下视力效能为100%，黄光下为99%，蓝光下为92%，红光下为90%。各种光源的一般显色指数如表10.5所示。

表10.5 各种光源的一般显色指数

光源	一般显色指数 R_a	光源	一般显色指数 R_a
白色荧光灯	66	荧光汞灯	44
日光荧光灯	77	金属卤化物灯	65
暖白色荧光灯	59	高显色金属卤化物灯	92
高显色荧光灯	92	高压钠灯	29
汞灯	32	氙灯	94

一般显色指数对有些工作来说，是照明设计的重要指标。例如，有人研究表明：质量检验人员的工作质量不仅与照度值及照度的分布均匀性有关，而且与光线的显色性大小有关。通过改革照明灯具，用高显色金属卤化物灯（250 W，一般显色指数为90~95，漫散色光，工作台面照度720~1 080 lx）代替荧光灯（一般显色指数为60~80，工作台面照度为230~1 040 lx）后，检验工自我感觉良好，效率大幅度提高，漏检率从51%降到20%。按光源与被照物的关系，光源可分为直射光源、反射光源及透射光源三种。直射光源的光线直射在加工物件上，故物件向光部分明亮，背光部分黑暗，照度分布不均。反射光源的光线经反射物漫射到工作场所或加工物件表面。透射光源的光线经散光的透明材料使光线转为漫射。漫射光线可减轻阴影和眩光，使照度分布均匀。

3) 眩光及其防控措施

当视野内出现过高的亮度或过大的亮度对比时，人们就会感到刺眼，影响视度。这种刺眼的光线称为眩光。如晴天的午间看太阳，会感到不能睁眼，这就是由于亮度过高所形成的眩光使眼睛无法适应。

眩光按产生的原因可分为直射眩光、反射眩光和对比眩光三种。直射眩光是由眩光源直接照射引起的，直射眩光与光源位置有关，如图10.12所示。

反射眩光是由视野中光泽表面的反射所引起的。对比眩光是物体与背景明暗相差太大所致。眩光的视觉效应主要是使暗适应破坏，产生视觉后像，使工作区的视觉效率降低，产生视觉不舒适感和分散注意力，易造成视觉疲劳，长期则会损害视力。有研究表明，做精细工作时，若作业者感到眩光的时间在20 min附近就会使差错明显增加，工作效率显著降低。

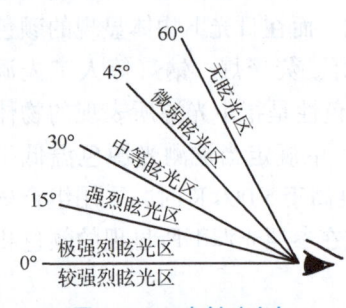

图10.12 直射眩光与光源位置的关系

图10.13表明，眩光源对视效的影响程度与视线和光源的相对位置有关。

防止和控制眩光的措施主要有以下几种：

①限制光源亮度。当光源亮度大于$16×10^4$ cd/m² 时，无论亮度对比如何，都会产生严重眩光现象。对眩光源应考虑用半透明或不透明材料，以减少其亮度或遮住直射光线。

②合理分布光源。应尽可能将眩光源布置在视线外的微弱刺激区，采用适当的悬挂高度

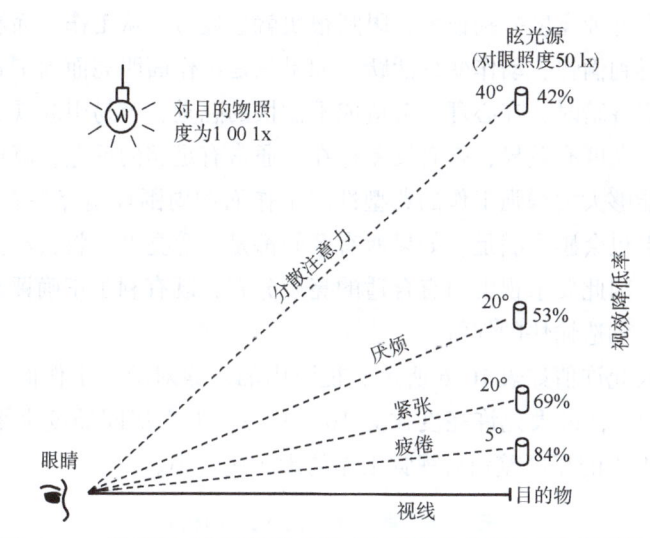

图 10.13　眩光源对视效的影响程度与视线和光源相对位置的关系

和必要的保护角。光源在视线 45°范围以上眩光就不明显了。另一办法是采用不透明材料将光源挡住，使灯罩边沿至灯丝连线和水平线构成一定角度，这个角度最好为 45°，至少也不应低于 30°，这个角度称为保护角。

③光线转为散射。光线经灯罩或天花板及墙壁漫射到工作场所。

④避免反射眩光。通过变换光源的位置或工作面的位置，使反射光不处于视线内。此外，还可以通过选择材质和涂色来降低反射系数。

⑤适当提高环境亮度，减小亮度对比。

眩光也可加以利用。例如，用很多支白炽灯组成枝形灯或冕形灯在空间做闪闪发光的照明，以创造富丽堂皇的环境；用亮度高的光源照射在金碧辉煌的建筑饰物或其他饰物上，能辉映出金波银浪般的闪耀，给人以愉快、兴奋之感。

4）照度分布

对于单独采用一般照明的工作场所，如果工作表面照度很不均匀，则眼睛从一个表面移到另一个表面时要发生适应过程。在适应过程中，不仅使人感到不舒适，而且眼的视觉能力还要降低。如果长时间频繁交替适应，将对视力造成影响。

为此，应当将被照空间的照度设置得均匀或比较均匀，照度均匀的标志是：场内最大、最小照度分别与平均照度之差小于等于平均照度的 1/3。

照度均匀主要从灯具的布置上来解决。另外，注意边行灯至场边的距离保持在 $L/3 \sim L/2$（L 为灯具的间距）。如果场内，特别是墙面反光系数太低，还可将灯至场边距离减小到 $L/3$ 以下。对于室外照明，照度均匀度可以放宽要求。

对于一般工作来说，有效工作面大体为 30 cm×40 cm，在这个有效工作面范围内，照度的差异应不大于 10%。

5）亮度分布

照明环境不但要使人能看清对象，而且应给人舒适的感觉。这种舒适感并不是一种享受，而是提高视力和保持视力的必要因素。当视野内存在不同亮度，从业者会无意识地迫使眼睛去适应它，如果这种亮度差别很大，眼睛很快就会疲劳。从工作方面看，亮度分布比较均匀的环境，使人感到愉快，动作变得活跃。如果只是工作面明亮而周围较暗时，动作变得稳定、缓慢。四周很昏暗时，在心理上会造成不愉快的感觉，容易引起视觉疲劳。但是亮度过于均匀也不必要，亮度有差异，就有反差存在。通常有足够的反差，就可以分辨前后、深浅、高低和远近，能够大大增强工作的典型性。工作面和周围环境存在着明暗对比的反差、柔和的阴影，心理上也会感到满足。如果所有区间都是同等亮度，将会产生一种单调、一律和漫不经心的感觉。因此要求视野内有合适的亮度分布，既有利于正确评定信息，又能减少工作环境的单调性，创造愉快的气氛。

室内亮度比最大允许值如表 10.6 所示。视野内的观察对象、工作面和周围环境之间最好的亮度比为 5∶2∶1，最大允许亮度比为 10∶3∶1。如果房间照度水平不高，如不超过 150~300 lx 时，视野内的亮度差别对视觉工作的影响比较小。

表 10.6　室内亮度比最大允许值

条　件	办公室、学校	工　厂
观察对象与工作面之间（如书与桌子）	3∶1	5∶1
观察对象与周围环境之间	10∶1	20∶1
光源与背景之间	20∶1	40∶1
一般视野内各表面之间	40∶1	80∶1

此外，提高照明质量还应考虑照度稳定。在设计上保证使用过程中照度不低于标准值，既要考虑光源老化、房间和灯具污染等因素，适当增加光源功率，也要注意使用中的维护。

10.1.6　照明标准

照明标准是照明设计和管理的重要依据，本节将介绍我国于 2024 年 8 月实施的《建筑照明设计标准》（GB/T 50034—2024）中各类房间或场所的照度标准。

我国的照度标准是采用间接法制定的，即从保证一定的视觉功能来选择最低照度值，同时进行了大量的调查、实测，并且考虑了我国当前的电力生产和消费水平。而直接法则是主要根据劳动生产率及单位产品成本选择照度标准。照度标准值应按 0.5 lx、1 lx、2 lx、3 lx、5 lx、10 lx、15 lx、20 lx、30 lx、50 lx、75 lx、100 lx、150 lx、200 lx、300 lx、500 lx、750 lx、1 000 lx、1 500 lx、2 000 lx、3 000 lx、5 000 lx 分级。标准规定的照度值均为作业面或参考平面上的维持平均照度值。各类房间或场所的维持平均照度值应符合本节所给出的照明标准值。

①生产车间作业面上的最低照度值，符合下列条件之一及以上时，作业面或参考平面的照度，可按照度标准值分级提高一级。

　　a. 视觉要求高的精细作业场所，眼睛至识别对象的距离大于 500 mm 时。

　　b. 连续长时间紧张的视觉作业，对视觉器官有不良影响时。

　　c. 识别移动对象，要求识别时间短促而辨认困难时。

　　d. 视觉作业对操作安全有重要影响时。

e. 识别对象亮度对比小于 0.3 时。
f. 作业精度要求较高，且产生差错会造成很大损失时。
g. 视觉能力低于正常能力时。
h. 建筑等级和功能要求高时。

② 符合下列条件之一及以上时，作业面或参考平面的照度，可按照度标准值分级降低一级。

a. 进行很短时间的作业时。
b. 作业精度或速度无关紧要时。
c. 建筑等级和功能要求较低时。

③ 作业面邻近周围的照度值可低于作业面照度，但不宜低于表 10.7 中的数值。

表 10.7 作业面上的最低照度值与作业面邻近周围照度值

作业面上的最低照度值/lx	作业面邻近周围照度值/lx
≥750	500
500	300
300	200
≤200	与作业面照度相同

注：作业面邻近周围指作业面外宽度为 0.5 m 的区域。

近年来，许多国家趋向于采用高的照度标准，这是由于许多研究者认为，提高照度水平后，从劳动生产率和产品质量的提高中得到的经济利益大于照明装置的投资。特别是出现高效率的经济光源以后，照明装置的投资并不随采用较高的照度标准而大幅增加。但是普遍选择高照度水平后，照明耗电量无疑是极大的。住宅建筑与公共场所的一般照明标准值如表 10.8 和表 10.9 所示。

表 10.8 住宅建筑的一般照明标准值

房间或场所		参考平面及其高度	照度标准值/lx	R_a
起居室	一般活动	0.75 m 水平面	100	80
	书写、阅读		300	
卧室	一般活动	0.75m 水平面	75	80
	床头、阅读		200	
餐厅		0.75 m 餐桌面	150①	80
厨房	一般活动	0.75 m 水平面	100	80
	操作台	台面	300①	
卫生间	一般活动	0.75 m 水平面	100	80
	化妆台	台面	300①	90
走廊、楼梯间		地面	100	60
电梯前厅		地面	75	60

① 混合照明照度。

表 10.9 公共场所的一般照明标准值

房间或场所		参考平面及其高度	照度标准值/lx	R_a
门厅	普通	地面	100	60
	高档	地面	200	80
走廊、流动区域、楼梯间	普通	地面	50	60
	高档	地面	100	80
自动扶梯		地面	150	60
厕所、盥洗室、浴室	普通	地面	75	60
	高档	地面	150	80
电梯前厅	普通	地面	100	60
	高档	地面	150	80
休息室		地面	100	80
储藏室		地面	100	60
公共车库		地面	50	60
公共车库检修间		地面	200	80

工业建筑与公共建筑的一般照明标准值如表 10.10 和表 10.11 所示。

表 10.10 工业建筑的一般照明标准值

房间或场所		参考平面及其高度	照度标准值/lx	R_a	备注
1. 通用房间或场所					
实验室	一般	0.75 m 水平面	300	80	可另加局部照明
	精细	0.75 m 水平面	500	80	可另加局部照明
检验	一般	0.75 m 水平面	300	80	可另加局部照明
	精细,有颜色要求	0.75 m 水平面	750	80	可另加局部照明
计量室、测量室		0.75 m 水平面	500	80	可另加局部照明
变、配电站	配电装置室	0.75 m 水平面	200	80	
	变压器室	地面	100	60	
电源设备室、发电机室		地面	200	80	
控制室	一般控制室	0.75 m 水平面	300	80	
	主控制室	0.75 m 水平面	500	80	
电话站、网络中心		0.75 m 水平面	500	80	
计算机站		0.75 m 水平面	500	80	防光幕反射

续表

房间或场所		参考平面及其高度	照度标准值/lx	R_a	备注
动力站	风机房、空调机房	地面	100	60	
	泵房	地面	100	60	
	冷冻站	地面	150	60	
	压缩空气站	地面	150	60	
	锅炉房、煤气站的操作层	地面	100	60	锅炉水位表照度不小于 50 lx
仓库	大件库（如钢坯、钢材、大成品、气瓶）	1.0 m 水平面	50	20	
	一般件库	1.0 m 水平面	100	60	
	精细件库（如工具、小零件）	1.0 m 水平面	200	80	货架垂直照度不小于 50 lx
车辆加油站		地面	100	60	油表表面照度不小于 50 lx
2. 机电工业					
机械加工	粗加工	0.75 m 水平面	200	60	可另加局部照明
	一般加工公差≥0.1 mm	0.75 m 水平面	300	60	可另加局部照明
	精密加工公差<0.1 mm	0.75m 水平面	500	60	可另加局部照明
机电仪表装配	大件	0.75 m 水平面	200	80	可另加局部照明
	一般件	0.75 m 水平面	300	80	可另加局部照明
	精密	0.75 m 水平面	500	80	可另加局部照明
	特精密	0.75 m 水平面	750	80	可另加局部照明
电线、电缆制造		0.75 m 水平面	300	60	
线圈绕制	大线圈	0.75 m 水平面	300	80	
	中等线圈	0.75 m 水平面	500	80	可另加局部照明
	精细线圈	0.75 m 水平面	750	80	可另加局部照明
线圈浇注		0.75 m 水平面	300	80	
焊接	一般	0.75 m 水平面	200	60	
	精密	0.75 m 水平面	300	60	
钣金		0.75 m 水平面	300	60	

续表

房间或场所		参考平面及其高度	照度标准值/lx	R_a	备注
热处理		地面至 0.5 m 水平面	200	20	
铸造	熔化、浇注	地面至 0.5 m 水平面	200	20	
	造型	地面至 0.5 m 水平面	300	60	
精密铸造的制模、脱壳		地面至 0.5 m 水平面	500	60	
锻工		地面至 0.5 m 水平面	200	20	
电镀		0.75 m 水平面	300	80	
喷漆	一般	0.75 m 水平面	300	80	
	精细	0.75 m 水平面	500	80	
酸洗、腐蚀、清洗		0.75 m 水平面	300	80	
抛光	一般装饰性	0.75 m 水平面	300	80	防频闪
	精细	0.75 m 水平面	500	80	防频闪
复合材料加工、铺叠、装饰		0.75 m 水平面	500	80	
机电修理	一般	0.75 m 水平面	200	60	可另加局部照明
	精密	0.75 m 水平面	300	60	可另加局部照明
3. 电子工业					
整机类	计算机及外围设备	0.75 m 水平面	300	80	
	电子测量仪器	0.75 m 水平面	200	80	应另加局部照明
元器件类	微电子产品及集成电路	0.75 m 水平面	500	80	
	显示器件	0.75 m 水平面	500	80	
	印制线路板	0.75 m 水平面	500	80	
	机电组件	0.75 m 水平面	200	80	
	电真空器件、其他元器件等	0.75 m 水平面	300	80	
电子材料类	玻璃、陶瓷	0.75 m 水平面	200	60	
	光纤、电线、电缆	0.75 m 水平面	200	60	
	电声、电视、录音、录像	0.75 m 水平面	150	60	

续表

房间或场所		参考平面及其高度	照度标准值/lx	R_a	备注
4. 纺织、化纤工业					
纺织	选毛	0.75 m 水平面	300	80	可另加局部照明
	清棉、和毛、梳毛	0.75 m 水平面	150	80	
	前纺：梳棉、并条、粗纺	0.75 m 水平面	200	80	
	纺纱	0.75 m 水平面	300	80	
	织布	0.75 m 水平面	300	80	
织袜	穿综筘、缝纫、量呢、检验	0.75 m 水平面	300	80	可另加局部照明
	修补、剪毛、染色、印花、裁剪、熨烫	0.75 m 水平面	300	80	可另加局部照明
化纤	投料	0.75 m 水平面	100	80	
	纺丝	0.75 m 水平面	150	80	
	卷绕	0.75 m 水平面	200	80	
	平衡间、中间储存、干燥间、废丝间、油剂高位槽间	0.75 m 水平面	75	60	
	集束间、后加工间、打包间、油剂调配间	0.75 m 水平面	100	60	
	组件清洗间	0.75 m 水平面	150	60	
	拉伸、变形、分级包装	0.75m 水平面	150	80	操作面可另加局部照明
	化验、检验	0.75 m 水平面	200	80	可另加局部照明
5. 制药工业					
制药生产：配置、清洗灭菌、超滤、制粒、压片、混匀、烘干、灌装、轧盖等		0.75 m 水平面	300	80	
制药生产流转通道		地面	200	80	
6. 电力工业					
	火电厂锅炉房	地面	100	60	
	发电机房	地面	200	60	
	主控室	0.75 m 水平面	500	80	

表 10.11 公共建筑的一般照明标准

房间或场所	参考平面及其高度	照度标准值/lx	R_a
1. 图书馆建筑照明			
普通阅览室、开放式阅览室	0.75 m 水平面	300	80
老年阅览室	0.75 m 水平面	500	80
珍善本、舆图阅览室	0.75 m 水平面	500	80
陈列室、目录厅（室）、出纳厅	0.75 m 水平面	300	80
书库、书架	0.25 m 垂直面	50	80
工作间	0.75 m 水平面	300	80
2. 办公建筑照明			
普通办公室	0.75 m 水平面	300	80
高档办公室	0.75 m 水平面	500	80
会议室	0.75 m 水平面	300	80
视频会议室	0.75 m 水平面	750	80
接待室、前台	0.75 m 水平面	200	80
服务大厅、营业厅	0.75 m 水平面	300	80
设计室	实际工作面	500	80
文件整理、复印、发行室	0.75 m 水平面	300	80
资料、档案存放室	0.75 m 水平面	200	80
3. 医疗建筑照明			
治疗室、检查室	0.75 m 水平面	300	80
化验室	0.75 m 水平面	500	80
手术室	0.75 m 水平面	750	90
诊室	0.75 m 水平面	300	80
候诊室、挂号厅	0.75 m 水平面	200	80
病房	0.75 m 水平面	200	80
走廊	地面	100	80
护士站	0.75 m 水平面	300	80
药房	0.75 m 水平面	500	80
重症监护室	0.75 m 水平面	300	90
4. 教育建筑照明			
教室、阅览室	课桌面	300	80
实验室	实验桌面	300	80
美术教室	桌面	500	90
多媒体教室	0.75 m 水平面	300	80
教室黑板	黑板面	500	80

10.1.7 照明环境的设计、改善和评价

1) 照明设计

工作场所的照明设计包括光源设计与布置，利用或防止表面反射、降低眩光的方法，以及选择执行任务所需的照明标准等。

(1) 自然光

设计照明系统时，不能忽视由窗或天窗入射的日光。正确采用自然光，不仅可以节约能源，还可给人以舒适的感觉。窗的大小、位置与玻璃的镶嵌也必须考虑，以免光线直接射至主要工作表面，如桌面、台面，工作人员避免面对窗户，以降低明视比，其他如使用低透光与低导热玻璃窗、使用可调整型的百叶窗帘等，也可降低自然光所造成的亮度。

(2) 灯具

直接照明比间接照明节省能源，但会产生眩光、阴影与明显的亮度对比，因此办公与工业场所多采用间接照明或直、间接结合的方式。荧光灯所产生的热、眩光比电热灯丝少，光线较为扩散，普遍为办公与工业场所使用。

办公室内的荧光灯应整齐地排列在天花板上，每个灯具含 2~4 支灯管，灯具与灯具之间的距离相等。工厂中荧光灯具则悬挂于天花板之下，灯具之间的距离约等于天花板到灯具间的距离，如果天花板或屋顶太高时，则可减少灯具之间的距离为 3/5 灯具至天花板的距离，或使用电灯或汞灯辅助照明效果。

天花板与墙壁的颜色宜为淡色，以增加亮度并降低亮度对比，工作场所如有微量可燃性气体存在时，必须使用防爆灯管。

图 10.14 所示为办公室内家具与其他表面的适当反射比，墙壁颜色宜为淡白色或米色，深褐、原木色桌面与家具虽可表现室内布置的高雅，但会降低室内的照明亮度。

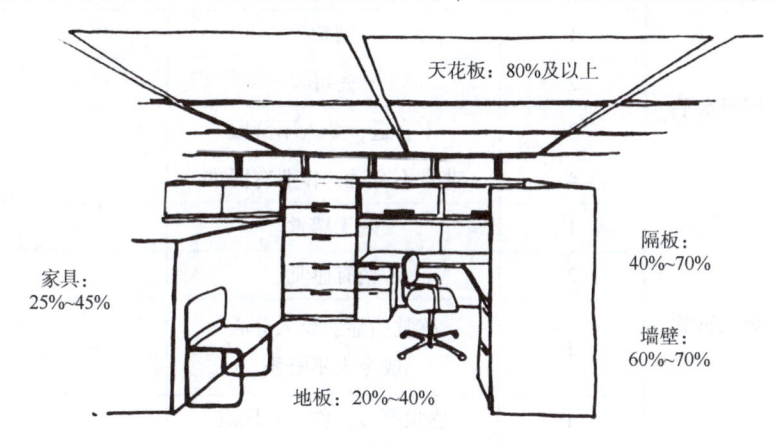

图 10.14 办公室房间和家具表面的推荐反射率

(图片来源：IESNA，1995)

灯具安排的基本原则如下：

①灯具不应出现在执行任务的工作人员的视野内。

②所有灯具应安置阴影或眩光屏遮装置，以避免光源亮度超过 200 cd/m²。

③光源至眼睛与平面所产生的角度应大于30°，如果无法改善时，灯光必须适当遮蔽。
④荧光灯灯管的排列方向宜与视线成直角。
⑤尽可能使用较多低功率的灯具，取代较少高功率的灯具。
⑥避免在设备、操作机器、工作台、控制盘的表面涂装反射性的颜色或材料。

2) 照明环境的综合评价

从人因工程学对光环境的要求来看，不仅需要对光环境的各个单项影响因素进行评价，而且更需要进行光环境的综合定量评价。目前，对光环境综合定量评价方法尚未形成统一标准，此处介绍的是光环境指数综合评价法。

(1) 评价方法

本方法考虑了光环境中多项影响人的工作效率与心理舒适的因素，通过问卷法获得主观判断所确定的各评价项目所处的条件状态，利用评价系统计算各项评分及总的光环境指数，以确定光环境所属的质量等级。评价项目及可能状态的问卷形式如表10.12所示，其评价项目包括光环境中10项影响人的工作效率与心理舒适的因素，其中，每项包括四种可能状态，评价人员经过观察与判断，从每个项目的各种可能状态中选出一种最符合自己观察与感受的状态进行答卷。

表10.12 评价项目及可能状态的问卷形式

项目编号 n	评价项目	状态编号 m	可能状态	选择（√）	注释说明
1	第一印象	1	好		
		2	一般		
		3	不好		
		4	很不好		
2	照明水平	1	满意		
		2	尚可		
		3	不合适，令人不舒服		
		4	非常不合适，作业有困难		
3	炫光感觉	1	毫无感觉		
		2	稍有感觉		
		3	感觉明显，令人分心或令人不舒服		
		4	感觉严重，作业有困难		
4	亮度分布	1	满意		
		2	尚可		
		3	不合适，令人分心或令人不舒服		
		4	非常不合适，影响正常工作		

续表

项目编号 n	评价项目	状态编号 m	可能状态	选择（√）	注释说明
5	光影	1	满意		
		2	尚可		
		3	不合适，令人不舒服		
		4	非常不合适，影响正常工作		
6	颜色呈现	1	满意		
		2	尚可		
		3	显色不自然，令人不舒服		
		4	显色不正确，影响辨色作业		
7	光色	1	满意		
		2	尚可		
		3	不合适，令人不舒服		
		4	外观非常不满意，影响正常工作		
8	表面装饰与色彩	1	外观满意		
		2	外观尚可		
		3	外观不满意，令人不舒服		
		4	外观非常不满意，影响正常工作		
9	室内结构与陈设	1	外观满意		
		2	外观尚可		
		3	外观不满意，令人不舒服		
		4	外观非常不满意，影响正常工作		
10	同室外的视觉联系	1	满意		
		2	尚可		
		3	不满意，令人分心或令人不舒服		
		4	非常不满意，有严重干扰感，或有严重隔离感		

（2）评分系统

对评价项目的各种可能状态，按照它们对人的工作效率与心理舒适影响的严重程度赋予逐级增大的分值，用以计算各个项目评分。对问卷的各个评价项目，根据它们在决定光环境质量上具有的相对重要性赋予相应的权重，用以计算总的光环境指数。各个项目的权重及各种状态的分值可列入表10.13。表中各项目状态划分相同，同种状态分值相等，权重可根据具体情况确定。由于篇幅有限，表10.13中只列出表头及某个项目评分系统，有具体需要依次填入即可。

表 10.13　项目评分表

项目编号 n	项目权重 $W(n)$	状态编号 m	状态分值 $P(m)$	所得票数 $V(n,m)$	项目评分 $S(n)$	计权后的项目评分 $S(n)$ $W(n)/\sum W(n)$	光环境指数 S
			0				
			10				
			50				
			100				

(3) 项目评分及光环境指数计算

计算第 n 个项目的评分时按下式计算：

$$S(n) = \frac{\sum_{n=1}^{4} P(m)V(n,m)}{\sum_{n=1}^{4} V(n,m)} \tag{10-5}$$

式中，$S(n)$ 是第 n 个评价项目的评分，$0 \leqslant S(n) \leqslant 100$；$P(m)$ 是第 m 个状态的分值；$V(n,m)$ 是第 n 个评价项目的第 m 个状态所得票数。

计算总的光环境指数时可用下式计算：

$$S(n) = \frac{\sum_{n=1}^{10} S(n)W(n)}{\sum_{n=1}^{10} W(n)} \tag{10-6}$$

式中，S 是光环境指数，$0 \leqslant S \leqslant 100$；$S(n)$ 是第 n 个评价项目的评分；$W(n)$ 是第 n 个评价项目的权重。

(4) 评价结果与质量等级

项目评分和光环境指数的计算结果，分别表示光环境各评价项目特征及总的质量水平。各项目评分及光环境质量指数越大，表示光环境存在的问题越大，即其质量越差。为了便于分析和确定评价结果，该方法中将光环境质量按光环境指数的范围分为四个质量等级，其质量等级的划分及其含义如表 10.14 所示。

表 10.14　光环境质量等级划分

光环境指数 S	$S=0$	$0<S\leqslant 10$	$10<S\leqslant 50$	$S>50$
质量等级	1	2	3	4
含义	毫无问题	稍有问题	问题较大	问题很大

10.2　噪声

10.2.1　噪声的概念与度量

噪声是一种主观评价标准，即一切影响他人的声音均为噪声，即使是音乐，在一定程度上也可以被看作噪声。噪声不仅会影响听力，而且会对人的心血管系统、神经系统、内分泌系统产生不利影响，所以有人称噪声为"致人死命的慢性毒药"。因此在实际的生产和生活当中，对噪声的度量与控制非常重要。

1）噪声的响度

噪声的响度级是人们对噪声进行主观评价的一个基本量，用 L_N 表示，单位为方（phon）。选取 1 000 Hz 的纯音作为基准音，凡是听起来和该纯音一样响的声音，不论其声压级和频率是多少，它的响度级（方值）都等于该纯音的声压级数，即与该声音同样响的 1 000 Hz 纯音的声压级。运用与基准声音比较的方法，可以得到整个人耳可听声音范围内不同频率不同声强声音的响度级，并绘制出等响度曲线，如图 10.15 所示。

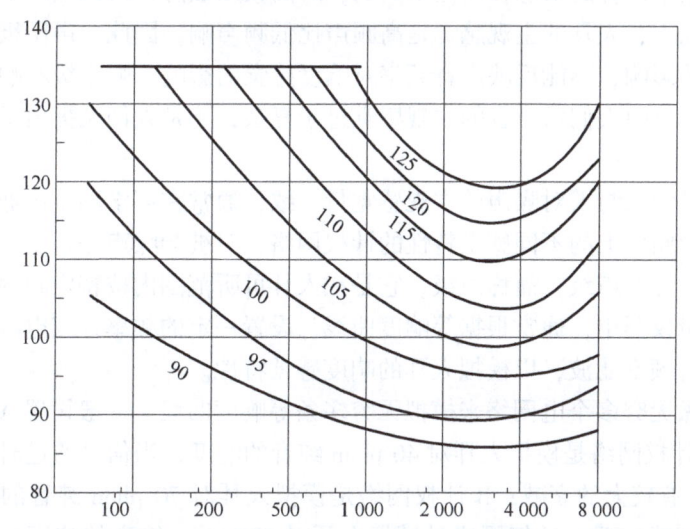

图 10.15　人耳可听声音范围内不同频率不同声强声音的等响度曲线

等响度曲线上的数字表示声音的响度级。从等响度曲线图可以看出，人耳对高频声，特别是 3 000~4 000 Hz 的声音最敏感，而 100 Hz 以下的低频声很迟钝。图中最下方的一条等响度曲线是人耳可听见的最小声音值，其响度级为 4.2 phon，称为听阈曲线；最上方的一条响度曲线是使人耳产生痛觉的声音曲线，其响度级为 120 phon，称为痛阈曲线。它表示各频率的纯音不能引起听觉，只能引起痛觉的临界声压级。在听阈和痛阈等响度曲线之间，是正常人耳可以听到的全部声音。在每一条等响度曲线上的各点，尽管声压级不同，频率不同，但响度却是相同的。例如，某噪声频率为 3 000 Hz、声压级为 90 dB，从等响度曲线上得出这个噪声的响度级是 102 phon。

声音的响度是人耳对声音强度所产生的主观感觉量，它与人对声音响亮程度的主观感觉成正比。响度以 N 表示，单位为宋（sone），并规定 1 sone 为 40 phon，响度与响度级的关系式为：

$$N = 2^{0.1(L_N-40)} \text{ 或 } L_N = 40 + 33.22\lg N \tag{10-7}$$

响度与声音的频率和声强有关，当声压级一定时，频率越高，人耳感觉越响；而当频率一定时，声压级越高，人耳感觉越响。

以上是纯音的响度计算。工业上碰到的噪声大多是含频率的复合音。对于复合音的总响度，美国科学家史蒂文斯（S. S. Stovens）提出了用倍频程声压级计算响度的方法。响度的确定过程如下：对噪声进行倍频程或 1/3 倍频程的分析，记下各倍频带或 1/3 倍频带的声压级；使用各频程的中心频率和对应的声压级，从频率、声压级的部分响度指数、响度、响度级换算表中查找响度指数。再用下列公式计算出总响度：

$$N = N_m + F\left(\sum N_t - N_m\right) \tag{10-8}$$

式中，N 是总响度指数（宋）；N_m 是各频带中响度指数最大者；$\sum N_t$ 是所有频带的响度指数之和；F 是倍频程选择系数。对倍频程，$F = 0.3$ 对 1/3 倍频程 $F = 0.15$。算出总响度 N 后，根据响度级计算公式，便可求出相应的响度级。

2）计权声级

人耳对不同频率声音的敏感程度是不同的，对高频声敏感，对低频声不敏感。因此，在相同声压级的情况下，人耳的主观感觉是高频声比低频声响。因此，声压级只能反映声音强度对人响度感觉的影响，不能反映声音频率对响度感觉的影响。响度级和响度解决了这个问题，但是用它们来反映人们对声音的主观感觉过于复杂，于是人们又提出了声级，即计权声压级的概念。

为使噪声测量结果与人对噪声的主观感觉量一致，通常在声学测量仪器中，引入一种模拟人耳听觉在不同频率上的不同感受特性的计权网络，对被测噪声进行测量。通过计权网络测得的声压级称为计权声级，简称声级。它是在人耳可听范围内按特定频率计权而合成的声压级。在声学测量仪器中，通常根据等响度曲线，设置一定的频率计权电网络，使接收的声音按不同程度进行频率滤波，以模拟人耳的响度感觉特性。

人们不可能做无穷多个电网络来模拟无穷多条等响度曲线，一般设置 A、B 和 C 三种计权网络，其中 A 计权网络是模拟人耳对 40 phon 纯音的响度，当信号通过时，其低、中频段（1 000 Hz 以下）有较大的衰减；B 计权网络是模拟人耳对 70 phon 纯音的响度，它对信号的低频段有一定衰减；而 C 计权网络是模拟人耳对 100 phon 纯音的响度，在整个频率范围内有近乎平直的特性，使所有频率的声音近乎平直通过。不同计权网络测量的结果，分别标以 dB（A）、dB（B）或 dB（C），称为 A 声级、B 声级和 C 声级。

原来规定 70 dB 以下用 A 声级计，70~90 dB 用 B 声级计，90 dB 以上用 C 声级计。后来研究表明，无论声强多大，A 声级都能较好地反映人耳的响应特征，所以，如无特殊说明，默认使用 A 声级表示噪声评价指标。表 10.15 列出了几种常见声源的 A 声级。

表 10.15　几种常见声源的 A 声级

A 声级/dB	声源
20~30	轻声耳语
40~60	普通办公室内
60~70	普通交谈声、小型空调机

续表

A声级/dB	声　源
80	大声交谈、收音机、较吵的街道
90	空压机站、泵房、嘈杂的街道
100~110	织布机、电锯、砂轮机、大鼓风机

3）等效连续声级

A声级较好地反映了人耳对噪声的频率特性和主观感觉，对于连续稳定的噪声是一种较好的评价指标，但人们经常遇到的是起伏的、不连续的噪声，为此引入了等效连续声级的概念。

等效连续声级是指某一段时间内的A声级能量平均值，简称等效声级或平均声级，用符号 L_{eq} 表示，单位是 dB（A）。等效连续声级可用下式计算：

$$L_{eq} = 10\lg\left[\frac{1}{T}\int_0^T 10^{0.1L_A}dt\right] \tag{10-9}$$

式中，L_A 是 t 时刻的瞬间A声级 [dB（A）]；T 是总测量时间（s）。

等效连续声级可用积分声级计直接测量，也可用普通声级计测量不同A声级暴露时间，近似计算等效连续声级。

4）统计声级

当环境噪声大小变化不规则且变动幅度大时，需要用不同的噪声A声级出现的概率或累积概率对噪声进行度量。统计声级的物理定义为达到或大于某一声级的概率，用符号 L_s 表示。如 L_{50} = 70 dB 表示整个测量期间噪声大于等于70 dB的概率为50%。L_{10} 相当于峰值平均声级，L_{50} 相当于平均声级，L_{90} 相当于背景声级。统计声级可用统计声级计进行测量，可连续测量噪声，绘制噪声随时间变化的规律曲线，并计算主要的统计声级。

如果噪声的统计特征符合正态分布，则：

$$L_{eq} = L_{50} + \frac{d^2}{60} \tag{10-10}$$

$$d = L_{10} - L_{90} \tag{10-11}$$

d 值越大，说明噪声起伏越大，分布越不集中。

10.2.2　噪声分类

噪声按其来源可分为以下几种：

1）工业噪声

工业噪声主要包括空气动力噪声、机械噪声和电磁噪声。

空气动力噪声是由气体振动产生的。例如，风机内叶片高速旋转或高速气流通过叶片会使叶片两侧的空气发生压力突变，激发声波。空压机、发动机燃气轮机和高炉排气等都可以产生空气动力噪声。风铲、大型鼓风机的噪声可达130 dB 以上。

机械噪声是由固体振动产生的。机械设备在运行过程中，其金属构件、轴承、齿轮等通过撞击、摩擦、交变机械应力等作用而产生机械噪声。例如，球磨机、发动机、机床等，其噪声一般在80~120 dB。

而电磁噪声是由电动机、发电机和变压器的交变磁场中交变力相互作用而产生的。

2）交通噪声

随着城市化和交通事业的发展，城市道路交通噪声的污染，特别是机动车起动、刹车、喇叭等造成的噪声污染日趋严重，交通噪声在整个噪声污染中所占比重将越来越大，已成为影响城市声环境质量的主要问题之一，越来越受到城市居民的重视。交通噪声主要是指机动车辆、火车、飞机和船舶的噪声。

道路交通噪声通常由车辆自身噪声和车辆运行噪声组成，其中车辆自身噪声包括发动机机械噪声、进排气噪声、发动机冷却风扇噪声和传动系统噪声。车辆运行噪声包括轮胎噪声及鸣笛噪声。以上影响较大的噪声是发动机噪声、轮胎噪声、排气噪声和鸣笛噪声。道路交通噪声具有流动性，是一种中等强度的随机非稳态噪声，并与道路车流量、车辆类型、行驶车速、道路状况等密切相关。

机动车辆噪声主要与车速有关，车速增加一倍，噪声声级大约增加 9 dB。噪声声级的高低还与车型、车流量、路面条件等多种因素有关。城市机动车辆噪声大多数集中在 70～75 dB 的范围内。

火车噪声和城市地铁噪声是非常严重的，而且与其运行速度有关，噪声为 100 dB 以上。而飞机噪声主要指的是飞机起飞、航行和着陆时产生的噪声，当飞机在 300 m 以上高空飞过时，产生的地面噪声大约为 85 dB。

3）建筑施工噪声

建筑施工噪声声音强度很高，又属于露天作业，因此污染也十分严重。有检测结果表明，建筑工地的打桩声能传到数公里以外。距离建筑施工机械设备 10 m 处，打桩机的噪声强度约为 105 dB，铆钉枪的噪声强度约为 91 dB，风镐机的噪声强度约为 93 dB，铺路机的噪声强度约为 88 dB，推土机、刮土机的噪声强度约为 91 dB，建筑施工噪声不但会给操作工人身体带来危害，而且严重影响附近居民的生活和休息。

4）社会噪声

社会噪声主要是指社会活动和家庭生活所引起的噪声，如电视声、录音机声、家务活动声、走动声、门窗关闭的撞击声等，这类噪声虽然声级不高，但往往给居民的生活造成干扰。

10.2.3 噪声的危害

1）噪声对听力的危害

噪声对人们正常生活的影响主要表现在：人们在工作和学习时，精力难以集中；情绪焦躁不安，产生心理不愉快感，影响睡眠质量；妨碍正常语言交流等。持续性的强烈噪声会使人的听力受到损害。根据国际标准化组织的规定：暴露在强噪声环境下，对 200 Hz、1 000 Hz 和 2 000 Hz 三个频率的平均听力损失超过 25 dB，称为噪声性耳聋。国际标准化组织在 1971 年提出的 8 h 噪声暴露的听力保护标准为等效连续声级 85~90 dB（A）。若时间减半，则允许声级提高 3 dB（A）。

噪声性耳聋与噪声的强度、噪声的频率及接触的时间有关。噪声强度越大、接触时间越长，耳聋的发病率越高。噪声引起的听力损伤，主要是由内耳的接收器官受到损害而产生的。过量的噪声刺激可以造成感觉细胞和声音接收器官的损伤。靠近耳蜗顶端的区域对应于低频感觉,该区域的感觉细胞必须达到很大面积的损伤,才能反映出听阈的改变;而耳蜗底部对应于高频感觉,这一区域感觉细胞只要有很小面积的损伤,就会反映出听阈的改变。

2) 噪声对心理的危害

噪声对心理的影响主要是使人产生烦恼、焦急、讨厌、生气等不愉快的情绪。烦恼是一种情绪表现,它是由客观现实引起的。噪声引起的烦恼与声强、频率及噪声的稳定性都有直接关系。噪声强度越大,引起烦恼的可能性越大。响度相同而频率高的噪声比频率低的噪声容易引起烦恼。噪声的稳定性对烦恼度也有影响,噪声强度或频率结构不断变化的场合,同正常相比,可以引起更加强烈不愉快的情绪。间断、脉冲和连续的混合噪声会使人产生较大的烦恼情绪。脉冲噪声比连续噪声的影响更严重,响度越大影响也越大。

3) 噪声对其他生理机能的影响

噪声对神经系统的危害造成大脑皮层的兴奋和抑制平衡失调,导致条件反射异常,引起各种神经系统疾病,如患者常出现头痛、耳鸣、多梦、失眠、心慌、记忆力衰退等症状。噪声强度越大,对神经系统的影响越大。

在噪声刺激下,会出现人体甲状腺功能亢进、肾上腺皮质功能增强等症状。两耳长时间受到不平衡的噪声刺激时,会引起前庭反应、呕吐等现象发生;噪声对心血管系统功能的影响表现为心跳过速、心律不齐、心电图改变、高血压以及末梢血管收缩、供血减少等。

噪声作用于人的中枢神经系统时,会影响人的消化系统,导致肠胃机能阻滞、消化液分泌异常、胃酸度降低、胃收缩减退。造成消化不良、食欲不振、胃功能紊乱等症状。从而导致胃病及胃溃疡的发病率增高。

4) 噪声对作业能力和工效的影响

噪声直接或间接地影响工作效率。在嘈杂的环境里,人们心情烦躁、容易疲劳、反应迟钝、注意力不易集中等都直接影响工作效率、质量和安全,尤其是对一些非重复性的劳动影响更为明显。通过许多实验得知,在高噪声下工作,心算速度降低,遗漏和错误增加,反应时间延长,总的效率降低。反之,降低噪声给人带来舒适感,精神放松,工作失误减少,精确度提高。

噪声干扰对人的脑力劳动会有消极影响,使人的精力分散,工作效率下降。在从事需长时间保持高度注意的工作时,如检查作业、监视控制作业等,噪声干扰会大大降低工作效率。

10.2.4 噪声的评级与控制

1) 噪声的测量

(1) 室内噪声的测量

通常利用声级计测量室内噪声。测量室内噪声时,将声级计的传声器放在操作人员耳朵处或放在工作面附近,选择若干个测点,进行测量。若噪声有明显变化或出现间隙,则还应测量等效连续声级。

(2) 机器设备噪声的测量

测量机器设备噪声时,将测点均匀地布置在所测机器的周围,测点的数目根据机器设备的大小和发声部位的多少来选择,一般为4~8个。为了在测量时避免其他噪声和反射声的影响，测点布置的位置一般在所测设备的中间处，且要求高于地面 0.5 m。对于不同尺寸的机器设备的测点位置如下：外形尺寸小于 30 cm 的小型设备，测点距其表面 30 cm 左右；外形尺寸为 30~100 cm 的中型设备，测点距其表面 50 cm 左右；外形尺寸大于 100 cm 的较大型设备，测点距其表面 100 cm 左右；大型或特大型设备，测点距其表面 100~500 cm。

（3）交通车辆噪声的测量

测量行驶中的车辆的噪声，应在平坦开阔的区间中进行工作。

测量行驶时车内的噪声，要求车窗紧闭，测点选择在车内中央且离地 1.2 m 处或在司机、乘客的头部附近，分别记录加速、满载、惯性行驶及制动时的情况。

测量行驶时车外的噪声，测点取距离车体中心线 7.5 m、距地面或轨道上方 1.2 m 高处。

2）噪声评价标准

噪声标准是噪声控制和保护环境的基本依据，控制标准分为三类：第一类是基于对作业者的听力保护提出的，以等效连续声级为指标；第二类是基于降低人们对环境噪声烦恼度而提出的，以等效连续声级、统计声级为指标；第三类是基于改善工作条件、提高效率而提出的，以语言干扰声级为指标。

我国曾先后公布了多个重要的噪声标准，如《工业企业噪声卫生标准》《声环境质量标准》和《汽车加速行驶车外噪声限值及测量方法》等。2010 年经国家卫生和计划生育委员会（现国家卫生健康委员会）正式修订颁布的《工业企业设计卫生标准》（GBZ1—2010），标准中规定：产生噪声的车间与非噪声作业车间、高噪声车间与低噪声车间应分开布置；工业企业设计中的设备选择，宜将高噪声设备相对集中，并采取相应的隔声、吸声、消声、减震等措施。每周工作 5 天，每天工作 8 h，稳态噪声限制为 85 dB（A），非稳态噪声等效声级的限值为 85 dB（A）；每周工作 5 天，每天工作时间不等于 8 h，需计算 8 h 等效声级，限值为 85 dB（A）；每周工作不是 5 天，需计算 40 h 等效声级，限值为 85 dB（A），如表 10.16 所示。

表 10.16　《工业企业设计卫生标准》对声级的规定

接触时间	接触限值/dB（A）	备注
5 d/w[①]，=8 h/d	85	非稳态噪声计算 8 h 等效声级
5 d/w，≠8 h/d	85	计算 8 h 声级
≠5 d/w	85	计算 40 h 等效声级

①d/w 表示天/周。

3）噪声控制

（1）声源控制

为了减少或根除噪声，最有效且最积极的方法是除去噪声源：根据噪声的频率，分析产生该噪声的原因，找到有效的方法，采取针对性的技术措施进行声源控制。

（2）控制噪声的传播

对工厂各区域合理布局在工厂的总体设计时，要充分了解投产后厂区环境的噪声情况，统筹兼顾，将高噪声源的车间安排在远离需要安静的办公区，由于高噪声源传播的能量随距离衰减，因而可以避免干扰人们的生活。

调整声源的指向，将声源出口指向天空或野外，可避免噪声对着接收者而影响人们的生活。充分利用天然地形、山冈土坡、树丛草坪和已有的建筑屏障能阻断或屏蔽一部分噪声向接收者传播。在噪声严重的工厂、施工现场或交通道路的两旁设置足够高的围墙或屏障，可以减弱声音的传播。绿化不仅能净化空气、美化环境，而且可以吸收噪声、限制噪声的传播。噪声除了通过空气传播外，还能通过地板、金属结构、墙及地基等固体传播。降低噪声的另一个基本措施是减振和隔振。对金属结构的传声，可采用高阻尼合金，或在金属表面涂阻尼材料减振；而隔振是用隔振材料制成隔振器，安装在产生振动的机器基础上吸收振动，从而降低噪声，常用的隔振材料有弹簧、橡胶、软木和毡类。

10.3 微气候及特殊环境

10.3.1 微气候概念

微气候指的是所处工作场所的气候环境，主要包括空气的温度、湿度、气流速度（风速）和热辐射这四个必备要素。这四个要素都会对人体的热平衡产生影响，而且各要素对机体的影响是综合性的。在很多生产作业中，人体受热辐射所获得的热量能够被低气温所抵消，气温升高时，若气流速度加大，会使人体散热增加，使人不会感到很热。低温、高湿使人体散热增加，导致冻伤；高温、高湿使人体丧失蒸发散热机能，导致热疲劳。研究表明，人体的自我感觉的舒适度与工作效率存在一定关联。研究微气候环境所造成的影响时，仅考虑其中某个因素是不足的，因为当员工进入日常生产作业时，温度、湿度、风速和热辐射等多种因素的综合影响都会使员工产生生理和心理的多重变化。因此，要综合考虑微气候环境。在工业生产方面，人们早就发现一年四季气温变化与生产量的升降有密切关系。曾有学者研究美国金属制品厂、棉纺厂、卷烟厂等工人的工作效率，发现每年冬天与盛夏时生产量会降低。英国某项研究发现，夏季里装有通风设备的工厂，生产量较之春秋季降低3%，但缺少通风设备的同类工厂，在夏季生产量降低13%。另外，事故发生率与温度有关。据研究，意外事故率最低的温度为20 ℃左右，温度高于28 ℃或降到10 ℃以下时，意外事故增加30%。

10.3.2 微气候因素对作业的影响

研究认为，人在偏冷环境的工作效率会稍高一些，而人在偏热环境会精神不振，加剧病态建筑综合征，进而影响工作效率。将不同工况下30名评价人员的热感觉结果取平均值，得到不同工况下评价人员热感觉随相对温湿度变化的曲线（见图10.16），评价分数如表10.17所示。通过分析总结试验结果，可以得出如下结论：

①相同湿度下，环境温度越高，人体感觉越热，热感觉评价分数越高。

②在环境温度28 ℃及以上条件下，相对湿度越大，人体感觉越热。这是因为在偏热环境下，随着环境温度的升高，人体皮肤表面开始分泌汗液，此时相对湿度的增大会减少人体皮肤表面水分扩散散热量和呼吸潜热散热量；为了维持人体热平衡，必须增强人体皮肤表面的显性出汗散热量和皮肤表面的显热散热量，皮肤出汗量和体表皮肤温度就会升高，这就导致了热感觉升高。

③在环境温度 26 ℃ 及以下条件下，相对湿度越大，人体感觉越冷，热感觉评价分数越低。这是因为在偏冷环境中，人体主要通过辐射、对流和蒸发进行散热，当空气中湿度增大时，加之空调开了中低速风量，蒸发散热量会增大。另外，当周围环境的空气相对湿度很大时，服装的回潮率增加，由于湿空气的导热性比干空气大，所以服装的导热量增加，从而增大了人体的冷感。

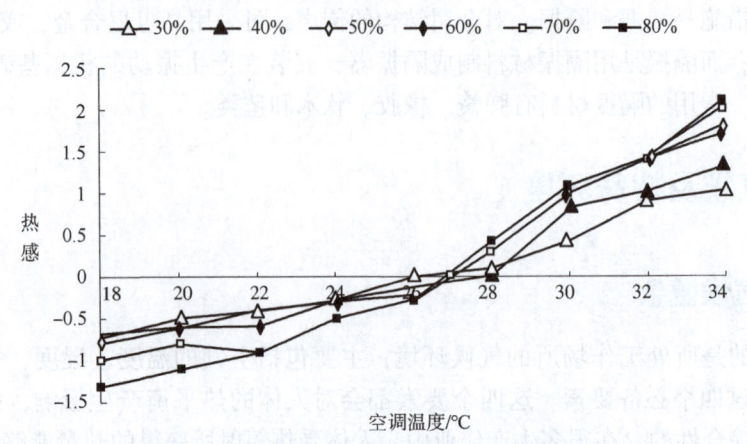

图 10.16　环境温湿度对热感觉的影响曲线

表 10.17　热感觉评分表

贝氏标度		ASHRAE 的 7 点标度	
7	过分暖和	+3	热
6	太暖和	+2	暖
5	令人舒适的暖和	+1	稍暖
4	舒适（不凉也不热）	0	中性
3	令人舒适的凉快	−1	稍凉
2	太凉快	−2	凉
1	过分凉快	−3	冷

10.3.3　微气候环境的评价

相关研究主要通过对效率与舒适度的评价来反映微气候对人因的影响，评价方法主要分为主观评价方法、认知能力测试及生理参数测量。

1）主观评价方法

主观评价方法一般是采用问卷的形式调查受试者对室内环境的满意度、工作疲劳程度、工作态度、工作动机、工作贡献值等，其中对于室内环境满意度的评价多采用不同级别的量表，如 5 级量表、7 级量表或 11 级量表，但对于热感觉、湿感觉评价普遍采用 Finger 教授提出的 7 点标度。随着病态建筑物综合征（SBS）的频繁发生，人们逐渐认识到室内环境质量对人体健康和工作效率的重要性，故在实验过程中是否有病态建筑综合征的症状出现也是研究学者普遍关心的问题，即现有主观评价中会调查受试者在不同实验工况下是否有头晕、头疼、眼睛干涩、嗓子干痒、咳嗽等症状出现。同时在研究中发现个人因素，如工作时心理状态、工作动机、工作态度等在一定程度上也会影响员工的工作效率，一般采用 7 级量表来评估实验过程中受试者的情绪变化及工作态度。

对于工作时的疲劳程度评价国际上也有多种量表，包括 Rhoter 疲劳量表、PFS-76（疲劳自评量表，美国运用广泛）、MFI-20（多维疲劳量表，荷兰及英国应用广泛）、SOFI（瑞典职业疲劳量表）、FSI（疲劳症状量表）、SFCF（Schwartz 疲劳量表）、VAS（视觉模拟量表）、NRS（数字量表）利克特量表等。对于上述量表，值得一提的是 1995 年瑞典研究学者 Åhsberg 制定的瑞典职业疲劳量表（SOFI）。他通过调研 16 种不同职业的 705 个受试者对 95 个语言表达的疲劳程度进行评估，发现能量不足、体力活动、身体不适、缺乏动力、嗜睡基本是不同职业疲劳中所呈现的共性问题，故基于该结论，开发了瑞典职业疲劳量表（SOFI），以衡量不同受试者在工作时自身的感知疲倦度。与 Åhsberg 类似的是 Harts 也提出了一种脑力负荷量表（NASA-TLX），该量表通过实验发现影响脑力负荷的主要因素也可归为六个因素，具体如表 10.18 所示。我国研究学者也提出了 FSAS 疲劳自评量表，该量表借鉴了国内外优秀成果并结合了心理学，具有可信度和有效性。

表 10.18　NASA-TLX 脑力负荷影响最为显著的六个因素

脑力负荷的影响因素	各个因素的定义
脑力需求（Mental Demand，MD）	需要多少脑力或知觉方面的活动（即思考、决策、计算、记忆、寻找）？这项工作是简单还是复杂，容易还是要求很高，明确还是容易忘记？
体力需求（Physical Demand，PD）	需要多少体力类型的活动（拉、推、转身、控制活动等）？这项工作是容易还是需求很高，是快还是慢，是悠闲还是费力？
时间需求（Temporal Demand，TD）	由于工作的速度，你感到多大的时间压力？工作任务中的速度是快还是慢、是悠闲还是紧张？
业绩（Self-Evaluated Performance，OP）	你认为你完成这项任务是多么成功？你对自己业绩的满意程度如何？
努力程度（Effort，EF）	在完成这项任务时，你（在脑力和体力上）做出了多大的努力？
挫折程度（Frustration，FR）	在工作时，你感到是没有保障还是有保障，很泄气还是劲头很足，恼火还是满意，有压力还是放松？

2）认知能力测试

认知能力测试是一种衡量人体学习或者工作能力的测试任务，可在一定程度上排除智力、体力等个体差异，尤其适合没有实践经验的人从事工作效率测试时使用。相关研究表明，影响工作效率的因素大致可以分个人因素、社会环境因素、管理因素和环境因素四大类。针对不同的影响因素，认知能力测试项目也划分为不同的项目类型，包括情感、感知、学习、记忆、思维、感知、表达、执行等。

1983 年，世界卫生组织拟定出一套适用于职业人群的神经行为核心检测方法，简称 NCTB，根据不同测试类型，对应测试项目如表 10.19 所示。随着心理学及工作效率研究的快速发展，学者也针对不同的实验目的研发了越来越多的认知测试项目，包括 N-Back 测试项目（短期记忆力能力）、事件图片排序（逻辑推理能力）、字母搜索（注意力测试）、怪球实验（注意力测试），等等。针对不同的实验需求，学者开发了多种测试软件或程序，方便对实验结果的准确率及测试时间进行精确统计，现如今比较常用的软件为 Microsoft Visual Basic 和 E-Prime 编程软件。早期 E-Prime 软件主要是心理学方面的实验操作平台，采用文本、图像和声音三种信息的任意组合，从而观测参与者的心理波动。随着学者对工作效率的进一步研究，人们逐渐将 E-Prime 软件运用到认知能力的测试项目中，并由此衍生了大量的认知任务。该软件的优势在于可以详细记录时间细节、事件细节，如文本、图像和声音呈现时间和受试者反应时间、正确率统计等。实验精度可达到毫秒级别，且软件可实现多个实验样本的整合分析，大大降低了统计数据的难度，提高了实验效率。

表 10.19 NCTB 测试项目表

神经行为功能分类	测试项目
情感	POMS 量表
	半结构投射实验（Semi-structure Projective Test）
智力	心算（Mental Arithmetic）
	系列加减（Serial on and Subtraction）
学习与记忆	视觉保留（Visual Retention）
	成对词联想（Paired-associate Learning）
	记忆扫描（Memory Scanning）
	连续识别记忆（Continuous Recognition）
感知	数字检索（Two-digit Search）
	符号译码（Symbol-digit Substitution）
	长度判断（Length Discrimination）
	注意力调转（Switching Attention）
	听数字广度测试（Auditory Digit Span）
	立体视觉（3D-picture Discrimination）
心理运动	视简单反应（Visual Simple Reaction Time）
	听简单反应（Auditory Simple Reaction Time）
	视复杂反应（Visual Choice Reaction Time）
	曲线吻合（Curve Coincide）
	目标追踪（Pursuit Aiming）
	连续操作（Continues Performance）
	数字筛选（Two-digit Screening）

3）生理参数测量

人作为一个复杂的生命个体，为维持身体机能的稳定运转，人体会自发地进行生理调节，以适应自然界复杂的气候变化，不少学者猜测室内环境的改变是通过改变人体的生理参数来影响人体的工作效率。之后该结论得到充分验证，具体表现为热环境在一定程度上会影响人体的核心温度、心率、脑血氧、脑电图等，影响机制可以简单概括为当人体感到温暖时，心率和 CO_2 浓度会显著增加，或通过加剧病态建筑综合征使人体出现头晕、头疼、眼睛干涩、嗓子干痒、咳嗽等症状，从而降低了工作效率。部分学者提出应将生理参数作为评估指标，从源头分析室内环境对于工作效率的影响机制，如监测脑电波、脑血流量、出汗率等参数。通过对生理参数的监测，学者发现人体在热不适环境中所产生的生产率损失是由人体生理机制的影响造成的。声环境在一定程度上也会影响人体的生理机制，如音乐能促进唾液皮质醇的快速下降，且在噪声环境下，人体的唾液皮质醇、尿儿茶酚胺（CA）也会随时间而下降，但未发现两者间的显著性关系，仍需继续研究。表 10.20 给出了当前主要的生理监测参数及其测量方法。

表 10.20　主要的生理监测参数及其测量方法

监测参数	测量方法
血压、心率	电子血压计
出汗率	贴片汗吸法、体重差法等
核心温度	体表温度估测法、心率估测法等
唾液皮质醇、尿儿茶酚胺	专业试剂盒
脑电波	微电流检测、微磁传感器

10.3.4　特殊环境

1）失重

（1）失重的概念

失重是指物体失去或部分失去了重力场的作用，当物体处于完全失重状态时物体除了自身重力外，不会受到任何外界重力场影响。所谓重力，是物体所受地球的引力的一个分力（大小几乎等于引力）。引力的大小与质量成正比，与距离的平方成反比。就质量一定的天体来说，物体离它越远，所受它的引力越小，即重力越小，在距离足够远时，它的引力可以忽略不计。所谓完全失重，就是重力为零，即零重力。所谓重力，是物体所受天体的引力。引力的大小与质量成正比，与距离的平方成反比。

就质量一定的天体来说，物体离它越远，所受它的引力越小，即重力越小，在距离足够远时，它的引力可以忽略不计。但宇宙中不止一个天体，众多天体的引力会形成一个引力场。因此，太空不会是失重环境。当然，就局部地区来说，如在地—月系统中，只考虑地球与月球的引力，在地球与月球之间的某些点上，地球与月球的引力相互抵消，重力为零。在日—地之间也有引力平衡点。绕地球飞行的载人飞船，离地面一般只有几百千米，那里的太空当然不会是零重力环境，即使在 36 000 km 高空绕地球飞行的航天器，其周围太空也不会是零重力，而只能是轻重力，即重力比地球表面上轻（小）一些。航天器上轨道控制推进器点火、航天员的运动、电机的转动以及微小的气动阻力等都会使航天器产生微加速度。因此，航天器所处的失重状态严格来说是微重力状态。航天器旋转会破坏这种状态。在失重状态下，人体和其他物体受到很小的力就能飘浮起来。长期失重会使人产生失重生理效应。失重对航天器上与流体流动有关的设备有很大影响。利用航天失重条件能进行某些在地面上难以实现或不可能实现的科学研究和材料加工，例如生长高纯度大单晶、制造超纯度金属和超导合金以及制取特殊生物药品等。失重为在太空组装结构庞大的航天器提供了有利条件。

(2) 失重环境对人体健康情况的影响

①运动系统影响。太空飞行时航天员出现的空间定向失常、胃肠不适、头晕嗜睡等症状，被统称为"空间运动病"。该病导致人体运动、神经、消化、血液循环等系统出现异常。航天员通过飞行前的模拟训练，能有效预防或改善飞行时出现上述症状。然而有些病征难以预防，如失重性骨丢失和肌肉萎缩，需飞行结束后接受康复训练及恢复治疗。大量研究表明，引起失重性骨丢失的原因包括细胞骨架排列紊乱、细胞增殖与分化失常、胞内信号转导异常及非编码 RNA 表达水平变化等。如模拟微重力处理人骨肉瘤细胞后，细胞内微管有序性下降，排列紊乱；微重力条件下，人成骨细胞周期转化受到抑制，部分 G1 期成骨细胞向 S 期转化受阻，最终表现为细胞增殖受到抑制；模拟微重力环境下培养人骨髓间充质干细胞时发现，胞内与成骨分化相关的蛋白，如碱性磷酸酶、Ⅰ型胶原蛋白和骨连接蛋白的表达水平降低，表明 hMSC 向成骨细胞分化受到抑制；多条胞内信号通路，如丝裂酶活化蛋白激酶（MAPK）信号通路、细胞分化相关跨膜受体蛋白 Notch 信号通路和 Wnt/β-连环蛋白（Wnt/β-catenin）信号通路，参与了微重力环境下 hMSC 成骨分化抑制，最终引起骨质疏松症。

②消化系统影响。微重力对人体消化系统的影响研究始于 1982 年"礼炮-7"号空间站上对航天员进行的一组肠胃试验。该研究发现，随着飞行时间延长，航天员消化道内激素含量减少，致消化酶分泌失调，出现了胃肠动力不足、消化不良等症状。悬尾大鼠 28 天后，胃黏膜瘦素（Leptin）含量及其受体蛋白表达量增加，抑制消化液分泌。除影响消化道分泌功能外，微重力环境还可通过损害消化道黏膜影响其屏障功能，并能改变消化道菌群微生态。模拟失重环境下大鼠回肠黏膜细胞中转录因子 NF-κB 表达水平显著上调，进而激活细胞因子级联反应，生成促炎介质白细胞介素-8（IL-8）和肿瘤坏死因子-α（TNF-α），诱发肠道炎症和溃疡。研究显示，微重力能使致病性大肠杆菌耐热性肠毒素表达量升高，进而影响消化道的菌群结构。总之，微重力暴露对消化系统分泌和屏障功能均有影响，并能改变肠道菌群微生态，其作用机制仍需深入研究。

③对呼吸系统影响。航天飞行中由于重力的缺失，人体肺部和胸膜受到的压力发生改变，呼吸系统随之发生适应性变化。研究表明，微重力环境暴露后，肺循环功能、肺组织细胞结构与功能发生显著性改变。动物实验进一步证实了上述结论，悬尾大鼠 7 天后，肺部血管壁增厚、肺血管阻力增加。研究微重力处理后的大鼠肺微血管内皮细胞时发现，细胞内自噬体增多、细胞凋亡率上升。中长期模拟微重力环境可致猕猴肺组织出现肺泡间隔增厚、部分肺泡融合、肺泡上皮细胞核体积变小、胞质内线粒体肿胀等现象。同时猕猴肺组织趋化因子 CCL20 及其受体蛋白 CCR6 表达量增加，已有报道显示 CCL20 和 CCR6 可促进气道炎症的发生发展。模拟微重力环境还能影响肺部致病性微生物的生长。研究表明，肺炎克雷伯菌（KPN）在微重力环境下生长加快、繁殖能力增强，提示航天员飞行过程中可能会感染该菌。总之，微重力对肺循环、肺组织细胞结构及功能、肺部致病菌等都会产生一定程度的影响。

(3) 失重环境相关人因标准

根据美国航空和航天局（National Aeronautics and Space Administration，NASA）于 2023 年发布的航天人因工程相关标准"NASA Spaceflight Human-System Standard"中指出，航天员在微重力环境下的舱外活动（Extravehicular Activities，EVAs）中，最大氧气摄取量 VO_{2max}

需要维持在 32.9 mL/min/kg 以上（见图 10.17）。该标准的微重力环境研究数据来源于 NASA 航天飞机和国际空间站 EVAs 代谢率数据库以及中性浮力实验室（NBL）训练代谢率。

任务前 VO_{2max} 推荐水平及任务中要求的最小 VO_{2max} 水平

目标示例	任务中 VO_{2max} 水平	任务前 VO_{2max} 推荐水平（任务预期降低 15%）	任务前 VO_{2max} 推荐水平（任务预期降低 25%）
ISS	32.9 mL/min/kg	38.7 mL/min/kg	43.8 mL/min/kg

图 10.17　NASA 宇航员微重力环境作业 VO_{2max} 标准

在长时间的太空飞行中，机组人员的骨矿物质密度（BMD）会下降，对于持续时间较长的太空飞行，此种风险可能会更高，因此 NASA 所发布的标准中关于失重环境下航天员的骨密度下降问题做出了如下规定：

①宇航员在执行任务前，其全身髋部和腰椎（L1～L4）的骨密度 T 得分，通过双能量 X 射线吸收法（DXA）测量，应与年龄、性别、种族匹配的一般人群一致，以确保宇航员在进入失重环境前具有正常的骨密度水平，以评估和监控失重环境对骨密度的潜在影响。

②任务中应采取对策，维持宇航员的髋部和脊柱骨密度在任务前水平的 95% 以上，股骨颈骨密度在 90% 以上，以降低骨折风险并保护长期骨骼健康。

③任务后应进行骨密度的康复训练，使航天员恢复到任务前的骨密度基线水平，减少长期健康风险，如骨质疏松症和骨折风险。

2）颠簸晃动

飞机在颠簸区中飞行时，气流的不规则变化，会使飞机高度、速度以及姿态出现不规则的变化。颠簸强烈时，飞机忽上忽下的高度变化可达数十米甚至数百米，这会给飞机的操纵带来很大的困难。由于飞机状态的这种强烈的变化，飞行员必须花费更多的精力来及时保持飞机处于正常状态，因而体力消耗大，易于疲劳。

当飞机进入与机体尺度相近的乱流涡旋时，飞机的各部位就会受到不同方向和速度的气流影响，原有的空气动力和力矩的平衡被破坏，从而产生不规则的运动。飞机由一个涡旋进入另一个涡旋，就会引起振动。当飞机的自然振动周期与乱流脉动周期相当时，飞机颠簸就会变得十分强烈。

乱流中存在的垂直阵性气流和水平阵性气流都可造成飞机颠簸，垂直气流的作用比水平气流要大。根据乱流的成因，乱流可以分为热力乱流、动力乱流、晴空乱流和航迹乱流。

①热力乱流主要是由地表增热造成气温的水平分布不均匀而引起，常出现在对流层的低层，低纬度地区常见，多发生在夏季的中午和午后。

②动力乱流是指地表附近空气运动受到阻碍和风的空间分布有明显切变造成的乱流，多见于高纬度大陆，在山地上空飞行时，动力乱流造成的颠簸比较常见。

③晴空乱流又叫高空乱流，与高空中大气的热力和动力因素有关，当温度场和风场急剧变化时，就会出现强烈的乱流。晴空乱流多出现在对流层上部和平流层，是造成高空飞行颠簸的重要因素。

④航迹乱流主要是旧航空器的尾流造成的。

不仅仅是飞机,航海中轮船的晃动、车辆高速行驶时遇到坑洼路面,都会造成一定程度的颠簸晃动。因此,研究在"四特"(即特殊人员、特殊环境、特殊任务、特殊要求)下的感知与行为也是人因工程的重点。

颠簸晃动环境的相关标准方面,《机械振动与冲击 人体处于全身振动的评价》(ISO 2631-1:1997)中提出了振动环境中不适程度的分级标准,使用加权均方根加速度(Weighted RMS Acceleration)指标,将低频振动环境下的不适程度划分为舒适、轻微不适、稍有不适、不舒适、非常不适、极度不适6个等级,如表10.21所示。

表10.21 振动环境不适程度分级(国际标准化组织1997年发布)

加权均方根误差	不适等级
<0.315 ms^{-2}	舒适
0.315~0.62 ms^{-2}	轻微不适
0.5~1 ms^{-2}	稍有不适
0.8~1.6 ms^{-2}	不舒适
1.25~2.5 ms^{-2}	非常不适
>2 ms^{-2}	极度不适

中国船舶工业《舰船设备环境试验与工程导则》(CB 1146.8—1996)中对舰船设备倾斜和摇摆试验的试验条件、严酷等级等进行了规范,其中倾斜和摇摆试验的严酷等级分别对纵倾、横倾和纵摇、横摇的角度和持续时间做出了明确规定,如表10.22和表10.23所示。

表10.22 舰艇设备倾斜试验严酷等级

经验项目	严酷等级		应用举例
	角度/(°)	持续时间/min	
纵倾	10	前后各不少于30	舰艇上的一般设备
	30		潜艇水下航行时必须正常运行的设备
横倾	15	左右各不少于30	舰艇上的各类设备

表10.23 舰艇设备摇摆试验严酷等级

试验项目	严酷等级			应用举例
	角度/(°)	周期/s	持续时间/min	
纵摇	10	4~10	不少于30	水面舰艇上的设备
	15			潜艇水面航行时必须正常运行的设备
横摇	30	3~14	不少于30	潜艇通气管航行和水下航行时必须正常运行的设备
	45			水面舰艇或潜艇水面航行必须正常运行的设备
	60			有特殊需要的潜艇设备

《机械振动与冲击人体暴露于全身振动的评价》(GB/T 13441.4—2012) 提出了固定导轨运输系统中的乘客及乘务员舒适影响的评价指南。指南指出，轨道车辆内明显影响乘车舒适的运动频率范围包括：缓和曲线处为 0.1~2 Hz、横向和纵向为 0.5~10 Hz、垂向为 0.5~20 Hz。与此同时，在影响乘客的舒适感觉方面，包括噪声、视觉刺激、温度和湿度在内的有关因素与振动相互作用，当采用车辆运动测试结果来评估舒适度时，应当考虑以上非运动因素的影响。

第 11 章
组织环境应用案例

11.1 组织人因工程应用案例

11.1.1 突发事件下群体事件建模与应用研究

1）研究背景

近年来，随着城市化进程的不断推进，城市公共场所人群越来越密集，频频发生安全事故，在对社会造成重大生命财产损失的同时，对经济的发展、人们的出行质量也造成严重的消极影响。而组织真实环境下的人群疏散将耗费大量人力物力，甚至会造成人员伤亡，同时无法真实预测行人在突发事件下的紧张心态对人群疏散造成的影响。因此运用计算机仿真人群疏散能够帮助建筑设计者对高楼大厦或者广场、公园等公共场所的人群疏散通道进行综合分析与测评，辅助建筑设计者建立更为合理的建筑布局，以及帮助当局建立紧急情况下的人群疏散方案。这对应对恐怖袭击或突发灾害后指导人群疏散及形成更为完善的硬件支持和更为高效的现场疏导策略具有重大意义。如何进一步提高人群疏散模拟的真实性，是一个亟待解决的问题。

2）建模与应用

在有关人群行为的疏散仿真研究中，群体行为建模是人群仿真疏散研究的核心问题。为了更加真实地再现人群疏散的具体情形，进行如下建模并加以应用。

（1）提取视频数据计算小群体

以某机场大厅场景为例，从行人运动视频中提取行人运动轨迹。使用无人机在疏散场景上空拍摄人群，无人机在距离地面 14.26 m 处，拍摄方向为水平偏下 15.6°，拍摄 15 min，得到真实人群视频。利用视频追踪器 Tracker 跟踪目标位置，计算速度和加速度的叠加图表等。该软件可以放大到亚像素，它需要手动点击追踪目标，追踪器可以同时追踪多个目标，追踪过程中出现的误差可以手动改正。其中行人的运动坐标每 0.05 s 更新一次。图 11.1 描述了追踪结果快照。

图 11.1 疏散场景中运动轨迹

依据轨迹计算行人间的相异度,将其中具有相同运动形式的元素归为彼此相关的一组小群体。使用自下而上的层次聚类方法来识别群体,以个体为单独的群体开始,通过将具有最强的组间接近度的两个群体合并,来逐渐建立更大的群体。提取行人所在的群体及群体内部和群体之间的相异度,为人群疏散提供初始数据。

(2) 引入效用理论构建社会力量模型(USFM)

社会力模型最早由 Helbing 提出,它解释行人的运动是由行人自身的目标驱动力、行人与行人之间的作用力及行人与障碍物之间的作用力三者的合力产生的。在行人主观意愿作用下,行人运动时,往往以期望的最优速度朝着目标方向前进,所以行人的目标驱动力可以看成行人施加在自己身上的一个虚拟心理力。当行人行走通过人群密集区域时,为了保持自身与其他行人间的舒适距离,会对该行人产生一个排斥作用力。行人在向目标行进时,为保证自身舒适程度及安全性,行人潜意识地会与障碍物保持一定的距离。即行人在行进过程中会受到障碍物对行人施加的作用力。

通过群体内吸引策略、绕行策略和效用理论策略来改进原始的社会力量模型。改进后的模型实现了三种真实的宏观现象。第一,同一组的行人相互吸引。第二,行人会绕过危险源和障碍物。第三,在选择出口时,行人会考虑到出口的距离、出口的拥挤程度和出口的安全性,考虑了效用理论对行人疏散产生的宏观影响。

(3) 引入社会比较理论的社会力量模型(FSFM)

社会比较理论是指人类在缺乏客观的方法来评价他们的状态时,会把自己的状态与其他人进行比较,然后试图纠正发现的差异。当灾难发生时,社会比较更为显著。加入小群体之间及小群体内部依据社会比较理论对引领者的选择、小群体之间依据社会比较理论形成簇,真实地实现了行人以簇的形式向出口移动的现象,使行人在疏散的过程中考虑社会比较理论的微观现象,如图 11.2 所示。

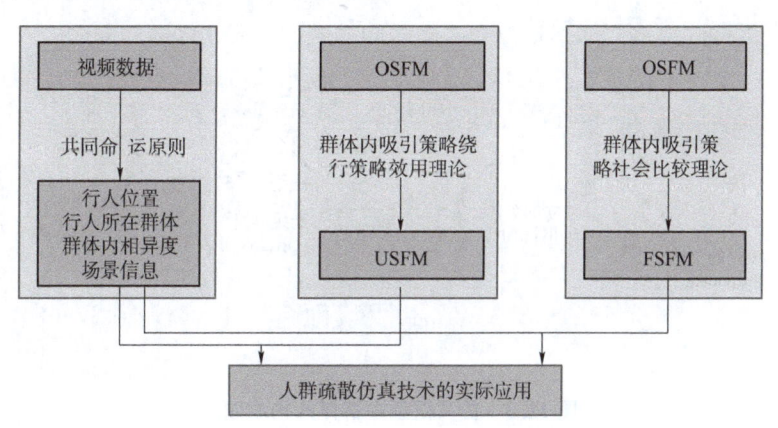

图 11.2 人群疏散仿真系统框架

11.1.2 面向群体性事件的人群行为建模与控制方法研究

1) 研究背景

近年来,由多种社会威胁因素引起的群体性事件频繁发生,严重威胁到国民的人身安全和财产安全,使专家学者们越来越重视在人群安全和管理领域中的群体行为研究。但是目前对于发生在城市复杂环境下群体性事件的研究成果还不足，国家和政府安全部门仍然需要更为真实有效的人群建模与仿真方法来为人群疏散和管理提供指导性支持。目前，在人群行为仿真的有关研究中仍普遍存在着人群仿真框架适用范围小、行为模型多样性和真实性差以及缺乏对行为进行一定的控制等问题。

2) 建模与控制

基于以上研究背景，本案例以虚拟人社会性和智能化角度以及群体性事件对人群仿真的实际需求为出发点，分别从体系结构设计、智能体导航行为、群体性事件中的组行为生成和控制等方面，对虚拟人群的行为进行建模和控制。

(1) 多智能体人群仿真框架设计

在虚拟人群仿真系统中，人群仿真框架是系统实现的基础，通过构建并集成系统所需的模块和模型，仿真系统才能输出真实的人群行为。基于行为的多智能体系统理论，本案例设计了一种面向群体性事件的虚拟人群行为仿真框架，该仿真框架可以在特定的情景想定（Scenario）下根据行为决策机制给出虚拟人群的具体任务约束和目标，并生成真实的虚拟人群行为。该仿真框架能够支持在城市环境下维稳群组、平民群组和暴徒群组的行为仿真，如图 11.3 所示。

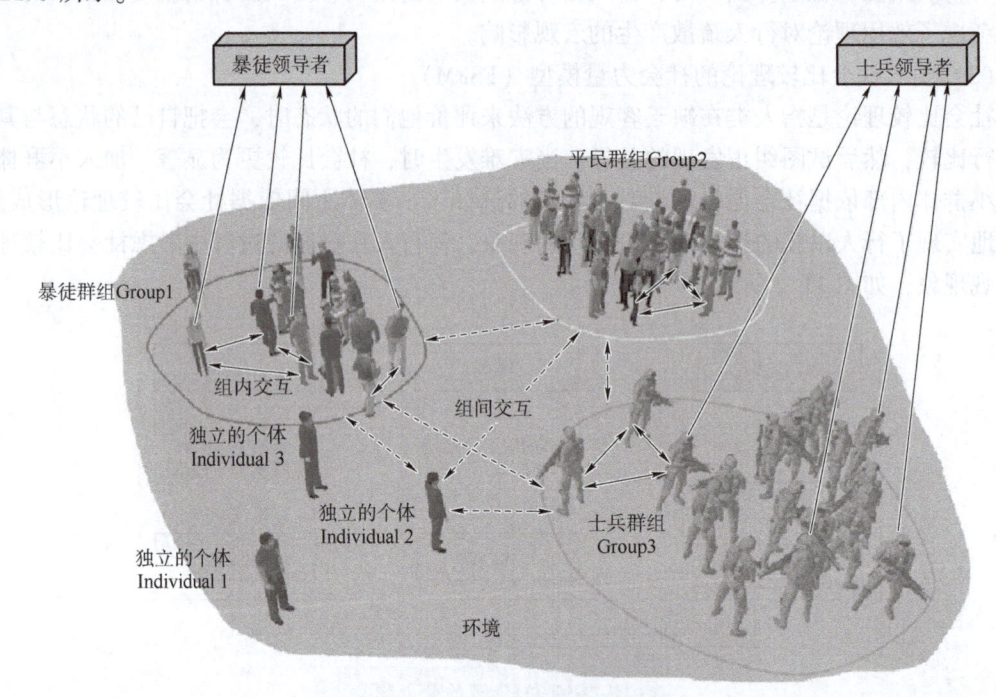

图 11.3 仿真框架中群体的构成成分

(2) 虚拟人个体导航行为与运动规划

在虚拟环境中，尤其是在 2D 环境下，虚拟人行为大多是通过它的个体运动来展现的，而导航行为能够实现虚拟智能体根据环境信息完成到达目标位置的运动规划，虚拟人的很多复杂行为都可以通过对导航行为进行扩展而得到。因此，本案例首先基于概率路径图算法的路径规划方法和碰撞避免行为，研究了虚拟人个体的基本导航行为。在此基础上，对动态环境中的虚拟人导航行为以及一种典型的人群交互行为进行了深入研究。针对具有动态约束的紧急个体导航行为，提出了一种沿给定路径的具有加速度—速度限制的最优轨迹规划算法，并结合碰撞避免行为和 Flocking 行为对具有动态障碍物环境中的人群行为进行了仿真，如图 11.4 所示。

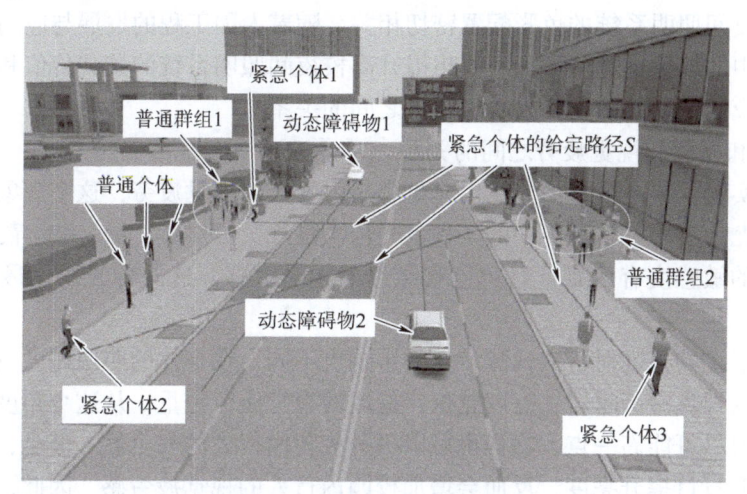

图 11.4　仿真实验的动态环境

（3）虚拟人群的组行为生成与运动规划

在人群仿真中，组是人群重要的构成部分，同时也是人群行为仿真的重点研究对象。组可以定义为具有共同目标并且试图保持空间集聚性的多个个体的集合，本案例对其分离特性以及分离后小规模子组的一致性和粘连性进行了分析，并以组行为中最为核心和典型的行走行为为例，提出了一种小规模组队形生成与运动规划方法。该方法可以使小规模组在向目标区域运动的过程中，避免与环境中的障碍发生碰撞，并且组成员能够在根据环境变换合适队形的同时避免彼此间的碰撞，最终使组中所有成员到达目标区域。

11.2　环境因素与人因工程应用案例

11.2.1　高校人因工程照明改造方案

1）照明环境

近年来，由于物质和精神生活水平的提升，人们的夜间活动量逐步增多，对夜间光照环境的需求也越来越高。在照明工程和人因工程学界，夜间照明系统技术成为重要的研究对象。高校校园由于人口密集、人员往来频繁，其夜间照明系统设计有很重要的研究价值。通常，高校校园空间的用户以在校生和教师居多，又可分成常驻人员、临时人员。前者多为长期住校的学生、教职工，或因参与该校科研项目和学术交流等活动而需长时间住校的交流学者；后者为参观者和走读的学生等。

高校校园内相对于其他社区公共空间，存在人口密度较大、对夜间照明系统要求高等特征。高校校园内的夜间照明系统既要满足学生安全行车的基本需要，也要尽量适应校内人员教学和科研的需求，要反映高校特点和校园文化。

(1) 视觉规律

高校校园的夜间照明系统设计要充分考虑人的心理因素。人在夜间产生的综合心理感受与在白天的感受有所不同，人的综合心理感受不但与高校夜间照明系统的亮度存在很大关联，也与高校夜间照明系统的色彩配置密切相关。随着人因工程的发展与应用，人的心理在高校照明设计中的权重也逐步增加。要想提升高校夜间照明系统的景观价值和实际价值，就必须充分考虑夜间照明系统与行人心理因素之间的关系。

(2) 色彩和亮度和视觉疲劳之间的关系

根据相关实验，单一色彩的光比白光更容易引发人的视觉疲劳，这个现象在夜间照明系统环境条件中尤为突出。自然界中的7种色光依次是红、橙、黄、绿、蓝、靛、紫，人的眼睛对不同色光的敏感度有区别，对黄色和绿色的光最敏感，这两种光线也最容易造成视觉疲劳。

夜间照明系统的亮度对行人视觉疲劳的影响也不同，在整体的照明亮度较低时，通常亮度越高，造成的视觉疲劳越轻；亮度越低，造成的视觉疲劳越重。从这个角度来说，夜间照明系统的亮度要尽可能高一点，这样也可以提升校园内行人的安全性。但是，如果照明亮度变化较大，此时盲目提升亮度，反而会增加校园内行人的视觉疲劳感。因此，夜间照明系统亮度要尽量位于让人感到舒适的亮度范围。

(3) 黑暗程度和安全感之间的关系

夜间照明系统越完善，人越有安全感。高校校园对安全的要求较高。根据统计，人的安全感大部分决定于人脑处理的外部信号，而80%的外部信号由人眼收集，在高校校园出入频繁的道路环境中要减少黑暗区的出现，以增强人的安全感。

2) 改进措施

(1) 改善景观水体的夜间照明系统

高校景观水体的夜间照明系统往往是高校夜间照明系统的薄弱区域，景观水体的夜间照明系统必须先考虑安全性，然后才是对自然景观的美化。在现代高校，普遍重视校内的水景设计，水作为山水景观的重要构成元素在山水类高校中心区景观设计中被普遍采用，可以提升景观的人文效果和生态效果。

考虑到园内的水域系统比较丰富，尤其是跨越水面的桥梁较多，设计人员需要改进高校水体桥梁设计和路面的夜间照明系统，在色彩和亮度上基于人因工程进行调整，并设置水底灯提醒行人注意水体安全。

校园的很多路段靠近湖边，在夜间属于较危险的路段。可以在路灯上设置反光布，灯光投射在反光布上可以形成醒目的反射灯光，警示路人注意安全。这既可以改善高校夜间照明系统的美观性，也能提升行人的安全性。

(2) 安装 LED 人体传感指示灯

LED 人体传感指示灯的最大优势在于能识别行人的人体热红外线辐射，从而实现科学操控。LED 人体传感指示灯的身体识别与传感设备通常放在灯具的顶部，在行人通过后，感应灯会感知人体热红外线，形成传感信息，然后进行信息加工处理，从而触发感应灯具的操控单元，按照感应灯具设定的反应标准完成灯具的开启与关闭操作。

LED 人体传感指示灯结合人体传感装置设计而成，具备绿色节能的特色。LED 人体传感指示灯在白天或光线较强时，自动休眠；在晚上光线较暗时，能够自动切换到待命状态。

一旦人走进感知区域，LED 传感指示灯启动；人若在感知区域活跃，LED 人体传感指示灯常亮；如人离去，LED 人体传感指示灯将在 1min 内自动切换到关闭状态。

11.2.2　车间噪声评测与改善方法

1) 噪声环境

各个车间对于工作的内容要求不同，工作的设备数也存在着差异。本案例选取具有代表性的两个装配车间进行调查、测量以及数据的整理，通过发现其中的关系得到最后的结论。选取生产线每个工位的中心位置作为测量点，统一测量高度和距离，以保证数据的标准化。测量工具是声级计，从正式生产的 7:30 进行测试，一个小时统计一次数据，得到一个平均值，如表 11.1 所示。

表 11.1　车间的噪声声压级（8 h）

时间段	测量次数	装配车间	
		最小值	最大值
7:30—8:30	10	80.2	80.2
8:30—9:30	10	91.2	86.2
9:30—10:30	10	90.6	87.6
10:30—11:30	10	88.8	87.8
11:30—12:30	10	84.5	82.5
12:30—13:30	10	88.5	87.5
13:30—14:30	10	90.5	87
14:30—15:30	10	91.7	86.7

为获知车间员工的听力水平、心理健康情况以及生理现状，公司选取了 100 名男性和 100 名女性作为调查对象，实行分层抽样的调查方法。在收回的问卷中，50 个男性问卷和 52 个女性问卷数据是有效的。根据调查统计可以得出，车间工人在听力状况方面，24% 的人时有耳鸣；心理状况上，36% 的人时常焦虑；所以，不管是在身体健康方面还是在心理状况方面，都存在或多或少的问题。另外，对于在这种工作环境中的工作态度，员工也表现出不是很满意的状态。车间噪声会损害人的身体健康和心理健康，这就带来了一系列问题。负面影响会使车间员工对工作不是很积极，这直接导致了效率问题。从公司的长远发展来考虑，需要对工作环境中的噪声进行相应的控制和改善。

2) 改进措施

对车间的噪声来源进行分析，然后从保护员工的听力、控制噪声传播以及降低机械噪声三个不同的方面来进行降噪。

(1) 对员工的听力保护

如果在有噪声的场所工作，按照相关规定要给员工佩戴防噪声的耳罩、耳塞或其他的防噪声设备，从而有效地阻断噪声的传播，能够降低 15~20 dB 的噪声。如果从人因工程学角度的舒适性来考虑，也可以对保护员工听力的设备提出一些要求：除了需要达到保护听力的要求,对于工具的舒适性也有一定的要求,对于要佩戴耳罩的员工来说,在其耳朵与保护工具接触的地方要选择舒适的材料,防止有人出现过敏反应;对于要佩戴耳塞的员工来说,则需要根据不同的耳道来选择合适的工具,从而提高使用的舒适度。

(2) 对噪声传播进行控制

装配车间的噪声主要是由噪声的反射和噪声的直达造成的,所以可以在车间工作线的上方或者旁边的墙壁上使用吸音材料,来建设一个吸收噪声的屏障。常见的吸音材料主要包括复合板、丝绵、海绵、泡沫和塑料等。就装配车间的环境来说,可以选择复合吸音板,该材料除了具有造价比较低的优点外,还具备吸湿性小的特点。

3) 降低机械噪声

机械噪声的产生与检修不及时、摩擦过大、润滑不够也有关系。所以,需要每个月对机械进行一次检修,找出存在问题的设备,然后及时处理。对于一些零部件要及时使用润滑油来进行润滑,以减少出现不必要的干摩擦。这样做,能够延长零部件的寿命,还能够减少其因为干摩擦发出的噪声。

11.2.3　富士康集团车间微气候改造方案

1) 微气候环境

我国各行各业对人因工程的应用相对比较落后,一些企业对利润与效率过分追求,对公司中的人重视不够,这表现在工作时间延长,所处的工作环境比较糟糕,缺少相应的激励体系等方面。因为环境因素的作用,员工在实际的工作过程中会出现工作效率降低、工作情绪相对消极、身体遭到损害、身体机能减弱等问题,甚至会使工伤事故频发,从而在一定程度上损害了企业的经济增长。在实际企业中,公司的经营者,以及每天都在比较恶劣的生产环境中工作的员工,大都尚未意识到这些问题,这就能够看出,企业不仅仅需要将人因工程的相关理论推广到企业的管理者中,同时也应该在基层员工中进行普及。通过将人因工程知识应用到企业的生产中,能够改变企业内部的现场作业模式,对车间生产的实际环境进一步改善,从而促进企业实现效益最大化。

通过测定生产车间的微气候,发现生产车间存在通风过小、湿度过大、温度过高等问题。

2) 改进措施

图 11.5 所示为车间微气候改善方案。

(1) 在生产工艺和技术方面的措施

①对生产工艺进行合理设计。尽量在车间的外部布置相关热源,为了降低温度可以借助降温设施,例如,中央空调的安装可以降低车间的整体温度,即使会有较多资金的投入,但是有利于企业的长远发展。因为这样能够对工作环境进行改进,在和谐的环境中,可以提高工人的工作效率,保证产品的质量,减少事故的发生。

②对热源进行合理屏蔽。机械设备的运转和工作是主要热源,可采取以下方式进行屏蔽:在热源和人之间设立一个屏风;将泡沫物质直接铺在热辐射源的外表面上。根据车间的实际现状,在相关设备中,将一定的隔热措施应用在动力部分。

③降低湿度。在一定程度上,超过 50% 的相对湿度会影响人体的舒适度,降低人体进行散热和蒸发的功能。在企业的车间中,夏季湿度大约在 70%,所以需要安装除湿器使车架湿度降低。

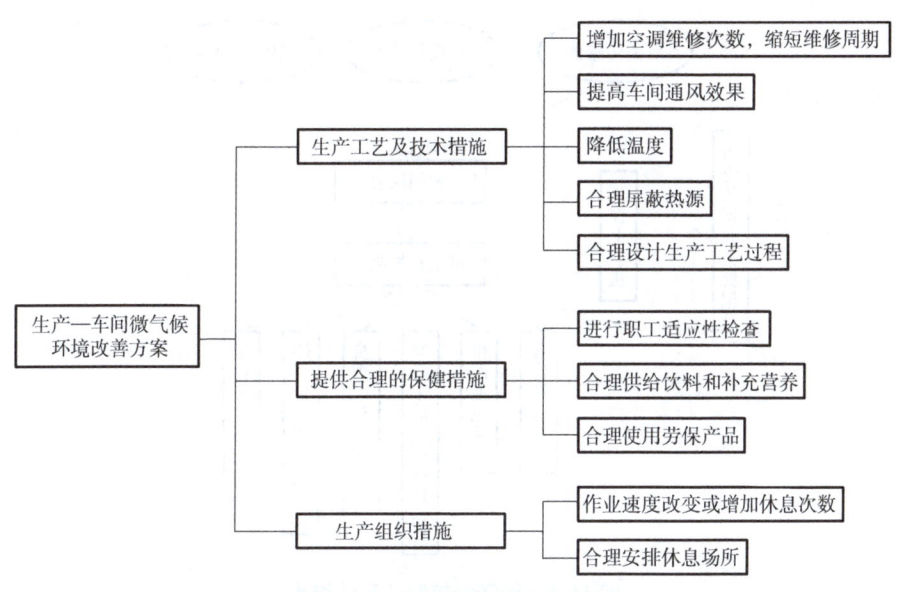

```
                                    ┌─ 增加空调维修次数,缩短维修周期
                                    ├─ 提高车间通风效果
                      ┌─生产工艺及技术措施─┼─ 降低温度
                      │                  ├─ 合理屏蔽热源
                      │                  └─ 合理设计生产工艺过程
                      │
生产——车间微气候        │                  ┌─ 进行职工适应性检查
  环境改善方案  ───────┼─提供合理的保健措施─┼─ 合理供给饮料和补充营养
                      │                  └─ 合理使用劳保产品
                      │
                      │                  ┌─ 作业速度改变或增加休息次数
                      └─生产组织措施──────┴─ 合理安排休息场所
```

图 11.5　车间微气候改善方案

④进一步提高车间通风效果。因为夏天室外温度较高,室内的通风情况比较不理想,气流也比较差,此时,应该在室内的各个墙上安装排风扇;使车间空气能够更快地流通,使空气温湿度都能够得到改善。

⑤多次进行空调室的维修,缩短维修周期。在车间内,对设备适当地增加维修频率,拆下水泵上的水管进行全面的酸洗,这样就会使管壁上的水垢有所减少,同时改善挡水板结垢和喷排状况,使喷嘴堵塞现象减少,进一步增加空调热湿的交换率。

（2）提供合理的保健措施

①对劳保产品进行合理使用。在高温工作环境中,员工的工作服需要具有透气性好、导热系数小、耐热的特征。

②检查职工的适应性。由于人具有不同的热适应能力,因此员工对车间环境存在不同的感受,应该重视员工的感受,对员工进行合理安排。

③适当补充营养和饮料。在高温环境中,员工出汗量较大,需要相应地补充同等的盐分和水分。在车间,目前已设置饮水区,但这只可以对失去的水分进行补充,所以还需要在饮水区添加一些补充能量的食物,如葡萄糖等。

（3）生产组织方面的措施

①增多休息次数或者改变工作速度,使人体产热量有所减少。

②对休息场所进行合理安排。员工在高温环境下会出现身体积热的反应,此时需要在休息室进行休息,远离高温环境,使身体的热平衡机能有所恢复。按照企业的车间分布,与饮用水区域分离开,提供一个单独的休息室和一些座位,如果条件允许,利用空调调节室内温度,这样就能够为员工创造舒适的工作环境,使其能够适当地调整和休息。

③对微气候进行控制的系统构建。在微气候控制系统中,重点包含排湿抽风系统、雾化增湿系统等各子系统,并且进行相应功能的执行,其大致结构如图11.6所示。

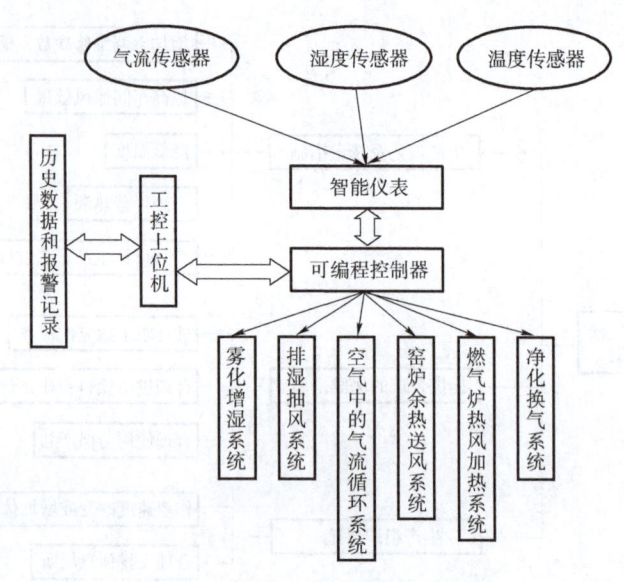

图 11.6　微气候控制的系统构建

11.2.4　颠簸晃动环境下眼控交互定位与选择任务优化

1) 颠簸晃动环境

颠簸晃动环境是作战及作业中的典型环境，对人机交互有重要的影响。颠簸多指物体运动的上下抖动，会导致人的视觉敏锐度、本体感受和前庭反射的损害，降低任务效率和可用性，增加错误率、移动时间和工作量。晃动一般指的是左右摇晃或摆动，会导致人的运动能力受限，消耗更多心理认知资源，减弱认知和运动能力。这些生理和心理的变化会影响操作者对系统的准确输入和有效控制，导致操作者的注意力偏离重要的任务，影响装备的操控安全。眼控交互是一种利用眼动信息实现系统控制的人机交互技术，具有自然直接、反应灵敏、节省空间等特点。但在颠簸晃动环境中，眼控交互是否能够保持其优势，是否会受到颠簸晃动对视觉系统和眼球运动的干扰，是否会加剧视疲劳等问题，都需要深入地研究和解决。其中，定位任务和选择任务是眼控交互中的两个典型任务。

（1）定位任务

定位任务是用眼睛在扫描视线范围内寻找目标对象的一种活动，介于眼控交互过程的识别和选择阶段之间。眼控交互的识别阶段表示被试寻找目标对象的过程，选择阶段表示被试寻找到目标对象并确认其选择意图的过程，而定位任务是这两个阶段之间的一个过渡。定位任务的视觉反馈形式有十字标和圆形标两种，尺寸大小均为 32 px，如图 11.7 所示。

图 11.7　定位任务的视觉反馈形式
（a）十字标；（b）圆形标

（2）选择任务

选择任务是用眼睛在扫描视线范围内寻找目标对象，并确认当前对象为其所选目标对象的一种活动。与定位任务不同，选择任务可以分解为定位目标和确认意图两个行为，介于眼控交互过程的选择和触发阶段之间。眼控交互的选择阶段表示被试寻找到目标对象并确认其选择意图的过程，触发阶段表示被试注视选择该目标对象并触发系统响应的反馈告知其操作结果的过程，而选择任务是这两个阶段之间的一个过渡。选择任务的视觉反馈形式有延时选择和子选项再确认两种，并搭配不同的动画效果反馈，如图11.8所示。

图 11.8　选择任务的视觉反馈形式
（a）延时选择；（b）子选项再确认

2）实验设计与数据处理

（1）实验设计

①实验目的。设计颠簸晃动环境下的眼控交互空间定位实验，探究不同的颠簸晃动程度对眼控定位精度的影响特性。

②实验变量。实验自变量是颠簸晃动程度，因变量是眼控交互空间定位的偏转误差。偏转误差分为两个误差，一个是用户的头部姿态偏转误差，由3D相机实时采集用户实验姿态信息获得；一个是用户实时注视点与参考点的误差，同时由精确度和准确度两个指标来表征。

③实验设备。颠簸晃动环境下眼控交互实验拟采用六自由度平台、Tobii桌面式眼动仪、笔记本电脑、3D相机等实验设备，如图11.9所示。

图 11.9　实验设备
（a）六自由度平台；（b）Tobii桌面式眼动仪；（c）笔记本电脑；（d）3D相机

采用六自由度平台模拟典型作战环境下的颠簸晃动环境。该平台直径2 m，可以在六个自由度上真实再现运载工具的晃动环境，平台可以在以下范围内实现晃动：横向（Sway）±25 cm，垂直（Heave）±25 cm，纵向（Surge）±25 cm，俯仰（Pitch）±16°，偏航（Yaw）±25°，横滚（Roll）±16°，最大加速度0.5 g。

实验使用的眼动仪是基于视频的桌面式瞳孔角膜反射式眼动仪 Tobii Pro Spectrum，Tobii Pro Spectrum 眼动仪基于 3D 眼球模型，采用明瞳和暗瞳追踪模式，支持流畅的角度调节，适应不同身高的被试。双眼动传感器可准确、稳定衡量视线数据和三维空间中的眼睛位置，提供精确的瞳孔直径数据。眼动仪的双眼动追踪传感器，每秒捕捉 1 200 张眼部图像。Tobii Pro Spectrum 眼动仪采集的有效范围如下：

工作距离：55~75 cm（22″to 30″）；

65 cm 头部自由度：宽×高：34 cm×26 cm（13.5″×10″）（至少一只眼在可追踪范围内）；

75 cm 头部自由度：宽×高：42 cm×26 cm（13.5″×10″）（至少一只眼在可追踪范围内）。

④实验环境。实验在物理尺寸为 24 寸（1 寸=3.3 cm）、分辨率为 1 920×1 080 px 的显示器界面中进行。实验背景色为黑色，实验目标对象为一个带中心点的黄色正方形边框，其会随机出现在屏幕均等划分的 12 个区域其中之一的正中央位置处，如图 11.10 所示。

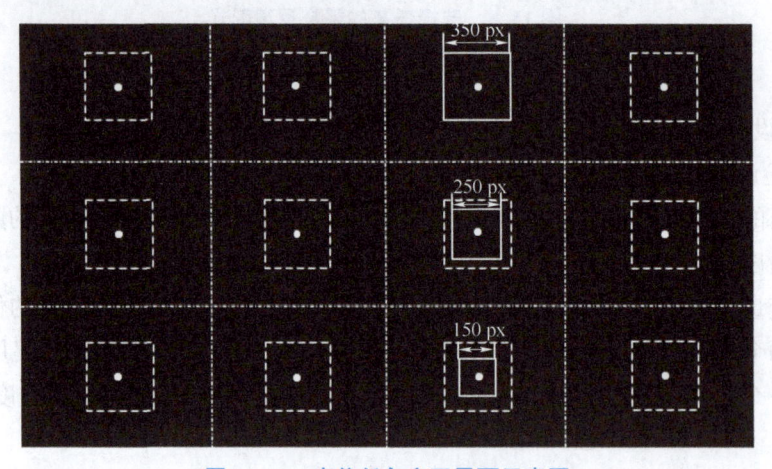

图 11.10 定位任务交互界面示意图

实验环境分为三个颠簸晃动等级，分别为静态、轻度、中度。其中，将六个参数调零定为静止状态；将以 8 s 周期横向移动从-50 mm 到 50 mm，以 4 s 周期垂直、纵向移动-50 mm 到 50 mm，以 8 s 周期横滚从-6°到 6°，以 4 s 周期俯仰从-5°到 5°，以 4 s 周期偏航-2.5°到 2.5°用于模拟轻微颠簸晃动环境；以 8 s 周期横向移动-90 mm 到 90 mm，以 4 s 周期垂直、纵向移动-90 mm 到 90 mm，以 8 s 周期横滚从-12°到 12°，以 4 s 周期俯仰从-10°到 10°，以 4 s 周期偏航-5°到 5°，用于模拟中度颠簸晃动环境。这三种颠簸晃动环境经常出现在实际作战场景中。其具体参数如表 11.2 所示。

⑤实验对象。40 名高校学生作为被试，被试年龄在 18~30 岁，裸眼视力或矫正视力在 1.0 以上，无任何眼部疾病，不要佩戴隐形眼镜、美瞳，也不要有假睫毛，没有严重的感知或运动障碍、心智不健全等疾病，并且要求被试在实验前一天睡眠充足，不要熬夜和过度用眼，同时可以提供年龄、性别等个人信息。开展此实验需得到伦理委员会的审批，在实验前每位被试须填写知情同意书。

表 11.2　晃动环境具体参数设置

自由度	颠簸晃动状态					
	静态		轻微		中度	
	振幅	周期	振幅	周期	振幅	周期
横向（Sway）	±0 mm	0 s	±50 mm	8 s	±90 mm	8 s
垂直（Heave）	±0 mm	0 s	±50 mm	4 s	±90 mm	4 s
纵向（Surge）	±0 mm	0 s	±50 mm	4 s	±90 mm	4 s
横滚（Roll）	±0 mm	0 s	±6°	8 s	±12°	8 s
俯仰（Pitch）	±0 mm	0 s	±5°	8 s	±10°	4 s
偏航（Yaw）	±0 mm	0 s	±2.5°	4 s	±5°	4 s

⑥实验任务。实验要求被试在三种晃动条件（即静态、轻微、中度）下使用所呈现的中心点完成定位任务。被试需要用眼睛瞄准黄色边框的中心点 1 000 ms，直到主观视疲劳产生即可终止。

首先，实验人员向每位被试解释清楚本次实验的目的及内容，并让被试签署知情同意书，随后进行简短的人口统计学调查问卷。被试需要坐在颠簸晃动平台的椅子上，并与桌子保持舒适的距离。在整个实验过程中，为了安全起见，需要被试系紧安全带。接着进行设备的调试和环境测试，确保被试眼睛距离显示屏 60~65 cm（Tobii 眼动仪最佳的测试距离），然后进行视线的九点校准使视线精准定位，实验过程中不允许移动桌椅，但允许在适当范围内转动头部。为了实验能够顺利开展，被试需要完成实验前的练习，熟悉实验任务的操作，直到被试认为已经熟悉相应任务的内容与操作为止。实验练习完成后，被试需执行 3 min 的无任务操作，即仅需坐在座位上静待 3 min，不需要完成任何操作任务，尽量使身体和精神处于放松状态。完成无任务操作后，被试需填写相关的量表问卷。正式实验开始，被试需全程高度注意，避免注意力分散，根据其主观感受，感觉视疲劳发生时可告知停止实验。完成每一次实验后休息 3 min，再填写相关的量表问卷，然后进行下一次实验，如此循环直至完成所有实验任务。实验流程如图 11.11 所示。

⑦主观视疲劳自终止条件。被试需根据自己当前的视疲劳状态进行自查，如表 11.3 所示，若是视疲劳状态位于 5 级及以上，应当立即停止实验，休息 10~30 min，待疲劳等级降为 0~2 级，方可继续进行实验。

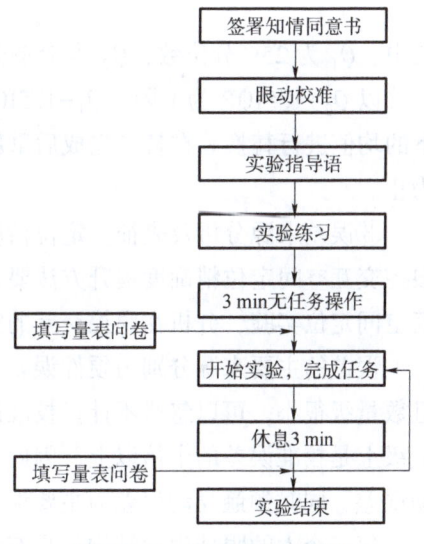

图 11.11　实验流程示意图

表 11.3　视疲劳登记表

疲劳等级	特征
0 级	双眼正常，没有感觉到任何不适
1 级	眼睛干涩，有异物感
2 级	频繁眨眼，并伴随多次揉眼动作
3 级	眼睛疼痛、酸胀，伴有牵拉感
4 级	出现复视、串行现象
5 级	出现图像跳动、移动、游动或漂浮
6 级	视线模糊，聚焦不准确
7 级	观察物体，重复聚焦三次以上

（2）数据处理

①数据采集。使用眼动仪采集视觉相关数据，如注视位置、注视时间、注视次数、瞳孔直径等；3D 相机记录被试在不同颠簸晃动等级下的面部状态及行为变化；收集量表问卷及个人信息调查问卷。

②数据预处理。对实验过程中打标记的眼动视频进行裁剪切割，提取一段一段式的可用于后续分析处理的眼动数据片段，并对数据进行初步整理与汇总。为了消除操作不当和仪器误差带来的影响，需要对数据中的异常值进行识别和替换。采用箱线图法进行异常值识别，原理如下：

计算出 75% 分位数和 25% 分位数的差值，即四分位差数，记为 IQR：

$$\text{IQR} = Q_2 - Q_1 \tag{11-1}$$

式中，Q_1 为 25% 分位数，Q_2 为 75% 分位数。

以 $Q_2 + 1.5\text{IQR}$ 为上限、$Q_1 - 1.5\text{IQR}$ 为下限识别异常值，超出上下限的异常值使用该圈下的均值进行替换。在替换完成后重新进行异常值识别和替换，重复进行直至不存在异常值为止。

③误差来源分析及表征。定位精度是实际定位的位置和要求定位位置的相近程度。针对眼控交互空间定位精确度提升方法要先明确眼控交互空间定位的误差来源，因此开展眼控交互空间定位实验，分析在眼控交互的空间定位中误差的主要来源。

误差的主要来源分别为硬件误差、校准误差和颠簸晃动误差。其中硬件误差无法改变并且数量级很小，可以忽略不计。校准误差在量级上是硬件误差的十倍以上，颠簸晃动误差在量级上是校准误差的十倍以上，因此，在量级上来说，误差的主要来源是校准误差和颠簸晃动误差，同时颠簸晃动误差为主要误差。

每一个人的眼球生理结构都是有差异的，为保证眼动仪的精确度和准确度，需要根据每个被试的生理特征对原始数据进行修正，也就是校准。即在屏幕上取若干个校准点并呈现，监测被试对这些点的注视行为和眼球数据，用于对原始眼动数据的修正。同时，眼动仪能够给出校准点的实际位置和被试视线落点之间的误差。这就是校准误差，校准误差值可由眼动仪采集计算获得。校准实施方案如图 11.12 所示。

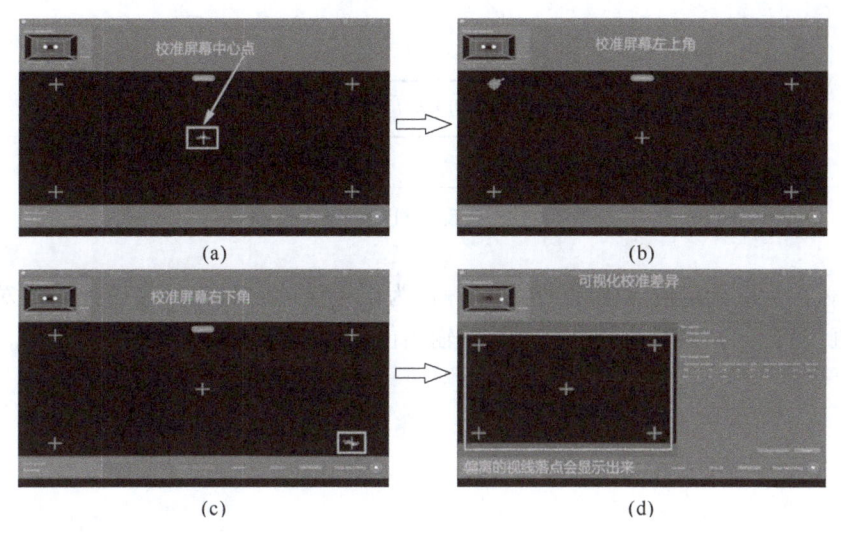

图 11.12　校准实施方案

(a) 屏幕中心点；(b) 屏幕左上角；(c) 屏幕右下角；(d) 校准结果

颠簸晃动误差取决于颠簸晃动的频率和强度，颠簸晃动的频率越大、强度越高，颠簸晃动误差越大，颠簸晃动误差在用户坐标系中表现为用户头部姿态的偏转误差。

在眼控交互空间定位误差表征中把误差表征为校准误差和颠簸晃动误差之和。校准误差通过眼动仪校准和采集眼动数据获得校准误差值，将校准误差值表征为 Δx。

颠簸晃动误差是通过 3D 相机获取用户在颠簸晃动下的头部运动姿态，通过图像处理技术获取用户在颠簸晃动下头部姿态的实时偏转误差，构建用户坐标系误差矩阵，如图 11.13 所示；基于消隐算法，建立用户视线坐标系与对象空间坐标系的转换模型，准确计算获取用户的屏幕注视信息和屏幕注视点误差，将颠簸晃动误差表征为 Δy。

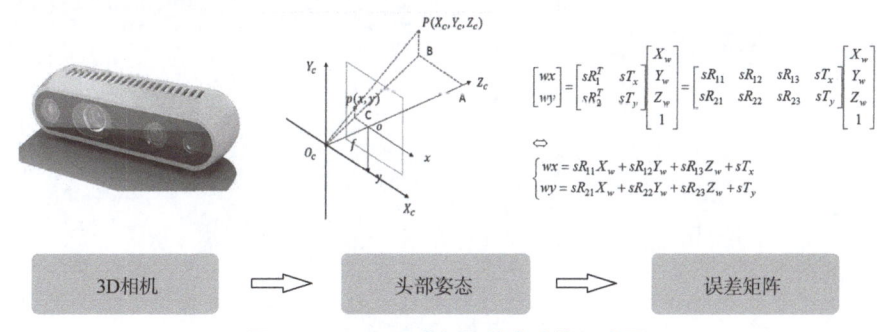

图 11.13　3D 深度相机技术路线示意图

④误差自适应动态补偿策略。空间定位误差自适应动态补偿是建立误差值和补偿值之间的函数关系：

$$y = k \times f(x) + b \tag{11-2}$$

得到颠簸晃动误差之后，在原始眼控交互定位注视点和误差矩阵的基础上，引入负反馈机制，如图 11.14 所示，利用 PID 控制算法，根据不同的晃动等级和误差实现动态误差补偿，提升眼控交互过程中空间定位的精度与稳定性。

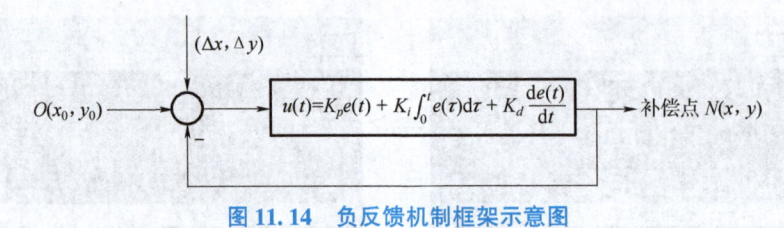

图 11.14 负反馈机制框架示意图

$O(x_0, y_0)$ 为原始定位点坐标，$(\Delta x, \Delta y)$ 为误差矩阵经过坐标系转换后的对象空间坐标系误差值，$N(x, y)$ 为负反馈调节系统的输出值，即经过误差补偿后的点坐标。

参 考 文 献

[1] 盛菊芳. 人因工程学的命名和定义 [J]. 电力安全技术, 2006（1）: 57.
[2] 李祚. 始于吉尔布雷斯的动作分析研究 [J]. 人力资源, 2011（1）: 44-47.
[3] 陈善广, 李志忠, 葛列众, 等. 人因工程研究进展及发展建议 [J]. 中国科学基金, 2021, 35（2）: 203-212.
[4] 许为, 高在峰, 葛列众. 智能时代人因科学研究的新范式取向及重点 [J]. 心理学报, 2024, 56（3）: 363-382.
[5] 许为, 葛列众, 高在峰. 人-AI 交互: 实现"以人为中心 AI"理念的跨学科新领域 [J]. 智能系统学报, 2021, 16（4）: 605-621.
[6] 许为, 葛列众. 智能时代的工程心理学 [J]. 心理科学进展, 2020, 28（9）: 1409-1425.
[7] 陈善广, 姜国华, 王春慧. 航天人因工程研究进展 [J]. 载人航天, 2015, 21（2）: 95-105.
[8] 周济, 周艳红, 王柏村, 等. 面向新一代智能制造的人—信息—物理系统（HCPS）[J]. Engineering, 2019, 5（4）: 71-97.
[9] 王柏村, 易兵, 刘振宇, 等. HCPS 视角下智能制造的发展与研究 [J]. 计算机集成制造系统, 2021, 27（10）: 2749-2761.
[10] 史丽君. 人体工学与服装设计之间的管理 [J]. 管理观察, 2009（12）: 217-218.
[11] 龙升照. 人—机—环境系统工程理论在科学技术发展中的地位及应用前景分析 [C] // 中国系统工程学会. 第四届全国人—机—环境系统工程学术会议论文集. 航天医学工程研究所, 1999: 5.
[12] 张丽君. 现代制造系统中人—机—环境系统中的生理系统理论分析及应用研究 [D]. 西安: 西安电子科技大学, 2009.
[13] 赵静, 李亦婷. 产品设计系列课程群应用型教学模式研究 [J]. 赤峰学院学报（自然科学版）, 2012, 28（19）: 261-263.
[14] 郭伏, 孙永丽, 叶秋红. 国内外人因工程学研究的比较分析 [J]. 工业工程与管理, 2007（6）: 118-122.
[15] 谢红卫, 孙志强, 李欣欣, 等. 典型人因可靠性分析方法评述 [J]. 国防科技大学学报, 2007（2）: 101-107.
[16] 刘志平, 郜振华, 张洪亮. 工业工程专业人因工程实验平台建设探究 [J]. 中国现代教育装备, 2020（19）: 24-26, 30.
[17] 郭北苑, 张学莹, 张玉乾, 等. 工程和设计中人因工程学方法的适应性分析 [J]. 包装工程, 2021, 42（4）: 22-33.
[18] 郭黎明, 郎智惠, 刘辉, 等. 人因工程学研究进展及热点领域知识图谱 [J]. 中国公共安全（学术版）, 2019（4）: 39-43.
[19] 卢广文, 石磊. 人因管理与安全行为评价 [J]. 电力安全技术, 2010, 12（5）: 45-47.
[20] 刘社明, 王小平, 陈登凯, 等. 基于 JACK 的驾驶舱仿真及人机工效分析 [J]. 计算机

与现代化，2013（8）：106-110.

[21] 张力，黄曙东，何爱武，等. 人因可靠性分析方法 [J]. 中国安全科学学报，2001（3）：9-19，1.

[22] 陈可. 风景园林心理学初探 [D]. 北京：北京林业大学，2007.

[23] 杨艳庆. 面向产品设计的交互式网络调研系统的研发 [D]. 南京：南京航空航天大学，2009.

[24] 朱崇贤. 工业设计系列讲座——人机工程学简述 [J]. 机械设计与研究，1993（3）：37-41.

[25] 孙春燕. 标识设计的形式美评价与特征识别研究 [D]. 南京：南京理工大学，2014.

[26] 陈思宇. 城市滨水片区空间景观视廊营造策略研究 [D]. 长沙：湖南大学，2018.

[27] 张林. 基于粗糙集的数据挖掘研究 [D]. 长春：吉林大学，2010.

[28] 贾园园. 交互设计中愉悦要素的研究 [D]. 长沙：中南大学，2008.

[29] 于增亮. 基于仿真环境驾驶员临界反应能力的研究 [D]. 长春：吉林大学，2005.

[30] 兰婷. 新老驾驶员危险感知差异性实验研究 [D]. 成都：西南交通大学，2013.

[31] 戴良铁，董利敏，邓鹤泉. 信号检测论在招聘和甄选中的应用探析 [J]. 中国人力资源开发，2013（13）：62-66.

[32] 胡纪念. 信号检测论视角下法医精神病鉴定意见的评判 [J]. 中国司法鉴定，2020（1）：27-34.

[33] 李奕慧. 不同归因风格大学生认知特点的比较研究 [D]. 赣州：赣南师范学院，2010.

[34] 许秀芬，郑洁洁. 贵州省中学生校园暴力现状调查及预防 [J]. 中小学心理健康教育，2019（21）：21-23.

[35] 陈圣鹏，伍铁军. 头脑风暴法对个体创意产生的影响 [J]. 机械制造与自动化，2016，45（5）：150-151，160.

[36] 梁婧. 匹配性对企业信息化环境下人—信息系统交互效率的影响 [D]. 重庆：重庆大学，2008.

[37] 许华尧，陈仁军. 短信输入的认知分析与识字写字教学 [J]. 厦门教育学院学报，2007（1）：71-73.

[38] 陆向鹏. 词块教学法对高校非英语专业英语学习者接受性和产出性词汇影响的对比实验研究 [D]. 乌鲁木齐：新疆师范大学，2010.

[39] 高珊. 词边界信息对留学生汉语阅读的影响 [D]. 北京：北京语言大学，2006.

[40] 李奥坤. 大学外语翻译学习策略探讨 [J]. 黑龙江科技信息，2012（14）：209.

[41] 张继勋，杨明增. 审计判断中代表性启发法下的偏误研究——来自中国的实验证据 [J]. 会计研究，2008（1）：71-78，95.

[42] 胡琰. 情绪启动对决策行为的影响研究 [D]. 长沙：湖南师范大学，2007.

[43] 吕泉. 基于有限理性的发电商竞价决策研究 [D]. 大连：大连理工大学，2008.

[44] 许朝晖. 证券投资者决策过程中情绪因素的实验研究 [D]. 上海：华东师范大学，2006.

[45] 刘笑瑜. 发展中的行为金融学 [J]. 北方经贸，2012（5）：105-106，108.

[46] 温超. 装配操作行为模型框架研究 [D]. 长春：吉林大学，2011.

[47] 苏润娥．无人作战飞机操作平台系统人—机工效研究［D］．西安：西北工业大学，2003．

[48] 李峤玮．开/关触觉研究［D］．上海：同济大学，2007．

[49] 游波．深井受限空间物理实验系统研发与安全人因参数实验研究［D］．长沙：中南大学，2014．

[50] 陈军营．机电产品安全性设计研究［D］．南昌：南昌大学，2007．

[51] 周家琦，王宏颖，余子倩，等．物流配送中心拣选作业的人因工程量化评估［J］．物流技术，2021，40（2）：53-56．

[52] 李悦蕾．汽车电子零部件组装过程人因质量事故中的行为形成因子的研究［D］．长春：吉林大学，2008．

[53] 刘振平．基于B/S的金属矿山安全评价、预警信息系统的研究［D］．武汉：武汉科技大学，2007．

[54] 牛雪筠．相对能量代谢率法在岗位劳动评价中的应用［J］．山东建材学院学报，1996（2）：92-95．

[55] 仲月娇．基于作业疲劳的某焊装车间防错技术研究［D］．沈阳：沈阳工业大学，2019．

[56] 陈彬．一种改进验证方法对常规构型直升机悬停风速包线的影响［J］．中国科技信息，2021（8）：43-45．

[57] 张乾坤．无人机操控的脑力负荷评估系统［D］．秦皇岛：燕山大学，2020．

[58] 肖江浩．城市轨道列车转向架检修环境界面优化设计研究［D］．成都：西南交通大学，2019．

[59] 万正彤，李军祥．呼叫中心人员排班问题的整合方法［J］．系统工程，2015，33（10）：141-148．

[60] 周海姣．铁路机车司机的心理负荷问题研究［D］．北京：北京交通大学，2014．

[61] 周前祥．舱外活动航天员工作负荷评价方法的研究进展［J］．载人航天，2007（1）：8-12．

[62] 廖建桥．脑力负荷及其测量［J］．系统工程学报，1995（3）：119-123．

[63] 彭晓武．VDT作业脑力劳动负荷评价的实验研究［D］．武汉：华中科技大学，2006．

[64] 苏令波．电气操作运行人员的心理负荷研究［D］．北京：北京交通大学，2006．

[65] 侯丽婷．基于驾驶人工作负荷的道路交叉口安全评价［D］．北京：北京理工大学，2016．

[66] 王黎明．基于知识库的飞机驾驶舱布局设计方法研究［D］．西北工业大学，2004．

[67] 张德斌，郭定，马利东，等．战斗机座舱显示的发展需求［J］．电光与控制，2004（1）：53-55，70．

[68] 潘庆宁，韩玉彬．多媒体光盘用户界面设计探讨［J］．光盘技术，1997（5）：24-26，21．

[69] 胡建屏．人类工效学原理与应用简介［J］．职业卫生与应急救援，2008（3）：136-140．

[70] 王善涛．基于人机工程学原理的高空作业平台设计研究［D］．济南：山东大学，2010．

[71] 李旸．基于人机工程学原理的消防车辆设计研究［D］．南昌：南昌大学，2007．

[72] 刘李军．虚拟仿真技术在掘进机人因工程学分析中的应用研究［D］．西安：西安科技大学，2020．

[73] 谭磊. 家用医疗器械产品"家电化"设计趋势的分析与研究 [D]. 济南: 山东大学, 2010.

[74] 孙迎春. 硬件界面创新设计 [D]. 武汉: 武汉理工大学, 2003.

[75] 李玲莉. 特钢厂主控室人机交互界面的集对灰色聚类评价 [D]. 哈尔滨: 哈尔滨工程大学, 2007.

[76] 舒余安. 皮卡汽车驾驶室的人机工程学研究 [D]. 南昌: 南昌大学, 2005.

[77] 徐沙林. 基于 Modbus 协议的医用气体压力集散监测系统开发 [D]. 南京: 南京理工大学, 2011.

[78] 鲍珊. 现代机电产品人机交互界面设计研究 [D]. 合肥: 合肥工业大学, 2003.

[79] 袁品均. 监测类医疗产品界面设计理论及应用的研究 [D]. 成都: 四川大学, 2006.

[80] 赵曦. 人机工程学在交互媒体界面设计中的应用 [D]. 北京: 北京工业大学, 2014.

[81] 赵可恒, 张福昌. 玩具的人机交互界面设计研究 [J]. 包装工程, 2007 (6): 108-109, 118.

[82] 梁珣, 庄志蕾. 公用电话亭人性化设计探究 [J]. 包装工程, 2011, 32 (16): 127-130.

[83] 张丽. 无人机地面站操控台人因工程设计研究 [D]. 上海: 上海工程技术大学, 2020.

[84] 许忠华. 火电厂控制室显控系统人因评价研究与应用 [D]. 哈尔滨: 哈尔滨工程大学, 2007.

[85] 曲敏. 高校多媒体教室的人机工程学研究 [D]. 南昌: 南昌大学, 2006.

[86] 吕玉广. 王楼煤矿 SVI 系统研究与应用 [D]. 淮南: 安徽理工大学, 2013.

[87] 罗玉, 孙薛, 禹胜. EMS 的 MMI 技术 [J]. 电力系统自动化, 1996 (9): 41-45.

[88] 杨足. 老年人使用的家电的人机交互界面设计研究 [D]. 无锡: 江南大学, 2004.

[89] 彭莉. 带式高速邮包分拣机人机交互界面研究与设计 [D]. 贵阳: 贵州大学, 2006.

[90] 李先花. 基于人机工程学的扭腰康复训练机设计 [D]. 太原: 太原理工大学, 2010.

[91] 颜声远. 火电厂主控室人机交互界面虚拟评价方法 [D]. 哈尔滨: 哈尔滨理工大学, 2008.

[92] 王书达, 张进生, 黄波. 浅谈人机工程学在石材机械设计中的应用 [J]. 石材, 2018 (6): 31-34.

[93] 魏显君, 戈永杰. 操纵装置设计的人机工程问题初探 [J]. 科技创新导报, 2008 (23): 110.

[94] 赵勇. 空间站载荷机柜界面信息组织与设计实践 [D]. 湘潭: 湘潭大学, 2021.

[95] 鲁文华. 某工程机械公司本质安全管理体系研究 [D]. 北京: 中国矿业大学, 2021.

[96] 许彧青. 核电站主控室后备盘台人机交互界面建模及其优化方法研究 [D]. 哈尔滨: 哈尔滨工程大学, 2012.

[97] 赵晓云. 山西省地方标准《防震减灾科普教育基地建设规范》解读 [J]. 大众标准化, 2020 (9): 6-10.

[98] 徐伟哲. 基于人因工程学的干线客机驾驶舱布局设计与仿真研究 [D]. 南京: 南京航空航天大学, 2013.

[99] 何欢. DSR 辊油膜轴承液压测试台的试验研究 [D]. 上海: 华东理工大学, 2016.

[100] 柳涛. PC 输入设备易用性研究 [D]. 天津: 河北工业大学, 2006.

[101] 周树华. BQ1127/15/B 型旋切机人机工程设计研究 [D]. 南京：南京林业大学, 2007.

[102] 朱毅然. 数控机床控制面板设计中的人机交互界面研究 [D]. 上海：上海交通大学, 2007.

[103] 张彤彤. 基于振动触觉的导航手套设计 [D]. 南京：东南大学, 2019.

[104] 李彦. 产品创新设计理论及方法 [M]. 北京：科学出版社, 2012.

[105] 牛红伟, 郝佳, 王璐, 等. 功能词对设计思维的启发效用研究 [J]. 北京理工大学学报, 2022, 42（2）：168-176.

[106] 张茜, 外部信息的相关性对设计思维的影响机制研究 [D]. 北京：北京理工大学, 2019.

[107] 李彦, 刘红围, 李梦蝶, 等. 设计思维研究综述 [J]. 机械工程学报, 2017, 53（15）：1-20.

[108] ZHANG Q, HAO J, XUE Q, et al. Characterizing the EEG Features of Inspiring Designers with Functional Terms [C]. International Conference on Human-computer Interaction. Springer International Publishing, 2018.

[109] 周咏佳, 抽象知识对个体设计思维的影响机制研究 [D]. 北京：北京理工大学, 2018.

[110] 麻广林, 李彦, 熊艳, 等. 基于认知试验的创新设计研究 [J]. 计算机集成制造系统, 2009, 15（4）：625-632.

[111] 尹碧菊, 李彦, 熊艳, 等. 设计思维研究现状及发展趋势 [J]. 计算机集成制造系统, 2013, 19（6）：1165-1176.

[112] KAMRANI M, SRINIVASAN A R, CHAKRABORTY S, et al. Applying Markov Decision Process to Understand Driving Decisions Using Basic Safety Messages Data [J]. Transportation Research Part C：Emerging Technologies, 2020（6）：1-16.

[113] JIAN H, JING, LONG Q, et al. Control Oriented Prediction of Driver Brake Intention and Intensity Using a Composite Machine Learning Approach [J]. Energies, 2019, 12（13）：2483.

[114] CHEN L, XING Y, LU C, et al. Hybrid-Learning-Based Classification and Quantitative Inference of Driver Braking Intensity of an Electrified Vehicle [J]. IEEE Transactions on Vehicular Technology, 2018, 67（7）：5718-5729.

[115] WANG X D, ZHOU J, SONG J H, et al. Piezoelectric Field Effect Transistor and Nanoforce Sensor Based on a Single ZnO Nanowire [J]. Nano Letters, 2006, 6（12）：2768-2772.

[116] 毕晨, 安一博, 苑华鬲, 等. 摩擦纳米发电机及其应用 [J]. 微纳电子技术, 2020, 57（3）：5-18.

[117] SONG W, GAN B, JIANG T, et al. Nanopillar Arrayed Triboelectric Nanogenerator as a Self-Powered Sensitive Sensor for a Sleep Monitoring System [J]. Acs Nano. 2016, 10（8）：8097-8103.

[118] ZHANG H L, YANG Y, HOU T C, et al. Triboelectric Nanogenerator Built Inside Clothes for Self-Powered Glucose Biosensors [J]. Nano Energy, 2013, 2（5）：1019-1024.

[119] LIN M F, XIONG J Q, WANG J X, et al. Core-Shell Nanofiber Mats for Tactile Pressure

Sensor and Nanogenerator Applications [J]. Nano Energy, 2018 (44): 248-255.
[120] HASSAN-ASKARI A, AMIK-KHAJEPOUR A, MIR-BEHRAD-KHAMESEE A, et al. Embedded Self-Powered Sensing Systems for Smart Vehicles and Intelligent Transportation [J]. NanoEnergy, 2019 (66), 104103.
[121] MENG X Y, QIAN C, JIANG X B, et al. Triboelectric Nanogenerator as a Highly Sensitive Self-Powered Sensor for Driver Behavior Monitoring [J]. Nano Energy, 2018 (51): 721-727.
[122] 孟田翠. 基于人体测量学的虚拟服装建模及试衣技术研究 [D]. 南京: 东南大学, 2018.
[123] 李艺. 基于人体测量学数据的头戴式产品设计辅助系统设计 [D]. 长沙: 湖南大学, 2020.
[124] 郭伏, 钱省三. 人因工程学 [M]. 2版. 北京: 机械工业出版社, 2019.
[125] 熊兴福, 舒余安. 人机工程学 [M]. 北京: 清华大学出版社, 2016.
[126] 丁玉兰. 人机工程学 [M]. 5版. 北京: 北京理工大学出版社, 2017.
[127] 刘彬. 三维人体数字化表示研究与应用 [D]. 大连: 大连理工大学, 2021.
[128] ALLEN, B, CURLESS B, POPOVIĆ Z. The Space of Human Body Shapes: Reconstruction and Parameterization from Range Scans [J]. ACM Transactions on Graphics, 2003, 22 (3): 587-594.
[129] SONG D, TONG R F, CHANG J, et al. 3D Body Shapes Estimation from Dressed-Human Silhouettes [J]. Computer Graphics Forum, 2016, 35 (7): 147-156.
[130] 石林, 郁波. 行为参数——工业设计人机工程学教程 [M]. 南宁: 广西美术出版社, 2009.
[131] 刘琴, 尚笑梅. 服装人体测量技术研究进展 [J]. 现代丝绸科学与技术, 2019, 34 (6): 32-34, 40.
[132] 马小芬. 基于人体二维图像的现代汉服规格自动设计 [D]. 上海: 东华大学, 2021.
[133] 林琳. 基于人体测量学的广州市老年人社区运动健身设施研究 [D]. 广州: 华南理工大学, 2017.
[134] 王永壮. 老年"再健康"设施中人机工程学理念的应用研究 [D]. 北京: 北京林业大学, 2016.
[135] 张伟. 人体测量学在飞机驾驶舱设计中的应用 [J]. 中国科技纵横, 2014 (7): 110-111, 113.
[136] 王丽, 徐永忠. 航天员人体测量参数在载人航天中的应用 [C] //人—机—环境系统工程研究进展（第七卷）. 北京航天医学工程研究所; 北京航天医学工程研究所, 2005: 88-91.
[137] 马壮. 民用飞机紧固件装配工具可达性技术研究 [J]. 科技创新导报, 2019, 16 (5): 10-11.
[138] 朱博, 周震, 邱新安, 等. 开放式载人月球车人机交互系统的人机工效学设计 [J]. 航天器环境工程, 2020, 37 (5): 519-524.
[139] 张文欢, 钱晓明, 范金土, 等. 人体出汗率的测量方法 [J]. 纺织导报, 2018 (2): 87-90.

[140] 柴时宝. 如何合理选择服药时间 [J]. 农村新技术, 2017 (1): 63-64.

[141] 曹海燕. 基于人机工程学的汽车驾驶室座椅设计研究 [J]. 汽车实用技术, 2021, 46 (7): 57-59.

[142] 南竣祥, 梁爽, 李海泉, 等. 一种基于三维激光扫描技术的快速建模方法 [J]. 测绘通报, 2017 (10): 137-139, 147.

[143] 茅益花, 范宏誉, 田保珍. 基于人机工程学装载机驾驶室设计研究 [J]. 工程机械, 2021, 52 (11): 48-53, 9-10.

[144] 朱登纳, 李林琛, 夏冰. 儿童心血管系统疾病重症康复 [J]. 中国实用儿科杂志, 2018, 33 (8): 583-585.

[145] 李海龙. 人体上肢生物力学建模及肌肉力预测分析 [D]. 哈尔滨: 哈尔滨工程大学, 2016.

[146] 朱序璋. 人机工程学 [M]. 西安: 西安电子科技大学出版社, 1999.

[147] 郭伏, 钱省三, 李兴东, 等. 人因工程学 [M]. 北京: 机械工业出版社, 2018.

[148] 杨晓楠, 房浩楠, 李建国, 等. 智能制造中的人—信息—物理系统协同的人因工程 [J]. 中国机械工程, 2023, 34 (14): 1710-1722, 1740.

[149] WANG P, HU Y, YANG X, et al. Augmented Reality-Based Rapid Digital Verification of the Body-in-white for Intelligent Manufacturing [C]. Proceedings of the 6th International Conference on Computer Science and Application Engineering. Virtual Event, China: Association for Computing Machinery. 2022: 61.

[150] WANG J, HU Y, YANG X. Multi-person Collaborative Augmented Reality Assembly Process Evaluation System Based on HoloLens [C]. Berlin: Springer International Publishing, 2022.

[151] WANG C, YANG X, ZHANG L, et al. Robot Path Verification Method for Automotive Glue-Coating Based on Augmented Reality and Digital Twin [C]. Chan: Springer Nature Switzerland, 2023.

[152] FANG H, WEN J, YANG X, et al. Assisted Human-Robot Interaction for Industry Application Based Augmented Reality [C]. Berlin: Springer International Publishing, 2022.

[153] LI C, YANG X, HU Y, et al. AR-based Accessibility Verification Method for Smart Manufacturing System with Human Motion Capture [C]. Proceedings of the 6th International Conference on Computer Science and Application Engineering. Virtual Event, China: Association for Computing Machinery. 2022: 63.

[154] MAO W, HU Y, YANG X, et al. A Multi-person Collaborative Workshop RULA Verification Method Based on Augmented Reality [C]. Berlin: Springer International Publishing, 2022.

[155] MAO W, HU Y, YANG X, et al. ARE-Platform: An Augmented Reality-Based Ergonomic Evaluation Solution for Smart Manufacturing [J]. International Journal of Human-Computer Interaction, 2023, 40 (11): 2822-2837.

[156] MAO W, YANG X, WANG C, et al. A Physical Fatigue Evaluation Method for Automotive Manual Assembly: An Experiment of Cerebral Oxygenation with ARE Platform [J]. Sensors,

2023, 23 (23): 9410.

[157] YANG X, MAO W, HU Y, et al. Does augmented reality help in industrial training? A comprehensive evaluation based on natural human behavior and knowledge retention [J]. International Journal of Industrial Ergonomics, 2023, 98: 103516.

[158] 王国元. 组织行为管理 [M]. 北京: 华夏出版社, 2016.

[159] 赵应文, 邵继红, 冯亚明, 等. 组织行为学 [M]. 武汉: 武汉理工大学出版社, 2005.

[160] 朱颖俊. 组织行为与管理 [M]. 武汉: 华中科技大学出版社, 2017.

[161] 罗珊珊. 组织行为学 [M]. 2版. 上海: 格致出版社, 2017.

[162] 李庆胜, 许汝贞. 基于系统的组织行为管理 [M]. 济南: 山东人民出版社, 2016.

[163] 朱仁崎, 李泽. 组织行为学原理与实践 [M]. 长沙: 湖南大学出版社, 2018.

[164] 孙云. 组织行为学 [M]. 上海: 上海人民出版社, 2001.

[165] 杨一博, 周学伟. 激励—保健因素与安全事故预防 [J]. 河北工程技术高等专科学校学报, 2007 (2): 17-20, 35.

[166] 李宣东, 傅贵, 陆柏. 双因素理论与安全事故预防 [J]. 辽宁工程技术大学学报, 2005 (5): 771-774.

[167] 郑双忠, 陈宝智, 刘艳军. 复杂社会技术系统人因组织行为安全控制模型 [J]. 东北大学学报, 2001 (3): 288-290.

[168] 刘新梅, 李智勇, 杨晓梅, 等. 领导员工互动公平对团队创造力的影响机制: 一个被调节的中介模型 [J]. 科技进步与对策, 2024 (7): 1-10.

[169] 霍婷婷, 邓建. 宏观工效学方法及其应用 [J]. 人类工效学, 2011, 17 (4): 77-79, 84.

[170] 杨学涵. 面向21世纪的管理工效学 [J]. 人类工效学, 1997 (4): 2-5.

[171] 杨学涵, 宋文杰. 管理工效学的范畴及应用方向 [J]. 机械管理开发, 1996 (4): 26-28.

[172] 陈立. 工业现代化中的宏观工效学 [J]. 应用心理学, 1988 (1): 1-4.

[173] 王亦伟. 组织行为学在企业管理实践中的应用 [J]. 现代企业文化, 2024 (25): 28-30.

[174] 李双. 基于人因照明的城市广场空间照明策略研究 [J]. 光源与照明, 2023 (3): 10-12.

[175] 曹小兵. 室内健康照明提质增效推动创新技术应用探究 [J]. 中国照明电器, 2023 (10): 35-39.

[176] 李本亮. 健康节律照明标准现状及技术要求分析 [J]. 中国照明电器, 2023 (6): 35-38.

[177] 王晓平. 隧道照明环境变化对驾驶疲劳的调节作用研究 [D]. 石家庄: 石家庄铁道大学, 2023.

[178] 王春蕾. 基于人因工程的车间噪声研究 [J]. 现代商贸工业, 2019, 40 (36): 191.

[179] 赵伟. 隧道内噪声对人的影响分析和主动噪声控制系统研究 [D]. 北京: 北京交通大学, 2016.

[180] 张恒, 廖帅. 基于模糊评价的超市人因环境影响因素分析 [J]. 中小企业管理与科技 (下旬刊), 2014 (8): 219-221.

[181] 王振邦. 人—机—环境工程设计中环境条件与人的工效问题 [J]. 系统工程与电子技术, 1988 (3): 39-47.

［182］吴海，王卫军，邹安全．综放工作面微气候对工人操作失误影响研究［J］．中国安全科学学报，2006（10）：112-115+145．

［183］罗龙辉，李广慧，沙金，等．微气候及光照环境对教学效率的影响［J］．哈尔滨师范大学自然科学学报，2011，27（4）：92-94．

［184］王春慧，陈晓萍，蒋婷，等．航天工效学研究与实践［J］．航天医学与医学工程，2018，31（2）：172-181．

［185］关忠毅，熊丰．汽车座椅颠簸蠕动试验结果失效分析［J］．汽车测试报告，2023（7）：158-160．

［186］孙永彦，张紫燕，黄晓梅，等．微重力环境人体健康效应研究进展［J］．军事医学，2018，42（4）：317-321．

［187］张建新．突发事件下群体行为建模与应用研究［D］．济南：山东师范大学，2019．

［188］付跃文．面向群体性事件的人群行为建模与控制方法研究［D］．北京：国防科学技术大学，2016．

［189］常智国．基于人因工程的高校夜间照明系统优化［J］．光源与照明，2022（2）：57-59．

［190］杜战其，乔逸飞，王琳，等．基于人因工程实验的高校夜间照明分析——以上海海洋大学为例［J］．科技创新与生产力，2018（2）：57-59．

［191］许峤．以人因工程为核心的高校图书馆建设方法分析［J］．赤子（上中旬），2016（21）：65．

［192］聂文倩，王婷．考虑碳排放量和噪声污染的柔性作业车间调度研究［J］．物流工程与管理，2023，45（8）：57-62，20．

［193］朱亮亮，吴琨，史伟伟，等．汽车制造企业焊装车间噪声健康风险评估［J］．职业卫生与应急救援，2022，40（3）：311-314．

［194］乔爽．某机械加工车间噪声现状调研及噪声风险评估分析［D］．北京：首都经济贸易大学，2021．

［195］郑雅如．基于人因工程学的烟台富士康集团车间环境改善问题研究［D］．阜新：辽宁工程技术大学，2017．

［196］李琴，李泽蓉，卿馨予，等．某车间微气候环境现状分析与改善［J］．机械管理开发，2011（1）：68-69，72．

［197］杨晓楠，王帅，牛红伟，等．眼动交互关键技术研究现状与展望［J］．计算机集成制造系统，2024，30（5）：1595-1609．